深入浅出
SSD测试

固态存储测试流程、方法与工具

阿伦 攻城狮 储鹤 胡波 大毛 著

机械工业出版社
CHINA MACHINE PRESS

图书在版编目（CIP）数据

深入浅出 SSD 测试：固态存储测试流程、方法与工具 /
阿伦等著. -- 北京：机械工业出版社，2025. 4（2025. 10 重印）.
ISBN 978-7-111-78060-1

Ⅰ. TP333

中国国家版本馆 CIP 数据核字第 2025SM9020 号

机械工业出版社（北京市百万庄大街 22 号　邮政编码 100037）
策划编辑：孙海亮　　　　　　　　　　责任编辑：孙海亮
责任校对：邓冰蓉　张慧敏　景　飞　　责任印制：单爱军
中煤（北京）印务有限公司印刷
2025 年 10 月第 1 版第 2 次印刷
186mm × 240mm・23.25 印张・1 插页・518 千字
标准书号：ISBN 978-7-111-78060-1
定价：99.00 元

电话服务　　　　　　　网络服务
客服电话：010-88361066　机　工　官　网：www.cmpbook.com
　　　　　010-88379833　机　工　官　博：weibo.com/cmp1952
　　　　　010-68326294　金　书　网：www.golden-book.com
封底无防伪标均为盗版　机工教育服务网：www.cmpedu.com

　　多年来，Quarch 与许多 SSD 公司合作过，这些公司有的有很强的测试能力（特别是可重复的自动化测试），有的则不太关注测试。有些公司会以手动的方式进行测试，而有些公司会用更深入的方式进行测试。我们一直认为，拥有强测试策略的公司都是拥有高客户声誉的公司，这些公司的产品质量好且价格优惠。

　　测试对于一个好的产品至关重要，我相信本书将帮助研发工程师提前知道，他们设计下一代 SSD 时需要什么样的测试。

——Andy Norrie　Quarch Technology 运营总监

　　本书无疑是 SSD 测试的知识宝库，不仅涵盖了存储测试的基础知识，还深入探讨了最新的测试行业趋势和创新技术。无论是对存储测试原理的剖析，还是对实际操作中难题的解决，都讲解得清晰透彻。

　　"千淘万漉虽辛苦，吹尽狂沙始到金。"作为存储测试行业的老兵，我深知测试在存储行业中扮演的重要角色：测试是保障产品质量、提升性能、降低成本和推动创新的重要手段，也是存储行业持续健康发展的有力支撑。

　　国产存储要实现弯道超车，测试至关重要。测试贯穿了研发、生产、上下游终端客户等。路漫漫其修远兮，愿存储业的朋友们保持初心，努力求索，一起为国产存储的快速发展而奋斗！

——王骁　苏州德伽存储科技 CEO

　　在科技的璀璨星河中，SSD 宛如一颗耀眼的新星，以惊人的速度和卓越的可靠性，改写了信息存储的篇章。当数据的洪流在数字世界中汹涌澎湃时，SSD 如同坚固的港湾，为海量信息提供了安全而高效的"栖息"之所。SSD 产品的背后蕴含着深邃的技术奥秘。

　　在闪存技术和固态存储行业快速发展的背景下，市场对 SSD 的性能和可靠性提出了越来越高的要求。本书正是为了解决这一挑战而诞生的。作为《深入浅出 SSD》的姊妹篇，本书延续了前作的专业性和严谨性，通过系统而详尽的内容，帮助读者揭开 SSD 测试的面纱，全面理解和掌握 SSD 测试的各个方面，踏入神秘又令人着迷的 SSD 测试领域。

本书不仅涵盖了 SSD 测试的基础知识和技术，还深入探讨了测试流程、测试设计与实现，以及测试工具和平台等关键内容。书中详细介绍了如何进行主控芯片和闪存测试，以及如何进行各种测试认证和设备的应用，为行业从业人员提供了宝贵的指导和参考。

本书的作者都是中国存储行业的老兵，也是国内第一批 SSD 产品研发的先锋。他们在 SSD 领域拥有丰富的经验，通过本书与大家分享宝贵的专业知识和实际操作经验，可进一步提升国内存储行业的整体能力。正如《深入浅出 SSD》被业界赞誉为"存储领域的必备良器"一样，本书也必将成为 SSD 测试领域的经典之作。

——Frank Chen　至誉科技 CEO

本书是继《深入浅出 SSD》之后的又一力作，堪称固态硬盘测试领域的宝藏指南，它深刻阐述了 SSD 测试的重要性和复杂性。在这个数据驱动的时代，SSD 已经成为存储解决方案的核心，而其性能、可靠性和兼容性直接影响着整个系统的稳定性和用户体验。因此，进行全面而有效的测试变得尤为重要。

本书不仅系统地介绍了 SSD 测试的基础知识与最新趋势，还深入探讨了从产品立项到生命周期维护的全流程测试管理方法。通过详尽解析白盒、黑盒等各类测试手段及其应用场景，以及深度剖析闪存和主控芯片验证，为读者构建了一幅全面而细致的技术图谱。特别值得一提的是，本书中关于自动化测试平台建设及持续集成实践的内容，对于提高研发效率具有重要指导意义。无论是初学者还是资深专家，都能从本书中获得宝贵的知识与灵感。这是一部不可多得的专业指南，值得每一位关注存储技术的从业者细细品读。

——陈杰　博士、英韧科技联合创始人、数据存储技术副总裁

20 多年前刚入行时就有前辈和我说，在所有日常用品中，很少有像半导体产品那样需要 100% 做测试的。比如一支笔、一件衣服或一张桌子，这些物品在生产工厂中通常都应抽检，如果抽检出问题，则整批出货都会停下来。但半导体器件在生产工厂中都是 100% 测试过的。

SSD 是典型的半导体产品，其上使用的闪存、主控芯片、DRAM、PMIC 等，在生产原厂已经经历过 100% 检测。然而在组合成 SSD 之后，还需要再检测一次，以确保这些零部件在整个 SSD 系统中符合应用需求还要确保 SSD 自身的功能、性能、可靠性等符合应用的需求。

本书作者团队在 SSD 领域深耕多年，在 SSD 测试领域也一样经验丰富。本书将他们的经

验总结成文字，结构清晰，通俗易懂，相信能给从业人员很好的指导。本书的出版必然能够让 SSD 测试的重要性为更多人所知，帮助读者构建一个从测试领域出发讨论 SSD 产品指标的平台。

——陈轶　晶存阵列科技总裁 &CEO

本书由多位存储行业的测试专家联袂撰写，充分展示了作者深厚的专业知识和丰富的实践经验。全书内容翔实，结构清晰，涵盖 SSD 测试的各个方面。从 SSD 测试概览部分的基础知识、分类和发展趋势，到 SSD 产品测试部分的详细测试流程，以及 SSD 测试分类、设计与实现，作者都做了全面、专业的论述；在主控芯片和闪存测试部分，作者又深入介绍了主控芯片和闪存测试方法，进一步体现了作者扎实的专业功底；测试认证、仪器与设备部分则介绍了各种前沿的测试标准和设备。本书每一章、每一节都经过精心设计和编排，内容丰富，条理清晰。

这本书既适合 SSD 初学者入门，又能为资深工程师提供深度参考，不仅是一本实用的技术指南，更是一部行业典范之作，值得每一位 SSD 测试从业者珍藏和反复阅读。感谢各位作者的辛勤付出，为我们带来这样一本内容丰富、专业性强的杰作！

——岑彪　莺起科技 CEO

测试是一个产业健康发展必不可少的组成部分，健康的产业需要有完整的测试生态。SSD 已被广泛应用，其产品和技术复杂多样，然而，SSD 的测试生态还不健全。为此，我联合权威专家学者编制了国家标准 GB/T 36355—2018《信息技术 固态盘测试方法》，该标准于 2018 年发布；为了解决 SSD 的分类问题，我又组织编制了中国计算机行业协会标准 T/CCIASC 0005—2024《固态盘分类分级技术规范》；我们还为广大用户提供了大量专业的第三方 SSD 权威测评服务。

近日，喜闻《深入浅出 SSD 测试》即将出版，该书从测试方法、测试流程、测试管理、测试工具和平台、测试设备等方面对 SSD 测试做了详细介绍，对从事 SSD 技术研究、生产制造、测试服务、运维服务的工程师和普通消费者都有很大的帮助，它将告诉我们怎么去测试 SSD 以保证产品质量，从而更好地保护宝贵资产——数据。本书的出版将进一步促进 SSD 产业和生态的健全。

——欧阳小珊　博士、教授级高工
中国计算机行业协会信息存储与安全专委会秘书长看到这本书时，不由得感叹，测试是 SSD 成功最强大的后盾，业内终于有一本关于 SSD 测试的专著了。在《深入浅出 SSD》的基础上，本书解读了 SSD 测试。

本书详尽地阐述了从测试立项到 SSD 产品生命周期维护的整个流程，涵盖了测试需求分析、测试用例设计、自动化测试开发等关键环节。同时，书中对闪存颗粒和主控芯片的测试给予了极大的关注，详细讨论了闪存失效模式和测试方法，还涉及了 SSD 相关协议的认证，如 PCI-SIG、UNH-IOL、WHQL 等，为读者揭示了 SSD 在不同应用场景下必须满足的测试标准。

总之，本书是固态存储技术从业者的必读之作。无论是 SSD 测试工程师、硬件开发人员，还是对存储技术有深入研究的学者，都能从中获得宝贵的知识和启发。它不仅会提升我们对 SSD 测试重要性的认识，更会为我们提供实现高性能、高可靠性 SSD 产品的实用工具和方法。强烈推荐给所有致力于推动存储技术发展的专业人士。

——古猫先生 "存储随笔"主理人

1956 年 IBM 研制出世界上第一个硬盘，从此开启了波澜壮阔的现代存储产业。从 2000 年开始，机械硬盘行业进入整合期，希捷、西数、IBM、三星、迈拓、昆腾、东芝、富士通等硬盘厂商之间的竞争逐渐白热化。2000 年迈拓收购昆腾，2003 年日立合并 IBM 硬盘（更名为日立环储）；2005 年希捷收购迈拓，2009 年东芝收购富士通硬盘，形成希捷、西数、日立、三星、东芝"春秋五霸"；2011 年西数收购日立环储、希捷收购三星硬盘，进入西数、希捷和东芝"三国鼎立"阶段。遗憾的是，在这场持续半个多世纪的产业革命中，几乎没有来自中国大陆的品牌。

当西数、希捷和东芝进入寡头垄断之际，基于闪存的固态硬盘快速发展，掀开了存储产业新的篇章。消费级 SSD 发展在先，企业级 SSD 兴起在后。当前，人类社会正在进入第四次工业革命，基础就是算力和存储。AI 的加速发展，特别是大模型和 AIGC 的普及，将为 SSD 存储带来无比广阔的发展空间。

SSD 核心部件包括主控芯片、闪存芯片和固件，具有技术壁垒高及相关知识难度大的特点。《深入浅出 SSD》第 1 版在 2018 年问世，随即成为 SSD 从业者（包括研究者、开发者和使用者）了解 SSD 工作原理和技术的畅销书。2023 年推出的第 2 版，在内容方面大幅更新，补充了对 ZNS 等新技术、NVMe 新标准和市场新格局的介绍。可以说，这套书已经成为圈内人士的必备良器，帮助许多有识之士进入闪存产业。

需要指出的是，一款 SSD 产品的诞生，除了需要优秀的硬件设计和固件开发外，还需要优秀的测试团队、先进的测试设备、科学的测试方法，以及丰富的测试用例。在过去，测试的 know-how 仅掌握在 SSD 供应商和少数大客户手中，所谓"真经不外传"。为了揭开 SSD 测试的神秘面纱，本书的几位作者不辞辛苦，广泛收集资料，结合自身从业经验，撰写了《深入浅出 SSD 测试》，将"深入浅出 SSD"这套书推到一个崭新的高度。

我们知道，SSD 大致可以分为消费级和企业级，其测试设备、流程、方法和用例都有很大区别。以企业级 SSD 为例，测试犹如"降龙十八掌"，博大精深，包含 SSD 协议符合性测试、认证测试、功能测试、性能测试、兼容性测试、上下电测试、高低温测试、压力测试、功耗测试、可靠性测试、长稳测试等。SSD 供应商为了确保产品优异，有一整套研发测试和量产测试流程；服务器厂商和互联网客户等，为了确保企业级 SSD 达到服务器规范要求，且长时间使用不出问题，积累了大量测试用例。除了 SSD 整盘测试外，主控芯片和闪存颗粒还有针对自己器件的专门测试，不一而论。强烈推荐大家阅读本书了解相关知识。

  作为 SSD 从业者，我期待与各位读者在存储江湖相见，切磋技艺，一起为数字世界创造更好的闪存产品。

杨亚飞　博士

大普微电子董事长

存储的本质是跨越时间传递信息，而跨越时间需要有经得起时间考验的存储介质。在华夏大地，贺兰山岩画跨越万年，向我们传递了先人狩猎征战的具象信息。竹简和帛书记录了老子、孔子的思想，跨越2000多年时间，为我们保存了中华文化的奠基性文献。汉代蔡伦的造纸术，则是一项改变世界历史的发明，纸张用于记录人类历史和世界万千气象，一直是承载人类文明最重要的存储介质。人类进入以数字化为特征的信息时代，经得起"时间考验"的主流存储介质主要分为磁、光、电三类。以保存电荷为原理的闪存历经40年的发展，已成为当下主流的存储介质，全方位渗透至我们的生活。

1967年，施敏和姜大元博士在美国贝尔实验室发明了浮栅晶体管，奠定了闪存的物理基础。1984年，舛冈富士雄在日本东芝公司发明了实用的闪存存储器，这是闪存发展史上的里程碑。此后的40年，经过无数科学家和工程师的努力，闪存颗粒的存储容量提升了百万倍以上，但容量提升是以牺牲存储性能、耐久性、保存时间为代价的。以闪存为介质的固态盘（SSD），凭借其在性能、体积方面的优势，迅速在手机、笔记本计算机、车载产品等终端设备上占据了统治地位，并在服务器、数据中心等高性能存储领域抢占了越来越多的机械硬盘的市场。

在机械硬盘时代，我国错过了发展的良好机遇，面临着机械硬盘全部靠进口的局面，严重制约了我国存储相关产业的发展，并影响了我国的信息安全。值得庆幸的是，在固态盘上，我国已较全面掌握了核心技术，在闪存介质、主控芯片和固件等方面，经过近20年的努力，已经具备了较强的市场竞争力。但应该看到，相比于国际存储大厂，我们在各方面还有不小的差距。

智能时代已经到来，数据量以前所未有的速度增长，导致对数据存储的需求也急剧增长。固态盘的出现给予了我们新的机遇，在主流存储技术的新赛道上，我们要勇于迎接挑战，攻克研发、生产、测试等方面的难题，探索出好的存储评测方法，使我国存储产业形成更强大的国际竞争力。

要发展固态盘技术，就需要培养更多懂固态盘技术的专业人才。《深入浅出SSD》是一本很好的讲解固态盘基本原理的书籍，对普及固态盘技术做了很好的铺垫。固态盘在研发、生产和应用过程中，面临性能、耐久性、数据保存时间、安全等问题，这些均离不开测试这个重要环节。然而，目前尚缺乏专门论述固态盘测试技术的书籍，从事固态盘行业的工程技术人员往往是根据自己或企业积累的经验来进行测试工作的，而这种各企业和个人积累的技术和经验很少流通，行业缺乏系统的理论、方法和工具使用介绍，这显然不利于我国固态盘技术的快速迭代。

本书为继《深入浅出SSD》后，聚焦SSD相关技术的又一部力作，作者都是长期从事固态盘开发和测试技术研究的资深人士，他们对自己多年积累的技术和经验进行了系统梳理，并以深入浅出的方式向专业读者全方位呈现了固态盘测试技术的精髓。作为一名在高校长期进行存储技术研究和专业教学、与固态盘企业有长期合作经验的教师，我认为本书对从事固态盘研发、生产和应用的工程技术人员具有重要参考价值，对高校相关专业的学生而言，也具有较好的借鉴价值。衷心希望本书在促进我国固态盘技术和产业发展方面起到良好的促进作用。

吴非

教授、博士生导师

华中科技大学武汉光电国家研究中心/计算机学院

信息存储系统教育部重点实验室

自进入 21 世纪以来，以大数据、云计算等为代表的高性能计算系统，以及以手机、平板计算机等为代表的移动终端系统均得到了前所未有的发展。而这些系统背后一个最为关键的部件就是存储设备，基于闪存构建的固态存储设备（Solid State Drives, SSD）是过去十几年来最具代表性的存储设备之一。SSD 以其优越的性能、超低的功耗、极致的抗震性等优越特性在高性能系统和移动终端系统中均得到了广泛认可和应用。但是，不同于传统的磁盘存储设备，SSD 复杂的内部设计逻辑使得对其进行管理非常复杂。经典的 SSD 由设备接口、设备控制器和存储芯片三大部件构成，其中设备接口又分为基于 NVMe 访存协议的 PCIe 接口、UFS 接口及基于 SCSI 的 SATA 接口等不同类型；设备控制器则会针对上层提供读写接口，对下层芯片进行管理，其中包括大量的固件算法，如垃圾回收、均衡磨损、纠错、缓存管理、坏块管理和数据映射等算法；存储芯片则包括芯片控制器和不同类型的存储芯片，其中芯片根据每个存储元可存储的比特数又可以分为 SLC、MLC、TLC、QLC 及最新的 PLC。

目前全球市场在 SSD 方面展开了全面角逐。国际上以英特尔（Solidigm）、海力士、三星、东芝等为代表的芯片原厂在固态存储设备方面形成了强大的产品竞争力。我国则在 2010 年后全面推动针对固态存储设备芯片的研发，目前以武汉长江存储为代表的闪存芯片企业已然崛起，为我国在该领域的发展填补了关键空白。不同于国际厂商，武汉长江存储以其先进的芯片结构和技术在该领域异军突起。

2023 年，SSDFans、胡波、岑彪和我联合撰写的《深入浅出 SSD》第 2 版的出版为长期缺乏基础专著的固态存储领域提供了重要的基础素材。2024 年，欣闻《深入浅出 SSD》的部分核心成员又撰写了《深入浅出 SSD 测试》一书，该书重点针对 SSD 行业的另一个关键问题——SSD 研发生产过程中的测试问题，展开全面介绍。不同于《深入浅出 SSD》，该书集中对 SSD 测试进行全面且详细的解读，是一本全面介绍 SSD 测试的专业书籍。该书的编写人员均是来自一线企业的技术精英，他们基于自己的实践经验完成这本著作。相信各位在阅读这本书的时候，能够学到关键技术。本书一定会助力 SSD 行业的深度发展。

石亮

华东师范大学大数据智能系统实验室教授、博士生导师

上海市计算机学会存储专业委员会主任

CCF 信息存储专委常务委员、CCF 杰出会员

　　自癸卯年（2023年）八月《深入浅出SSD》第2版出版后，许多存储行业的朋友反馈：第2版的内容很好，为学习SSD存储提供了很大的帮助，行业内的新人和工程师几乎人手一本。作为中文版图书，《深入浅出SSD》第2版像第1版一样，继续推动着国内SSD存储技术的普及和行业的发展。对此笔者深感欣慰！

　　笔者从事SSD相关工作18年有余。时光荏苒，自1984年东芝的舛冈富士雄先生发明闪存至今已有40多年了。谁也没想到，如今闪存行业已发展为全球每年六七百亿美元产值的产业，并取代磁存储成为实现快存储的主要器件。在这个过程中，以闪存为核心存储器件的SSD功不可没。闪存及SSD能屹立潮头，凭借的是不断增加的存储密度、不断迭代提升的产品可靠性、不断跟随应用需求变化而变化的产品特性及唯快不破的极致性能等优势。

　　如今在国内产业链上，有提供闪存的原厂，有提供越来越好的消费级和企业级控制器的厂商，有能整合上下游资源为消费者提供各类型SSD产品的多家模组上市公司，有大量质优价廉的制造加工和封装测试企业，以及大量优秀的存储工程师队伍。版图已形成，产业发展进入快车道，剩下的就是各行各业做好产品、服务好国内外客户，争取在即将到来的每年千亿美元闪存产业蛋糕中分得更大的一块。

　　我们能做点什么？为SSD产业生态发展分享专业技术，对国内存储产品及相关企业进行宣传，为工程师提供技术咨询……这正是我们撰写"深入浅出SSD"系列书籍的原动力。

　　一款SSD产品的量产，无论是消费级还是企业级，都离不开主控芯片、固件、闪存等，如何把这些SSD器件集成在一起并顺畅工作？这就会涉及SSD硬件和固件的开发与测试。产品开发的内容，比如固件开发、闪存使用等，在《深入浅出SSD》中已有大量介绍，但是其中对测试的介绍很少。测试是保障SSD产品质量的基础，是SSD产品研发和量产环节中必不可少的一项支持性技术。测试是"隐藏的产品力"。

SSD 质量要想由测试充分保障，就需要完善、全面的测试方法和流程，因为只有这样才能在出厂前挖出 SSD 一个又一个的缺陷。SSD 测试按照研发阶段可以分为研发测试、系统兼容性测试、可靠性测试和量产测试等，测试对象包括 SSD 上的所有硬件组件和固件。各个阶段的测试又需要不同的测试工具、平台和方法的支持。测试所涉内容纷繁复杂又各不相同，所以有一本书能系统梳理和介绍各类 SSD 测试技术就显得非常有必要了。

综上，撰写一本专门介绍 SSD 测试的书正当其时。于是，撰写《深入浅出 SSD 测试》的想法诞生了，这本书将成为"深入浅出 SSD"系列书籍的一块拼图。

为了完成本书，笔者抱着试试看的心态，找到资深测试大咖攻城狮、大毛、储鹤（Crane）和阿伦（Alan），并详细介绍了自己的想法，或许是点燃了大家多年积压的激情，我们一拍即合。说干就干，于是本书的写作正式开工了。

本书几乎覆盖了 SSD 测试的各个模块，既可以作为一本 SSD 入门书籍进行阅读，也可以作为 SSD 测试专业技术书籍进行阅读，特别适合 SSD 研发及存储系统研发企业的员工、存储方向的在校学生，以及其他对 SSD 感兴趣的人阅读。本书不仅可以帮助读者快速建立 SSD 测试知识体系，还可以在需要的时候作为工具书供查阅。

本书涵盖 SSD 测试概览（第 1 章）、SSD 产品测试（第 2~5 章）、主控芯片测试（第 6 章）、闪存测试（第 7 章）、测试认证（第 8 章）、仪器与设备（第 9 章）等与 SSD 测试相关的各个方面。

- SSD 测试概述，简要介绍了 SSD 和 SSD 测试相关的基础知识，包括什么是 SSD 测试、SSD 测试的目的和重要性、对 SSD 测试从业者和团队的基本要求等重点内容。
- SSD 产品测试，首先分别基于立项、计划、设计与开发、执行、总结这几个阶段介绍了 SSD 测试的主要工作内容及对应实现方法，然后介绍了测试管理相关内容，接着介绍了 SSD 测试的分类及不同类型测试的设计与实现方法，最后介绍了 SSD 的通用测试平台、测试软件和专用测试平台。
- 主控芯片测试，总体介绍了用于主控芯片测试的主要软硬件平台，以及在对应平台上进行主控芯片测试的方法。
- 闪存测试，重点介绍了闪存的失效模式，以及闪存测试的主要方法。
- 测试认证，介绍了业界主要 SSD 认证测试项目，包括 PCI-SIG、UNH-IOL、WHQL 及国内测试标准等。
- 仪器与设备，重点介绍了几种用于 SSD 测试的仪器设备，包括 RDT 可靠性测试设备、协议分析仪等。

为了保证本书的高质量，我们在内容和表达两个方面都进行了严格打磨（字斟句酌），为此我们开了无数次周会进行讨论，甚至对部分内容进行过大面积重写。目的就是希望本书能给读者带来良好的阅读体验和满满的收获。当然，我们的水平毕竟是有限的，再加上时间仓促，书中难免会出现一些错误或者不准确的地方，恳请读者批评指正，你可通过微信号（bobhu002）或邮箱（nand_tech@126.com）随时与我们进行交流。

胡波
写于上海

致　谢 *Acknowledgements*

常言道"独行快，众行远"，对应到写作上就是"孤笔滞，友砚畅"。各位作者难免有知识的盲区，所以在写作过程中曾向多位亲朋好友求助，也得到了多位好友的主动帮忙，在此向大家表示感谢。

借此机会，首先要特别感谢 Solidigm 的王毅、美光的邹文锋、德明利的田鹏飞、德伽存储的周斌（排名不分先后）一直以来对本书的支持。他们为本书提供了宝贵的参考材料和修改建议。王毅给本书提供了企业级 SSD 测试的专业知识和建议；邹文锋和田鹏飞审阅了闪存测试相关的内容，并提供了专业的修改和补充建议；周斌在 SSD 可靠性测试方面提供了帮助。在他们的帮助下，本书内容更加丰富和专业了。

感谢长江存储、江波龙、德伽存储、SANBlaze、Quarch、大普微、PyNVMe、至誉科技、弯起科技、LeCory、晶存阵列（排名不分先后）为本书提供的经典测试案例、专业测试方法、典型产品测试介绍及必不可少的测试设备介绍，这些极大地丰富了本书内容。

最后要隆重感谢正在阅读本书的你，有了作为读者的你的支持，我们才有了不断创作与分享的激情，才有了本书顺利面市的基础！

Contents 目 录

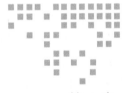

第 1 章 *Chapter 1*

SSD 测试概览

本章主要针对固态硬盘（Solid State Drive，SSD）及 SSD 测试相关的基础知识进行简单介绍，后半段就 SSD 测试团队、测试人员的要求进行一些探讨。对于刚刚入门或者打算了解 SSD 测试相关内容的读者，我们建议不要轻易跳过本章；有经验的读者，可以有针对性地选择感兴趣的内容进行阅读。

1.1 SSD 概述

无论是对于消费级市场还是对于企业级市场来说，SSD 都是一种主流的存储设备，本节会简单介绍一些 SSD 相关的基础知识。

1.1.1 SSD 的基础知识

1. SSD 主要组成部件

一般来讲，我们见到的 SSD 基本都是由主控芯片、存储介质（比较常见的非易失性存储介质是 NAND）、缓存（如 DRAM）和外壳等几个主要部件组成。

- 主控芯片是 SSD 的控制中心，且可提供一些强大的硬件计算、数据保护和数据加密等处理能力。
- 存储介质主要用来存放数据，主机（Host）写入 SSD 的数据最终都会保存到存储介质中。主机从 SSD 读取数据，一般也是从存储介质中读取的。
- 缓存具有更高的读写速度和更低的延迟，主要用来存放一些 SSD 固件内部的表项，也可以用来缓存一部分读写的数据。当然，也有部分 SSD 是无缓存（DRAM-less）

类型的，即自身不带有缓存。

- 外壳主要起保护和散热作用。SSD 厂商一般都会在 SSD 外壳和上述其他器件中添加散热硅片等，以进一步加强散热。有些消费级 SSD 也可能不配备外壳，直接以 "裸盘" 形式提供，比如一些常见的 M.2 规格的盘。企业级 SSD 和部分消费级 SSD 还会配备电容（Capacitor），以便更好地在掉电时保护数据。

图 1-1 为 SSD 主要部件的示意图。

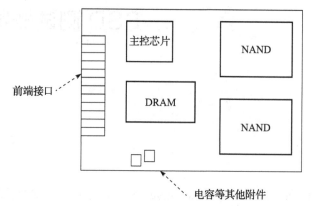

图 1-1　SSD 主要部件示意图

除了主控芯片，有的特型 SSD 还可能搭载辅助芯片或者电子元器件以完成一些特定功能或者对某些功能进行加速和增强，例如可计算存储 SSD、军工行业的 SSD 等。

前端接口常见的有 SATA、PCIe 金手指等。更加详细的介绍可以参考 1.1.2 节。

通常来讲，SSD 研发团队所接触到的 SSD 基本都是已经装配完成的，并不会以单独的电子器件形式出现。这些电子器件在完成装配前，都会通过特定的调试和测试，但是这并不能保证这些器件一定不会存在问题。我们在研发测试过程中也需要留意某些问题可能是与硬件相关的，比如与主控芯片、存储介质甚至是 PCB 电路相关都是有可能的。

2. SSD 数据存储

写入 SSD 的数据，最终会被存储在 NAND（门非门存储器又称 NAND 闪存或闪存，本书中 NAND 和闪存不作区分）介质上。对于有 DRAM（动态随机存取内存）的 SSD，数据还可能被临时缓存在 DRAM 中，依据 SSD 内部实际调度情况，在合适的时机才会下刷至 NAND 上。我们可以简单地把数据理解成货物，把 NAND 理解成存储货物的仓库，而 DRAM 则可以理解为货物的中转站。我们在设计相关测试用例时，需要意识到写入 SSD 的数据并不一定意味着数据已经成功被 "写透" 到后端存储介质上，即数据可能仍然被暂存在 "中转站"。

NAND 是一种非易失性存储介质，NAND 上的数据即使是在断电情况下也能够正常保存。块（Block）⊖和页（Page）是两个常见的与 NAND 操作相关的寻址概念。一般来讲，一

　⊖　多个块会组成面（Plane）。

个块包含若干个页，每个页会存放若干个字节（Byte）。图 1-2 为 NAND Die 内部的简单示意图，解释了块与页的关系。

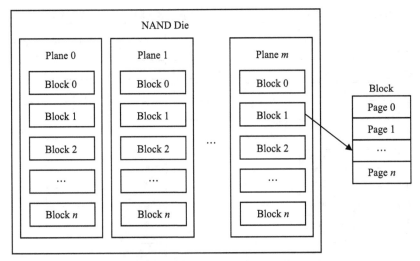

图 1-2　NAND Die 内部的简单示意图

SSD 固件对 NAND 进行编程（Program，也可以称为写）操作和读（Read）操作时，一般是以单个页或者多个页为一组进行的；对 NAND 进行擦除（Erase）操作时，一般是以单个块或者多个块为一组进行的。一般地，我们可以认为块是 NAND 擦除操作的最小单元，页是 NAND 读写操作的最小单元。

对于 NAND 的读、写、擦操作，不同厂商甚至同一厂商的不同 NAND 类型都可能会有一些特殊的要求和限定。这对于 SSD 测试人员来说是至关重要的，因为会直接影响相应测试用例的设计，我们需要特别留意这些特定的要求。

NAND 是有一定使用寿命限制的，在使用过程中随着磨损的加深，数据有可能会出现问题。我们保存在 NAND 上的数据也并不是一直保持不变的，某些情况下，部分单元（Cell）的电压会发生偏移，导致读取的数据发生错误。一般地，当 NAND 块在使用过程中出现介质错误时，SSD 固件会将其判定为坏块（Bad Block），并永久性地屏蔽掉而不再使用。图 1-3 展示了一个简单的带有坏块的 SSD NAND 块的分布，我们使用阴影框代表坏块。一般地，SSD 固件会将多个块放在一起进行统一管理，我们称其为逻辑概念上的超级块（Super Block）。随着 SSD 的使用，某些超级块会因为坏块而出现一些"空洞"。当设计一些对数据分布敏感的测试用例时，我们需要特别留意这些"空洞"，避免测试逻辑被破坏。对于此类测试用例，我们建议直接从固件获取相应的坏块物理位置，而不是在脚本侧按照逻辑去估算位置。

有的 SSD 固件设计中会对坏块的物理位置进行逻辑意义上的替换，即使用另外一个位置的好块替换当前超级块中的坏块，这样就可以降低超级块的管理复杂度。测试人员在设计相应测试用例时，需要留意类似的固件设计。图 1-4 是一个带有上述替换功能的固件设计示意图，图中当前超级块中的灰色坏块被替补区域的一个正常块所替换。

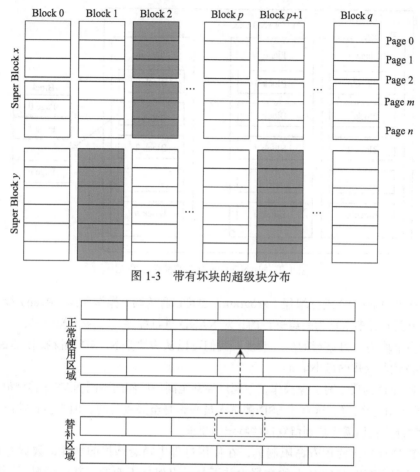

图 1-3　带有坏块的超级块分布

图 1-4　带有替补块管理的超级块分布

　　某些 NAND 在特定的块或者页的位置上，会更加高概率地出现介质错误。测试团队需要尽量获取相关信息，并针对性地设计一些测试用例以增强覆盖。

　　总而言之，作为测试人员，我们需要了解 NAND 使用的特性及 SSD 固件块管理的详细设计。这些是我们设计相应测试用例的核心基础，也是测试用例达到预期测试目的的重要前提。从经验角度来讲，我们强烈建议在实现这一类型的测试脚本时，将关键配置进行参数化，这会大大降低后续脚本维护的成本。

3. 主机端的数据

　　主机侧一般是利用逻辑块地址（Logic Block Address，LBA）与 SSD 进行交互的。通常我们认为，逻辑块（Logic Block）是主机对 SSD 进行访问的基本单位，512 字节和 4 096 字节是比较常见的逻辑块大小。根据实际业务需求，我们也会使用其他大小的逻辑块。在企业级 SSD 中我们可能还会看到诸如 4 096 字节 + 8 字节或者 4 096 字节 + 16 字节的逻辑块大小。

　　从普通 SSD 使用的角度来看，我们常见的操作可能是创建一个文件并写入一些文字，安装一个游戏，下载一个电影等。用户所看到的并不是某个逻辑块地址或者一组逻辑块地址。这主要是因为在操作系统中，一般都是基于某个文件系统操作 SSD 的。而这些文件系统中的相关操作，都会借助底层的驱动对应到一个个的逻辑块地址，再跟 SSD 去交互。对于一个 SSD 测试人员，我们需要理解隐藏在背后的这些操作。SSD 研发测试过程中，我们一般也会设计一些基于原始逻辑块地址来寻址的测试用例，而不是一味地使用基于文件系统的测试。

　　了解完主机的寻址方式后，我们还需要简单了解主机与 SSD 的交互和协同方式。一般来讲，主机侧会把针对连续的一段逻辑块地址的相同操作（比如读操作或者写操作）封装成一个或者多个命令，并将这些命令通过驱动发送给 SSD。SSD 在收到这些命令并完成指定操作后，会将相应结果反馈给主机。主机收到反馈后，会依据 SSD 的反馈做出相应的动作。例如，当 SSD 返回一个错误状态时，主机可能按照设计将错误记录下来并进行上报，甚至可能做一些必要的纠错尝试。所以，当设计一些协议或者命令相关的测试用例时，我们还需要关注一些命令的异常场景覆盖。

　　此外，需要特别指出的是，当某个逻辑块地址被主机写过之后，主机是可以直接对该逻辑块地址进行"再次"写操作的（SSD 固件在背后做了一系列的动作以支持该操作）。在之前的一些面试经历中，我们发现有一部分比较初级的求职者甚至会认为当 SSD 上所有逻辑块地址都被写过之后，这块 SSD 就不能再使用（写入数据）了。这其实是一个比较明显的误解。

1.1.2　SSD 的分类

　　对于 SSD，我们经常会听说 SATA 盘、SAS 盘和 NVMe 盘等，可能还会听到 SATA 接口、SAS 接口、PCIe 接口以及 M.2、U.2 接口等说法。其实这些都只是大家按照不同维度对 SSD 进行的一个分类而已，表 1-1 简单介绍了常见的 SSD 相关上层协议、数据通道和接口类型之间的关系，这几个是 SSD 分类的不同维度。

表 1-1　SSD 相关上层协议、数据通道及接口类型之间的关系

上层协议	AHCI			SCSI	NVMe	
数据通道	SATA	SATA E	PCIe	SAS	SATA E	PCIe
接口类型	SATA、mSATA、SAS、M.2、U.2	SATA E	M.2、U.2、PCIe 等	SAS	SATA E	M.2、U.2、PCIe 等

1. 按照接口类型分类

SSD 接口有很多种，常见的有 SATA、mSATA、SATA Express、SAS 和 PCIe 等。

SATA（Serial Advanced Technology Attachment，串行高级技术附件，又称串行 ATA）

接口从 HDD 时代一直沿用至今，期间 SATA 经历了从 SATA 1、SATA 2 到 SATA 3 的迭代更新。其中 SATA3 支持 6GB/s 的传输速率，SATA 接口常见于 M.2 和 2.5 英寸的 SSD。

随着超薄本等便携式设备的发展，人们对 SSD 的尺寸和大小提出了更加严苛的要求，这就催生了 mSATA 和 M.2 尺寸 SSD。

另外，随着数据量的迅速膨胀，大家对 SSD 的速度也提出了更高的要求。于是 SATA Express 应运而生，并且另外一个发展方向 SAS（Serial Attached SCSI[⊖]，串行 SCSI）也逐渐崭露头角。SAS 接口一般应用于服务器上。SAS 4.0 支持的速率更是达到了 24GB/s，相较于 SATA 3 提升还是比较明显的。

近几年随着云、大数据和人工智能等新兴技术的蓬勃发展，人们对 SSD 速度的需求也达到了一个新的高度。我们可以看到，一些高端消费级和部分企业级 SSD 也逐渐趋向于使用 M.2、U.2 SSD 的 PCIe 接口。最新的 PCIe 6.0（x16）的理论传输速率甚至达到了 256GB/s。

2. 按照应用领域分类

SSD 按照应用领域的不同可以细分为以下几类。

- **消费级 SSD**：如今 SSD 在消费级市场逐渐普及，这类产品一般更加偏重性能。用户最为直观的体验一般为更快的设备开机速度、软件加载速度、文件传输速度和更低的功耗等。数据的可靠性在该领域也逐渐被人们关注，一些高端消费级产品也逐步开始利用诸如盘内数据冗余、电容等手段，来提高数据的稳定性。SATA 和 PCIe 接口的 SSD，在消费级市场更加常见。
- **企业级 SSD**：SSD 在企业级市场的占比是逐年增加的，人们更加关注产品的性能、安全、功耗和成本等。根据实际应用场景的不同，企业级市场又可以细分为云、数据中心、车载和监控等。这些细分领域对于 SSD 的特性又有着不同的特殊需求。U.2 和 PCIe 接口的 SSD 在企业级市场相对常见一些。
- **工业及军工市场 SSD（简称军工级 SSD）**：军工级 SSD 一般会针对某些特性追求极限能力，相应地也可以接受其他特性在一定程度存在不足。例如，军工级 SSD 一般会要求在极端环境（高温、低温、高压和高湿度等）下具有较高的稳定性、高安全性和高耐用性等。

1.1.3 SSD 的发展趋势

随着 SSD 应用场景的不断变化、细分及相应技术的不断演进，SSD 相关的协议、存储介质技术也在不断地更新迭代。本节将简要介绍 SSD 相关的标准协议、PCIe 协议的演进及 NAND 技术的迭代情况。

1. 标准协议的演进

SSD 使用的上层协议由早期的 AHCI 和 SCSI 逐渐向 NVMe（Non-Volatile Memory

⊖ 全称 Small Computer System Interface，即小型计算机系统接口。

Express，是一种非易失性存储器协议）演进。

西部数据公司在 1981 年提出了 SCSI 协议，当时 SCSI 协议主要被用于连接磁盘驱动器、打印机等外设。中间经历了多个版本的迭代，SCSI-5 于 2003 年推出，它支持更高的数据传输速度和更大的带宽。

SAS 在 2004 年被提出，是一种基于 SCSI 的接口协议，它支持更高的数据传输速度和更大的带宽，同时也支持更多的设备类型和系统，因此 SAS 逐渐替代了 SCSI。

AHCI（Advanced Host Controller Interface，高级主机控制器接口）是一种应用于 SATA 接口设备的标准接口协议，由 Intel 在 2004 年提出。初期的 AHCI 主要是为了提升 SATA 接口设备的性能，主要包括原生命令队列（Native Command Queuing，NCQ）和主机总线适配器（Host Bus Adapter，HBA）功能。在 2005 年的 1.1 版本中 AHCI 增加了 SATA 热插拔和电源管理等功能；在 2010 年的 1.4 版本中 AHCI 对 SATA 3 进行了支持；2012 年的 1.5 版本中 AHCI 增加了对 SATA 节能模式（即 Device Sleep 模型，也称设备睡眠模型，简称 DevSleep）功能的支持。

NVMe 协议最早于 2011 年推出，旨在提高 SSD 的数据传输速度和带宽能力。2013 年 NVMe 1.0 发布，该版本对 PCIe 总线进行了支持，可以说是一个划时代的开端。2014 年的 NVMe 1.1 版本增加了对系统管理总线（System Management Bus，SMBus）的支持，实现了对 SSD 更好的管理和监控功能；2015 年的 NVMe 1.2 版本增加了对多命名空间、多队列、多控制器的支持；2017 年的 NVMe 1.3 版本增加了对多线程和非易失性内存、数据加密和命名空间管理的支持；2019 年的 NVMe 1.4 版本增加了对 ZNS（Zoned Namespace，分区命名空间）、P2P（Peer-to-Peer，点对点）和 CDMI（Cloud Data Management Interface，云数据管理接口）的支持。同时，PCIe 的迭代对 NVMe 的演进和发展起到了至关重要的作用。目前，NVMe SSD 在市场上的占比稳步提升。

2. PCIe 的演进

前文提到了 SSD 使用的一些常见数据通道，PCIe（Peripheral Component Interconnect Express）就是其中主要的一种。特别是与 NVMe 的配合，让 PCIe 的迭代发展对 SSD 的性能起到了关键性的作用。

PCIe 是一种高速串行计算机扩展总线标准，最初是由 Intel 于 2001 年提出的。迭代至今（本书完稿时），最新的版本是 2022 年发布的 6.0 版本。表 1-2 介绍了 PCIe 各个版本及它们所对应的 x16 通道下的速率。

表 1-2　PCIe 各版本简介

版本	发布年份	传输速率 /（GT/s）	x16 通道带宽 /（GB/s）
1.0	2003	2.5	4
2.0	2007	5	8
3.0	2010	8	15.75

（续）

版本	发布年份	传输速率 / (GT/s)	x16 通道带宽 / (GB/s)
4.0	2017	16	31.5
5.0	2019	32	63
6.0	2022	64	128

虽然目前 PCIe 标准已经发布到 6.0 版本，甚至正式的 7.0 版本标准也可能会在 2025 年发布，但是市场层面的普及还为时尚早。当前相对主流的平台，还是集中在 PCIe 3.0 和 PCIe 4.0。甚至 PCIe 3.0 还在被更加广泛地使用，堪称 PCIe 家族的"老寿星"。目前各大 SSD 厂商发布的新品，基本都在朝着 PCIe 5.0 演进。随着数据中心和人工智能等技术的迅速发展，相信 PCIe 6.0 的普及也会被进一步加速。

表 1-2 提到了各个 PCIe 版本 x16 通道下的带宽。而 NVMe SSD 一般使用 x4 通道，所以我们需要实际做一下换算，如 5.0 的 x4 带宽为 63/4，即 15.75GB/s。

3. NAND 的演进

1984 年，东芝（现在的铠侠 KIOXIA）提出了"闪存"这一概念，并于 1987 年发明了全球第一个 NAND 闪存，但是，当时东芝押宝在 DRAM 业务上。20 世纪 90 年代中后期，日本 DRAM 产业屡遭冲击，深陷政治与经济双重打压的"泥潭"。随后，东芝将 DRAM 业务出售给美光，重新押宝 NAND 赛道。

1991 年，东芝发布了全球首个 4Mb 容量的 NAND。紧接着，英特尔一年后发布了 12Mb 容量的 NAND。两年后，三星也推出了自己的 NAND，并且在 1999 年推出了首款 1Gb NAND。2001 年，东芝与闪迪也联合推出了 1Gb MLC NAND。2007 年，东芝再一次将 2D NAND 推向了 3D 时代，发布了基于 BiCS 技术的 3D NAND。不得不说，智能手机的普及给 NAND 技术的发展"加了一把很旺的火"。

近几年，各大 NAND 厂商都在研究各自的堆叠技术，层数也越来越高。特别值得一提的是，国产 NAND 厂商长江存储异军突起，发展非常迅猛。表 1-3 简单列举了目前国际几大 NAND 厂商的技术发展史。

表 1-3　各大 NAND 厂商技术发展史

厂商	年份	技术发展
三星	2013	第一代 V-NAND，24 层 128Gb
	2014	第二代 V-NAND，32 层 128Gb
	2015	第三代 V-NAND，48 层 256Gb
	2017	第四代 V-NAND，64 层 256Gb
	2018	第五代 V-NAND，96 层 256Gb
	2019	第六代 V-NAND，128 层 512Gb
	2020	第七代 V-NAND，176 层 512Gb
	2022	第八代 V-NAND，236 层 1Tb

（续）

厂商	年份	技术发展
SK 海力士	2014	3D NAND
	2015	36 层 3D NAND
	2016	48 层 3D NAND
	2017	72 层 3D NAND
	2018	96 层 3D NAND
	2019	128 层 3D NAND
	2020	176 层 3D NAND
	2022	238 层 4D NAND
	2023	321 层 4D NAND
铠侠	2007	3D NAND
	2012	24 层 BiCS1 3D NAND
	2015	48 层 BiCS2 3D NAND
	2017	64 层 BiCS3 3D NAND
	2018	96 层 BiCS4 3D NAND
	2020	112 层 BiCS5 3D NAND
	2021	162 层 BiCS6 3D NAND
长江存储	2018	Xtacking 技术发布
	2019	64 层 TLC 3D NAND
	2020	128 层 TLC/QLC 3D NAND
	2022	232 层 3D NAND

　　除了 NAND 堆叠层数越来越高，另外一个发展方向就是存储单元表达的 bit 数越来越多。从最早期的单层单元（Single-Level Cell，SLC）、多层单元（Multi-Level Cell，MLC）逐渐发展到目前主流的三层单元（Triple-Level Cell，TLC）、四层单元（Quad-Level Cell，QLC）。而随着存储单元表达的 bit 数的增多，NAND 的寿命也会在一定程度上相应减小。图 1-5 体现了 NAND 从 1bit 单元到 4bit 单元使用寿命的大致变化趋势。

　　NAND 的层数，对于测试人员来讲影响不是很明显。但是存储单元 bit 数，即 SLC、MLC、TLC 和 QLC，对于测试设计的影响还是比较明显的。这会直接影响我们设计的数据写入方式和对应位置分布。此外，相应的一些固件功能（例如垃圾回收、上下电等）、稳定性、性能等的测试标准也会有所不同。

　　整体来看，NAND 的技术迭代在朝着存储密度越来越高、成本越来越低、容量越来越大的方向发展，相应地在使用寿命上做了一定折中。

4. 性能和功耗

　　性能和功耗是 SSD 永远绕不开的关键指标，客户既想要高性能又想要低功耗。目前市场上性能比较优秀的 Gen4 NVMe SSD 的顺序读和顺序写基本能分别达到 7 400MB/s 和

6 000MB/s 左右。这个数据已经非常接近协议理论值了。功耗方面，有的盘能够控制在十几瓦的水平甚至更低。

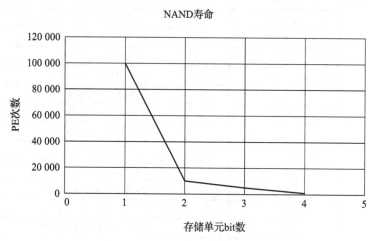

图 1-5 不同 NAND 寿命示意图

当然，性能也并不一定是越高越有绝对优势，具体的我们还需要参考实际的业务需求。目前大多数的存储系统中，SSD 的性能并不是主要瓶颈；相反，有的系统甚至用不满单盘的极限性能。所以，我们有时候也会在性能和成本之间适当地做一些平衡。

对于测试团队，我们不仅需要关注上面提到的一些基础性能指标，而且需要关注实际业务场景的性能表现和功耗表现。例如，某个盘可能顺序读写性能非常好看，但是随机性能就不行了；也有可能 64KB 的随机性能很好，但是 4KB 的随机性能就不太好了……这些都是有可能的。所以我们的测试不但要覆盖基础性能指标，还要有针对性地设计一些用例进行覆盖，不能被束缚在一些条条框框内。

1.2 SSD 测试概览

上一小节，我们主要介绍了 SSD 相关的基础知识，本节我们会重点介绍 SSD 测试相关的基础知识。

1.2.1 SSD 测试是什么

SSD 测试，顾名思义，就是对 SSD 产品进行测试验证并确保其质量达到指定要求的质量活动。相对地，SSD 内部的电子元器件的质量保证并不是 SSD 测试活动的重点，但也会间接覆盖到。

本质上来讲，SSD 测试就是对 SSD 进行一系列与质量相关的活动，即测试开发、测试执行和测试评估，以确保 SSD 能够满足产品需求和客户需求，并依据测试结果评估相应的风险点。

通常来讲，SSD 测试会覆盖以下几类内容：

- 协议符合性测试；
- 基础功能测试；
- 稳定性测试；
- 性能测试和评估；
- 功耗测试；
- 兼容性测试；
- 安全性测试；
- 关键模块或者功能的压力测试；
- 相关认证性测试；
- 相关系统级测试；
- 业内通用基准测试；
- 质量测试。

一般来讲，测试团队也会针对产品特定的应用场景或者需求，定制一些特殊的测试。例如，产品支持一些特定功能，或者对于某种 IO 模型做了特殊优化，那么我们的测试也需要相应地做一些调整和定制。

根据项目的不同阶段，SSD 测试的内容和侧重点也会有所不同。一般来讲，研发的前期阶段会更加关注功能性、稳定性测试，中后期会逐渐关注性能、兼容性和安全性等测试；业务侧部件引入阶段会更加关注性能、稳定性和兼容性等测试，以及一些其他内部特定的测试。

当然，SSD 测试的开发和执行并不是 SSD 测试的全部内容，这些仅是质量活动的一部分。对于 SSD 测试，我们还需要对最终的测试结果进行汇总和对比分析，并评估遗留问题的风险，这部分也是尤为重要的。

1.2.2　SSD 测试的目的和重要性

SSD 测试对于任何一个 SSD 研发项目的重要性都是毋庸置疑的，本小节我们就 SSD 测试的目的和重要性展开探讨。

1. 测试的目的

与其他领域的测试类似，SSD 测试的目的是确保 SSD 产品质量符合标准并且符合产品需求。对不同阶段的不同测试团队来说，具体的测试目的一般会有一些差别。对于研发团队，SSD 测试还需要确保项目质量与项目进度是匹配的；对于部件引入团队，SSD 测试还需要确保 SSD 能够满足内部业务团队的需求；对于生产团队，SSD 测试则需要关注产品是否能够满足相应的生产需求和良率，确保 SSD 达到出厂的质量要求。

除了常规的测试，我们还需要关注与竞品盘的对比测试。通过对比测试，我们可以了解自家产品的优缺点和改进空间。同时，对比测试的结果，也能在产品的测试过程中提供数据参照。

此外，经过一系列的测试质量活动之后，我们还需要交付相应的质量评估结果和报告。例如，我们常说的性能测试报告，这个能够反映产品的实际性能状况如何、是否能够满足产品需求，等等。质量评估结果和报告是我们进行产品发布的重要数据依据。

2. 测试的重要性

现如今国内的软件研发环境已经相当成熟，相信极少会有团队认为测试不重要。对于一个 SSD 研发团队来讲，测试自然也是十分重要的，这是毋庸置疑的。

这里我们要讨论的不是 SSD 测试重不重要，而是白盒测试与黑盒测试相结合在 SSD 测试领域的重要性。

开始之前，我们先讲一个小故事。

有一个人承包了一个鱼塘，连续养了三年的鱼，如今租期快要到了。他现在需要提前把鱼塘中的鱼都捕捞干净。面临的问题是，他不能抽干鱼塘的水再捞鱼。于是，他先用渔网把一些"大鱼"捕捞上来，同时邀请一些"钓鱼爱好者"过来垂钓以提高收入。经过一段时间的"收割"，鱼塘里的鱼基本都被捕捞上来了，当然一定也会存在一些"漏网之鱼"。

SSD 测试跟上面故事里的捕鱼过程类似。白盒测试就好比钓鱼，擅长"精准"覆盖；黑盒测试就好比渔网捕鱼，擅长"模糊"覆盖。二者结合，效率会更高，效果会更好。笔者曾经了解过一个团队，他们十分偏重黑盒测试，白盒测试很少做，甚至后面干脆不做了。这种做法，很难让他们成功做出合格的产品。

当然，我们也不能把白盒测试捧得太高，因为白盒测试的强项毕竟是在做"点"的覆盖时十分有效，它能够很好地应对一些复杂场景，但是我们最好不要期望用白盒测试把整个"面"都覆盖住，这样做的代价会远超我们的想象；而黑盒测试则侧重"面"的覆盖，某些时候反而更加简单高效。所以，对于 SSD 测试，我们更加推荐"黑白"结合。

仔细分析我所经历的大大小小十几个 SSD 项目，无论是全新的项目还是继承自前代的产品，基本都存在下面几个规律：当测试团队能力较弱或者测试体系还不太完整时，黑盒测试会快速发力；当测试体系逐步完善时，黑盒测试会有一段相对"疲软"的时期，白盒测试反而会持续发力；接近中后期时，项目会对白盒测试产生一定的"耐药性"，黑盒测试反而会时不时地冒出来一个比较难以复现的问题。

所以说，白盒测试与黑盒测试对于整个 SSD 测试体系都是同等重要的。而且当我们能够依据项目的具体状态和阶段，将二者很好地配合使用时，效果会更佳。

1.2.3 SSD 测试中的 VU 命令

SSD 测试中的供应商独有（Vendor Unique，VU）命令是一组命令集合。SSD 测试团队一般会与开发团队一起联合定制一些用辅助测试的命令，并以 VU 命令的方式呈现。有时我们也会称之为供应商特定（Vendor Specific，VS）命令。

VU 命令一般是固件提供的一组定制命令接口，使得测试团队可以获取或者修改内部相关属性值，甚至强制临时关闭或者触发相关固件功能模块，以达到快速构造特定测试场景的目的。测试团队需要与开发团队对齐 VU 命令的功能、具体实现方式和具体命令接口形式等。同时，我们在设计 VU 命令时，需要特别注意不能破坏固件的正常逻辑。如果仅是获取固件内部的某些属性值，确保这类操作是安全的；如果是需要修改固件内部的属性值，这类操作也是相对安全的，但是我们也需要小心谨慎；如果是强制关闭或者打开固件内部功能模块，我们需要与开发团队充分对齐、分析并确保没有潜在风险。如果这类操作是比较危险的，具体脚本实现时的限制也会比较多。

借助 VU 命令实现的白盒测试脚本，一方面可以快速而精准地构造出测试场景；另一方面，这类脚本的逻辑与固件具体实现深度绑定，极度依赖固件的设计与实现。实际项目过程中，我们需要特别留意对这类脚本的实时更新与维护，避免固件修改后与脚本测试逻辑不匹配的情况发生。

在设计 SSD 白盒测试时，我们首先需要熟练掌握相关固件模块的设计与实现，并且与开发团队沟通好 VU 命令的设计。

在设计和使用 VU 命令时，我们强烈建议不要破坏固件的原始逻辑，否则会引入一些无效的问题。举个比较常见的例子，我们的测试脚本如果把固件后台任务全部关闭后又进一步写入一些数据，就可能使得固件无法释放并回收垃圾块进而导致写命令失败。但是，其实这仅是一个无效的问题。

下面列举了一些比较常见的 VU 命令。

- 获取 SSD 内部通用信息，例如 NAND 信息、主控信息等。
- 获取固件内部属性值，例如坏块数量、NAND 擦除次数（Erase Count）和读取次数（Read Count）等。
- 修改固件内部属性值，例如热节流（Thermal Throttling）阈值、NAND 擦除次数（Erase count）和读取次数（Read Count）等。
- 打开 / 关闭固件后台任务或者功能模块。
- 逻辑地址与物理地址的互相转换。
- 在指定位置注入介质错误（Media Error），包括读错误（UECC、CECC 可能不支持，视主控和固件具体设计情况而定）、写错误（Program Error）和擦除错误（Erase Error）。

此外，我们也需要注意，测试团队的白盒测试不能做成单元测试，避免 VU 的滥用。至于具体 VU 功能的设计，这与实际项目的芯片设计、固件设计和测试设计相关，很难有一个统一的标准。本节不做详细展开。

此外，一些运维相关的功能，也可能会借助 VU 命令来实现，例如我们常见的自定义自我监测、分析及报告技术（Self-Monitoring, Analysis and Reporting Technology，S.M.A.R.T.）信息。

1.2.4　SSD 测试工程师的基本素养

SSD 测试工程师需要具备以下基本素养。

1. 基础知识储备

这一小节主要介绍进行常见的 SSD 测试需要了解的基础知识。

（1）bit、Byte、Word、Dword

这几个单位在 SSD 测试中比较常见，我们需要简单了解它们之间的转换关系：1 个二进制位称为 1bit（用作单位时写作 b），1 个字节称为 1Byte（用作单位时写作 B），1 个字称为 1Word，1 个双字称为 1Dword。

1B = 8b

1Word = 2B = 16b

1Dword = 2Word = 4B = 32b

基础的位移运算，对于 SSD 测试人员来说也是需要掌握的知识。相关的资料有很多，我们不再赘述。

（2）大端、小端与数据 Buffer

SSD 领域常见的测试工具或者自研开发的测试平台，一般都会提供返回数据 Buffer 的方式以便定位问题。我们需要了解如何对这些数据 Buffer 进行解读。至于大、小端的基本知识，这里我们不再赘述。

假定一个 LBA 被成功写入了数据，并且是以数据模式 0x1234ABCD 写入的。当读取该 LBA 数据并查看数据 Buffer 时，需要首先明确数据 Buffer 具体是以大端（高位字节排放在内存的低地址端，低位字节排放在内存的高地址端）还是小端（低位字节排放在内存的低地址端，高位字节排放在内存的高地址端）形式返回的。图 1-6 展示了小端和大端形式的数据。

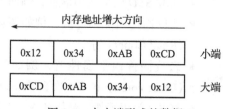

图 1-6　大小端形式的数据

（3）iostat

iostat 是 Linux 下的一个常用的命令行工具，它可以显示磁盘 IO 统计信息，我们可以使用这个命令进行一些性能数据的统计。但是在某些场景下，我们可能会发现 iostat 和 FIO 的 IOPS 存在不匹配的情况，这个主要是由具体 IO 模型所使用的块大小（BS）和盘片最大数据传输大小（MDTS）不一致引起的。

当 FIO 执行的 IO 请求的块大小超过 NVMe 设备的最大数据传输大小时，FIO 并不会上报失败或错误；相反，FIO 会根据操作系统和存储驱动程序的行为来处理这种情况。

　　通常，操作系统的存储驱动程序会自动将大于最大数据传输大小的 IO 请求分割成多个较小块的传输，这些块的大小不会超过最大数据传输大小的限制。因此，即使 FIO 的块大小参数设置得很大，这些请求也会被自动分割成符合最大数据传输大小限制的块大小。这一行为，使得 FIO 可以与不同的存储设备和配置无缝配合工作，即使它们有不同的最大数据传输大小的限制。同时，它也保证了 NVMe 设备的稳定性和可靠性，防止因单个 IO 请求过大而导致控制器不稳定。因此，我们测试性能时通常不需要担心最大数据传输大小的限制，除非是有特殊的性能调优需求或者需要对存储系统进行深入的性能分析。当然，如果我们使用 FIO 做一些命令的功能测试时，则需要留意 FIO 的这一特性，以免被误导。本书后续章节会对此进行详细介绍。

　　在 iostat 命令的日志中，TPS 代表 "Transfers per second"，即每秒传输的事务处理个数。这是一个衡量磁盘 IO 负载的指标，显示了每秒对设备或分区执行的 IO 操作（读取或写入）的平均次数。TPS 是高值通常表明磁盘活动很高，可能是因为有大量的 IO 操作在被执行。这个指标对于理解存储设备的性能和它们如何处理负载是有帮助的。

　　简单地讲，FIO 的 IOPS 与 IO 模型的实际块大小匹配，iostat TPS 与盘侧的 IO 操作次数匹配，对于同一个性能度量，虽然 IOPS 与 TPS 的数值可能不一致，但是盘侧实际 IO 带宽是一致的。

　　下面是我们用的一个 NVMe SSD。这块盘逻辑块大小为 4KiB，MDTS 为 5（等价于 128KiB）。

　　当我们将 FIO 的块大小设置为 128KiB 时，可以看到 FIO 和 iostat 均为 23.7k IOPS，因为 128KiB 的块大小正好是单笔命令传输数据大小的上限。具体实验数据如图 1-7 所示。

```
fio-3.30
Starting 1 process
Jobs: 1 (f=1): [W(1)] [100.0%] [w=2970MiB/s] [w=23.8k IOPS] [eta 00m:00s]
Test: (groupid=0, jobs=1): err = 0:⋯
  write: IOPS=23.7k, BW=2966MiB/s (3110MB/s) (50.0GiB/17264msec); 0 zone resets
    slat (nsec): min=3668, max=51163, avg=5406.91, stdev=734.96
    clat (usec): min=33, max=123, avg=36.54, stdev= 3.27
     lat (usec): min=38, max=133, avg=41.98, stdev= 3.40
```

Device	tps	MB_read/s	MB_wrtn/s	MB_dscd/s	MB_read	MB_wrtn	MB_dscd
nvme0n1	23680.00	0.00	2960.00	0.00	0	5920	0
Device	tps	MB_read/s	MB_wrtn/s	MB_dscd/s	MB_read	MB_wrtn	MB_dscd
nvme0n1	23760.50	0.00	2970.06	0.00	0	5940	0
Device	tps	MB_read/s	MB_wrtn/s	MB_dscd/s	MB_read	MB_wrtn	MB_dscd
nvme0n1	23752.00	0.00	2969.00	0.00	0	5938	0
Device	tps	MB_read/s	MB_wrtn/s	MB_dscd/s	MB_read	MB_wrtn	MB_dscd
nvme0n1	23745.00	0.00	2968.12	0.00	0	5936	0

图 1-7　FIO 与 iostat 的 IOPS 示例 1

　　当我们将 FIO 的块大小设置为 256KiB 时，可以看到 FIO 为 13.8k IOPS，但是 iostat 对应的却是 27.7k TPS，大约是 FIO 数值的 2 倍。我们可以发现，256KiB 正好是上限 128KiB

的 2 倍，FIO 实际切分成两笔命令后才下发。因此，iostat 统计到的命令次数就是 FIO 数值的 2 倍了。具体实验数据如图 1-8 所示。

```
fio-3.30
Starting 1 process
Jobs: 1 (f=1): [W(1)] [100.0%] [w=3467MiB/s] [w=13.9k IOPS] [eta 00m:00s]
Test: (groupid=0, jobs=1): err = 0:…
  write: IOPS=13.8k, BW=3459MiB/s (3627MB/s) (50.0GiB/14804msec); 0 zone resets
    slat (nsec): min=6530, max=79723, avg=9814.42, stdev=1370.60
    clat (usec): min=50, max=148, avg=62.23, stdev=4.78
 lat (usec): min=65, max=218, avg=72.10, stdev=5.01
```

Device	tps	MB_read/s	MB_wrtn/s	MB_dscd/s	MB_read	MB_wrtn	MB_dscd
nvme0n1	27656.00	0.00	3457.00	0.00	0	6914	0
Device	tps	MB_read/s	MB_wrtn/s	MB_dscd/s	MB_read	MB_wrtn	MB_dscd
nvme0n1	27678.00	0.00	3459.75	0.00	0	6919	0
Device	tps	MB_read/s	MB_wrtn/s	MB_dscd/s	MB_read	MB_wrtn	MB_dscd
nvme0n1	27669.00	0.00	3458.62	0.00	0	6917	0
Device	tps	MB_read/s	MB_wrtn/s	MB_dscd/s	MB_read	MB_wrtn	MB_dscd
nvme0n1	27693.00	0.00	3461.62	0.00	0	6923	0

图 1-8　FIO 与 iostat 的 IOPS 示例 2

我们需要额外注意的是，在不同的操作系统和驱动环境下，FIO 具体的切分方式可能与我们上述的实验并不一致。所以，如果要使用 iostat 的 TPS 去反映 IOPS，需要特别留意底层驱动的具体切分方式。后文会详细介绍 FIO，这里不再展开。

（4）确保所有问题都"有单可查"

测试人员需要确保在整个测试过程中将所发现的问题都记录下来，无论这是不是一个"真正的问题"，也不论这个问题最终会不会"被解决"。

笔者曾经跟一个项目经理深入探讨过这个话题。他不止一次地跟笔者抱怨，项目上经常会遇到一些"莫名其妙"的漏测问题。笔者建议他先仔细分析一下这些漏测问题，并尝试追溯发生的原因。我们发现有不少漏测问题居然都是"人为"造成的，并不是什么技术性问题导致的。比较典型的人为因素就是，测试过程中测试人员发现了一些蛛丝马迹，跟开发人员对齐完草草了事，并没有对问题进行跟踪。这就直接导致了项目经理完全不能感知到这些潜在的问题，而且这些问题会随着项目的推进逐渐被遗忘，最终变成一个个"暗箭"。而越到项目后期，这些"暗箭"会变得越可怕。

这里有一个实际的例子。

测试人员在测试过程中，发现了命令返回的盘片容量大小有点问题，于是跟开发人员对齐。开发人员反馈"这是一个已知问题"，当前版本不会修正，后续版本他们会修正。于是，测试人员就修改了测试这边相应的配置值，以便后续测试在当前版本下能够继续执行，可怕的"暗箭"就此产生了。后面我们做再多的努力，技术上做再多的突破，也很难暴露这个问题。不幸的是，这个问题很快被后续团队抓住，笔者的朋友结结实实地挨了"板子"，一顿毫无技术意义的"板子"。

作为测试人员，我们一定要守住一个底线——确保所有的发现都"有单可查"。

2. 不要"开发说……"

有些"口号型"研发团队，开会的时候都会不停强调测试的重要性，实际项目执行过程中却搞开发"一言堂"，测试人员却成了开发的副手。

这个现象在国内"小团队"中相对常见一些。会出现这种情况，一个原因是开发人员的技术能力普遍比测试人员高，再一个原因是这些"小团队"会因为各种原因重开发而轻测试。这种做法的危害性是显而易见的，测试团队发挥不出应有的价值，也给不出让人信服的质量评估结论。

在我所经历的几个项目中，在问题对齐时也经常会有测试人员反馈某些脚本修改或者测试设计是开发人员让他做的，但是测试人员自己并不理解其中的缘由，这种情况是极其危险的，很可能给测试团队埋下一个"大炸弹"。

对于一个 SSD 测试人员，我建议大家首先从用户的视角去看待遇到的问题或者争议，一定不能一味地按照开发的想法去做测试。开发人员的视角跟测试人员的视角，还是存在一定差别的。测试人员需要时刻记住自己是球场上的守门员，而不仅是一个球童。测试团队存在的意义，就在于梳理出专业的测试方法并严格施行，最终输出相应的质量评估结论。

我建议测试团队的管理人员经常提醒测试人员，杜绝此类问题的发生。

3. 有价值的"测试漏洞"

SSD 测试比较复杂，我们的测试也很难达到百分百的覆盖率，因此就会产生相应的测试漏洞。测试漏洞本身并不难解决，我们只需要在测试迭代过程中进行补齐就可以了。难的是我们要如何发现这些测试漏洞。

在实际项目中，测试团队可以借助研究白盒测试和黑盒测试各自发现的问题来分析对方的测试漏洞，二者相互印证，能够快速提高整体测试覆盖率。简单一点讲，通过分析黑盒测试拦截到的问题，我们可以分析出白盒测试的漏洞；反之亦然。那么，这个做法的实际意义又是什么呢？

以黑盒测试为例，假设我们在黑盒测试过程中发现了一个白盒测试的遗漏问题，我们就可以尝试补充相应的白盒测试。一方面，我们可以在分析的过程中，检查相关模块的测试有无其他漏洞；另一方面，我们可以用补充的白盒测试来精准地验证黑盒测试发现的问题是否成功得到修正。因为，对于一些边缘情况，黑盒测试没有发现问题并不代表真的没有问题。

此外，如果我们能够得到整体测试集对应的固件代码覆盖率，那么问题会变得更加简单明了了。目前，市面上已经有不少商业性的软件工具，可以帮助我们统计代码覆盖率。如果团队能够使用相应的工具，就会让我们分析测试漏洞的工作变得非常简单而又明确。对于这些商业软件，这里我们就不做过多介绍了，大家可以自行检索。

4. 提防测试的"免疫性"

在实际项目测试过程中，我们可能会发现，使用同样的测试集在项目迭代过程中拦截的问题越来越少了。但是，在后续测试流程中又能够发现一些被遗漏的问题，这就是我们说的测试的"免疫性"。白盒测试是相对更加容易出现该问题的领域，因为它的验证点更加精准、范围更加明确。

所以，我们的测试需要不断优化，不断更新迭代，以降低"免疫性"。这也是我们不能一味地只关注白盒测试而忽略黑盒测试的一个重要原因。

同样地，在项目进行到一定阶段后，如果发现测试拦截不到新的问题了，我们就需要静下心来，思考一下是否中了测试免疫的陷阱，是否需要对测试进行增强。

5. 测试并不是无限制投入的

对于大多数领域来讲，对应的测试都是一个"无底洞"。换句话来说，只要我们持续不断地投入测试，总会发现一些新的问题。但是获得的收益并不会与测试投入成正比。随着测试投入的加大，收益反而可能会降低。相信大家在实际项目中都会遇到类似的情况：前期的测试投入比较容易发现新问题，单位测试量所收获的问题数量比较高，一段时间后发现新问题的数量呈现逐渐收敛的趋势，单位测试量所拦截的问题数量也会逐渐降低。

SSD 本身就是一个比较复杂的整体，其对应的测试的复杂度也会比较高。另外，大多数公司并不会组成庞大的测试团队来应对这一情况。所以，作为 SSD 测试人员，首先，我们需要明白测试团队不可能有无限的时间来无限制地对 SSD 进行质量验证。其次，我们需要知道如何来应对这一问题：

- 识别高风险模块并加大测试覆盖面。
- 识别高优先级的测试点。
- 善于利用下游团队的知识，例如多去了解后续客户的实际使用场景。
- 实现测试自动化、测试流程自动化，以提高测试效率。
- 加强测试覆盖分析。
- 白盒、黑盒测试相互结合、相互印证。

6. 警惕"随机数"的滥用

我们在实际编写测试脚本时，经常会考虑使用一些随机数，比如随机的逻辑地址、随机大小的 IO 数据块等。大多数场景下，使用随机数并不会引发什么问题。但是，在某些情况下，是不能随便使用随机数的。这里基本的原则是，使用随机数不会对测试用例的设计产生影响从而导致测试覆盖的缺失。

举个例子，我们计划验证几种特定的 IO 数据块大小能否被正确处理，那么测试脚本在实现中就不能去随机选择其中的一种或者几种 IO 数据块大小，哪怕我们可能会使用多次循环、重复执行的方式。

7. 警惕过度测试

我们在实际开展 SSD 测试时，可能会遇到开发团队抱怨测试人员在某些模块或者某些场景下的测试压力太大了或者场景太极端了。

遇到这种情况，我们可以分析一下具体测试是否真的是过度测试，比如我们的验证指标是否超出了产品需求的定义或者我们是否测试了产品不支持的功能点，等等。对于上述情况，我们一般可以当作真正的过度测试来处理。但是也会有假的过度测试存在，毕竟开发人员和测试人员看待问题的视角是有区别的。我们曾经在一个实际项目上发现当对 SSD 进行频繁上下电时，会出现上电超时的现象。起初开发人员认为是测试人员的上下电操作过于频繁，超出了实际使用范围，但是硬件团队最终分析得知，这个问题是电容充放电有问题导致的，其实是一个硬件问题。总而言之，测试团队需要把控好质量标准，一切以产品需求和对应的测试需求为准。

1.2.5　测试团队的职能定位

在不同的项目团队中，测试团队的具体分工或者职能可能会存在一定的差异，但是整体的职能划分一般都是相通的。本节我们主要介绍 SSD 测试团队的主要职能。

1. 制定测试需求

毫无疑问，SSD 测试的首要目的是确保产品能够符合质量标准。在此基础上，其他未包含在测试需求中但却又合理的需求，也需要视具体情况进行测试覆盖。

一般来讲，项目经理会在项目开始之初拉着市场（或者业务）、开发、测试等部门联合制定具体的测试需求。但是对于多数团队，现实情况更多可能是市场或者业务部门讲不清楚他们具体需要的是什么，他们更加倾向于先由研发团队提出参考意见再从中作筛选。所以，作为一个专业的测试团队，我们需要具备提出具体测试需求的能力，甚至是主导并制定测试需求的能力。

此外，对于一些"异常"的测试需求，我们也需要谨慎对待。举个具体的例子：我们都知道 NVMe 的命令处理是"不保序"的，也就是说盘侧并不会保证先下发的命令一定会先完成。因此，协议会推荐主机确保下发的命令主动规避连续的读写命令存在逻辑地址重复的情况。于是，有的测试部门理所当然地规避了这种测试场景。正常来讲，这是合情合理的。可惜的是，我们的产品部署在客户那里，而这个场景可能触发一些致命性的问题。所以说，要特别谨慎对待一些看似合理的"规避"行为。

对于一些协议上讲得模棱两可的地方，我们需要小心对待相关的测试需求。如果存在对应的竞品，那么我们可以参考竞品的处理方法；如果没有，那么尽量去和市场或者业务部门沟通以达到大家都认同的结果。

2. 制定测试策略

有了明确的测试需求，接下来测试团队就可以制定相应的测试策略了。这个没有什么捷径，我们需要按照实际情况制定可执行性强的策略，比如参考项目整体交付时间、测试团队资源情况和开发团队的交付周期等制定策略。

测试策略是一种根据软件质量标准和测试规范制定的测试计划。我们会依据被测试对象的具体特性和实施的客观因素，结合多种类型的测试策略来确保软件的质量。

具体来说，SSD 项目的测试策略通常包括以下几个方面。

- **测试范围**：明确要测试的功能、模块和系统。正常来讲，开发测试团队和生产测试团队的测试策略不会相同，因为这两个团队的测试范围本来就不一样。
- **测试角色**：定义不同测试团队成员的角色和职责。在一个项目周期内，推荐每个模块的测试负责人相对固定。如果团队人力充足，则强烈建议建立完善的人员备份机制。
- **测试方法**：针对 SSD 的不同模块，选择合适的测试方法，例如白盒测试和黑盒测试等。
- **测试工具**：选择适合项目的测试工具、测试驱动，以提高测试效率和自动化率。
- **测试层级**：确定测试的不同层次，例如单元测试、集成测试和系统测试等。据我们了解，国内的 SSD 团队很少有做单元测试的，只有少数团队在做核心模块的单元测试。对于单元测试，我们比较推荐在开发团队落地或者由开发测试团队共建。
- **测试类型**：根据需求选择适当的测试类型，例如功能测试、性能测试和安全性测试等。对于功能测试、性能测试，不必多说，SSD 团队基本都知道要做。但是有些团队对安全性测试并不重视。这里，我们强烈建议大家把安全性测试好好落地。
- **验证环境**：准备与客户实际环境相似的测试环境。
- **风险和处理方案**：识别潜在的风险并制定相应的应对措施。一般来讲，新的功能、新的组件（存储介质、主控芯片等）都可能引发高风险，我们需要针对这些制定应对措施。
- **测试指标**：定义衡量测试质量和进度的标准。
- **测试可交付成果**：定义测试过程中需要交付的文档和报告。

一般来讲，测试策略并不是一直不变的，它会随着项目的推进而变化，我们就需要相应地刷新测试策略。

3. 测试研发

测试研发并不是测试团队自己的事情，我们需要拉通开发团队一起交付项目可用的测试脚本和工具。

在实际 SSD 项目研发过程中，测试团队还需要考虑配合开发团队的具体周期安排，来提供匹配的测试集。例如，开发团队一般会选择先把基础 IO 功能打通，像垃圾回收之类的高级功能可能要排在后面，那么测试团队就需要注意按照实际项目需求提供相应脚本。

此外，测试研发并不单单是脚本开发，它还包括相应的测试设计、测试联调等一系列动作。测试团队需要确保交付的测试脚本是实际可用、可执行的，我们需要尽量避免过多的脚本问题。

对于脚本语言，我们没有过多的推荐。无论是当下比较流行的 Python，还是 C 或者 Shell，基本都能够满足测试的需求。对于脚本语言的选型，我们可以思考一下哪种语言能够更好地与测试驱动、测试工具相结合；哪种语言能够更好地解决代码维护等问题；哪种语言更加符合团队的实际代码能力情况。

测试设计，一般是指测试用例的设计。所有测试的设计依据，一定来源于产品需求以及具体固件的设计。我们首先需要保证的是具体 SSD 行为是符合产品需求的，然后才是按照详细固件设计情况进行测试用例的设计。

测试联调，一般是指测试脚本与对应固件版本的联合调试。一般我们会在独立分支上进行联调，确保适配没有问题后再同步更新到各自的代码主分支上。如果测试团队单方面进行了测试调整，我们建议要跟开发团队同步好信息，避免无效或者错误的调整。

4. 测试执行

测试执行是项目质量保证过程中非常重要的一个环节，我们需要确保测试能够顺畅地执行。无论我们的测试设计得多么完美，测试脚本实现得多么漂亮，如果没有顺畅的测试执行流程来支撑，都无法产生完整的测试结果，那么所有的测试设计、测试实现都会变得毫无意义。

对于 SSD 研发过程中的测试，挂盘是家常便饭，而这会严重影响测试的顺利执行。不幸的是，这可能是所有 SSD 研发团队在测试中都会遇到的问题。为了解决这个问题，要么我们能够准备足够多的测试环境，以量取胜；要么我们能够构建一套恢复挂盘的机制，确保挂盘能够恢复并重新加入当前测试流程。

5. 测试质量评估

测试质量评估是指评估整个测试过程及其结果的有效性、准确性和可靠性的一种活动。它主要通过对测试过程中的各种活动进行监控、检查和审计，以及对测试结果进行比较、分析和评价，来确保软件产品的质量满足预定的要求。

测试质量评估通常包括以下几个方面。

1）**产品需求的覆盖情况**：确认测试是否全面地覆盖了所有产品需求。

2）**缺陷检测能力**：查看已发现的缺陷数量及严重程度，判断测试是否能有效发现产品存在的问题，对于遗留问题需要明确给出相应的风险评估结果。

3）**测试覆盖情况**：具体如下。

- **功能测试**：验证 SSD 的所有功能是否正常工作，如数据传输、数据保护和节能模式等功能；"白盒测试"则关注诸如垃圾回收、磨损均衡等固件内部功能模块。
- **性能测试**：衡量 SSD 的性能，包括顺序读写速度、随机读写速度和延迟等；如果有对接的业务场景，我们也需要给出具体业务场景下的性能数据。
- **稳定性测试**：通过长时间运行，看 SSD 是否稳定可靠。
- **兼容性测试**：测试 SSD 与其他硬件、软件之间的兼容性，包括主板、CPU、内存和操作系统等。
- **数据安全测试**：检查 SSD 的数据保护机制是否有效，能否防止数据泄漏或损坏。

- **负载压力测试**：模拟实际使用场景，检验 SSD 在高负载条件下的性能和稳定性。
- **耐久性测试**：长时间运行测试，检查 SSD 的使用寿命。

1.2.6　SSD 测试总结

SSD 测试一般会随着项目阶段的变化而产生不同的侧重。在产品研发阶段，我们一般更加侧重对 SSD 的功能、性能、稳定性、可靠性、兼容性等的测试；在生产阶段，我们一般更加侧重对 SSD 基本读写和上下电、稳定性、高低温、老化等的测试；在部件引入阶段，我们一般更加侧重对 SSD 功能、兼容性、常规性能和特殊场景性能、功耗、可靠性等的测试。总的来讲，研发测试需要确保产品能够满足一切潜在客户的需求；生产测试需要确保产品质量能够达到出厂的质量要求；引入测试需要确保 SSD 能够满足内部具体业务场景的需求。

SSD 功能测试，我们一般是通过特定的测试工具或者测试驱动，向盘片发送指定的命令序列以触发相应的功能来进行验证。对于黑盒测试，一般我们可以直接设计相应的命令序列来进行覆盖，某些场景可能是概率性触发的，我们可以尝试采用多次执行的方式来确保覆盖。某些功能场景，可能很难进行黑盒方式的覆盖，我们一般会考虑采用白盒方式。SSD 功能测试中的白盒测试，我们一般会与开发团队进行协商，在固件代码层提供特定的 VU 功能以帮助测试团队实现场景构造。

SSD 兼容性测试所涵盖的范围可大可小，我们一般从硬件环境和软件环境两个角度来考虑。例如，我们可以基于未来部署的硬件配置及软件环境来进行测试。如果没有具体的目标机型和软件环境，我们可以参考当下市场流行的软硬件配置，同时还需要适当兼顾旧的机型、旧的软件版本。

其余的 SSD 测试这里就不一一展开论述了，后续会有专门的章节进行分析。

除了上述常见的 SSD 测试，测试团队可能还会依据实际情况开展协议相关的测试、SSD 产品质量测试、相关认证（例如常见的 NVMe 认证、PCIe 认证和国密认证）等。

作为 SSD 测试人员，大部分情况下我们所接触的都是研发阶段的测试。这个阶段的测试，自主性和灵活性比较大，一般都是研发团队根据自身团队情况、项目情况等来实施相应的质量活动。正因为这个阶段的测试灵活性较大，大家就更容易犯这样那样的错误，本书后续章节将花一定的篇幅介绍一套相对常用的、经过多个实际项目有效验证的测试流程和方法。

SSD 生产阶段和部件引入阶段的测试，一般业内都有相对固定和明确的流程及质量要求，实施起来也相对容易一些。

在 SSD 测试过程中，也会涉及一些软硬件工具的使用。有的是业内比较通用的工具，有的则是团队内部研发或者定制的工具。后续章节会对一些常见的测试工具进行介绍。

综合来看，SSD 测试是测试团队为确保 SSD 的整体质量并使其满足客户对产品的需求，在项目的不同阶段，选用合适的测试工具对 SSD 开展的一系列质量活动。

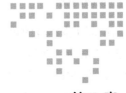

第 2 章 *Chapter 2*

SSD 测试流程

SSD 测试工作按照先后顺序，可以分为立项、计划、设计与开发、执行、总结五个阶段，本章将基于这五个阶段展开介绍，具体内容如图 2-1 所示。

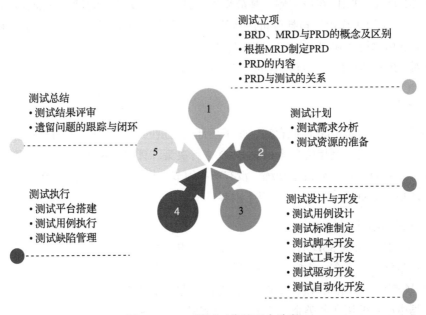

测试立项
- BRD、MRD与PRD的概念及区别
- 根据MRD制定PRD
- PRD的内容
- PRD与测试的关系

测试总结
- 测试结果评审
- 遗留问题的跟踪与闭环

测试计划
- 测试需求分析
- 测试资源的准备

测试执行
- 测试平台搭建
- 测试用例执行
- 测试缺陷管理

测试设计与开发
- 测试用例设计
- 测试标准制定
- 测试脚本开发
- 测试工具开发
- 测试驱动开发
- 测试自动化开发

图 2-1　SSD 测试工作的五个阶段

除了按照测试流程介绍 SSD 测试工作的五个阶段外，本章还将介绍如何通过测试自动化提升 SSD 测试效率，以及在测试活动中测试和固件两个团队如何做好配合工作。

2.1 测试立项阶段

测试立项是测试活动开展的第一步。测试立项与项目立项要区分开，测试立项需要在项目立项之后进行，是项目立项之后测试参与的第一个活动。

在测试立项之前，项目上应该已经完成了 BRD（Business Requirement Document，商务需求文档）、MRD（Market Requirement Document，市场需求文档）和 PRD（Product Requirement Document，产品需求文档）三份文档。其中 PRD 和测试活动的开展直接相关，是开展测试活动所需的最重要的输入资料。

测试立项阶段的目标是对测试活动进行科学的规划和准备。在该阶段会确定主要的测试需求和测试目标，为后续的测试计划提供目标和方向。

要做好测试立项工作，首先要理解 BRD、MRD、PRD 三者的概念及彼此之间的关系，可以用图 2-2 概括。

图 2-2 BRD、MRD 和 PRD 三者的关系

如图 2-2 所示，PRD 在最右侧，是最靠近测试活动的文档。测试活动的开展首先是围绕 PRD 展开，主要工作内容包括分析产品的 PRD，根据分析结果梳理测试需求，提取测试点，进行测试用例设计和脚本开发，准备测试环境等。

下面对 BRD、MRD、PRD 三者的概念进行介绍。

2.1.1 BRD

BRD 在项目立项之前就已经存在，是市场部门提供的用于描述商业目标和价值的报告。产品在投入研发之前，高层管理者根据 BRD 进行决策和评估。BRD 的内容涉及市场分析、销售策略等。BRD 一般比较短小精练，没有产品细节，是项目立项之前的第一份文稿。

SSD 产品的 BRD 至少应该包括以下内容。

1. 明确目标市场

BRD 需要描述清楚 SSD 的目标市场是什么。SSD 的目标市场类型通常包括如下几个。

- **零售市场**：在京东、淘宝、拼多多等电商平台销售的 SSD。
- **OEM 市场**：使用在联想、HP、小米等品牌整机上的 SSD。
- **数据中心**：使用在各类企事业单位和政府机构数据中心的 SSD。
- **工业市场**：使用在工业环境下（高温、低温、高湿、振动和电磁干扰等）的 SSD。
- **新市场**：使用在 AI（Artificial Intelligence，人工智能）、AIGC（Artificial Intelligence Generated Content，生成式人工智能）领域的 SSD。

2. 分析市场竞争格局

BRD 需要描述在目标市场中有哪些 SSD 竞品，以及竞品的优势、特点、市场份额、售价、售后政策、性能、功耗、跑分、关键技术指标、成本情况等。将要立项开发的 SSD 产品需要针对这些点有针对性地进行竞争力分析。虽然此时没有正式立项，但测试部门已经可以根据市场部要求购买一部分竞品进行测试。竞品测试内容包括性能、功耗、跑分、时延和可靠性等关键特性，测试后提供对比测试报告。当然，一些有较强研发实力和市场感知力的公司，可以不做竞品分析，而是结合对市场和客户的理解，自主定义具有创新性、领先性和竞争力的新品。这样的公司有机会成为市场的领导者。

3. 关键竞争力指标规划

市场、产品、研发、测试几个主要部门得到分析报告后，一起讨论制定将要立项的 SSD 产品的竞争力价值点。竞争力价值点可以是具有创新性的新功能，领先的性能、功耗，更好的售后服务条件等。竞争力价值点是测试部门在后续测试过程中侧重验证的点，它关系到 SSD 的竞争力是否真正可实现。

4. ROI 分析

项目投资成本中会包括测试投入，比如因测试平台、专用测试仪器、测试实验室场地、测试人力、商业测试工具、委外测试、样品盘等产生的一系列费用。一些测试设备价格很高，比如 PCIe Gen5 协议分析仪就需要上百万元人民币。所以对于测试的投入也要纳入 ROI 分析中。

SSD 测试需要投入多少资源，也取决于项目的开展模式，常见的开展模式有以下几种。

（1）交钥匙模式

项目主体可以直接采用 SSD 主控厂商提供的交钥匙解决方案，即交钥匙模式（TurnKey 模式）。在该模式下，项目导入速度快，从立项到量产用时短。主控厂家交付的解决方案中包括固件开卡包、印刷电路板组装（Printed Circuit Board Assembly，PCBA）、开卡工具、调试工具等一整套设计文件和工具链（Toolchain）。项目完成质量很大程度上取决于 TurnKey 方案的成熟程度。在该模式下，项目主体一般不做白盒测试，只需要覆盖黑盒测试。项目主体可以通过导入测试来验证方案的质量。例如，消费级 SSD 导入测试的平台规模一般为 50 ～ 100 台，测试人员数量一般为 5 ～ 10 个。

（2）固件自研模式

项目主体选用一款 SSD 主控，并基于该主控自研固件，这样可以定制化地开发一些自定义的功能特性。PCBA 可以使用主控厂家提供的标准设计（公板），也可以自研，选哪种模式由项目主体根据需要决定。开发所用的工具链一般采用主控厂家给出的。主控厂家也会提供该方案固件开发所需的 SDK（Software Development Kit，软件开发工具包），甚至直接提供固件参考设计。固件参考设计的质量取决于主控厂家的实力，部分固件参考设计可以达到 DVT 甚至小批量量产水平。项目主体基于主控厂家提供的资料和工具，组织研发力量设计自研方案，开发新特性，满足自身的定制化需求。项目主体的测试团队负责进行方案验证。在该模式下，项目主体是方案最终质量的第一责任人。

固件自研模式的优点是有利于项目主体自有技术团队的培养和锻炼，有利于量产后的运行和维护；缺点是开发周期长，且由于主控是外购的，开发过程中不得不需要主控厂家的技术支持。固件自研模式对测试资源的需求也较大，以一个消费级 SSD 项目固件的自研为例，一般需要 200 台以上测试平台，测试人员需要 30 个以上，兼容性测试需要覆盖尽可能多的 PC 品牌和型号，白盒和黑盒测试都要做。

（3）固件自研 + 主控自研模式

主控和固件如果都采用自研方式，需要项目主体具有较强的技术实力，同时也需要更多的测试资源。平台、人力、项目时长等资源消耗均大于前两种模式。在该模式下，由于项目持续的时间长，投入大，所以风险较高。采用该模式开展项目的好处是，项目主体对 SSD 的关键所在，即主控和固件，完全自主可控。一些原厂采用这种模式，比如 NAND 原厂三星、主控原厂 Phison 等。在该模式下，测试团队需要覆盖芯片解决方案和产品解决方案两大类测试，测试资源需求接近翻倍，以消费级 SSD 为例，至少需要 400 台以上测试平台，以及 50 个以上测试人员。

5. 成本分析

成本是竞争力的重要组成因素之一，根据分析结果对 SSD 进行成本规划，比如 NAND 选型、PCB 板层数和主控选型等。

6. 产品推出的时间窗口

在对的时间点推出正确的产品可以让销售工作事半功倍。以消费类 SSD 产品为例，可以在 618、双 11、双 12、八九月份新生入学前等时间窗口上市，从而抓住销售的最佳档期。对于 OEM SSD 而言，需要了解主要的整机厂家的新机型推出时间，在关键器件选型阶段就积极推动自己的 SSD 产品通过其导入测试，成功进入该型号整机的 SSD 供应链，后续再通过良好的服务和充足的供货能力，拓展量产阶段的供应占比。作为测试部门，确保在时间窗口前完成量产版本的测试验证工作就显得十分重要。

7. 风险分析及应对方案

识别项目开展过程中可能存在的风险及困难点，比如对一些当前不具备的测试条件，就需要提前规划委外测试或者推动内部自研测试设备，以期在进入相应的测试阶段时能够及时支持测试。

8. 财务预算

测试当然也要花钱，因此科学的测试预算也十分必要。SSD 的测试预算包括需要多少测试人力，需要什么类型的平台及数量，当前新型号平台需要补充采购多少，是否需要采购一些测试设备等，这些需求都需要提前识别出来，通过预算的形式提交给财务部门，以便财务做好资金规划。

BRD 评审通过后，项目正式进入立项筹备阶段。此时将正式成立项目组，项目组最开始由产品部门人员参与，负责筹备立项工作。立项工作的内容包括组织相关的技术部门、市场部门、生产部门准备一系列立项材料，包括立项报告、MRD、PRD 等。材料准备完备后，组织召开正式的立项会议，对立项材料进行评审。评审通过后项目正式立项成功。

下面介绍下立项的重要材料之一——MRD。

2.1.2　MRD

MRD 尽可能用技术语言对产品进行定义。在 SSD 行业中，一般由产品经理或者市场经理负责组织编写 MRD。MRD 的读者不仅包括研发部门，还包括商务、市场、销售、运营、生产及其他职能部门。对于一些重点项目，测试部门如果想要更早地介入项目，可以在编写 MRD 阶段就参与，这样更有利于理解后面的 PRD。

MRD 在 SSD 项目中是一个"承上启下"的作用。"向上"是对 BRD 的进一步细化，对不断积累的市场数据的一种整合和记录，总结市场部门对 SSD 市场客户需求的理解，描述客户需要什么样的 SSD 产品。市场部门可以围绕该文档组织相关部门展开讨论和评审，判断 MRD 的描述是否体现出真实的市场需求。"向下"是对后续工作的方向性说明和指导，MRD 作为制定 PRD 的重要依据，它的质量好坏会直接影响后续 PRD 制定工作的开展。

MRD 应包括以下主要内容。

1. 市场分析

MRD 尽量用工程师（包括研发工程师和测试工程师）可以听懂的语言来呈现，从市场的角度解释为何要做这个项目，以及产品为何被这样定义，从而提高工程师对该项目的认可度。这一点至关重要，所有工程师都希望他们的辛勤劳动能创造真正的价值。实现这个目标的重要方法是建立共同的愿景，使得每一个工程师都能够理解 MRD 中每一条需求的背景和意义。

2. 产品主要功能和参数要求

SSD 项目可以分为芯片解决方案项目（目标是研发一款 SSD 主控）和产品解决方案项目（目标是研发一款 SSD 硬盘）。

SSD 芯片解决方案项目需要考虑芯片的性能、功耗和面积等因素。芯片的面积与裸片大小（die size）和管脚数量（pin number）相关，这对芯片成本估算很重要。die size 直接影响了一片晶圆可以切出多少颗芯片，pin number 决定了封装成本。芯片解决方案项目围绕芯片的设计和验证展开，最终的产品形态是 SSD 主控芯片。在这类项目中，测试工作围绕芯片验证展开，核心目标是验证主控芯片各个功能模块的功能、性能、功耗、稳定性和可靠性等相关指标是否满足设计要求。芯片验证测试可以分为投片前和回片后。投片前一般在 FPGA 或者仿真平台上进行测试，回片后将芯片贴在 EVB（Evaluation Board，评估板）平台做验证测试,业内也叫 bring up(芯片初启)。

SSD 产品解决方案类项目是研发一款 SSD 硬盘。这类项目首先需要对 SSD 最核心的两个部件主控和 NAND 进行选型。选型时除了考虑主控的参数,还要考虑整个产品的性能、功耗、可靠性和寿命等。固件和 NAND 分析部门在这类项目中承担重要工作,NAND 分析部门负责提供与 NAND 接口相关的参数文件、接口代码等,固件负责将 SSD 前端(NVMe、SATA、SAS 接口等)、FTL(映射表管理、垃圾回收、巡检、刷新、错误处理等)、NAND 接口(与 NAND 接口的驱动代码)三个 SSD 核心组成部分整合起来,构建出完整的 SSD 产品。优秀的 SSD 主控需要优秀的固件才能发挥出 SSD 的最大价值。在 SSD 产品解决方案项目中,测试团队的测试对象是整个 SSD,无论是终端客户能够感知到的 SSD 特性(性能、时延等),还是客户感知不到的 SSD 特性(垃圾回收、巡检、刷新、错误处理等),都要有相应的测试用例去覆盖验证。

3. 需通过的认证测试

SSD 有很多种行业内公认的认证。项目主体要根据 SSD 的目标市场和客户,有针对性地通过一些认证。认证类测试都有固定的测试流程和项目。在送测前,测试部门可以自己先摸底测一遍,确认没有问题后再送测,避免送测后问题较多认证失败。常见的消费级和企业级 SSD 认证测试分别如表 2-1 和表 2-2 所示。

表 2-1 消费级 SSD 认证测试

认证测试	消费级—渠道	消费级—OEM
WHQL	√	√
UNH-IOL	√	√
PCI-SIG	√	√
McAfee		√
Winmagic		√
LVFS		√
Intel EVO(Athena)		√
AMD AVL		√
WU(Windows Update)		√
PyNVMe3	√	√

其他产品级认证有 RoHS、CE 认证等

表 2-2 企业级 SSD 认证测试

认证测试	企业级 SSD
UNH-IOL	√
PCI-SIG	√
VMware IOVP	√

（续）

认证测试	企业级 SSD
VMware vSAN	√
Windows Server SDDC	√
Intel VMD-VROC	√
腾讯云 OpenCloudOS	√
浪潮澎湃技术认证	√

......

4. 重要里程碑

以 SSD 主控芯片解决方案为例，MRD 需要包括下面几个重要的里程碑时间点。

- Kick off：项目起始日期。
- Tape out：第一次流片时间。
- ES（Engineer Sample，工程样品）：通过 EVT（Engineering Verification Test，工程验证测试）的时间点称为 ES 节点。EVT 是产品开发初期的设计验证。SSD 的 EVT 测试包括 SSD 所有的主要功能和特性的验证。要通过 EVT 测试一般不许有严重及以上级别的问题，但是可以有一些一般级别的问题。通过 EVT 测试后，SSD 进入 DVT 测试阶段。
- CS（Custom Sample，常规样品）：通过 DVT（Design Verification Test，设计验证测试）的时间点称为 CS 节点。SSD 的 DVT 测试不许有严重及以上级别的问题，相对 EVT 标准，DVT 标准更高（测试时长、cycle 次数、测试盘片数量等）。通过 DVT 测试，标志着该款 SSD 具备给客户送样的条件，可进入 QS 测试阶段。
- QS（Qualified Sample，合格样品）：通过 PVT（Production Verification Test，小批量生产验证测试阶段）的时间点称为 QS 节点。通过 PVT 测试，标志着该款 SSD 具备小批量生产条件。
- MP（Mass Production，批量生产）：经过上述几个阶段的测试，验证了 SSD 的各项功能指标完全符合 PRD，则该款 SSD 进入可大批量量产阶段，即 MP 阶段。

EVT、DVT、PVT 三个阶段，以及对应的三个评审点 ES、CS、QS，均需要测试部门参与，每个里程碑节点都要输出对应的测试报告。测试里程碑评审点如图 2-3 所示。

图 2-3　测试里程碑评审点

5. 为产品功能划分测试优先级

SSD 的产品功能可以划分为 C、M、B 三个优先级。

- Critical（C 级，关键级）：必须具备的功能，例如基本的读写、Trim（整理）、垃圾回收、掉电恢复、查询等功能，这些特性都需要被全覆盖测试。

- **Medium（M 级，中级）**：功能必须存在，但某些参数或指标会被允许存在一个波动范围。测试判定结果时，需要看是否超出裕量边界，比如性能的波动指标不超过 5% 等。
- **Better to have（B 级，非必要级）**：可有可无的功能，例如一些非必要的查询功能。

产品经理一定要明确定义产品功能优先级，以便研发部门在分配资源和制定开发计划时有的放矢。

6. 工具需求

SSD 产品的测试还需要有配套的工具软件、驱动程序等，这些也需要被开发。一般 SSD 主控厂家有专门的工具软件开发部门。SSD 测试中常用的工具有开卡工具、量产工具、升级工具、远程 Debug 分析工具等。

MRD 需要使用标准技术语言，明确地描述每一条需求，避免与工程师产生不同理解。特别是某些组织内独有的缩写常常会令人无法理解，建议项目主体维护一张缩写释义表，便于对内和对外沟通。

下面例举一款 PCIe Gen4 SSD 的 MRD，如表 2-3 所示。

表 2-3 一款 SSD MRD 示例

SSD×× 项目市场需求规格书（MRD）				
目标市场	消费级 SSD			
市场分析	PCIe Gen4 M.2 接口将成为新上市的 PC 平台的主流，因此 SSD 也要从 Gen3 向 Gen4 发展……			
计划上市时间	2022/11/1，赶在本年度双 11 之前			
重要里程碑	ES: 2022/4/30 CS: 2022/7/31 QS: 2022/9/30			
认证需求	WHQL UNH-IOL PCI-SIG Intel EVO ……			
范围	一级分类	二级分类	参数要求	级别
基本信息	容量	NA	512GB ～ 4TB	C
	封装	封装类型	FCCSP	C
		封装尺寸	10mm × 13mm（0.7mm pitch）	C
		Die 尺寸	$24mm^2$	C
		Die 制程	FFC12nm	C
前端	主机接口	PCIe	PCIe 4.0 × 4	C
		NVMe	NVMe 1.4	C
后端	闪存接口	通道数	4	C
		CE 数	4	C
		NAND 接口速率	2 400MT/s	C

（续）

范围	一级分类	二级分类	参数要求	级别
安全	AES	AES	支持	C
	SM2/3/4	SM2/3/4	支持	C
	TCG-OPAL	TCG-OPAL	支持	C
	IEEE1667	IEEE1667	支持	C
	1 024bit 密钥长度的 RSA 加密	1 024bit 密钥长度的 RSA 加密	支持	C
	SHA256	SHA256	支持	C
	TRNG	TRNG	支持	C
可靠性	ECC	ECC	4k LDPC	C
	Raid	Raid	Raid5	C
	E2E	端到端数据保护	支持	C
	DPPM	DPPM	50	M
	AFR（年故障率）	AFR	0.25%	M
	MTBF（平均故障间隔时间）	MTBF	1 000 000h	M
	工作温度	商用级	0 ~ 70℃	C
		工业级	−40 ~ 85℃	C
	存储温度	存储温度	−40 ~ 85℃	C
性能	整盘性能	顺序读	7.2GB/s	C
		顺序写	6.0GB/s	C
		4KB 随机读	800k IOPS	C
		4KB 随机写	800k IOPS	C
供电	供电电压	V_{CCQ}	1.2V	C
		V_{CC}	2.5V	C
	功耗	读写功耗	<3.5W	C
		PS4 + L1.2	<3mW	C
		PS3 + L1.2	<35mW	C
Tools	量产工具	固件烧写时间	<40s	M
		接口	USB 或 M.2	C

通过表 2-3 可以看到，MRD 已经给出了 SSD 产品的核心指标。MRD 是研发部门的第一份输入材料，也是制定 PRD 的重要输入材料。下一小节将会介绍如何通过 MRD 制定 PRD。

2.1.3 PRD

PRD 是产品需求说明书，它根据 MRD 对产品的功能和需求进行进一步的解释。

研发团队与产品经理一起根据 MRD 制定 PRD。通常来说，产品经理和研发团队会对 PRD 进行多次讨论，反复推敲，不断修正。PRD 的制定要非常严谨，一旦 PRD 定错了，会直接导致一款产品的失败。

1. PRD 的作用

对一款产品最全面的描述就是在 PRD 中体现的。通过 PRD，可以确保所有项目相关方对产品需求有清晰一致的理解。PRD 的内容应得到市场、产品、研发、测试多方的一致认可。PRD 和 MRD 的关系在于，PRD 对 MRD 中 SSD 的功能和参数用研发工程师的语言进行了进一步的解释。

没有一份完整的 PRD，就不可能制定出合理的项目计划。一般由产品经理、研发团队、测试团队一起基于 PRD 评估各领域工作量及所需的人力和时间，输出项目计划。在计划中，测试和研发的进展节奏是相匹配的。研发在某一个时间点实现的功能和特性，应该有对应的测试用例去验证。

项目计划确定后，研发团队基于 PRD 进行开发文档的编写。测试团队根据 PRD 准备测试资源，进行测试用例及脚本的开发。

PRD 的正式发布需要经过产品经理的审核。

2. PRD 的内容

PRD 是一份详细的描述 SSD 产品规格的文档，它定义了产品功能、性能、功耗、可靠性和兼容性等方面的要求。一份完整的 SSD 规格书通常包括以下内容：

1）产品概述，包括如下几项。
- 产品名称：某款 SSD。
- 产品定位：消费级、企业级、工业级等。
- 目标群体：零售、整机、工业、汽车、数据中心等。

2）技术规格，包括如下几项。
- 接口类型：SATA、PCIe、SAS 等。
- 存储容量：256GB、512GB、1TB、2TB、4TB 等。
- 读写速度：在各类场景下的顺序读写、随机读写速度等。
- 功耗：工作功耗、空闲功耗、各类低功耗（PS3、PS4、L1.2、L1.1……）等。
- NAND 类型：SLC、MLC、TLC、QLC 等。
- 控制器型号和品牌：SMI、PHISON、Marvell、Maxio、YingRen 等。
- 固件特性及功能：闪存缓冲读（Cache Read）、闪存缓冲写（Cache Program）、预测性读（Predictive Read）等。

3）物理规格：2.5 英寸、M.2 2280、M.2 2242 等。

4）散热解决方案：镀镍涂层、散热标签等。

5）软件和固件，其中包括管理软件（如三星魔术师固态硬盘管理软件）、各类开卡软件、升级软件等。

6）可靠性和兼容性，包括如下几项。
- TBW（Total Bytes Written）：总写入字节数。

- MTBF（Mean Time Between Failures）：平均故障间隔时间。
- DWPD（Drive Writes Per Day）：每日全盘写入数，例如 0.5 表示每天写满全盘 0.5 次。
- 系统兼容性测试：不同的操作系统，如 Windows 11、Windows 10、Ubuntu，以及国产操作系统统信、麒麟等；不同的 CPU 类型，如 Intel、AMD 系列，国产化 CPU 龙芯、飞腾等。

7）环境和安全标准，包括如下几项。

- 工作温度范围：消费级的 0 ～ 70℃，工业级的 −40 ～ 85℃等。
- 存储温度范围：−40 ～ 85℃。

8）认证或合规性信息：PCI-SIG、UNH-IOL、RoHS 等。

3. MRD 和 PRD 的区别

MRD 和 PRD 最大的区别是 PRD"包含所有"，而 MRD 一般只从市场角度描述一些主要功能。有些内部的功能没有在 MRD 中体现出来，需要在 PRD 中补充列出来，比如垃圾回收（Garbage Collection，GC）、磨损均衡（Wear Leveling）、读干扰（Read Disturb）、状态切换时延（如进出 PS3、PS4 的时延）等。SSD 的 MRD 总篇幅一般只有一两页，而 PRD 可以细化到十几页甚至几十页。

对于一些默认功能，MRD 常常省略不写，但是 PRD 需要应列尽列，比如主机写入量统计、写放大目标、各类查询功能等。这些功能终端客户可能不会去使用，但是研发团队和维护团队用得上。

对同一个参数，即使 MRD 和 PRD 中都有描述，描述的精细程度也不一样。MRD 呈现的是市场和客户想看到的，PRD 呈现的是产品和内部研发应看到的。以性能为例，MRD 中只会描述 SSD 的主要性能指标，比如空盘下的顺序写、顺序读、随机写、随机读。PRD 则会将这些指标更加场景化、具象化，比如在 PRD 中会进一步描述不同填盘比例后的性能要求，以及在不同测试工具下的性能表现等。有了更细化的 PRD 后，测试团队可以使用 PRD 分析测试需求，而不需要再去看 MRD。

PRD 和 MRD 的区别还体现在以下几个方面。

1）**服务的对象不同**。

- MRD：站在客户的视角，关注市场需求，面向产品和市场部门。它定义了目标市场、客户需求、市场机会、竞争分析和业务目标，旨在捕捉市场的声音和客户的需求。
- PRD：关注产品功能和实现的细节，面向测试和开发团队。它提供了实现测试的具体指标和开发工作的方向内容，更加详细地说明了产品应该具备的特性、功能、可靠性、性能、寿命和兼容性等指标。

2）**作用不同**。

- MRD：从市场角度确定市场的需求和期望，帮助指导产品的整体方向和战略，确定以什么样的 SSD 去满足市场需求。

- PRD：从技术角度确定需要实现哪些技术指标和特性，以指导 SSD 开发和测试活动。

3）**制定时间不同。**

- MRD：通常在立项阶段就开始制定，以确定市场需求和商业目标。
- PRD：在 MRD 之后制定，此时市场需求已经明确，需要转化为具体的产品规格。

4. 根据 MRD 制定 PRD

MRD 转化为 PRD 的过程实质是将市场需求转化为产品需求的过程。MRD 描述市场要什么，PRD 描述产品要实现什么。

PRD 文档是将产品项目由"概念化"阶段推进到"图纸化"，将需求落实为可开发的技术点。PRD 是对 MRD 内容的继承和发展，是要把 MRD 中的内容技术化，侧重的是对产品功能和性能的说明，因此相对于 MRD 中的内容，PRD 要更加详细。

SSD 的 MRD 中也包括了一些产品需求的描述。PRD 要把这些内容用更加技术化的语言向研发部门的工程师说明，并补充一些在 MRD 中没有体现出来的隐藏的技术需求和功能需求。

5. 根据 MRD 制定 PRD 的流程

根据 MRD 制定 PRD 的流程如下。

1）分析 MRD，充分理解 MRD 中的每一条需求。

2）将 MRD 中的每条需求都体现在 PRD 中，并给出更为细致的技术指标。

3）拓展潜在的技术需求。这些需求是终端客户看不到的功能特性，比如为了满足 SSD 盘的读写性能，还需要有垃圾回收功能，这个功能在 MRD 中并没有体现，但在 PRD 中应对垃圾回收的需求进行定义。在性能测试中，为了测试垃圾回收性能，测试部门会设计相应的测试用例。比如对 SSD 进行性能测试，记录性能数据。性能测试结束后让 SSD 空闲一段时间（比如 5 分钟），然后再次进行性能测试。测试者观察性能是否能恢复空闲之前的性能。反复多次，从而判断在空闲期间垃圾回收功能是否发挥了应有的作用。如果垃圾回收太慢，那么空闲后性能测试会掉速。

4）MRD 定义了目标市场。在 PRD 制定过程中，制定者可以与目标市场中的典型目标客户进行交流，了解客户在功能特性及关键指标上的需求，并将这些需求补充到 PRD 中。

5）研发、产品、测试、市场一起讨论，逐条确定 PRD 的内容，对存在的分歧进行决策。识别 PRD 中在未来实现的过程中可能遇到的困难点，并做好预案。

6. 如何完善 PRD 的内容

以完善 SSD 的性能指标为例，MRD 中的性能指标一般用带宽吞吐（Throughput）和延时（Latency）来表达。在 PRD 中，除了继承 MRD 中的指标要求外，还有一些潜在需求需要被正式体现，这些需求的实现与否会直接影响到性能。

表 2-4 列举了几个在 PRD 中的需求，它们在 MRD 中没有体现。

表 2-4　在 PRD 中补充的与性能相关的潜在需求

需求类别	特性说明	需求说明
性能特性	预测性读（Predictive Read）	SSD 的预测性读取是通过智能预测数据的访问模式，提前准备数据，从而提高数据访问速度，降低系统响应时间，提升整体性能。这样做还可以减少对闪存的磨损，延长 SSD 的使用寿命，综合来看也有助于节能降耗。这些优势使得预测性读取成为企业级 SSD、高性能计算环境、DRAMless SSD 非常重要的特性
	主机内存缓冲技术（Host Memory Buffer，HMB）	SSD 的 HMB 特性利用主机内存作为缓冲区，存放一些常用的管理数据和用户数据，比如 FTL 表、热数据等。HMB 的具体使用方式由 SSD 固件决定。HMB 能够提升 SSD 的性能、降低时延、优化整机的资源利用，这个特性对提升 DRAMless SSD 的使用体验很有帮助
	闪存缓冲读（Cache Read）	SSD 主控芯片向 NAND 发出 "Cache Read" 命令，指示 NAND 从页寄存器（page registor，是 NAND 内部的寄存器）读出一个数据页，并向 SSD 主控传输数据。与此同时，在该 NAND 相同的 LUN（Logic Unit，逻辑单元）上发起另一页数据的读，将读出的数据存在页寄存器中。这样可以帮助上传和读取新的数据同时进行，形成并发处理，提高读效率。主流的 NAND 都支持 "Cache Read" 命令。在顺序读过程中，该特性可显著提高性能，但如果是随机读，提升效果不大。需要注意的，这里的 Cache Read 是指从 NAND 的数据页读到 NAND 的 Cache Register 寄存器，而不是 SSD 主控的 Cache，也不是指电脑的 Cache，这点不要搞混淆
	闪存缓冲写（Cache Program）	SSD 主控芯片向 NAND 发出 "Cache Program" 命令，指示 NAND 将页寄存器的数据下发写入到介质中，与此同时一组新的数据被 SSD 主控写入页寄存器。向介质写入数据和通过页寄存器接收主控下发的新数据同时进行，提高了写效率。主流的 NAND 都支持 "Cache Program" 命令

完善的 PRD 可以使得研发部门更加明确自己要开发什么，测试部门知道自己要测什么。

7. PRD 的内容管理

一款 SSD 产品的 PRD 内容往往包括几百项内容，可以按照功能特性分类进行管理。在管理方法上，可以使用 Excel 表的不同 sheet 管理不同类别的特性，也可以使用文档分章节描述不同类别的特性。无论采用哪种模式，在 PRD 文档的首页都需要总体呈现该款 SSD 产品的关键性指标列表。

如果用 Excel 表管理一款 SSD 产品的 PRD，可以将 Excel 中的每个 sheet 对应一类 SSD 特性，并在第一个 sheet 中给出索引。举例如表 2-5 所示。

表 2-5　Excel 中的 PRD 索引

标签号	内容
01	Contents Description
02	Main Product Spec
03	FW Features List
04	NVMe Features List
05	Standard Smart List
06	Vendor Smart List
07	Admin Command
08	NVMe Features Sets
09	NVMe Log Page
10	IDENTIFY
11	PCB Topology
12	Performance
13	Power Consumption
14	TCG-Opal Test Case
……	

索引表中的每一项内容，都对应 Excel 中的一页单独 sheet，在该 sheet 中详细描述 PRD 中的某一类大特性。如果该 SSD 是一款 PCIe Gen3 产品，以表 2-5 中的 sheet 2- Main Product Spec 为例，其内容如表 2-6 所示。

表 2-6　一款 PCIe Gen3 NVMe SSD 的 PRD 内容

PCIe Gen3 NVMe SSD 主要规格参数				
主控型号	××	NAND 型号		××
通道及 CE 数	4 通道，4CE	NAND 接口速率		1 200MT/s
版型	2280	主机接口		PCIe3.0，NVMe1.4
……（还有其他的指标，这里不一一列举）				
盘片容量	256GB	512GB	1 024GB	2 048GB
性能				
Iometer				
128K Q32 Seq.Read/（MB/s）--FOB	3 200	3 500	3 500	3 500
128K Q32 Seq.Write/（MB/s）--FOB	1 300	2 600	3 000	3 050
……	……	……	……	……
CDM 8				
1MB Seq.Read/（MB/s）Q8T1	3 100	3 500	3 500	3 500
1MB Seq.Write/（MB/s）Q8T1	1 300	2 600	3 000	3 050
……	……	……	……	……
AS SSD				
4KB Ran.Read/（IOPS）64Thrd	350	700	1 300	1 500
4KB Ran.Write/（IOPS）64Thrd	1 100	1 350	1 400	1 200
AS SSD 得分	2 300	3 300	4 200	4 400
……（还有其他的性能指标，这里不一一列举）				
功耗				
MobileMark 2014（APST 关闭）	1.2W			
MobileMark 2014（APST 打开）	0.25W			
空闲功耗	<500mW			
PS3 状态下功耗	<20mW			
PS4 状态下功耗	<2mW			
……（还有其他的功耗指标，这里不一一列举）				
可靠性				
不可修复的错误比特率（UBER）	10^{-15}	10^{-15}	10^{-15}	10^{-15}
写放大（WAF）	<3	<3	<3	<3
总写入字节数（TBW）	180	360	720	1 440
平均故障间隔时间（MTBF，单位为小时）	100 万小时			
……（还有其他的可靠性指标，这里不一一列举）				

（续）

兼容性				
Windows 7 /8 /10（32bit & 64bit）	支持			
Windows Server 2008/ 2012/2016	支持			
RedHat Linux	支持			
……（还有其他的兼容性需求，这里不一一列举）				
环境				
工作温度 /（℃）	0 ～ 70	0 ～ 70	0 ～ 70	0 ～ 70
非工作温度 /（℃）	−40 ～ 85	−40 ～ 85	−40 ～ 85	−40 ～ 85
……（还有其他的环境参数，这里不一一列举）				
热控制				
0< 主控温度 <100℃	全部 Die 并发			
100℃ < 主控温度 <105℃	Die/2 并发			
105℃ < 主控温度 <110℃	Die/4 并发			
110℃ < 主控温度 <115℃	Die/8 并发			
认证				
PCI-SIG	需要			
UNH-IOL	需要			
WHQL	需要			
……（还有其他的认证，这里不一一列举）				

8. PRD 与测试的关系

PRD 与测试的关系非常密切，是开展测试工作最重要的输入文档，这体现在以下几个方面。

- **PRD 是 SSD 测试用例的重要来源**。同样一份 PRD，对测试团队和对研发团队有不同的意义。对研发而言，PRD 意味着要做什么；对测试而言，PRD 意味着测什么。SSD 的 PRD 中详细描述了产品应该具备的功能、性能标准、内部特性等，明确了测试的对象，是开发测试用例的主要输入。测试团队依据 PRD 中的要求来设计和执行测试用例。PRD 中的功能既应该包括交付给客户的、客户可直观感知到的功能，例如最基本的读写功能，也应该包括 SSD 内部的、为了保证其正常工作必须具备的功能，例如垃圾回收、磨损均衡、读干扰处理等功能。对测试而言，PRD 相当于一个测试大纲，其中包含的是需要测试最核心和基础的内容。

- **PRD 为 SSD 测试用例明确了通过标准**。每个测试用例都有对应的通过标准，满足标准判定为通过（PASS），不满足标准则判定为失败（FAIL）。测试报告中会体现每个测试用例的 PASS 或者 FAIL。以性能测试为例，PRD 中对性能的具体要求（如顺序读写带宽、随机读写带宽、IO 时延等）以数值的方式体现，这些值可以直接被当作性能测试的最低标准，测试人员需要通过一系列性能测试用例来验证产品是否满足这些性能标准。

- **PRD 给 SSD 测试团队提示了需要准备什么样的测试环境**。测试团队获得 PRD 后，需要为测试准备适当的测试环境。还是以性能测试为例，需要在配置较高的平台上才能测出。测试平台如果自身能力不足会导致 SSD 的性能跑不上去。还有一些测试项目，需要使用专用的测试设备，这些设备并不是什么时候用什么时候就能获取到，需要提前规划，一些进口测试设备货期一般都需要 3 个月以上。还有一些测试项目，比如第三方认证类的项目，需要提前申请测试认证，排队获取测试时间窗口。

- **PRD 的测试结果验证了 SSD 产品的功能是否被正确的实现**。测试执行是对前期测试工作的应用和落实，测试的结果验证产品是否满足 PRD 中的各项需求。PRD 中描述的每个功能特性都需要通过相应的测试活动来验证，以确保每项指标或者功能都能够按预期工作。以 MTBF 为例，某款 SSD 产品在 PRD 中定义 MTBF 指标为 100 万小时，那么确认被测 SSD 是否满足该指标，就是测试要做的工作。

- **通过测试识别和修正与 PRD 不符的问题**。在测试过程中，发现的与 PRD 不符的问题需要被记录并反馈给开发团队，以便及时修复设计或实现。针对 SSD 的测试是规模化的，测试所使用的测试用例数量、盘片数量、平台数量都比较多，一些 OEM SSD 厂家的测试规模甚至达到了上千台，测试用例数量也达到几千，测试周期几个月。这种测试规模需要引入测试自动化系统帮助测试进行管理，提升测试效率。测试中识别出的问题及其被修正的过程也会在该自动化系统中加以记录和跟踪。测试自动化系统还可以用于平台管理、测试用例管理、测试用例执行、结果统计等。关于 SSD 测试自动化系统将在后续章节介绍。

- **测试工程师通过分析 PRD 制定测试策略和测试计划**。PRD 可以帮助测试团队明确测试的重点、范围和优先级。测试工程师通过分析 RPD，识别其中一些重要、困难、复杂的需求，提前做好预案，提供针对性的测试方案。

根据 PRD 制定测试用例，对每条测试用例进行测试时长的评估。根据测试时长，对测试用例进行计划排期，制定出测试计划。测试人员依据测试计划进行测试。SSD 的测试内容主要包括性能、功耗、压力、温度、协议、兼容性、可靠性等。测试方法可以采用黑盒、灰盒、白盒等。

测试策略的贯彻首先体现在测试用例的执行顺序上，一些涉及大范围代码实现的特性要先测。SSD 测试用例的执行顺序一般如图 2-4 所示。

性能是 SSD 给客户的第一印象，所以一般先测性能，再测功能。性能和功能两者你中有我，我中有你，在满足功能的同时，性能也应在标准范围内。

即使性能、功能都满足了 PRD，如果功耗过高也不符合实际使用需求。因为目前笔记本计算机的占比越来越高，其电池供电状态下的持续工作时间直接影响客户体验。影响续航能力的关键因素除了电池容量外，也与整机功耗直接相关。为了降低整机功耗，主机厂商会对包括 SSD 在内的部件有低功耗要求。SSD 的功耗指标主要包括：工作状态下功耗

（Active）、空闲状态下功耗（Idle）、PS3/PS4 低功耗状态下功耗，以及功耗状态切换所需要的延迟，这些指标在 PRD 中都应有说明。

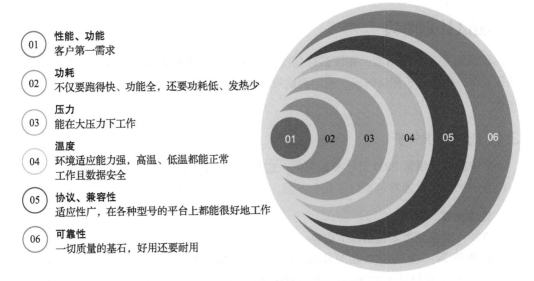

01 **性能、功能**
客户第一需求

02 **功耗**
不仅要跑得快、功能全，还要功耗低、发热少

03 **压力**
能在大压力下工作

04 **温度**
环境适应能力强，高温、低温都能正常
工作且数据安全

05 **协议、兼容性**
适应性广，在各种型号的平台上都能很好地工作

06 **可靠性**
一切质量的基石，好用还要耐用

图 2-4　SSD 测试用例的执行顺序

压力测试是指对 SSD 进行大工作压力下的读写混合测试，借此证明 SSD 的可靠性。相对于一般压力测试，在大工作压力下，SSD 更容易被测出问题。

温度测试用以验证 SSD 在高低温环境下功能是否正常，包括读写性能、数据完整性、掉电、重启、兼容性、错误处理等功能。电子元器件在高低温环境下工作特性会发生变化（温漂），比如 NAND 的读写电压在不同温度下的最优值是不同的。相对于常温，高低温环境下更容易测出 SSD 潜在的一些问题。常见的温度测试用例包括：高温写低温读（高写低读）、低温写高温读（低写高读）、冷热冲击、高低温循等。温度测试在有些公司也称为环境测试。除了温度外，还可以引入湿度、盐度等环境参数作为测试可变因素。

协议测试用于测试 SSD 与主机之间的接口协议的符合性，比如是否符合 NVMe、SATA 协议等。

兼容性测试验证在不同平台和操作系统上 SSD 是否能够正常工作，以及性能和功能等各类指标是否正常。

最后测试 SSD 的可靠性。可靠性不好一切都归零。SSD 的可靠性测试可以参考 JESD 218 和 JESD 219。测试团队也可以结合业务研究增加可靠性测试用例。

在 SSD 的测试过程中，针对发现的需求不合理或不完善的问题，可以组织各相关部门的专家团队进行讨论，决策是否对 PRD 进行修改。调整后的 PRD 应该更符合技术可行性情况，更满足市场需求。

综上所述，PRD 为测试提供了重要的输入材料，测试人员围绕 PRD 展开测试活动，以验证产品是否符合 PRD 要求，在测试中发现问题并不断推动 PRD 改进。PRD 和测试二者相辅相成，共同确保 SSD 产品的成功。

2.2　测试计划阶段

凡事预则立，不预则废。在测试计划阶段要为将要进行的测试工作进行一系列的铺垫和准备工作，包括分析测试需求、确定测试策略、制定测试标准、准备测试资源、制定测试计划等。

2.2.1　测试需求分析

上文中提到了根据 PRD 设计测试用例，这需要先对 PRD 进行分析，梳理出测试需求。SSD 的测试需求通常包括以下几个方面。

1. 性能测试

SSD 的性能测试需要包括以下内容。

- **顺序读写**：测试 SSD 在顺序读写操作下的最大传输速度。主机下发给 SSD 的 BlockSize 可以是 128KB、1MB、4MB 等多种块大小，Queue Depth 一般设置为 128。
- **随机读写**：在 BlockSize = 4KB，Queue Depth = 128 的条件下，测试 SSD 的随机读写 IOPS(Input/Output Operations Per Second)。IOPS 表示每秒进行读写（IO）操作的次数。例如某款 SSD 的 4KB 随机写 IOPS 的结果为 100k，表示该款 SSD 每秒可以处理 100k（100 000）个 4KB 随机写操作。
- **混合读写**：BlockSize = 4KB，70% 读、30% 写，Queue Depth 一般设置为 128。
- **IO 时延**：IO 时延是指在进行输入 / 输出（IO）操作时，从发起一个 IO 请求到完成该 IO 请求所需的时间。这个时间包括多个部分，如数据传输时间、等待时间等。IO 时延的长短直接影响到系统的整体性能，特别是在高负载或高并发场景下，过长的 IO 时延可能导致系统响应缓慢，影响用户体验和业务处理效率。SSD 可以测试诸多不同场景下的 IO 时延，例如一款 SSD 即使顺序读写性能再好，但在单并发下（线程数为 1，队列深度为 1）随机 IO 时延过高，在一些场景下也会影响使用体验，引起客户可感知的卡顿。
- **稳态性能**：SSD 的稳态性能是衡量 SSD 在实际长期使用中能否持续提供高性能的关键指标。与初始的"开箱即用"性能相比，稳态性能更能反映 SSD 在实际使用中的长期表现。为了评估稳态性能，需要对 SSD 进行一系列严格的测试，包括长时间随机写入工作负载测试，以及在极端条件下的性能评估。这些测试有助于了解 SSD 在持续负载下的表现，从而为用户提供更准确的性能预期。
- **性能跑分**：使用专门的跑分软件对 SSD 进行性能测试，例如 AS SSD、PCMark、3DMark 等。

企业级和消费级 SSD 用的测试工具有所区别，比如企业级性能测试不会用 CDM（CrystalDiskMark）等商业软件，而大多以 fio 和 Vdbench 两款软件为主。

当然性能测试的内容不仅包括上述这些，这里仅是列举了一部分，目的是帮助读者理解。一些标准化组织也针对 SSD 性能测试给出了一些建议，比如 SNIA，具体可以参考该组织网址 www.snia.org。一些商业测试工具也参考 SNIA 的测试建议，在其测试工具中包含了覆盖 SNIA 要求的测试用例。

2. 稳定性测试

SSD 的稳定性测试通常需要包括以下内容。

- **长时间连续写入测试**：测试 SSD 在连续高负载写入下的稳定性，通常测试时间应该超过 24h，至少保证 SSD 被写满两次以上。
- **长时间连续读取测试**：测试 SSD 在连续高负载读取下的稳定性，同样也需要测试时间超过 24h。
- **温度测试**：测试 SSD 在高温和低温环境下的性能和稳定性表现，通常需要在高低温箱下进行测试。
- **压力测试**：制造出大压力的测试场景，设计出"残暴"的测试用例，抓到那些大压力下才能暴露出的问题，间接验证了 SSD 产品的稳定性。

3. 寿命测试

寿命的表达方法有下面两种：TBW 和 DWPD。

TBW 表示在固态硬盘的整个使用寿命内，可以写入到硬盘的总字节数。SSD 的容量、闪存类型（例如 MLC、TLC、QLC 等）、控制器质量、固件的质量及写入操作的数据模型都会影响到 TBW。一般来说，大容量的 SSD 通常具有更高的 TBW 值。TBW 既可以通过实测 WA（Write Amplification，写放大）和所使用的 NAND 的 PE 寿命计算得到，也可以采用加速因子实测真实写入量得到。

$$TBW = 盘容量 \times \frac{PE}{WA}$$

DWPD 是另一种 SSD 寿命的表达方式，例如某款消费级 SSD 的寿命为 0.3 DWPD@5 年，它表示的意思就是在每天整盘 0.3 次的写入量下使用寿命为 5 年。

上述两个指标是可以互相转换的，转换公式如下：

$$DWPD = TBW \div 保修期天数 \div 盘片容量$$

在 SSD 测试的过程中，可以通过 CrystalDiskInfo 程序查看"主机总计写入"数值，通过该指标得到被测 SSD 的寿命使用情况，评估其健康度。

4. 可靠性测试

衡量 SSD 可靠性的指标主要包括下面几种。

（1）UBER

UBER 指标反映了 SSD 在读取过程中出现不可修复的数据错误的概率，即 SSD 的读取错误率。企业级 SSD 比消费级 SSD 在该指标上要领先一个数量级，目前厂家基本都可以做到 10^{-15} 甚至更高，部分企业级 SSD 产品宣称可以达到 10^{-18}。影响 UBER 的因素包括 NAND 品质、主控的误码纠错能力（ECC、2K LDPC、4K LDPC）、固件质量等。目前主流的 SSD 大都采用 LDPC（Low-Density Parity-Check Codes，低密度奇偶校验）纠错算法。LDPC 码长是 SSD 主控的重要参数，它影响着主控的闪存纠错能力。在同等的原始错误比特率（RBER）下，4K LDPC 的纠错成功概率相比 2K LDPC 大幅提升，这意味着使用 4K LDPC 纠错技术可以大大延长闪存的使用寿命，同时也推迟了 SSD 生命后期因闪存错误率上升而开始产生掉速的时间点。

（2）RBER

RBER 反映的是闪存的质量，所有闪存出厂时都有一个 RBER 指标，它是指在使用 ECC 纠错之前的比特误码比率，反映了 NAND 最原始的误码状态。企业级和消费级 NAND 的 RBER 是不同的，所以 NAND 出厂价格也相差较大。

（3）MTBF

MTBF 是 SSD 行业最常用的可靠性或故障率量化指标，单位为小时。MTBF 数学公式表示为：

$$MTBF=\sum（设备此次失效时间点 - 设备上次恢复正常时间点）/ 失效总次数$$

公式中的失效时间是指上一次设备恢复正常状态起，到设备此次失效那一刻之间间隔的时间，MTBF 可以用于预估 SSD 的耐久性。大多数面向消费者的 SSD 的 MTBF 约为 100 万小时以上，而工业级 SSD 则为 200 万小时，将其转换成年份，分别约为 114 年和 228 年。直接测试 SSD 的 MTBF 是否满足 100 万小时是不现实的。MTBF 一般通过实验法测得，即在一定的工作负载下，使用一定数量的 SSD 在一定的温度下进行一定时长的测试，如果在此时间内所有 SSD 盘片都正常工作，则可以认为该款 SSD 满足 MTBF 指标。上述的工作负载、SSD 数量、温度、时长该如何选取，可以参考标准文档 JESD 218 和 JESD 219。

SSD 一般使用商业 RDT（Reliability Demonstration Test，可靠度验证测试）设备对 MTBF 指标进行验证测试。关于 RDT 设备，后文将有介绍。

（4）故障率（Failure Rate）λ

λ 的定义：测试样品数量 n 在指定测试条件下运行时间 t，产生失效样品数量 r，则 $\lambda = r/(n \times t)$。

针对电子产品，通常我们用 FIT（Failure In Time）体现产品故障率，如 1FIT 代表运行 1×10^9 小时出现 1 个失效设备。

例：4 000 个测试 SSD，同时持续运行了 5 000 个小时，最终发现有 2 个 SSD 发生故障，通过计算可以得知 $\lambda = 2 /（4\,000 \times 5\,000）= 1 \times 10^{-7}$。换算成 FIT 表达，即该款 SSD 的失效率为 $10^{-7} \times 10^9 = 100FIT$。

（5）AFR

测试样品盘数量为 n，在指定测试条件下运行 1 年，故障盘数量为 r，则 AFR = r/n。

以上几种可靠性指标的转换关系如下：

$$MTBF = 1 / \lambda$$

$$MTBF = 1 / (\lambda \times 24 \times 365)$$

$$AFR = 365 \times 24 \times \lambda = 8\ 760 / MTBF$$

MTBF 和 AFR 的对应关系如表 2-7 所示。

表 2-7　MTBF 与 AFR 的对应关系

MTBF	AFR
2 500 000	0.35%
2 000 000	0.44%
1 500 000	0.6%

以上可靠性指标中，MTBF 是综合性最强、使用得最多的指标。测试验证 MTBF 指标的方法包括实际验证法、加速寿命试验法等，具体可以参考标准文档 JESD 218 和 JESD 219。

5. 兼容性测试

在不同测试环境下测试 SSD 的兼容性，常见的测试用例包括读写性能、正常下电、异常掉电、低功耗状态切换等。CPU、操作系统、PC 品牌的不同构成了兼容性测试环境的差异，平台兼容性应该覆盖图 2-5 所示的几个角度。

6. 功耗测试

功耗测试主要关注以下几个指标。

- Peak 功耗：在特定业务场景下的最大功耗值，比如消费级 SSD 空盘 CDM 顺序读一般是最大的功耗状态，测试时连续采集功耗值（比如 1μs 一个采集点），取最大值就是 Peak 功耗。
- 平均（Avg）功耗：在某个特定业务场景下（比如 mp3 播放、电影播放、idle 等），连续测试一定时长（比如 30min），测试时连续采集功耗值（比如 1μs 一个采集点），最后统计平均功耗。
- 功耗状态（Power State）：在不同功耗状态下的功耗值，以 PCIe SSD 为例，包括工作状态 PS0/1/2 和非工作低功耗状态 PS3/4 下的功耗。

7. 热节流测试

PCIe SSD 采用 NVMe 协议，以 PCIe Gen3 为例，顺序读写性能都在 3GB/s 以上，在这样的高速读写过程中难免会遇到一个令人头疼的问题——发热。依据大量的数据测试表明，SSD 最佳的工作温度是 55℃左右，一般 SSD 的 PRD 中规定的工作温度范围在 0 ～ 70℃。

为了控制 SSD 工作时不超温，各大 SSD 厂商的产品中都引入了热节流（Thermal Throttling）功能。当 SSD 温度（综合考量主控温度和 NAND 温度）超过热节流设置的温度时，SSD 主控就会通过降低性能来降低 SSD 的工作温度。

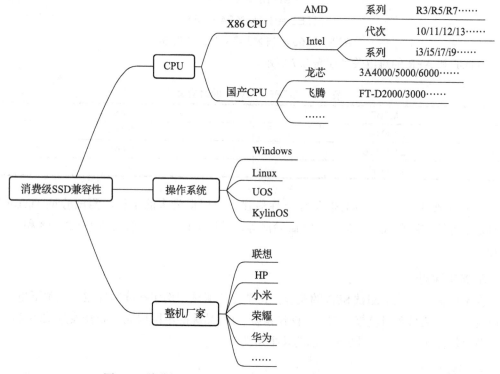

图 2-5   消费级 SSD 平台兼容性测试应该覆盖的几个角度

测试工程师要根据 SSD 产品的 PRD 中的热节流要求进行测试设计，比如热节流的某一档温度为 80℃，预期达到该温度后 SSD 会主动降低性能，以降低 SSD 的工作温度。在测试设计时，可通过压力读写使 SSD 升到该温度，然后观察 SSD 是否如期进入热节流状态，从而验证该功能。

8. 安全测试

SSD 的加密方式主要包括 TCG OPAL、Pyrite、SM 2/3/4、SHA256、AES、RSA 等。如果在 PRD 中指明了需要支持哪些加密方式，那么测试团队就需要准备对应的测试项目。还有一些安全认证测试，例如国密测试、TCG 认证测试等，后续有章节会针对安全认证测试做相关介绍。

9. 工具测试

SSD 工具测试的对象一般包括 SMART 工具、固件升级工具、调试 Debug 工具等。SMART（Self-Monitoring Analysis and Reporting Technology），即自我监测分析与报

告技术，通过该技术可以对设备的健康度状态进行查询和展示。SSD 进入 NVMe 时代，SMART 经过了重新设计，不同厂商针对 SMART 定义达成一致和规范，不再各自为政。可以通过 NVMe-cli、AIDA64、CrystalDiskInfo 等工具查询 SSD 的 SMART 信息。SMART 包含的信息分为标准内容和厂家自定义内容，其中标准内容可以参考 NVMe 协议的要求。以 NVMe 2.0c 协议为例，可以参看协议文档中的 Figure 207: SMART / Health Information Log Page。

客户及售后团队都可能会用到升级工具，用于升级固件。针对升级工具的测试需要包括下面的测试。

- 历史版本及所有容量与当前在测版本的升级功能测试。比如有 A、B、C 三个固件版本，C 为最新版本，测试时需要覆盖版本 A 到版本 C 的升级，以及版本 B 到版本 C 的升级，且每个版本需要覆盖所有容量，例如 512GB、1TB、2TB。由于不同容量的 SSD 在固件上可能会有差异，覆盖所有容量可以避免漏测。
- 采用压力测试，比如升级 500 次以上。
- 在不同操作系统、驱动程序和软件环境下的测试。

调试 Debug 工具主要提供给 FAE 和 RMA 分析人员使用，当 SSD 出现问题时，可以通过该工具分析问题，一般可以定位常见的问题。在测试这类工具时，可以给 SSD 注入一个故障，然后通过 Debug 工具分析得到结果，判定结果是否符合预期，以此方法验证工具的可用性。

10. 认证测试

SSD 可以进行 WHQL、IOL、PCI-SIG 等认证。测试人员需要提前把要做的认证测试都罗列出来，准备好测试环境。对于需要委外的认证测试，需要搜集好如何送测等信息，并提前做好送测准备工作，最好是先自测，自测通过后再送测。

11. 协议一致性

SATA、PCIe、NVMe 等的协议一致性测试可以通过一系列商业工具完成，比如 UNH-IOL、DriveMaster NT2/NT3、PyNVMe3 等。

通过全面的 SSD 测试需求分析，将 PRD 中的功能特性分解为一条条测试需求。测试开发人员根据测试需求设计适合的测试用例，并开发成对应的测试脚本。测试执行人员负责执行测试用例，统计测试结果。通过测试结果判定该款 SSD 是否符合产品规格书 PRD 的所有要求，保证交付给客户的 SSD 品质。只有进行全面充分的测试才能使 SSD 产品在竞争激烈的市场竞争中占据优势。

2.2.2　测试资源的准备

上一节中介绍了如何对 SSD 的测试需求进行分析。本节介绍需要准备哪些测试资源，这些资源包括测试盘片、测试平台、专用测试设备、测试软件等。它们是完成 SSD 测试的必要因素。资源的多少会影响测试完成的效果和效率。

1. SSD 测试盘

SSD 作为被测试的对象，也常被称为 DUT（Device Under Test，被测设备）。DUT 的数量会影响测试的效率和效果。在 SSD 测试中，可以从以下几个角度评估需要的 DUT 数量。

（1）根据测试总时长估算 SSD 的数量

测试人员需要评估在预定的时间内完成测试工作需要的 SSD 盘片数量，一些特别耗时的测试用例可以给予额外的 SSD。

测试 SSD 的数量可以用下面的方法评估：在制定测试标准的时候会给出每个测试用例的测试盘片的数量及测试用例耗时时长评估值。每个测试用例需要的累计总时长等于测试用例时间乘以 SSD 数量。将所有测试用例的上述时间计算出来并进行累计，可得到完成所有测试需要的总时长。假设计算得到总时长为 3 000 小时，如果用一张盘测试，则需要的总时间为 3 000 ÷ 24 = 125 天，这么长时间测完一个版本是不可接受的，因此需要很多盘片和平台并行测试才行。从盘片数量角度推算，如果需要 7 天测完所有测试用例，则需要的盘片数量为 125 ÷ 7 = 17.85 片，取整为 18 片盘。考虑到不同的容量都要覆盖到，每个容量都需要 18 片盘，如果该项目有 256GB、512GB、1TB、2TB 四个容量，则需要的总盘片数为 72 片。当然上述评估只是排除了诸多特殊影响的情况，实际情况是一些测试用例需要独立的盘片资源，比如 RDT 测试就需要 200 片以上的 SSD，这就需要针对 RDT 测试单独规划资源。

（2）根据测试用例评估测试资源

典型的案例是对 SSD 进行 RDT 可靠性寿命测试，需要的盘片数量 200 片以上，测试时长 1 000 小时以上，这类资源需要独立评估。

（3）根据测试平台数量评估测试资源

测试平台也是 SSD 测试的重要资源，可以根据分配到该项目上的测试平台数量评估测试盘片的需求量。举例，某个 Gen5 PCIe SSD 项目，被分配了 100 台测试平台，如果测试平台不想被闲置，那么最少需要 100pcs SSD 才能把这些平台充分利用起来。

2. PC 测试平台

盘片数量可以作为被测平台的最小数量，这样可以确保每个 SSD 都有平台可测。

SSD 测试要覆盖到所有的平台大类，这样才能确保最终的 SSD 无论被使用在何种平台上都没有问题，尽力做到兼容性的最大化。目前 PC 平台的大类可以按照以下几个角度划分。

- **CPU 类型**：X86、ARM 系列、国产化系列（龙芯、飞腾、兆芯等）。
- **CPU 品牌商**：Intel、AMD 等。
- **接口类型**：SATA、PCIe Gen3、PCIe Gen4、PCIe Gen5 等。

同时还要考虑近期将要上市的新平台类型，做好平台购买和更新的计划，减小 SSD 在新平台上的兼容性风险。表 2-8 所示的是 2024 年采用新一代 CPU 架构的笔记本计算机上市计划（信息来自网络，读者可忽略时间的准确性，只需要理解逻辑），SSD 测试人员需要根据该时间适时地补齐新平台，并基于新平台进行 SSD 测试。

表 2-8　针对新型号 CPU 补充笔记本计算机构建测试平台计划—2024

CPU	架构	CPU 发布	相关笔记本计算机构建测试平台上市	计划新增平台
Intel 14 代酷睿移动低压	Meteor Lake	2023/09	2024/03	20
Intel 14 代酷睿移动标压	Raptor Lake Refresh	2023/09	2024/01	10
Intel 15 代酷睿移动低压	Arrow Lake	2024/09	2025/03	20
Intel 15 代酷睿移动标压	Arrow Lake	2024/09	2024/12	10
AMD 8000 移动低压	Zen5	2024/06	2024/12	20
AMD 8000 移动标压	Zen5	2024/06	2024/09	10

根据上述新平台采购的规划表，2024—2025 年度该测试部门需要新采购 90 台笔记本计算机构建测试平台。如果并行的测试项目多，可以增加购买数量。

3. 服务器测试平台

企业级 SSD 的最佳测试平台是服务器。企业级 SSD 的兼容性测试也需要覆盖不同的 CPU 类型、整机厂家、操作系统版本等因素。

图 2-6 所示的是整理的服务器测试平台需要覆盖型号的规划逻辑。

4. 专用测试装备

有一些专门针对 SSD 测试的专用设备，比如国际厂商的 SANBlaze、Oakgate、Ulink 等，以及这几年越来越被业内认可的国内设备厂家鸢起、德伽等。相对于纯粹的软件测试工具，这类设备可以测试一些需要软硬件配合的测试项目，例如上下电测试、功耗测试等。若测试 FAIL，可通过设备内建的分析软件进行初步的故障分析，协助客户进行问题定位。建议最好具备至少一款专用的 SSD 测试装备，通过商业产品有利于跨越公司范围，进行广泛的行业内沟通，跟上测试技术的发展潮流。

SSD 专用测试设备的展开介绍将在第 9 章进行。

5. 消费级 SSD 测试软件

这里介绍几款常用的消费级 SSD 测试软件。

（1）PyNVMe3

PyNVMe3 是一个软件定义的 NVMe SSD 测试平台，可以工作在笔记本计算机、台式计算机、工作站及服务器等各种通用计算机平台之上。PyNVMe3 不捆绑特定硬件平台，降低了用户大规模部署的成本和风险。PyNVMe3 也可以适配各种专门的测试治具，用来实现电源控制、功耗测量、带外管理接口命令等测试。PyNVMe3 是一个为广大 SSD 厂商定制开发的 NVMe SSD 测试平台，其作为一个独立的第三方测试平台，使用者可以基于 PyNVMe3 提供的测试 lib 库（API 接口）自行开发测试脚本。PyNVMe3 的脚本采用 Python 开发，这便于与合作伙伴共享这些测试脚本，方便测试合作和交流。在本书第 5 章将有 PyNVMe3 更详细的介绍。

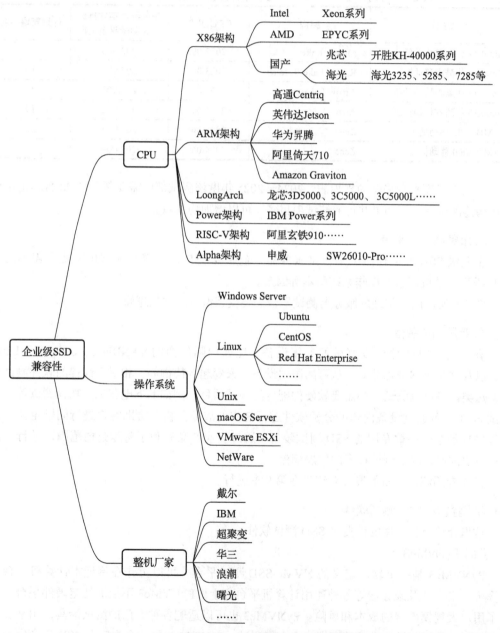

图 2-6　用于企业级 SSD 测试的服务器平台的覆盖逻辑

（2）CrystalDiskMark

CrystalDiskMark 在业内简称为 CDM，该工具以简洁直观著称，点开就能使用，这使得测试过程非常简单。用户只需配置一些基本参数，比如运行次数（1～9 次）、测试数据大小（64MiB～64GiB）、要测试的磁盘驱动器、显示单位（MB/s、GB/s、IOPS、μs）等，然后点击"All"按钮即可开始测试，等待结果自动呈现。

CrystalDiskMark 提供了多种测试模式，包括顺序读写测试、随机读写测试和混合读写测试，可在软件中设置，如图 2-7 所示。

图 2-7　CDM 软件测试界面和设置界面

（3）CrystalDiskInfo

CrystalDiskInfo 在业内简称为 CDI，是一款硬盘健康状况检测工具。打开该软件即可迅速读到本机硬盘的详细信息，包括硬盘当前温度、健康状态、序列号、缓存和容量等，能够对本机硬盘有一个整体了解。消费者使用该软件时，重点关注的内容是通电次数和时间。一般来说，SSD 出厂时的通电次数和通电时间数值非常小或者为零，如果过大则意味着它在出厂前已经被使用过一段时间，由此可判断 SSD 是否全新。

此外，测试人员可以通过 CDI 查看 SSD 的 SMART 信息，一般在开始测试时看一次，测试结束时看一次，通过前后对比发现异常点。一般要求异常事件的统计次数不能增加，寿命百分比也要符合预期。CDI 可以提供的内容参见图 2-8。

（4）AS SSD

AS SSD 通过连续读写（Seq）、4K 单线程随机读写（4K）、4K 64 线程随机读写（4K-64 Thrd）、访问时间（Acc.time）等方式进行测试，可以全面检测出固态硬盘的读写传输速度，并为其打分。分数对比非常直观，所以适合用于不同 SSD 之间的对比测试。AS SSD 的测试数据模型不是全零数据模式（发给 SSD 的数据为全零），因此数据不可被全零检测到后做写入压缩，所以测出的性能会比 CDM 低一些。AS SSD 的软件界面如图 2-9 所示。

图 2-8　通过 CDI 工具查看 SSD 的 SMART 信息

图 2-9　AS SSD 的软件界面

（5）ATTO Disk Benchmark

ATTO Disk Benchmark 是一款可以用于测试 SSD 读取和写入速度的软件。使用该软件，可以清晰地了解不同 IO 文件大小对磁盘读取和写入速度的影响，测试数据以柱状图的形式呈现。ATTO Disk Benchmark 测试的内容如图 2-10 所示。

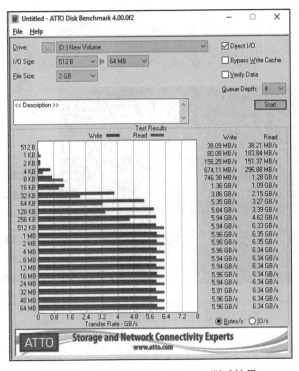

图 2-10　ATTO Disk Benchmark 测试结果

（6）HD Tune

HD Tune 是一款功能强大的硬盘检测工具，可以检测硬盘的传输速率、健康状态、温度等。它还可以用于间接测试 SLC 缓存的大小。在空盘状态下测试时，SLC 性能保持的时长体现了 SLC 缓存容量的大小。不过 SLC 切换为 TLC 的测试有一个限制条件，那就是被测 SSD 需要关闭全零检测功能（对收到的全零数据进行特殊处理，减少真正写入）。HD Tune 发送的数据包含全零数据，如果 SSD 有全零检测功能，全零数据就不会被真正写入 NAND，这样就没有测出真实的 SSD 写入性能。由图 2-11 可以看到，通过 HD Tune 对 SSD 空盘持续写入数据，过一段时间后性能有明显下降，原因是 SSD 写入区域从 SLC 切换到了 TLC。HD Tune 的测试内容及显示模式如图 2-11 所示。

（7）PCMark

PCMark 模拟真实的使用场景进行测试，是针对 Windows 系统下的整机性能进行测试的基准测试软件（Benchmark）。PCMark 提供了共计 5 个测试模式——家用（Home）测试、创作（Creative）测试、工作（Work）测试、存储（Storage）测试和应用（Applications）测试，用户可根据实际需要选择合适的模式进行测试。测试 SSD 需要选择"存储测试"模式，测试内容包括两款游戏及各种办公应用测试，测试结束后会给出一个综合分数。

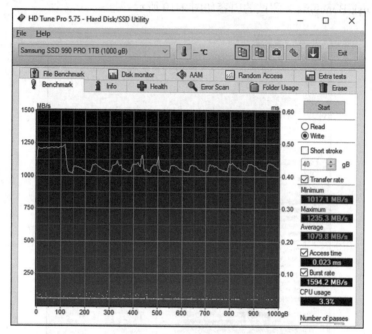

图 2-11　通过 HD Tune 测试 SLC 缓存容量

目前最新的版本是 PCMark10，具体信息可以查看官网 https://benchmarks.ul.com/pcmark10。

（8）3DMark

3DMark 也是基准测试软件，它和 PCMark 来自同一家公司。相对于 PCMark，3DMark 更侧重于测试 SSD 在游戏场景中的性能表现，包括模拟游戏安装和加载，播放游戏视频等。而 PCMark 则是一个更偏向于办公和家用场景的性能测试软件。

3DMark 的官方主页为 https://benchmarks.ul.com/3dmark。

（9）TxBENCH

TxBENCH 支持设定测试的区块大小、队列深度，支持全盘写入测试、FILE（带文件系统）和 RAW（不带文件系统）测试，提供 SSD 特性检测功能。此外，该软件还提供安全擦除功能（Secure Erase），支持多种模式：安全擦除（Secure Erase）、Trim 所有 SSD 空间、覆盖写全盘、手动 Trim 功能等。

（10）fio

fio 可以用于测试 SSD 的性能和稳定性，它是一个开源的软件，支持多种不同的 IO 引擎和模式，可以模拟不同类型的 IO 负载，包括随机读写、顺序读写、随机访问、混合读写等。fio 的使用非常灵活，用户可以通过编写配置文件来自定义测试任务的参数和选项，例如测试数据的大小、IO 模式、混合性能等。相对于前面的 SSD 测试软件，fio 的使用范围更为广泛，无论是 eSSD（企业级 SSD）、cSSD（消费级 SSD）、嵌入式存储（UFS、eMMC、BGA SSD 等）都可以用 fio 进行测试。fio 也支持多种操作系统，包括 Windows、Linux、Android、Ubuntu、UOS（统信操作系统）、KyrinOS（麒麟操作系统）等。

（11）Iometer

Iometer 是一个可用于单个或者集群磁盘子系统的测试工具。Iometer 既是一个负载的产生工具，也是一个性能的测试工具。它可以按照设置好的参数产生负载，也可以检查和记录测试的结果。

Iometer 包括两个部分，即 Iometer 主程序和 Dynamo 程序。Iometer 主程序是一个控制平台，它提供了一个图形界面，帮助实现参数的设置、开始或者停止测试、收集和整理数据等功能。Dynamo 是一个负载发生器，Iometer 通过 Dynamo 来生成多种 IO 测试模式（可以模仿数据库服务器、文件服务器、网站服务器等），每一个 Dynamo 称为一个 Manager。每一个 Manager 下又有多个 Worker，Worker 即 Dynamo 的线程，比如 Worker1 用于测试磁盘 IO，Worker2 用于测试网络的 IO 等。

当然，除了上述提到的测试软件，还有很多其他的 SSD 读写测试软件，例如 Vdbench、AIDA64、H2Test 等。测试部门也可以结合自己对测试的理解自研测试软件。

如果从使用推荐角度，不妨给这些软件评一个推荐指数（仅供参考），如表 2-9 所示。

表 2-9　消费级 SSD 测试软件推荐指数

测试软件	推荐指数	测试软件	推荐指数
fio	★★★★★	PCMark	★★★
CrystalDiskMark	★★★★★	3DMark	★★★
PyNVMe3	★★★★★	TxBENCH	★★
CrystalDiskInfo	★★★★	Iometer	★★★★★
AS SSD	★★★★	Vdbench	★★
HD Tune	★★★★	AIDA64	★★
ATTO Disk Benchmark	★★★	……	

6. 认证测试环境

介绍以下几个常用的认证测试环境。

（1）UNH-IOL

UNH-IOL（The University of New Hampshire InterOperability Laboratory）可提供对 SSD 的测试认证，以确保被测 SSD 符合 NVMe 标准及在多种环境中的互操作性。

UNH-IOL 测试内容包括但不限于以下几个方面。

- **管理命令集（Admin Command Set）测试**：这个测试集主要针对 NVMe 的 Admin 命令集，包括 Identify Command、Set/Get Feature、Get Log Page Command、Create/Delete IO SQ & CQ、Abort Command、Format NVM Command、Asynchronous Event

和 Get Feature Select 等命令的测试。

- **NVM 命令集**（NVM Command Set）**测试**：这部分测试关注 NVM 命令集，包括 Write Command、Read Command 等，确保 SSD 能够正确处理数据的读写操作。
- **SSD 控制器寄存器**（Controller Registers）**测试**：这个测试集涉及对 SSD 控制器寄存器的测试，确保它们能够正确响应和设置控制器的状态。
- **NVMe 系统内存结构**（NVMe System Memory Structure）**测试**：这部分测试关注 SSD 的系统内存结构，确保其能够正确管理和映射内存地址。
- **命令空间**（Namespace Management）**测试**：这个测试集确保 SSD 能够正确管理命名空间，包括 Namespace 的创建、删除和识别。
- **PCIe 能力寄存器**（PCI Express Capability Registers）**测试**：这部分测试关注 SSD 的 PCIe 能力寄存器，确保 SSD 能够充分利用 PCIe 接口的性能。
- **自主电源状态切换**（Autonomous Power State Transitions）**测试**：这个测试集确保 SSD 能够自动在不同的电源状态之间转换，以优化能效。
- **保留命令**（Reservations）**测试**：这部分测试确保 SSD 能够正确处理保留命令，以支持多任务和高并发操作。

这些测试旨在确保 SSD 产品在性能、可靠性、互操作性和一致性方面达到行业标准。通过这些严格的测试，SSD 制造商可以验证其产品是否符合 NVMe 规范，以及在实际应用中是否能提供预期的性能和稳定性。通过 UNH-IOL 的测试有助于提高产品的市场竞争力，增强消费者对该款 SSD 的信心。

（2）WHQL

WHQL（Windows Hardware Quality Lab）测试是微软公司设立的认证程序，旨在确保硬件设备和驱动程序与 Windows 操作系统的兼容性和性能。对于 SSD（固态硬盘）来说，WHQL 测试主要关注以下几个方面。

- **兼容性测试**：确保 SSD 能够在不同版本的 Windows 操作系统上正常工作，包括但不限于 Windows 10、Windows11、Windows Server 等。测试会检查 SSD 与操作系统之间的交互，以及与其他硬件组件的兼容性。
- **性能测试**：评估 SSD 在不同工作负载下的性能，包括读写速度、IOPS、延时等关键性能指标。这些测试有助于验证 SSD 在实际使用中的性能表现。
- **稳定性和可靠性测试**：通过长时间运行和高负载测试，检查 SSD 的稳定性和可靠性。这包括对 SSD 在高温及低温环境下进行的性能测试，以及在高负载下的持续运行时间。
- **功能测试**：验证 SSD 支持的所有功能，如 Trim 命令、热插拔、电源管理等，确保这些功能在 Windows 操作系统下能够正常工作。
- **安全性测试**：检查 SSD 的驱动程序和固件更新是否符合微软的安全标准，包括对潜在的安全漏洞进行评估。
- **电源管理测试**：评估 SSD 的电源管理功能，确保其能够在不同的电源状态下正确地管理电源消耗，以及在休眠和唤醒过程中的稳定性。

- **故障恢复测试**：模拟各种故障情况，如突然断电、数据损坏等，检查 SSD 的恢复能力和数据保护机制。
- **驱动程序测试**：对 SSD 的驱动程序进行测试，确保其与 Windows 操作系统的兼容性，以及在更新和安装过程中的稳定性。

WHQL 认证旨在为最终用户提供一个可靠的硬件选择，确保 SSD 产品在实际使用中能够提供高质量的性能和稳定性。通过 WHQL 认证的 SSD 表明其已经通过了微软的严格测试，可以为用户的良好使用体验带来保证。

（3）Intel EVO 认证

EVO 认证是英特尔推出的一项严格的笔记本电脑认证标准，旨在确保通过认证的设备能够为用户提供卓越的使用体验。这一认证起源于英特尔的雅典娜计划，该计划于 2019 年启动，目的是定义和提升未来笔记本电脑的关键体验指标。EVO 认证的标准随着时间的推移不断演进，目前已经发展到 3.0 版本，在该版本中对 256GB 以上容量的 PCIe NVMe SSD 存储做了详细要求，SSD 研发和测试团队可以据此进行针对性的测试设计。英特尔在其开放实验室提供针对雅典娜计划的测试服务，通过的测试产品可以获得 EVO 认证。测试团队应尽可能地在测试计划阶段了解测试内容、准备相应的测试资源、提前测试。雅典娜测试中一个比较大的项目是在 Intel RVP 平台上测试 SSD 的综合表现。

Intel RVP（Reference Validation Platform）测试平台是英特尔公司开发的一种参考验证平台，用于模拟和测试即将上市的处理器和其他硬件组件，包括对 SSD 的测试。RVP 平台可以用来确保 SSD 在实际部署前能够达到预期的性能和稳定性标准。通过使用 RVP 平台，可以模拟各种真实世界的应用场景，对 SSD 进行严格的测试和验证。RVP 平台通常包括一套完整的硬件和软件系统，它们被设计成能够代表市场上常见水平的计算机配置，硬件看上去像是一个贴着比普通主板多很多元器件的特殊主板，目的是提供一些测试功能。在这样一个标准的环境中，对 SSD 在各种工作负载下的表现进行评估，包括但不限于日常办公应用、高负载计算任务、游戏和多媒体处理等。

在 RVP 平台上进行的测试可能包括：性能测试、稳定性和可靠性测试、兼容性测试、功耗和热管理测试等。RVP 平台通过这些综合测试帮助 SSD 在上市前发现并解决潜在的问题，支持合作伙伴基于 RVP 进行早期的开发和优化工作，以便推出与 Intel 平台适配性更好的 SSD 产品。

7. RDT 测试设备

RDT（Reliability Demonstration Test）用于测试 SSD 的可靠性。业内一般采用高温加速模式测试 SSD 的可靠性，在 JESD 218 标准中定义了该测试方法，在 JESD 219 定义了在该测试方法下所使用的工作负载（Workload）。RDT 的持续测试时间通常在 1 008 ～ 1 600h。

为了按照上述两个标准进行 RDT 测试，往往需要采用专用的商业 RDT 测试设备。RDT 测试需要一定的数量规模和温度环境，RDT 测试的 SSD 规模达到几百片，并且对设备的读写性能一致性、温度一致性及设备长期运行的稳定性要求都非常高。测试团队自己搭建这样的测试系统，需要较大的场地空间、较多的平台数量及多名 SSD 测试人员，从成本来看并不划算，而专用的商业 RDT 设备可以提供高度集成的测试，设备内部已经集成了按照标准设计的测试用例。测试人员只要准备足够的 SSD 盘片，就可以开展测试，节省了空间、平台、人力及测试用例开发的投入。目前常用的 RDT 测试设备包括日本的 AdvanTest，国内的德伽存储、弯起科技等。

RDT 设备和 BIT 设备经常在业内被弄混淆，两类设备其实并不同。RDT 测试设备用于对研发阶段的 SSD 进行可靠性测试，而 BIT 设备用于产线阶段的测试。虽然 BIT 设备也提供高温环境下的测试，但是一般只做一些基本测试，而 RDT 提供的测试用例丰富性比 BIT 要多，比如 SPOR 异常掉电测试、供电拉偏测试、链路质量测试等，这些只有 RDT 设备才会提供。RDT 设备对于被测试的 SSD 的盘片数量和温度的关系也有严格的要求，而 BIT 则不然。

8. 环境测试设备

恒温恒湿试验箱也称高低温交变湿热试验箱，业内也常简称为温箱，可用于对 SSD 进行温度和湿度的环境测试。一些在常温下不容易测出的 SSD 问题，往往在高低温环境下容易出现，这也是对 SSD 进行高低温测试的意义之一。

温箱的工作参数主要包括以下几种（参数值仅用作举例）。

- **温度范围**：−40 ～ 150℃
- **湿度范围**：5% ～ 98% RH
- **控制稳定度**：温度 ±0.5℃，湿度 ±2.0%
- **分布均匀度**：温度 ±2.0℃，湿度 ±3.0%
- **升温速率**：3℃/min（由 −40℃升至 30℃约 25 分钟）非线性空载
- **降温速率**：1℃/min（由 30℃降至 −40℃约 40 分钟）非线性空载

高低温箱是利用双闭环控制原理，对箱内的温度与湿度进行控制，保证它们可以快速地达到设定的值，具有良好的保持精度。测试人员可以在设备上设置多组温度、湿度参数，并给出每组参数需要保持的时间和总的循环次数，在每个保持时间内，完成相关测试用例的覆盖测试，切换到下一组参数，给定循环次数完成后，查询 SSD 的盘片健康度状态，根据结果判定测试是否通过。

目前市面上常见的高低温箱品牌包括伟思富奇（Weiss）、CSZ（Cincinnati Sub-Zero）、爱斯佩克（Espec）、德伽等。SSD 在高低温箱中做的测试项目包括：高温测试、低温测试、高低温循环测试、高写低读、低写高读、高温掉电和低温掉电等。

环境测试还可以包括振动与冲击测试、辐射测试、盐雾测试等。测试团队根据 SSD 的 PRD 需求进行测试项目的取舍。一些不太常用的环境测试可以委外到第三方测试机构进行，但是高低温测试由于适用性广、使用频繁、测试用例多，一般由测试团队亲自参与并负责测试。

9. 功耗测试设备

SSD 的功耗测试是非常重要的测试内容。测试团队需要有一套好用的功耗测试治具。治具可以是自研的，也可以是购买的商业产品。目前业内比较认可的商业电流测试治具是 Quarch。如果自研，电流测量精度需要达到 30μA 以上，因为 NVMe SSD 在 PS4 状态下的休眠功耗是 1.5mW 左右，在供电 3.3V 的情况下，对应电流就在 454μA，需要测量这个量级的功耗，至少精度上要高一个数量级（45.4μA），考虑到一定余量，精度可以定为 30μA。实际上，主流设备厂商的电流测试治具已经可以达到 3μA 的精度，采样频率达到了 10μs，比测试需求 454μA 精度上高了两个数量级，采用这类设备对测试而言更为理想。

10. 人力资源

SSD 测试一定离不开人的支持，在测试过程中测试工程师和测试系统工程师承担了大部分工作。

（1）测试工程师

测试工程师负责编写测试脚本，搭建测试环境，配合研发人员定位测出的缺陷问题。

项目管理团队需要为测试团队配置合适规模的测试人员。以某大厂的测试为例，假如每千行代码 10 个软件缺陷，一个项目 30W 行代码，则在该项目上需要发现 3 000 个缺陷。假设行业内每个测试人员的平均水平是 30 个缺陷 / 月，3 000 个缺陷则需要 100 人·月的投入［3 000 个缺陷 ÷30 缺陷 /（人·月）= 100 人·月］。如果该项目需要 5 个月内完成，则 100 人·月 ÷5 月 = 20 人，也就是说在规定的时间内完成测试工作需要 20 人的测试团队。

SSD 的测试专业性非常强，测试人员最好有 SSD 行业的测试背景或者固件开发背景。

（2）测试系统工程师

测试系统工程师（Test System Engineer，TSE）负责对测试的全局进行架构设计，具体工作内容包括如下几项。

- 负责 SSD 测试自动化方案的设计及规划工作。
- 进行以提升测试效率和测试质量为目的的测试方法研究，并形成可继承的成果，加以推广运用；
- 从 SSD 可测试性需求、测试方案分析、测试用例架构设计、自动化需求等端到端进行专业分析与支撑。
- 负责平台功能模块、专项测试方法研究，测试用例设计、编写和优化工作。
- 参与新测试平台和新测试系统项目的需求评估，提供测试风险意见。
- 测试技术能力传递，参与测试团队能力提升规划与实施。
- 深入项目，问题攻关时针对 TOP 问题给出策略评估，输出验证方案。

TSE 需要有多年开发或测试工作经验，若能具备自动化测试技术经验则更好。TSE 需要深入掌握测试理论，熟悉测试用例编写方法，具有某些技术领域特长，可以在技术上指导测试团队开展测试工作。TSE 在一个项目中的数量与测试人员的比例大概是 1∶10，一个 20 人的测试团队往往需要 2 个 TSE。一些资源充沛的公司，可以在每个大的功能模块安排一个 TSE。

11. 确定测试策略

测试策略包括先测什么，再测什么。SSD 一般先测性能和功耗，如果性能不达标，可以暂停后续的铺开测试，因为性能问题的修改往往需要有较大的代码变动，此时没必要做铺开测试。这也是要先测试性能的原因。测试团队在接受新的测试版本前，可以先用一部分测试用例进行初步测试，判定所进版本是否符合铺开测试的基本条件，这部分测试用例称为进版门禁测试用例。

12. 测试文档和标准

在测试计划阶段，需要准备好的测试文档包括《产品规格书 PRD》《测试需求分析文档》《测试设备清单列表》《行业测试标准及规范》（例如 JESD 218、JESD 219 等）和《测试计划》。

2.3 测试设计与开发阶段

在测试设计与开发阶段，测试开发者会将测试需求转化为测试用例，再将测试用例开发为测试脚本。本节将介绍测试用例与测试脚本的区别，然后按照测试活动的开展顺序依次介绍测试用例设计、标准制定、脚本开发等内容。测试脚本的执行还依赖于测试工具、自研驱动程序、测试自动化系统等，这些工具及驱动的开发也需要与脚本开发同步进行，在本节也会做相应的介绍。

2.3.1 测试用例与脚本的区别

测试用例的设计通常由测试环境、业务场景、输入数据、执行步骤和预期结果五部分构成。测试用例定义了测试的范围和目标，即对哪个功能点进行测试，测试步骤是什么，以及期望得到什么样的结果。测试用例设计是测试开发过程中至关重要的一环，在测试用例的设计文档中需要清晰地描述出上述五个部分，并确保测试用例的可重复性和准确性。

测试脚本是测试用例的实现，脚本编写需要遵循测试用例的描述，同时还需要考虑满足测试环境设置、测试数据准备、测试操作执行、测试结果验证和测试报告生成等需求。一个好的测试脚本应该能够准确无偏差地完成所有测试步骤，并做好过程记录（日志、统计信息等），最后给出可靠的测试结果。

下面例举一个基于 PyNVMe 的测试用例设计及脚本实现，以便读者理解测试用例与脚本的关系。

测试用例目标：验证 SSD 在 PS3/PS4 状态下的 Reset 功能。

测试用例设计：测试步骤如下。

步骤 1：主机给 SSD 下发命令，令其进入 PS3 或 PS4 状态。

步骤 2：等待 SSD 的 CQ 应答。

步骤 3：收到 CQ 信息后，再随机等待一定的毫秒级时长（0，1，2，3，…，100）。

步骤 4：主机给 SSD 下发 Reset 命令，Reset 类型可随机为 Controller Reset / Subsystem Reset / D3 Reset / Link Down Reset / PERST 等。

步骤 5：等待一定时长，然后重新扫描 SSD，如果能找到 SSD，并且期间日志无异常（ERR、ASSERT 等），则认为本轮测试通过，进入下一轮（重复步骤 1 到步骤 5），直到完成预定的循环次数。如果测试期间发现日志异常或者无法识别 SSD，则测试终止，测试结果被认定为 FAIL。

脚本实现，具体如下。

```
def test_ps3_ps4_reset(pcie, nvme0, subsystem):
    test_round = 10000
    for i  in range(0, test_round):
        logging.info(f'Round {i} ')
        logging.info('1. Set PS3 or PS4')
        ps = random.randint(3, 4)
        logging.info(f'set to ps {ps}')
        # configure into PS3 and sleep 30s
        nvme0.setfeatures(0x2, cdw11=ps).waitdone()
        logging.info('2. Wait cq')
        logging.info('3. Delay ms(0,1,2,3….100ms)')
        delay_ms = i % 101
        logging.info(f'delay {delay_ms} ms')
        time.sleep(0.01 * delay_ms)
        logging.info('4. Random send one reset(controller reset/subsystem reset/
            d3 reset/link down reset/perst)')
        reset_type = random.randint(0, 4)
        if reset_type == 0:
            logging.info('controller reset')
            # issue controller reset
            nvme0.reset()
        elif reset_type == 1:
            logging.info('subsystem reset')
            subsystem.reset()
            nvme0.reset()
        elif reset_type == 2:
            logging.info('hot reset')
            # issue hot reset
            pcie.reset()
            nvme0.reset()
        elif reset_type == 3:
            logging.info('linkdown reset')
            # linkdown reset
            pass
        elif reset_type == 4:
            logging.info('perst')
            # perst
            pass
```

如果测试用例描述不够清晰，会导致不同的测试开发人员针对同一个测试用例的脚本实现有差异，这就是为什么不同的人写的同一个测试用例的脚本，测试结果有时却不相同。应该避免这种现象，在测试用例设计阶段就应该尽量详细，避免理解误差。一个良好的测试用例设计是实现一个正确脚本的前提。

需要说明的是，并不是所有测试用例都可能被脚本实现，有些测试用例需要测试人员手动操作，比如笔记本计算机的开合盖测试。

2.3.2 测试用例设计

测试需求是测试用例设计的重要输入，它定义了测试的目标和范围。测试用例需要满足测试需求。下面介绍如何根据测试需求进行测试用例设计。

1. 根据测试需求设计测试用例

根据测试需求设计测试用例需要通过以下几个步骤实现。

（1）分析测试需求

测试用例设计人员需要完整理解测试需求中的每一项要求，可在测试需求文档中加入对测试用例的概要设计，与测试需求一一对应。测试用例的概要设计包括目的方法、实现步骤、脚本语言、治具需求和自动化需求等，体现了测试开发人员对满足该测试需求的初步想法和思路。

（2）设计测试用例

分析需求之后，进行测试用例的设计。常用的设计方法包括等价类、边界值、判定表、正交表和业务场景设计等。每个测试用例的设计文档都应包括测试步骤、预期结果和通过标准。

下面例举一个将一款消费级 SSD 的性能测试需求转化为测试用例的案例，如表 2-10 所示。表中 Q 表示主机下发 IO 的队列深度（Queue Deepth），T 表示并发线程的个数（Thread Count），Ran 表示 Random（随机），Seq 表示 Sequential（顺序）。

表 2-10　将性能测试需求转化为测试用例举例

需求大类	需求子类	测试需求	测试用例设计
性能	SLC 性能	SLC 顺序性能 1MB Q8T1 Seq.Read/（MB/s） 1MB Q8T1 Seq.Write/（MB/s） 1MB Q1T1 Seq.Read/（MB/s） 1MB Q1T1 Seq.Write/（MB/s） SLC 随机性能 4KB Q32T16 Ran.Read/（MB/s） 4KB Q32T16 Ran.Write/（MB/s） 4KB Q1T1 Ran.Read/（MB/s） 4KB Q1T1 Ran.Read/（MB/s）	**步骤 1**：准备 AMD 和 Intel 测试平台各 3 台 **步骤 2**：准备待测 SSD 盘片并重置盘片为 FOB 状态（Fresh Out-Of Box，开箱即用） **步骤 3**：将盘片安装到测试平台，打开 CDM 软件，选择被测盘，配置测试参数 **步骤 4**：点击 "ALL" 按键开始测试，测试结束后观察测试结果，根据测试用例通过标准判断是否通过该项测试

（续）

需求大类	需求子类	测试需求	测试用例设计
性能	TLC 性能	TLC 顺序读写性能 128K Q32 Seq.Read/（MB/s） 128K Q32 Seq.Write/（MB/s）	**步骤 1**：准备 AMD 和 Intel 测试平台各 3 台 **步骤 2**：准备待测 SSD 盘片并重置盘片为 FOB 状态 **步骤 3**：使用 fio 软件 128K Q32 顺序写填满被测 SSD 两遍 **步骤 4**：继续使用 fio 软件进行 128K Q32 条件下的顺序读或写。获取此时的读写带宽值，此值即为所需要测量的性能值
		TLC 随机性能 4KB Q128 Ran.Read/（IOPS） 4KB Q128 Ran.Write/（IOPS）	**步骤 1**：准备 AMD 和 Intel 测试平台各 3 台 **步骤 2**：准备待测 SSD 盘片并重置盘片为 FOB 状态 **步骤 3**：使用 fio 软件把 SSD 盘片用 4KB Q128 随机写填满两遍 **步骤 4**：继续使用 fio 软件进行 4KB Q128 条件下的随机读或随机写。获取此时的读写带宽值，此值即为所需要测量的性能值
		性能波动 <10%	以下步骤测试时同步采集记录性能数据，测试工具可以使用 fio 或者 Iometer **步骤 1**：128KB Q32 顺序写 2 小时（大容量盘可以增加时长） **步骤 2**：128KB Q32 顺序读 1 小时 **步骤 3**：4KB Q128 随机写 2 小时 **步骤 4**：4KB Q128 随机读 1 小时 **步骤 5**：描绘出性能曲线，判断是否满足波动 <10%
	性能跑分	需覆盖的跑分工具：AS SSD、PCMark10、3DMark 等	**步骤 1**：准备 AMD 和 Intel 测试平台各 3 台 **步骤 2**：安装好跑分软件 **步骤 3**：准备待测 SSD 盘片并重置盘片为 FOB 状态。将待测 SSD 安装到测试平台 **步骤 4**：开始测试，测试结束后获取跑分

2. 根据边界条件和异常流程设计测试用例

除了根据测试需求设计测试用例外，还要主动思考业务场景可能碰到的边界条件和异常流程，以确保 SSD 的鲁棒性。这些测试需求在 PRD 中虽然并没有体现，但是有必要被考虑并验证。

针对同一个测试需求，测试用例可以设计为正向测试用例（验证 SSD 产品功能能够按照预期工作），也可以采用反向测试用例（验证测试 SSD 的异常处理功能，可采用注错等方式进行）进行测试。

以 SSD 的性能测试为例，除了 PRD 给出的性能测试项目外，还可以补充表 2-11 所示的测试用例。

表 2-11　PRD 以外的性能测试用例举例

一级分类	二级分类	需求分析	测试步骤
性能	垃圾回收性能	如果垃圾回收性能太差，会导致在测试用例中给定的空闲时间（比如 3 分钟）后，SSD 性能依然无法恢复到填充前状态。采用随机写对 SSD 进行填充，填充到一定数据量会触发垃圾回收（GC）。SSD 在空闲期间，虽然主机没有新的 IO 下发，但是后台依然可以进行垃圾回收，回收持续一定时间后，SSD 性能应能恢复到填充数据前的水平	**步骤 1**：将 SSD 恢复为 FOB 状态 **步骤 2**：使用 H2testw 工具填写 SSD 到一定百分比容量 **步骤 3**：保持盘片空闲 3 分钟（如果填盘比例大，则可以适当增加空闲时间） **步骤 4**：使用 CDM 默认配置测试，观察 SSD 性能是否恢复 **步骤 5**：循环步骤 3～步骤 4，观察每次 CDM 测试后性能能否在 3 分钟后恢复 　可以重复步骤 1～步骤 4，修改填盘比例为 50%、80%、90%、95%……目标是验证在不同的填盘比例下的 SSD 垃圾回收性能。填盘接近满盘是一种边界测试 　完成规定次数的循环后，测试结束。如果期间发生性能掉速，则判定测试结果为FAIL
	稳态性能	对 SSD 在某一工作负载下持续写，比如 fio 128K Q32T1 顺序写或 4K Q32T16 随机写等。测试过程中，SSD 会自动启动垃圾回收，而与此同时持续的主机 IO 写也并没有停。主机写和 SSD 内部的垃圾回收写在 SSD 后端带宽占用上最终达到一种平衡状态。体现在主机 IO 写性能稳定在一个数值，这个性能值就是稳态性能。需要设计一个测试用例测试垃圾回收的性能，如果垃圾回收功能实现得不好，会导致一些问题，比如 SSD 被写满进入 WP（Write Protect，写保护）、性能波动大等。稳态性能可以分为随机稳态和顺序稳态，取决于主机持续写入采用何种写入模式（随机 / 顺序）	**顺序写稳态性能**： **步骤 1**：将 SSD 恢复为 FOB 状态 **步骤 2**：采用 fio 128KB Q32T1 顺序写填满盘 2 遍 **步骤 3**：继续用 fio 128KB Q32T1 顺序写，观察写性能，当数值波动很小时，得到顺序写稳态性能 **随机写稳态性能**： **步骤 1**：将 SSD 恢复为 FOB 状态 **步骤 2**：采用 fio 4KB Q32T16 随机写填满盘 2 遍以上 **步骤 3**：继续保持 fio 4KB Q32T16 随机写，观察写性能，当数值波动很小时，得到随机写稳态性能
	异常流程处理性能	异常处理（Error Handle）也会影响 SSD 的性能。举个例子，当读返回 UECC（Uncorrectable Error Code，不可纠错误）时，需要走 RAID（Redundant Arrays of Independent Disks，磁盘阵列）恢复流程。RAID 恢复后，需要将 UECC 所在块及参与 RAID 计算的所有相关块都做垃圾回收，并在回收的过程中通过 RAID 恢复 UECC 数据。如果该异常处理功能的实现有问题，会导致诸如数据恢复不出，或者读写速度变差等问题	**UECC 异常处理测试**： **步骤 1**：将 SSD 恢复为 FOB 状态 **步骤 2**：fio 128KB Q32T1 顺序写填满盘 2 遍 **步骤 3**：fio 4KB Q32T16 随机读盘 **步骤 4**：对某个 LBA 所在的位置注入坏块 **步骤 5**：读步骤 4 中的 LBA，SSD 进入 UECC 异常处理流程 **步骤 6**：在步骤 4 和步骤 5 的过程中，保持用 fio 4KB Q32T16 随机读盘，观察性能发生的变化。性能需满足 PRD 要求

　　　　……

2.3.3　测试标准制定

测试用例描述了测试目标和测试方法，还需要给出对应的通过标准。SSD 测试标准的制定方法主要有以下几种。

1. 直接采用 PRD 中的指标作为测试标准

在 PRD 中已经明确给出的指标，例如性能和功耗指标等，可以直接作为测试标准。表 2-12 所示的是某款 PCIe Gen3 SSD 的 PRD 内容，对 Iometer 下 SSD 的性能给出了明确的指标，可以直接作为测试标准。

表 2-12　某款 SSD 的 PRD 对 Iometer 测试下的性能要求

主要规格参数				
盘片容量	256GB	512GB	1 024GB	2 048GB
性能				
Iometer				
128K Q32 Seq.Read/（MB/s）--FOB	3 200MB/s	3 500MB/s	3 500MB/s	3 500MB/s
128K Q32 Seq.Write/（MB/s）--FOB	1 400MB/s	2 700MB/s	3 100MB/s	3 100MB/s
……				

2. 根据行业规范制定测试标准

SSD 需要符合行业标准，主要的行业标准包括以下几种。

（1）JEDEC 标准

JEDEC（Joint Electron Device Engineering Council，电子元件工业联合会）又称国际半导体器件标准机构，是全球最大的电子行业标准制定机构，致力于为电子行业提供技术上可信赖、不断优化的标准。其标准涵盖消费电子产品、微型计算机、计算机内存、影像传感、无线通信等领域，是国际电子行业半导体器件的重要参考标准。存储领域的 DDR、LPDDR、SSD 都需要符合 JEDEC 相关标准，其中与 SSD 相关的 JEDEC 标准包括以下几个。

JESD 218 标准是由 JEDEC 制定的 SSD 耐用性测试标准，其全称是固态硬盘需求和耐用性测试方法（SSD Requirement and Endurance Test Method），顾名思义，协议里规定了消费级和企业级 SSD 耐用性测试需求和测试方法。JESD 218 标准主要包括以下内容。

- **总写入字节数（Total Bytes Write，TBW）**：写入 SSD 的总数据量，是耐久性的一个重要指标。
- **数据保持（Data Retention）**：断电情况下 SSD 能够保持数据的能力。
- **耐久性（Endurance）**：SSD 能够承受的数据重写的能力，其重要指标是 TBW。
- **累计功能性错误（Function Failure Requirement，FFR）**：写入过程中产生累计功能性错误的统计值。
- **循环擦写次数（Program/Erase Cycle，PE Cycle）**：FLASH 块的写入 / 擦除循环次数。

- **不可修复的错误比特率**（Uncorrectable Bit Error，UBER）：一种数据损坏率的衡量标准，等于在应用了任意特定的错误纠正机制后依然产生的每比特读取数据的错误数量占总读取数量的比（概率）。
- **WA**：WA 代表的含义就是 NAND 实际写入数据量与主机写入量的比值，最理想的情况就是 WA=1，这个值越接近 1 越好。
- **工作负载**（Workload）：测试时使用的读写序列，即 JESD 219 规定的工作负载。
- **SSD 容量**（SSD capacity）：SSD 容量的计算方法，沿用 IDEMA 规定的 HDD 容量计算方法。

JESD 218 标准还规定了对企业级和消费级 SSD 耐久性（Endurance）的要求，同时提供了耐久性（Endurance）和数据保持（Retention）的测试方法，介绍了直接法（Direct Method）和推理法（Extrapolation Method）。使用标准统一的测试方法，有助于公开、公平、公正地评估 SSD 的耐久性，也更便于对比不同厂商的固态硬盘产品。

JESD 219 全称是 SSD Endurance Workload，即固态硬盘耐用性工作负载。JESD 219 规定的工作负载可以被当做测试 SSD 最标准的工作负载。SSD 的 RDT 测试也是采用了该工作负载。JESD 219 工作负载模拟了客户端环境中的实际使用情况（消费级和企业级 SSD 会有差异，因此在 JESD 219 中被分开描述），并提供了基于此目标的 Test Trace，该 Test Trace 可被重复运行。Test Trace 可被理解为 LBA 的读写足迹。Trace Lib 中存在多个 Test Trace，每个 Test Trace 对应于特定的 SSD 容量。这意味着针对不同的 SSD 容量，需要使用相应的 Test Trace 来进行评估，从而更准确地反映出不同容量下的 SSD 性能和行为特征。

JESD 218 标准给出了耐久性测试的方法，而 JESD 219 给出了标准工作负载，在这两份标准的指导下对 SSD 进行评估测试，确保不同厂商的 SSD 可以在相同的测试条件下进行比较，这样得出的结果更加公正。上述两个标准都可以在 JEDEC 官网 https://www.jedec.org/ 查询到。

在 SSD 测试中，JESD 218 和 JESD 219 都是必须要被遵循的，一般使用 RDT 设备进行测试。关于 RDT 测试设备，将在后文介绍。

（2）行业或团体制定的 SSD 标准规范

一些行业或团体，结合本领域对 SSD 的需求及使用场景的特点，也制定了一些 SSD 标准规范，例如视频监控行业的 GA/T 1357—2018《公共安全视频监控硬盘分类及试验方法》等国内标准，相关介绍参看第 8 章。

（3）接口、总线及协议标准

我们常常听到各种不同的 SSD 叫法，比如 SATA SSD、PCIe SSD、NVMe SSD、M.2 SSD、U.2 SSD 等。要理解这些叫法，首先要搞清楚接口形态、总线、协议三者的概念，以及它们彼此之间的关系，因为这些叫法就是围绕这些维度描述的。

1）**接口形态**：SSD 接口形态和尺寸在英文中表述为 SSD Form Factor。由于 SSD 是标准件，必须符合一定的接口规范、尺寸和电气特性，这样才能保证不同厂商的产品都能被使用到同一个环境中。厂商和标准化组织共同制定了 SSD 的 Form Factor 规范，SSD 厂商和系统厂商都需遵守该规范。不同类型的 SSD 的 Form Factor 也不一样，消费级 SSD 目前主要用 M.2 2280，其中 M.2 是盘片与主机之间的插口类型，而 2280 是指 SSD 的长宽尺寸长 80mm 宽 22mm。M.2 接口还可插入其他尺寸的 SSD，比如 M.2 2242、M.2 2230。而企业级 PCIe 盘的接口形态也有多种，比如 U.2、E1.S、E1.L、E3.S 等。

　　2）**总线**：在计算机系统中，各个部件之间传送信息的公共通路叫总线，微型计算机是以总线结构来连接各个功能部件的。SSD 与主机之间进行连接的总线类型有：SATA、PCIe、SAS 等。每种总线对应的接口类型不尽相同，SAS 总线的盘只能使用 SAS 接口；SATA 总线的盘既可以使用 SATA、mSATA 接口，也可以与 SAS 接口兼容；而 PCIe 总线支持的接口类型就很多了，比如消费级常见的 M.2 接口，以及企业级盘常用的 U.2、E1.S、E1.L、E3.S 接口等，都可以用于 PCIe SSD。

　　表 2-13 ～表 2-15 列出了 SATA 3.0、PCIe3.0/4.0/5.0、SAS 3.0 的主要参数。对 SSD 进行性能测试时，需考虑实测结果是否符合各类接口的理论性能。

表 2-13　SATA 3.0 总线参数

SATA 3.0		
理论带宽	编码	传输速率
6Gbps	8b:10b	600MB/s

表 2-14　PCIe 总线类型及主要参数

版本	编码	数据传输速率			
		×1 lane	×4 lane	×8 lane	×16 lane
3.0	128b:130b	984.6MB/s	3.938GB/s	7.877GB/s	15.754GB/s
4.0	128b:130b	1.969GB/s	7.877GB/s	15.754GB/s	31.508GB/s
5.0	128b:130b	3.938GB/s	15.754GB/s	31.508GB/s	63.016GB/s

表 2-15　SAS 3.0 总线参数

SAS 3.0		
理论带宽	编码	传输速率
12GB/s	8b:10b	1.2GB/s

　　3）**协议**：SCSI 和 NVMe 是目前最常见的 SSD 协议。SCSI 主要用于 SATA SSD，而 NVMe 则主要用于 PCIe SSD。

　　常见的接口形态、总线和协议及其关系如表 2-16 所示。

表 2-16　SSD 常见的接口形态、总线及协议及其关系

接口形态	总线	协议	接口速度（理论）
SATA	SATA 3.0	SCSI	600MB/s
mSATA	SATA 3.0	SCSI	600MB/s

（续）

接口形态	总线	协议	接口速度（理论）
PCIe	PCIe 3.0 × 4	NVMe	4GB/s
	PCIe 4.0 × 4	NVMe	8GB/s
	PCIe 5.0 × 4	NVMe	16GB/s
SAS	SAS 3.0	SCSI	1.2GB/s

协议测试主要针对 SSD 的协议规范性和功能符合性进行验证。不同的 SSD 接口形态需验证不同的协议，比如对 NVMe 协议、SATA 协议、PCIe 协议（底层协议）的测试等。

以 NVMe 协议测试为例，包括但不限于以下测试内容。

- **创建 / 删除 IO 队列**（Create/Delete IO Queue）：测试 SSD 对创建和删除 IO 队列的支持情况，这是 NVMe 协议中用于管理命令队列的一部分。
- **异步事件请求**（Async Event Request）：验证 SSD 对异步事件的处理功能。
- **设备自检**（Device Self Test）：测试 SSD 的自我诊断功能，确保设备能够检测并报告潜在的问题。
- **控制器能力**（Controller Capabilities）：检查 SSD 控制器的功能和性能限制，如队列深度、队列个数和命令类型支持等。
- **识别**（Identify）**命令**：测试 SSD 的识别（Identify）命令响应，获取设备信息，如型号、序列号和固件版本等。
- **日志获取**（Get Log）：验证 SSD 对日志命令的支持，包括获取和设置日志，这些日志可能包含错误记录、性能统计等信息。
- **设置特性**（Set Feature）：通过 Set Feature 命令可以对 SSD 进行各种高级功能的设置和配置。
- **获取特性**（Get Feature）：通过 Get Feature 命令获取 NVMe 设备的特性及其值。使用该命令时，需要指定要查询的特性名称，然后设备将返回该特性的值。
- **比较**（Compare）/ **刷新**（Flush）**命令**：测试 SSD 对比较、刷新命令的支持，这些命令用于数据的读写操作和数据一致性检查。
- **数据集管理**（Data Set Management）：检查 Trim 操作的结果是否符合预期。
- **固件下载**（Firmware Download）：验证 SSD 固件下载功能，确保固件更新过程的安全性和正确性。
- **格式化 NVM**（Format NVM）：测试 SSD 对 NVM（Non-Volatile Memory）格式化命令的支持。
- **NVM 子系统重置**（NVM Subsystem Reset）：验证 SSD 的重置功能，确保设备能够恢复到初始状态。
- **电源状态管理**（Power States）：检查 SSD 的电源状态管理功能，包括设备的休眠、唤醒和电源节能模式。

……

测试开发人员可以根据 NVMe 协议规范提取测试用例点，完成测试用例设计和脚本设计，再进行测试。一般的商业测试工具带的协议测试用例库只是一些基础功能的验证，测试场景考虑未必全面，还需要测试团队自行补充。目前国内一些 SSD 研发企业的 NVMe 协议测试用例数量可以达到 2 000 个以上。

下面例举一个 NVMe1.4a 协议的测试用例。

1）测试用例点提取：分析协议中的要求，提取测试用例点。例如，协议中 "NVM Express Revision 1.4a March 9, 2020. Page 101. Figure 151" 中有如下描述 "if the value specified is 0h, exceeds the Number of Queues reported, or corresponds to an identifier already in use, the controller should return an error of Invalid Queue Identifier"。这段描述可以提取成一个测试用例点，进行测试用例设计。

2）测试用例设计目标是使用无效 Queue ID 创建 IO Completion queue，测试用例的具体步骤如下。

步骤 1：创建一个 Queue ID 是 5 的 IO Completion queue，预期命令成功完成。

步骤 2：创建一个 Queue ID 是 0 的 IO Completion queue，预期命令执行失败（Queue ID 0，是 Admin queue ID，IO queue 不能使用）。

步骤 3：创建一个 Queue ID 是 0xffff 的 IO Completion queue，预期命令执行失败（Queue ID 边界值，越界）。

步骤 4：创建一个 Queue ID 值大于设备支持的 queue 的个数的 IO Completion queue，预期命令执行失败（Queue ID 越界）。

步骤 5：创建一个已有相同 Queue ID IO CQ 的 IO Completion queue，预期命令执行失败（Queue ID 重复使用）。

步骤 6：删除创建的 IO Completion queue 脚本实现。

脚本中会调用一些测试接口，实现一些功能，比如命令组包、发送命令和状态查询等。这些测试接口被封装在 lib 库中（库里提供各类测试接口），供脚本开发人员调用。测试部门除了负责开发测试脚本外，也需要开发这些测试接口。在本例的脚本代码中（参看下面的脚本代码），IOCQ 函数是 PyNVMe3 提供的 Metamode 测试接口，已经被封装在测试工具的 lib 库中，测试开发人员需要知道写脚本时如何使用这类接口。

```
def test_queue_create_cq_with_invalid_id(nvme0, ncqa):
    # create a cq which queue id is 5, and it shall complete successfully
    cq = IOCQ(nvme0, 5, 10, PRP(4096))
    cq.delete()

    # create a cq which queue id is 0, and it shall complete with error
    with pytest.warns(UserWarning, match="ERROR status: 01/01"):
        IOCQ(nvme0, 0, 10, PRP(4096))

    # create a cq which queue id is 0xffff, and it shall complete with error
    with pytest.warns(UserWarning, match="ERROR status: 01/01"):
```

```
      IOCQ(nvme0, 0xffff, 10, PRP(4096))

# create a cq whose queue id is larger than supported number of queue, and
   it shall complete with error
with pytest.warns(UserWarning, match="ERROR status: 01/01"):
   IOCQ(nvme0, ncqa+1, 10, PRP(4096))
with pytest.warns(UserWarning, match="ERROR status: 01/01"):
   IOCQ(nvme0, ncqa+0xff, 10, PRP(4096))

# create a cq which queue id is duplicated cqid, and it shall complete with error
cq = IOCQ(nvme0, 5, 10, PRP(4096))
with pytest.warns(UserWarning, match="ERROR status: 01/01"):
   IOCQ(nvme0, 5, 10, PRP(4096))

# delete the CQ
cq.delete()
```

3. 认证、测试相关组织及其标准

认证测试可以确保 SSD 的性能、兼容性和可靠性等符合行业标准。可以将通过某一个认证测试作为一个测试标准。

以下是一些主要的 SSD 认证测试。

（1）SNIA

SNIA（Storage Networking Industry Association，存储网络行业协会）是一个国际认证组织，为 Client SSD 和 Enterprise SSD 制定了性能测试规范。SNIA 认证的内容可以在官方网站 www.snia.org 查看。通过 SNIA 认证，意味着该 SSD 产品得到了该协会的认可。

SNIA 认证涉及以下几个关键概念。

- **FOB（Fresh Out of Box）**：在一些 SSD 测试用例中，会要求在测试前将 SSD 盘片重置为 FOB 状态。FOB 是指从包装里拆出来的全新 SSD，因为此时 NAND 没有被磨损，盘片也处于空盘状态，此时 SSD 被认为是性能最好的状态。所谓将 SSD 重置为 FOB 状态，简单的操作是将整盘进行 SE（Security Erase，安全擦除），经过安全擦除的 SSD 也近似于 FOB 状态。

- **转换（Transition）**：经过一段的读写，SSD 逐步趋向于稳定状态，这个过程称为转换状态。

- **稳态（Steady State）**：SSD 的工作特性稳定在一个区间，企业级 SSD 的 Performance 测试，例如 Throughput（吞吐量）、IOPS、Latency，都必须在 Steady State 状态下获取，据此得到 SSD 盘的真实性能。

- **擦除（Purge）**：每次进行 Performance 测试前，都必须进行 Purge 动作。目的是消除此前其他操作（读写，其他测试）对 SSD 带来的影响。比如，一段小 block size 的随机读写之后立即进行大 block size 的顺序读写，这时候大 block size 的性能会比较差。为了避免这种情况，测试前必须经过 Purge 操作，从而保证每次测试时盘都是从一

个固定的状态下开始。简单来说，可以把 Purge 理解为让盘回到类似 FOB 的状态。

- **前提（Precondition）**：通过提前对 SSD 进行 IO 读写，使其逐步进入稳态（Stead State），然后再进行下一步的测试。
- **饱和写测试（Write Saturation Test，WSAT）**：对 SSD 进行长时间的 Random 4K 写操作，评测其经过长期写入后的 Performance 表现。

一些商业测试工具覆盖了 SNIA 测试项目，可以直接使用这些工具进行 SNIA 测试，例如前文提到的 ULINK、SANBlaze、Oakgate、德咖、弯起等。

（2）SATA-IO Plugfest 和 IW

SATA-IO 作为 SATA 协议的官方组织，每年都会组织厂商一起坐坐，给大家一个互相切磋的机会，进行兼容性、交互性及新功能的测试。SATA-IO 测试的主要内容包括 IW（Interoperability Workshop）和 Plugfest。IW 的对象是量产产品，由 SATA-IO 主导，有固定的测试流程和项目，并且测试结果需要提交 SATA-IO，通过测试的设备可以加入该组织的 Integrators List。Plugfest 的测试对象可以是开发阶段的 SSD 产品，测什么以及怎么测各类厂商说了算，SATA-IO 不关心测试结果。

SATA-IO 官方网站如下。

- Plugfest 相关：https://www.sata-io.org/plugfests
- IW 相关：https://www.sata-io.org/interoperability-workshops

（3）PCI-SIG

PCI-SIG（Peripheral Component Interconnect Special Interest Group，外围部件互连专业组）是 PCIe 协议的官方组织，其定义的 PCIe 一致性测试项目包括以下方面。

- **电气信号测试（Electrical Testing）**：针对平台和卡的 Tx 和 Rx 电器性能进行测试。
- **配置测试（Configuration Testing）**：测试工具一般使用 PCIECV。
- **链路层协议测试（Link Protocol Testing）**：针对设备进行链路层协议测试。
- **传输层协议测试（Transaction Protocol Testing）**：针对设备进行传输层协议测试。
- **平台 BIOS 测试（Platform BIOS Testing）**：针对平台 BIOS 进行测试，能否识别并正确配置设备。

通过 PCI-SIG 测试的 SSD 可以加入该组织的 Integrators List。在 PCI-SIG 的官方网站上提供测试指导书（Test Guide）的下载，指导书中包括了测试描述、规格、流程及相关的工具，网址：https://pcisig.com/developers/compliance-program。

（4）UNH-IOL

UNH-IOL（有时也简称为 IOL）全称是 University of New Hampshire Inter Operability Laboratory，是业界著名的公开实验室，提供多个领域的测试服务。UNH-IOL 定义了 NVMe 测试套件，包括 NVMe 一致性测试套件和 NVMe 互操作性测试套件。测试套件会跟着 NVMe 协议更新而持续更新，厂商可以自行下载使用，下载链接：https://www.iol.unh.edu/testing/storage/nvme。

如图 2-12 所示，UNH-IOL 提供的 NVMe 测试服务包括对各类操作系统、驱动程序和硬件平台、PCIe SSD 和 PCIe 服务器的一致性和互操作性测试。这些测试有助于促进 NVMe 产品符合 NVMe Integrators List（集成商名单）的要求。

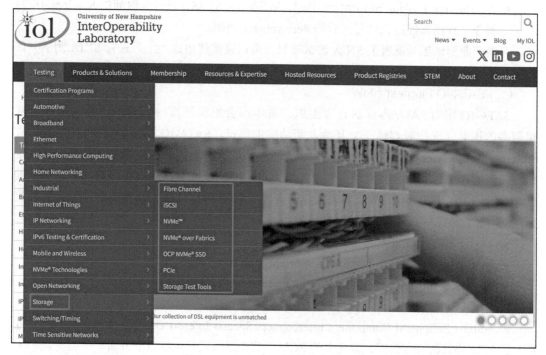

图 2-12　UNH-IOL 提供的存储测试

UNH-IOL 中，针对 NVMe PCIe SSD 测试服务包括以下方面。

- 使用 IOL INTERACT PC Edition 软件进行一致性测试。
- 使用 IOL INTERACT Teledyn LeCroy 版软件进行一致性测试。
- 互操作性测试。
- 组织 SSD 厂商参加 Plugfest 活动。Plugfest 是一个协作类测试活动，它将行业领先的厂商们聚集在一起，共同定义测试内容和测试标准，提供进行互操作测试的机会。

通过上述前三项测试的 SSD 产品可被官方列入 NVMe Integrator's List 中。

（5）Intel RVP 和微软 WHQL 认证

SSD 作为 PC 的重要部件，Intel 和微软也分别提供了相关认证。Intel 提供 EVO 认证，微软提供 WHQL 认证。这部分内容可以参考 2.2.2 节中第 6 条 "认证测试环境"。

（6）ULINK

ULINK 公司是存储行业知名的测试工具厂商，其主要的产品包括 DriveMaster、PCIe-SSD Power Adapter（PSPA）、TCG Storage Certification 等。通过对应的测试可以拿到相应的认证。一些客户会要求 SSD 供应商提供相关功能的测试报告。

2.3.4　脚本开发

脚本（Script）是使用一种特定的描述性语言，依据一定的格式编写的可执行文件，又称作宏或批处理文件。脚本需要用脚本语言去编写实现，在 SSD 测试中，目前最常用的脚本语言是 Shell 和 Python，例如本书所介绍的 PyNVMe3 工具就基于 Python 编写脚本。

脚本中如果需要调用一些测试接口，比如驱动接口、压力接口、功能接口等，就需要测试脚本开发人员提前定义好相关需求，并同步给驱动开发、接口库开发、工具开发的相应人员，多方一起开发实现，在脚本调试时进行联调，以实现测试目标。

在编写测试脚本的过程中，需要考虑以下因素。

1）**脚本的模块化和重用**：尽可能模块化构建测试脚本，以便重用功能模块。对于重复出现的操作，例如随机填盘、顺序填盘、空闲等待和配置参数等，可以编写成函数接口方便调用。

2）**验证和调试脚本**：在真实的 SSD 测试环境中运行脚本以验证其正确性，在运行中观察脚本执行结果、调试脚本，确保它们能够准确地执行测试用例，测试行为符合设计目标。

3）**结果验证和报告**：脚本能够准确地获取、判断和报告测试结果。在脚本运行时，记录必要的日志信息，以便于分析和定位测出的问题。

4）**持续维护和更新**：随着测试需求的变化和产品的迭代，需要更新迭代测试脚本。在脚本注释信息中，需要体现每次修改的原因及修改内容，便于后续使用者了解该测试脚本的历史和背景。

5）**文档化**：测试脚本需要有配套的设计文档和使用文档，在测试用例设计和脚本开发过程中开始编写，最后与脚本一起交付测试。好的文档能够减少无效的沟通，避免理解错误导致的执行错误，提升测试执行的效率。

2.3.5　测试工具开发

一些测试用例需要测试工具的配合，比如掉电测试需要用到的掉电治具、升级测试需要用到的自动化开卡工具。有些测试用例并没有合适的商业工具可供选择，或者对成本抑或 IP 有特别的需求，这时就需要自行开发测试用具。

SSD 测试工具按照其测试用途的广泛程度，分为专用测试工具和综合测试工具。专用测试工具是指专门用于测试某一个 SSD 特性或功能的工具，例如异常掉电测试治具、四角偏压测试治具等。综合测试工具可以提供更为广泛的测试功能，满足多种测试场景和测试需求，例如前文提到的德伽存储、弯起科技的测试设备。综合测试工具包含一系列专用的测试硬件和配套软件，比如 SSD 掉电工具套件就包含了掉电治具及配套的控制软件。

测试工具开发通常遵循以下几个关键步骤。

（1）需求分析

确定测试工具需要满足的具体测试需求，比如性能测试、耐久性测试、协议测试等，确定测试需要实现的主要功能，工具的使用方式，生成报告的格式，以及自动化需求等。

（2）确定测试指标

根据测试需求分析的结果，确定测试工具需要支持的关键测试指标，如读写速度、IOPS、时延、功耗等。充分了解测试指标，才能确定对应的测试工具的指标。以性能测试为例，测试工具需要提供足够的数据压力才能把 SSD 的带宽压满，这也是为什么 PCIe Gen4/5 NVMe SSD 性能测试需要采用性能较好的测试平台的原因。

（3）技术选型和方案设计

在正式开发前，工具开发者要选择合适的开发语言和开发框架。选择时应综合考虑工具的兼容性、易用性、可维护性和团队开发能力，也要考虑工具的需求时间点，以满足测试需求为第一原则。在动手开发前，应该先完成方案设计，不要上来就编码。在方案设计阶段，可以进行系统性的思考，并组织专家对方案进行评审。评审通过后再动手干，避免走错路、反复修改。从以往项目来看，做好方案设计往往有助于节省项目落地时间。

（4）开发和编码

对于测试工具的软件部分，在开发阶段会进行各项功能的编码实现，往往需要边开发边调试，包括单元测试、集成测试和系统测试。对于测试工具的硬件部分，需要完成原理图设计、PCB 设计、元器件采购、贴片、嵌入式代码编写等。软硬件都达到一定成熟度后，进行软硬件联调，确保测试工具各项功能的正确实现。

（5）测试和验证

自研的测试工具作为一种开发成果，也需要被测试验证。测试人员需根据工具的功能、使用场景、参数指标等信息，设计相应的测试用例。

针对测试工具的测试需要包含以下几类测试内容。

- **兼容性测试**：确保测试工具能够在不同的测试环境下正常使用。测试环境的差异性体现在操作系统（Windows 和 Linux 的不同版本）、硬件平台（不同 CPU 型号，比如 AMD、Intel 的不同代次）以及 SSD（不同容量和品牌）的不同上。
- **压力测试**：确认工具可以长时间工作，期间没有功能故障。
- **功能测试**：确认各项功能按照方案设计的正确实现。
- **性能测试**：工具自身也有性能需求，比如测试 SSD 性能的软件，需要保证其 IO 引擎（IO Engine）输出的压力可以压满 SSD 的性能。

通过以上测试，确保了 SSD 工具可以满足测试需求。

（6）维护和更新

对测试工具进行定期维护和更新，以适应新的 SSD 技术和市场需求。针对反馈的问题及时修复。维护和更新的对象应包括工具的使用手册和开发文档。

总之，开发 SSD 测试工具是一项综合性较强的工作，需要开发者具备软件开发能力、硬件设计能力、测试能力，以及对 SSD 业务的深入理解。

2.3.6　测试驱动开发

SSD 的一些测试项目需要驱动提供专门的测试接口，而标准的驱动并不提供这些接口，比如在 NVMe 或 SATA 协议测试中，测试需要根据当前要测试的协议要求点，构建命令包，然后下发给 SSD，从而验证 SSD 能否正确响应该命令。在组包时，会故意注入一些错误，以验证 SSD 的错误处理功能。标准的驱动程序并不提供这些测试接口，只能通过自研驱动实现。一些商业测试工具的驱动其实也是由设备供应商替换掉了原有的标准驱动，提供了一系列测试用的 API 接口。

SSD 的驱动开发工作按照以下步骤开展。

（1）需求分析

充分理解自研驱动需要解决哪些问题、实现哪些测试功能、服务的对象是何种类型的 SSD（PCIe、SATA、SAS）、运行在何种操作系统（Linux、Windows）、运行在何种平台（Intel、AMD、国产化平台）等关键信息，整理成驱动开发需求。结合需求组织讨论，将最终要实现的需求确定下来，并准备好开发资源。

NVMe 自研驱动需实现的功能如下：

- 数据 PRP 造错。
- 创建 / 删除队列。
- 创建 / 删除队列造错。
- 异步事件透传给用户处理。
- 命令超时不会触发复位，保留现场。
- HMB 获取。
- HMB 内容造错。
- 定制化内核日志。

……

（2）驱动程序设计

驱动程序中包括协议栈（NVMe 协议、SATA 协议等）、数据流处理、错误处理、内存管理等多个关键功能，这些功能均建议采用模块化设计，以便日后维护和升级。驱动程序对性能影响也很大，在面向高性能的 PCIe SSD 的驱动设计中，可以通过减少驱动层次、降低协议开销来提升主机驱动性能。在具体实现上，可以采用请求队列、中断聚合、请求 TAG 寄存器等技术，有效提高系统并行度，降低输入输出请求产生的中断次数，达到提高驱动性能的目的。

（3）测试和验证

对驱动的测试包含以下几类。

- **兼容性测试**：确保驱动能够在不同的测试环境中运行。兼容性测试需要覆盖不同的操作系统版本、硬件平台（AMD、Intel、ARM 等）以及 SSD（不同容量和品牌）。为 SSD 自研的驱动类程序需要通过 WHQL 认证测试。

- **压力测试**：确认驱动可以长期运行工作，期间没有功能故障。
- **功能测试**：确认驱动的各项功能都已经正确实现。
- **性能测试**：驱动与 SSD 的性能测试结果相关，可以测试 SSD 盘片在标准驱动和自研驱动下的性能差异，确认驱动对性能的影响。

通过以上测试，确保驱动程序的正确性和可靠性。

（4）维护和更新

对驱动程序进行定期维护和更新，以适应新的需求，例如针对新的操作系统、新的硬件平台进行补充兼容性测试。解决过程中发现的问题，确保驱动程序在新环境下的兼容性。

自研 SSD 驱动是一项复杂的工作，开发者需要具备驱动开发的相关知识（Linux 驱动、Windows 驱动），熟悉存储接口协议（NVMe、SATA、PCIe 等），还要有较好的编码能力和调试能力。这些都需要开发者具备较强的综合素质。

2.3.7　测试自动化开发

测试用例设计和脚本开发固然是测试开发的核心工作，但是测试自动化的开发也不可或缺。测试自动化可以解决测试效率的问题。当 SSD 的测试平台及盘片数量达到数百甚至上千时，只有在自动化系统的辅助下，才能使如此规模的测试资源有序地并行工作。

测试开发人员需要判断每一个新增的测试用例是否可以采用自动化执行。如果适合，将该测试用例的脚本适配到自动化测试工具中。测试用例是否能够自动化执行与测试的环境和对象密切相关，例如性能测试无非是满足一些预置条件（填充数据、压力读写后空闲等）后，使用指定的测试工具软件进行读写，然后获得性能数据。这种脚本比较好实现自动化，不需要硬件支持。但是另外一些测试，比如异常掉电，就需要掉电卡这类硬件的配合，测试自动化工具需要在脚本运行的某一个步骤去调用硬件接口实现掉电卡的掉电动作。

每个测试平台的测试能力不尽相同。测试自动化调度系统需要知道每个测试平台能测哪些测试用例，哪些平台是掉电平台，哪些平台是性能测试平台等，这样才能将对应的测试用例分配到适合的平台进行测试。

2.4　测试执行阶段

测试执行阶段起始于研发第一次发布测试版本包，结束于完成所有测试用例覆盖并满足质量出口条件。测试执行的整个过程一般会包括多次版本发布。版本发布的计划在测试计划阶段就可以确定好。测试团队对被测 SSD 的质量负责，评估方法是通过对测试覆盖度、缺陷总数量、遗留缺陷数量及严重程度进行评估。

测试执行阶段的主要任务是在测试平台进行测试，并且输出测试结果。测试的展开顺序和测试交付关键时间节点应该遵循已经定好的测试计划。测试人员要把测试出来的产品缺陷及时提交到缺陷管理库中，同时迭代测试报告。

在测试之前，测试人员需依据测试用例提前搭建好测试环境并准备好待测 SSD，做好随时切入、切出测试的准备。测试执行阶段可细分为平台搭建、测试用例执行、缺陷管理、回归测试与问题单闭环几个阶段。

2.4.1　测试平台搭建

在测试计划阶段开始准备测试资源，包括 SSD 盘片、PC 测试平台、服务器测试平台、专用测试设备等。进入测试执行阶段，首先要将这些测试平台搭建好。如果使用已有的平台，虽然不涉及新搭建平台问题，但需要确认好平台的可用状态，应为项目预留好足够数量的平台和充裕的时间窗口。但如果是新平台，就需要测试人员搭建测试平台，搭建完成后需要对新的测试平台进行测试验收，确保没有问题。

1. 选择搭建位置

（1）企业级 eSSD 测试平台搭建位置

在企业级 eSSD 的测试项目中，服务器会被作为测试平台，SSD 被插在服务器上测试，一台服务器可以插多片 eSSD。服务器的尺寸相对较大，为了节约测试空间，多台服务器会被安装在一个服务器机柜里（见图 2-13）。当服务器数量较多时，需要规划专门摆放服务器机柜的场地，可以参考数据中心的布置方式。

（2）消费级 SSD 测试平台的搭建位置

在消费级 SSD 的测试项目中，台式计算机和笔记本计算机会被作为测试平台。每个测试平台挂载的 SSD 盘片一般只有 1 张，因此规模测试需要很多平台。例如某个消费级 SSD 项目，共 3 个容量，每个容量测试 50 片盘，就需要 150 个测试平台。笔记本计算机带有显示器，测试时需要展开，比较占用空间。可以为笔记本平台设计多层机架，每层放置一定数量的笔记本。台式计算机测试平台可以多个平台放置在一个机柜里，并通过

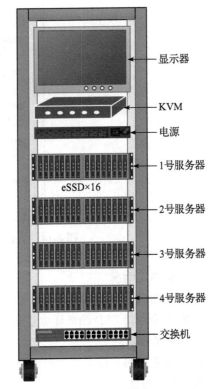

图 2-13　企业级 eSSD 服务器测试平台机柜

KVM 共享一套显示器和键盘鼠标。采用这种方式可以让测试平台的布置密度更高，节约实验室空间。为了方便测试执行人员操作，台式计算机测试机柜每层可以采用抽屉形式，这样便于拉出换盘。

台式机测试平台集中布置可参考图 2-14 所示。一个组合机柜可以布置 12 个测试平台，共用一套显示器和键盘。显示器通过 12 路 KVM 切换显示不同的被测平台。所有测试平台都接入实验室测试局域网，方便被自动化系统调用。台式机可以不装配机箱，而是直接将主板、电源等部件固定在抽拉托盘上，这样方便更换盘片和进行 Debug 操作。整个机柜，包括抽拉托盘，都应该满足防静电要求。

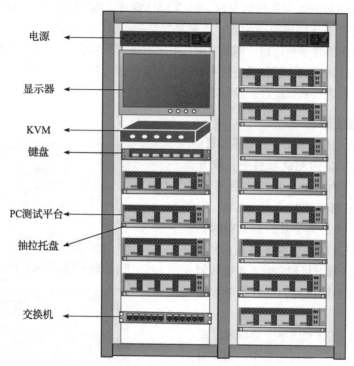

图 2-14　消费级 SSD 台式机测试平台机柜

2. 评估供电情况

SSD 的测试平台需要规模化布置，所以总的耗电量很大，需要评估供电需求。由于消费级 SSD 和企业级 SSD 测试环境差异较大，所以从服务器和 PC 两个角度进行评估。

（1）服务器功耗

存储服务器的功耗主要由两部分组成：硬盘功耗和主机功耗。计算整个服务器的功耗可以采用以下方法。

- **硬盘功耗**：根据硬盘的规格和数量，可以查阅硬盘的技术规格表，找到其平均功耗值。然后将硬盘功耗与数量相乘，即可得到硬盘总功耗。
- **主机功耗**：主机功耗主要包括处理器、内存、主板、电源等组件的功耗。可以查阅相关组件的技术规格表，找到其功耗值，并将各组件功耗相加，即可得到系统总功耗。

- **总功耗**：将硬盘总功耗和主机总功耗相加，再乘以服务器机柜的个数，即可得到存储服务器的总功耗。

（2）PC 功耗

PC 功耗的测算相对简单，一般台式计算机工作功耗在 300W 以内，笔记本电脑的功耗在 110W 以内，可以用单位功耗乘以 PC 机器的数量，等于总的功耗值。如果一个实验室有 100 台 PC 机，100 台笔记本计算机，需要提供 $100 \times 300W + 100 \times 110W = 41kW$ 的供电能力。

（3）环境测试设备功耗

一台高低温箱的用电量达到 5kW 以上，由于实验室常常要并发多个项目的测试，所以需要多台高低温设备，总的供电需求较大，需要提前考虑。一般一个项目需要 2 台高低温设备，1 台用于版本测试，1 台用于 Debug 测试。

（4）总体功耗计算

这里需要引入 PUE 的概念。PUE（Power Usage Effectiveness，电能利用效率）是国内外数据中心普遍接受和采用的一种衡量数据中心基础设施能效的综合指标，其计算公式为：

$$PUE = P_{\text{Total}} / P_{\text{IT}}$$

式中，P_{Total} 为数据中心总耗电，P_{IT} 为数据中心中 IT 设备耗电。在 SSD 测试领域，IT 设备耗电 P_{IT} 中包括了测试平台和 SSD 的功耗。

PUE 的实际含义，指的是计算在提供给数据中心的总电能中，有多少电能是真正应用到 IT 设备上的。数据中心机房的 PUE 值越大，则表示制冷、照明等数据中心配套基础设施所消耗的电能越大。

根据统计数据，目前我国长江以南地区的数据机房的 PUE 平均达到了 2.2，而 Google 的云数据机房的 PUE 仅为 1.2，Facebook 机房的 PUE 为 1.3，差距巨大。当然，这与制冷的方式、自然环境条件、建筑物保温系数有一定关系。国内也有做得很好的企业，比如阿里云在浙江杭州千岛湖的数据中心。该数据中心利用了千岛湖深层湖水水温常年恒定为 17℃ 的特点，将深层湖水通过完全密闭的管道引入数据中心，实现降温，出水流经 2.5km 的小溪，自然冷却后最终洁净地回流到千岛湖。通过该方法，阿里云千岛湖数据中心也将 PUE 降低到了国际一流水平。

目前国内也在考虑制定新的机房建设节能标准，估计新的标准 PUE 会被要求在 1.2 ~ 1.6 之间。

回到功耗计算，如果 SSD 测试机房的所有设备功耗为 100kW，结合国内 PUE 的平均水平，假设为 1.6，那么机房需要配置的总供电能力为 $100kW \times 1.6 = 160kW$。

（5）制冷功耗

这里引入 CLF 的概念。

CLF（Cooling Load Factor）：制冷负载系数，它为数据中心中制冷设备耗电与 IT 设备耗电的比值。CLF 是 PUE 的补充和深化，通过该指标可以进一步深入分析制冷系统的能源效率。

在公开资料中显示，我国数据中心机房的 PUE 构成是，IT 设备占据 44%，制冷占据 38%，则 CLF 为 38% ÷ 44% ≈ 86%。假如 IT 设备总耗电为 100kW，那么制冷耗电量应为 86kW。

（6）配电施工的可实施性

在实验室建设时，除了要考虑空间、面积外，还要考虑是否方便布置供电线路。如果装修好了，却发现输配电搞不定，就变成了空摆设，结果很悲剧。现在一些高层写字楼受限于此，应该提早做好调研和决策。

3. 测试实验室承重

一般办公用楼在建设时楼板承重在 $300 \sim 500 kg/m^2$。由于机柜和设备的重量往往比较大，所以数据中心机房的楼板承重一般在 $800 \sim 1\,000 kg/m^2$。

企业级 SSD 测试实验室由于布置的都是机柜和服务器，和数据中心机房非常类似，承重能力可以参考数据机房的相关国家标准。如果受到场地限制，没法找到适合的数据中心机房，只能在办公楼测试，可以参考下面几个建议。

- 放在建筑物的一楼（无地下建筑）。
- 对办公楼的实验室做承重方面的提升改造，这需要与物业工程部门进行协商，必要的时候找专门的公司提供方案和施工。
- 测试设备不多的情况下，可以分散布置测试设备，配合使用散力架。

消费级 SSD 测试实验室由于布置的是台式计算机和笔记本计算机，承重能力要求并不高，在普通办公楼就可以测试。

4. 专用测试平台的搭建

这里介绍 4 种专用测试平台搭建方法。

（1）功耗测试平台

在 SSD 的规模化测试中，不可能对每片 SSD 都进行功耗测试，一般选用几个固定测试平台用于功耗测试。在这些测试平台上安装好电流功耗测试治具，调试好需要测试功耗的测试用例。测试人员需定期做好功耗平台的机型迭代，保证新型号的平台都能被覆盖到。功耗测试平台也建议使用性能平台，只有在性能最大时测试 SSD 的功耗才最有价值。峰值功耗（Peak Power）发生在顺序读写的场景下。

与 Peak 功耗对应的是低功耗。消费级 SSD 对低功耗的要求比企业级 SSD 要严格。测试消费级 SSD 的功耗时需要搭配专用的功耗测试治具，譬如 Quarch 的 PAM 设备。

与 NVMe SSD 功耗相关的因素包括：主机电源状态、PCIe 链路电源状态、NVMe SSD 盘片自身电源状态。这里归纳如下：

- **主机电源状态**：D0、D1、D2、D3 hot、D3 cold。
- **NVMe SSD 电源状态**：PS0 ～ PS4。
- **PCIe 链路的电源状态**：L0、L1、L1.1、L1.2、L2。

PS0 是全速状态。PS1、PS2 是过热保护时降频需要过渡的状态。PS3、PS4 是非操作状态，具有较低的功耗，并且退出延迟很短。几种状态定义如表 2-17 所示（表中的功耗和退出时间对应内容仅为举例）。

表 2-17　NVMe SSD 电源状态定义

电源状态	描述	性能	功耗	退出时间
PS0	全速状态	100% 性能	不限制	n/a（表示不适用，余同）
PS1	限速状态	<100% 性能	M.2 设备小于 2.4W	n/a
PS2	进一步限速	<100% 性能	M.2 设备小于 1.9W	n/a
PS3	非操作状态，强调快速返回至操作状态的能力	n/a	50 ～ 100mW	1 ～ 10ms
PS4	非操作状态	n/a	小于 5mW	50 ～ 100ms

NVMe SSD 都需要 PCIe 总线的配合，所以 NVMe 电源状态也必须与 PCIe 链路电源状态相对应，关系如表 2-18 所示。

表 2-18　NVMe SSD 电源状态与 PCIe 链路电源状态的对应关系

NVMe 电源状态	PCIe 链路电源状态	NVMe 电源状态	PCIe 链路电源状态
PS0	L0、L0s、L1、L1.1、L1.2	PS3	L1、L1.1、L1.2
PS1	L0、L0s、L1、L1.1、L1.2	PS4	L1.2
PS2	L0、L0s、L1、L1.1、L1.2		

平台搭建完成后，需要查看主机侧的 PCIe 链路是否开启了 L1.2 支持（有些平台出厂默认不开启），如果没有开启，则需要在 BIOS 中开启。部分国产化平台不支持 L1.2，那么功耗测试的标准需要随之调整。

（2）性能测试平台

在 SSD 的性能测试中，需要选用性能较好的平台，避免因为平台性能不足导致 SSD 无法测到最大性能。一个项目的测试版本发布后，首先进行性能的简单测试，结果没有问题后再铺开测试。

（3）认证测试平台

可以在实验室中规划一部分区域，专门存放认证测试平台，比如 Intel RVP 平台、WHQL 测试平台、UNH-IOL 测试平台、ULINK 测试平台等，可以由测试部门的专人负责维护。

（4）环境测试平台

环境测试平台包括高低温箱、震动试验台等，这类设备体积大，占用空间多。高低温箱也需要较大的供电消耗。高低温测试 SSD 时，需要将盘片放在温箱内部，将测试平台放在温箱外部，两者通过延长线连接，所以除了温箱本身外，还需要考虑温箱外的测试平台如何布置，延长线如何走线等。这些都需要在平台搭建时综合考虑，统一规划。

2.4.2 测试用例执行

执行 SSD 的测试用例通常包括以下几个步骤。

1）**理解测试用例**。测试执行人员应该阅读并理解每个测试用例的目的、测试步骤和预期结果。确保对测试用例的要求和测试环境设置有清晰的认识。在测试正式开始前，应该对测试的内容做好培训，尤其是一些新增测试用例，要加强对其的理解，统一认知，不同的测试人员测试同一个测试用例的测试执行结果应该一致。

2）**准备测试环境**。根据测试用例的需求搭建测试环境，包括安装 SSD、配置测试系统等。测试人员需要确保所有必要的测试软件和测试平台都已正确安装并配置，确认测试环境符合预期设置，如操作系统版本、驱动程序和相关软件的配置。新搭建的测试平台在投入正式使用前要完成验证测试。Windows 操作系统建议关闭自动更新功能，防止测试过程中软件版本被自动改变。

3）**执行测试用例**。按照测试用例中定义的步骤执行测试。如果已经部署了自动化测试系统，需在自动化系统软件中选择好本次测试需要运行的测试脚本、测试平台、测试时长、循环次数等，然后启动并进行自动化的测试。在测试的进程中监控测试过程，包括测试日志、测试打印、实时状态结果显示等。对于发生异常的测试用例，及时提单给研发，一起分析问题原因。在提单中应该包括详细的错误信息和系统的状态，附上相应的测试日志（包括脚本日志、环境日志、固件日志）。

4）**结果分析与回归测试**。对于已经提单的缺陷问题，保留好出问题的环境，与研发人员一起分析缺陷出现的原因。分析出原因并修改设计后，用新的版本进行回归测试。回归测试主要用于在软件代码、硬件、使用环境或产品需求发生变化后重新执行测试，确认最近的更改或修复没有引入新的问题或错误。回归测试应优先测试之前测出问题的测试用例。回归测试的环境和测试用例需要和发现缺陷时一致，必要时可以先用老版本确认问题能重现，再用新版本确认问题确实被修复了，这样可以排除环境问题导致的误判。

5）**整理和报告结果**。测试全部完成后，汇总测试结果，准备测试报告。在测试报告中需包括测试用例覆盖情况、测试结果、缺陷问题描述及原因分析、问题严重等级、扣分项等。测试报告完成后，组织测试评审会议，对测试报告所呈现出的测试结果进行评审，给出此次测试是否通过的结论。参与测试评审会议的部门包括固件、产品、测试、硬件、介质等部门。在评审测试结果的同时，针对此次测试中发现的各类问题（比如测试平台问题、脚本问题、进版流程问题等）搜集问题点，测试团队在会后进行改进，不断提升测试质量。

2.4.3 测试缺陷管理

前文提到在测试执行过程中发现的缺陷问题要及时提单。那么该如何对这些已经提单的缺陷问题进行跟踪和管理？图 2-15 所列的是缺陷管理流程。

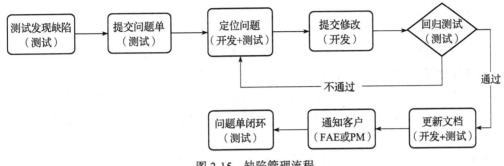

图 2-15　缺陷管理流程

1. 详细记录问题

详细记录问题的责任人是测试执行人员，主要工作包括准确记录缺陷发生时的具体情况，包括测试用例的编号、执行步骤、预期结果与实际结果的差异、环境信息等；记录系统的状态和任何错误消息，包括主机日志、脚本日志、固件日志等。

2. 初步分析和分类

初步分析和分类的责任人是研发工程师和测试开发人员，主要工作包括进行初步分析，确定问题的性质是软件缺陷、硬件问题、测试用例错误，还是环境问题；对问题进行分类，并分配优先级，以便于有效管理。

3. 复现问题

如果需要更多信息才能确认问题原因，就需要尝试复现问题，以确保对问题有更进一步的理解。复现过程中可能需要使用特定的工具或方法，比如在同样的测试逻辑下提高测试压力，常温测试改为高温测试，针对 Debug 需求开发专用的自动化测试工具，根据关键词自动抓取特定日志等。记录复现问题所需的步骤，以帮助执行回归测试时确认问题修复的有效性。能否稳定、有效、快速地复现问题，会直接影响问题定位及回归测试的效率。

4. 回归测试

回归测试是为了验证修复的缺陷是否得到真正解决，并确保修复没有引入新的问题。使用与最初发现缺陷时相同的测试用例和测试环境进行回归测试。除了需要测试原来出现问题的测试用例，还需要执行其他相关的测试用例。一旦确定了问题的原因，就制定并实施解决方案，这可能包括修复固件缺陷、更换硬件、修改测试用例或改进测试环境等。解决措施实施完成后，进行回归测试，在相同的测试环境下重新执行相同的测试用例，以验证问题是否已经被解决。需要注意的是，除了覆盖发现缺陷的测试用例外，还需要扩展一些测试用例进行覆盖。如果修改的代码可能对某些功能造成影响，那么这些功能也要被覆盖测试，比如性能、功耗等。

以下是一些常用的固件回归测试策略。

- **全量回归测试**：重新执行一遍整个软件系统的所有测试用例，确保所有功能都经过验证。但是这种方式耗时过长，在固件快速迭代的开发过程中，不建议采用该策略。

- **变更回归测试**：只对修改过的部分进行测试，只覆盖当时测出该问题的测试用例，这样直接验证了问题是否被解决，而对是否引入了新问题没有予以考虑。
- **选择性回归测试**：基于代码变更的影响分析，选择性地执行相关的测试用例。这一点非常重要，能够有效地避免增量回归测试验证不充分的问题，对所有可能的相关项都进行测试，避免引入新问题。选择性回归测试通常与变更回归测试结合起来使用。
- **必测项回归测试**：在改动比较多的情况下，无法确定选择性回归的测试用例范围，此时要对必测的项目进行测试覆盖，比如性能、功耗等，确保关键指标在修改后仍然符合要求。
- **自动化回归测试**：一些测试项目适合使用自动化测试工具来执行回归测试，以提高测试效率。比如概率性出现的问题，就需要自动化工具帮助进行重复测试。

测试工程师须根据问题的具体情况和项目资源选择合适的回归测试策略，以达到最佳的回归测试效果。

5. 记录和共享

将问题处理的整个过程（包括原因分析和解决方案）详细记录下来。与团队和相关人员共享这些信息，以供未来学习和参考。记录的工具包括 JIRA、Confluence、飞书等。这有利于后续碰到类似问题时查找类似案例。如果测试人员是医生，那么这些记录就是以往的病例。

6. 更新测试用例和文档

如果问题是由测试用例或文档中的错误引起的，则更新相关的测试用例设计、测试脚本实现及使用手册，以反映所做的更改。

7. 用户通知和升级

应该定期通知用户对产线使用的版本进行必要的升级，特别是对关键缺陷的修复，要协助客户完成风险评估和升级。进版的方式和规则可以和客户一起商定。

通过以上步骤处理测试中出现的缺陷，可以确保问题被有效解决，同时减少未来类似问题的再次发生。在整个过程中，有效的沟通和协作、详细的记录和严格的测试流程是关键因素。通过这些因素，确保问题得到有效解决，提高测试的交付质量。

2.5 测试总结阶段

2.5.1 测试结果评审

测试报告是软件测试流程的最后一个环节，是把我们的测试过程和测试结果整理成文档，对这一轮测试过程发现的问题和缺陷进行分析，为持续提高 SSD 产品质量提供依据，为验收和交付打下基础。

SSD 的测试质量评估涉及多个方面，以下是一些关键的评价标准和方法。

1. 测试覆盖率

测试用例覆盖率有两个维度。第一个维度是评估测试用例是否覆盖了所有功能、场景和代码路径。确保测试覆盖了所有关键的性能指标，如读写速度、IOPS、时延、耐用性等。检查是否有遗漏的测试场景或条件。第二个维度是评估测试用例的覆盖情况，必须测试的用例是否都已经覆盖。

兼容性覆盖率用于表示对所有主流的 CPU（Intel、AMD、ARM 等）、操作系统（Windows 系列、Linux 系列、UOS 系列等）以及工具版本（同一种测试工具的不同版本，比如 CDM 7/8/9）的覆盖情况。

2. 测试结果是否符合标准

详细分析测试结果，包括功能、性能、功耗、稳定性和耐用性等结果，与测试标准中的预期指标进行对比，判定是否满足要求。如果测试结果满足所有预定标准，则可判定为通过。如果存在关键问题或未满足重要标准，则应判定为不通过。

3. 缺陷密度

检查在测试过程中发现的缺陷的数量和严重程度。测试结束时，发现的缺陷总数量要符合 SSD 嵌入软件开发的一般规律，比如每千行代码平均隐藏 10 个缺陷，那么 1 万行代码的项目，需要测出 100 个左右的缺陷才对。最终测出的缺陷过少只有两种可能，要么是开发团队非常有经验，水平足够高，要么就是测试做得不够充分，还有缺陷没有被发现。

注意：这里的代码行数并非最终呈现的代码行数，而是在开发过程中持续迭代的代码，在 SVN 或者 GIT 代码管理工具中，可以体现为每次上库的新增代码、修改代码、删除代码等的总和。所以如果一个项目代码行数呈现出来是 1 万行，那么实际整个开发过程中的代码行数可能是 1.5 万行。

关于缺陷密度，标准化组织 CMMI 给出了解释，具体如下。

1）千行代码故障率：计算方式为缺陷数 ÷ 代码行数 ×1 000。

2）度量的标准：千行代码缺陷率数值越小，质量越好。

3）以 GIT 管理代码为例，统计方式如下。

统计项目代码总行数：

```
git log  --pretty=tformat: --numstat | awk '{ add += $1; subs += $2; loc += $1 - $2 }
    END { printf "added lines: %s, removed lines: %s, total lines: %s\n", add,
    subs, loc }'
```

统计某人代码提交行数：

```
git log --pretty=tformat: --author="xxx@xxx.com"  --since=2024-01-01
    --until=2024-06-30 --numstat | awk '{ add += $1; subs += $2; loc += $1 - $2 } END
    { printf "added lines: %s, removed lines: %s,total lines: %s\n", add, subs, loc }'
```

统计个人的代码量：

```
git log --format='%aN' | sort -u | while read name; do echo -en "$name\t"; git
    log --author="$name" --pretty=tformat: --numstat | awk '{ add += $1; subs +=
    $2; loc += $1 - $2 } END { printf "added lines: %s, removed lines: %s, total
    lines: %s\n", add, subs, loc }' -; done
```

统计个人提交次数：

```
git log --pretty='%aN' | sort | uniq -c | sort -k1 -n -r | head -n 10
```

通过上述统计方法，可以计算出整个项目或者某个开发者在某个项目或者某段时间的代码质量。

4）CMMI 级别中做出了相关的指标规定，CMMI 级别越高，代表代码质量越高，如表 2-19 所示。

CMMI 相关信息可以参考官网：https://cmmiinstitute.com/。

缺陷密度指标虽然重要，但是要正确使用。如果用不好，会成为负向牵引。

表 2-19　CMMI 定义的千行代码缺陷率等级

CMMI 级别	千行代码缺陷率
1 级	11.95‰
2 级	5.52‰
3 级	2.39‰
4 级	0.92‰
5 级	0.32‰

现在的产品质量不能单一地使用千行代码缺陷率来表示。如果开发工程师没有能力减少缺陷数量，可能会采用复用逻辑不抽象成函数、重复造轮子、可以用循环的代码采用顺序等方法虚增代码行数，而优秀的代码开发者对于同一个技术的实现可能使用更少的代码，这对优秀开发者不公平。目前业内也有很多相关讨论，建议不要将缺陷率和工程师个人绩效直接挂钩，这样才更有利于该项理论的正确使用。

为了制衡缺陷密度造假，可以引入下面几个考核指标予以制衡。

1）圈复杂度指标，其特点如下。

- 圈复杂度越高的代码会有越多的 Bug。
- 圈复杂度反映了代码的耦合度。
- 推荐的圈复杂度不要超过 10。
- 测量圈复杂度的工具：Source Insight、Code Metrics、Cobertura。

2）平均缺陷修复时间，其特点如下。

- 平均缺陷修复时间能够更好地反映代码本身的质量状况，以及团队的成熟程度。
- 平均修复时间较长的代码都是复杂度高、耦合度高的代码。
- 平均修复时间短的代码都是结构相对清晰，命名规范，容易理解、扩展和变更的代码。

对测试而言，建议从整个项目的角度，综合使用缺陷密度、圈复杂度、平均缺陷修复时间这些指标推动代码质量的提升。

3）缺陷 DI（Defect Index，缺陷率）值：DI 可以作为衡量软件质量的一项指标，它代表了软件中存在的问题严重程度的总和。DI 值的计算公式通常包括不同等级问题的加权计数，具体如下。

$$DI = 致命级别问题个数 \times 10 + 严重级别问题个数 \times 3 +$$
$$一般级别问题个数 \times 1 + 提示级别问题个数 \times 0.1$$

这种计量方式反映了软件测试过程中发现的各种问题的综合影响，DI 值越高，表明软件存在的问题越严重或数量越多，反之则表示软件质量相对较高。

除了上述指标，还有以下指标：

- 缺陷修复率。
- 重新打开缺陷占比。
- 严重及以上缺陷占比等。

4. 测试用例的质量

测试结束后，对该项目新开发的测试用例进行测后评估，包括测试用例自身的缺陷数量，测试用例是否足以支撑测试需求，针对测试需求所设计的测试用例设计是否有效等。测后评估相对客观公正，因为结果就摆在眼前。通过复盘，有助于持续提升 SSD 测试脚本开发团队的开发质量，为下一个项目做好铺垫。

5. 测试自动化评估

统计自动化测试与手动测试的比例，总结哪些用例可以进行自动化改造。评估当前已有的自动化测试的稳定性和可靠性，提出改进建议，不断提升用例的自动化覆盖率和稳定可靠性。

6. 回归测试的效果

当软件开发人员修复错误、添加新功能或修改现有特性或功能时，往往需要修改代码。即使是微小的更改也可能会引入缺陷。在这种情况下，测试工程师可以通过回归测试来揭示和查明不良副作用。正确执行回归测试至关重要。回归测试的主要目标是确保修改不会破坏软件的性能和可靠性。回归测试是软件开发过程质量控制措施的一个重要方面。在回归测试过程中，有些缺陷问题并不容易复现，比如 SSD 异常掉电上千次才会出现一次的问题。测试团队可以根据问题产生的可能原因设计压力更大、业务场景更为聚焦的回归测试用例。在该测试用例下，可以加快问题版本的问题复现，然后再验证确定新进的版本不会出现问题，从而提高回归测试的效率。回归测试有时会非常影响项目测试的总体进展，有时个别问题因为不容易复现，会导致项目延迟几个星期。对于如何高效地进行回归测试，需要不断地积累经验，这有助于测试部门下次再碰到类似问题时加快回归测试速度。

回归测试需要做的事情如下。

- **文档审查**。审查测试过程记录和文档，确保测试的准确性和完整性。
- **团队讨论和共识**。测试团队需要与开发团队、质量保证团队、产品管理团队等讨论回归测试的方案，共同评估测试结果。考虑不同角度的意见和反馈。
- **制定后续行动计划**。如果测试未通过，继续分析问题根因，重新指定回归测试计划，预留好测试资源。如果测试通过，项目继续按照计划开展。

在整个评审过程中，重要的是使用科学的评估方法，确保测试结果的正确性。此外，根据不同类型的 SSD 产品，考虑其应用场景的差异，测试评审的具体标准和过程可能会有所不同，测试人员需要适时调整回归测试的方法。

2.5.2 遗留问题的跟踪与闭环

测试过程中发现的缺陷，有时并不是 100% 都能解决，未解决的缺陷称为遗留问题，对于遗留问题应该坦诚地和客户沟通，为客户提供遗留问题清单，并给出每个问题的严重程度评估，原则上不能有严重级别问题。

客户接受了该版本，并不意味着这些遗留问题不需要被处理，应该建立跟踪机制，不断推动遗留问题的解决，并将解决进展定期同步给客户。每解决掉一个遗留问题，就可以将相应的问题单关闭，业内称之为问题单闭环。

在处理遗留问题的过程中，测试团队需要和研发团队、产品团队、市场团队进行沟通协作，甚至直接面对客户。无论和谁合作，都要做到"凡事有交代，件件有着落，事事有回音"。

如何处理遗留问题？以下是一些建议。

- **记录和归档**：确保所有遗留问题都被详细记录在问题单跟踪系统中，如 JIRA、Confluence、飞书系统或其他类似的工具，这些工具也可以被集成到测试自动化系统中，记录的内容包括问题的描述、影响范围、重现步骤、测试环境等详细信息。
- **优先级评估**：对遗留问题进行优先级排序，基于它们的严重性、影响范围和对用户的影响进行评估。
- **分配责任**：将问题分配给相应的团队或个人进行处理。责任分配应考虑技术专长和资源可用性。
- **定期审查和更新**：定期审查遗留问题的状态和进展。可以通过定期会议或使用跟踪工具的报告功能来实现。确保所有参与者对遗留问题的最新状态有清晰的了解。
- **沟通和协调**：保持团队成员之间的有效沟通，确保所有相关方都了解问题的状态和影响。如果需要，协调跨部门或跨团队的努力来解决问题。
- **制定和实施行动计划**：对于每个问题，制定明确的行动计划。这可能包括对代码的修改、对配置的更改、额外的测试或其他修正措施。实施这些解决方案，并跟踪其影响。
- **回归测试和验证**：如果研发认为问题已被解决，测试就负责进行回归测试，以验证解决方案的有效性。确保问题真正被解决，以及解决后没有引入新的问题。

- **更新文档和知识库**：更新相关的文档和知识库，包括问题解决过程记录文档和回归测试新增脚本设计文档。分享解决问题的经验和教训，以帮助团队成员学习和成长。
- **风险管理和影响评估**：对于长期未解决的问题，进行风险评估，与利益相关者沟通这些风险，并寻求他们的建议和支持。
- **持续监控**：即使问题已被解决，也需要持续监控，确保不再次出现。

通过这些步骤，可以确保对遗留问题进行有效跟踪和处理，最大限度地减少它们对产品质量和客户满意度的影响。重要的是要保持透明和持续沟通，并在必要时调整策略以应对挑战。

SSD 测试管理

SSD 属于嵌入式产品。在 SSD 测试的过程中，测试团队与固件开发团队的工作配合最为紧密，甚至有些"相爱相杀"。作为测试团队，如何管理好与固件开发团队的合作关系，更好地服务项目，是一个重要的话题。这部分内容将在 3.1 节探讨。

测试自动化是提升测试效率的重要手段。良好的自动化测试水平，可以倍增测试效率。SSD 的测试往往是规模化的，测试中成百上千的测试平台和 SSD 盘片的管理都需要自动化的助力。3.2 节将会探讨如何使用自动化工具帮助进行 SSD 测试。

任何产品都会涉及生命周期的维护，SSD 也不例外。3.3 节将从测试的角度介绍如何对 SSD 进行生命周期维护管理。

3.1 测试与固件的分工与合作

SSD 测试的版本来自固件，固件如果不能按时发布版本会导致 SSD 测试计划被打乱。在 SSD 测试的过程中发现的异常结果，经过测试初步分析，如果怀疑是固件问题，测试团队会给固件开发团队提交问题单。每个问题单代表一个测出的问题。当然，测出的问题不仅包括固件问题，还有其他领域的问题，但是在 SSD 产品中固件问题的比例往往最高。如果以固件为代表的研发团队解决问题太慢，版本质量迟迟无法收敛，会导致下一个版本的发布时间延迟，从而影响整个项目的进展。

同样，如果测试资源准备不充分，例如测试脚本开发没有提前完成、平台准备数量不够、测试人力紧张等，也会影响测试按计划开展，最终影响的也是整个项目的进展。

关于测试团队与固件开发团队该如何合作，以下是一些策略和建议。

3.1.1　明确角色和责任

在 SSD 产品的研发项目中，测试团队和固件开发团队各自承担着不同的角色和职责。

1. 固件开发团队

固件开发团队负责设计、开发和实现固件。固件是在 SSD 主控芯片中运行的嵌入式软件，用于控制和管理 SSD 的运行，包括与主机的交互、与 NAND 的交互、对 FTL 映射表的管理、各类错误处理等。

固件开发团队的主要职责如下。

- **需求分析**：根据 SSD 规格书整理开发需求，将这些需求转化为具体的固件功能。
- **设计与开发**：设计固件架构和接口，编写和实现固件代码，确保固件能够实现所需功能。
- **调试与优化**：调试固件，优化性能和可靠性，确保 SSD 稳定运行。
- **文档编写**：编写开发文档，包括固件详细设计文档和测试接口文档等。
- **协作与沟通**：与硬件和测试团队紧密合作，共同确保产品的整体质量。

2. 测试团队

测试团队负责对 SSD 进行测试，以确保其符合产品规格，包括硬件测试、固件测试等。其中针对固件测试的比例较大，约占测试总工作量的 80% 以上。

测试团队的主要职责如下。

- **测试计划**：确定测试策略，制订详细的测试计划，比如将一些关键的时间点需要完成的测试用例以时间表的形式展现出来。
- **测试执行**：执行测试计划。
- **问题记录**：记录测试过程中发现的问题，包括性能、功耗、可靠性、兼容性、协议等问题，提交问题单。
- **反馈与报告**：向固件开发团队提供测试反馈，报告测试发现的问题。
- **回归测试**：在固件更新后进行回归测试，确保新版本解决掉发现的问题且没有引入新的问题。

3. 团队协作重点

固件开发团队和测试团队需要彼此配合才能完成测试工作，具体需做到以下两点。

- **沟通与反馈**：两个团队之间需要保持密切的沟通，及时交换信息和反馈，测试针对发现的问题及时提单，不要积累多个问题后再提，对于严重问题，需要保留好现场。
- **树立共同目标**：两个团队虽然职责不同，但共享同一目标，即开发出高品质的 SSD 产品。

通过明确角色和职责,可以促进固件和测试两个团队之间的有效合作,确保项目的顺利开展。

3.1.2 建立沟通机制

在固件和测试团队之间建立有效的沟通机制,有利于团队之间的信息流通和问题解决。以下是一些创建沟通机制的策略。

- **定期召开会议**。安排定期的项目会议,如日会、周会、月会等,两个团队的相关人员都要参加,以确保两个团队都在同一信息层面上。这些会议应该简短且具有针对性,聚焦于进度更新、问题讨论和解决方案的探讨。会议尽量高效简短,个别专项问题可以组织专项会议,避免开大会、开长会。

- **使用相同的项目管理工具**。使用相同的项目管理工具(如 JIRA、飞书)来跟踪任务、问题和进度,有助于建立高效的反馈机制。确保两个团队都能访问并更新这些工具,以促进透明度和团队的责任感。有时候用文字表达信息更为准确和高效,通过文字做好详细的问题解决记录,便于后期复盘检查。

- **构建高效的即时沟通渠道**。建立清晰的即时沟通渠道,如电子邮件群组、即时通信群组(如企业微信、钉钉、飞书等),确保信息快速传递。但是对于紧急或关键信息,建议使用电话沟通或面对面交谈。

- **文档和知识库共享**。创建和维护一个共享的文档库,其中包括测试设计文档、固件设计文档、行业标准规范、测试计划和结果报告等。使用飞书、Confluence、共享空间等方法来放置这些文档,以方便团队成员访问和更新这些文档。

- **组建跨团队工作小组**。创建跨团队工作小组,为项目设立固件开发代表和测试代表。涉及两个部门的协作事务由这两个代表沟通对齐。这有助于促进两个团队之间的协作,并加深对彼此工作的理解。

- **反馈机制和问题解决流程**。建立一个正式的反馈机制,允许团队成员就项目进展、遇到的问题及合作方式提出意见。定期审查这些反馈,以改进流程和沟通方式。建立清晰的问题解决和决策流程,以便快速响应和处理跨团队的问题。在出现分歧时,使用事先约定的机制来达成共识。

- **制定共同的目标和指标**。定义共同的目标和关键指标,以确保两个团队都朝着相同的方向努力。这有助于创建团队之间的共同责任感。共同的指标体现在,对于每一个测试用例,双方都清楚通过的标准。对固件开发的工作量及工作内容,评估出基本的测试用例规模,并在此测试用例规模下确定缺陷数量范围。对于这些,在正式实施测试前,双方应该能达成共识。两个团队都要清楚项目的总体目标和里程碑。测试团队要了解固件开发团队的特性开发计划,固件开发团队要了解测试团队的执行计划。双方都要清楚在计划的关键节点要交付哪些功能特性,在该关键节点前固件开发团队要完成相应的开发工作，测试团队要完成与这些功能特性对应的测试用例的开发及测试环境的准备。

- **透明度和诚实**。鼓励开放和诚实的沟通文化。当存在问题或错误时，团队成员应能够第一时间获取详细的信息，并自由地表达和讨论，而不是隐藏或忽视它们。定期进行项目会议，固件开发团队和测试团队都要参加，要坦诚地把问题暴露出来，开诚布公地讨论，借此识别改进点并确定改进措施。在组织内部，要鼓励开放和诚实地反馈，这是能够持续改进团队协作的基础。

- **定期举办培训和团队建设活动**。常见的活动包括固件实现方案及测试方案的讲解，目的是增强固件和测试团队之间的相互理解；固件及测试团队内部的串讲与反串讲，目的是增强团队内部不同岗位之间的技能拓展。重要的岗位需要培养替代人员。

- **集成和持续部署**。持续集成（Continuous Integration，CI）负责支持固件开发人员频繁地（一天多次）将代码集成到主干。持续集成强调开发人员提交新代码之后，测试人员立刻进行构建、测试。根据测试结果，可以确定新代码和原有代码能否正确地集成在一起。SSD 产品的功能特性多、代码规模大，实施 CI 有助于确保 SSD 固件的新版本能够快速并且频繁地进行测试，提升代码上库质量。SSD 产品的 CI 测试应遵循以下逻辑。

  - ➢ **时限性**：持续集成需要在规定的时间内完成 CI 用例的执行，因此 CI 用例不能选择那些需要长期测试的用例。一般一次 CI 的完成为几个小时，这样晚上上库的代码在第二天上班前就可以看到 CI 的执行结果。

  - ➢ **重点性**：SSD 的测试用例很多，CI 测试时间有限，无法覆盖所有测试用例，可以挑选部分重要的测试用例来执行。SSD 的重点测试用例覆盖性能、功耗、功能性、兼容性和可靠性等各个领域，每个领域可以选择 10 ~ 20 个测试用例进行测试。由于兼容性和可靠性的测试用例执行时间较长，可以对测试用例时长进行压缩，比如原先异常掉电要求 1 000 次，CI 测试可以缩减到 200 次，这样保证几个小时可以完成测试。

  - ➢ **针对性**：针对近期上库的修改点，有针对性地选择相关测试用例进行覆盖。例如，固件在进版中解决了性能缺陷，那么就要着重对性能测试用例进行覆盖。如果固件在进版说明中描述的解决方式是"调整垃圾回收的策略"，那么也需要覆盖垃圾回收场景的相关测试用例。

  - ➢ **循环性**：针对非重点测试用例，可以分批定期循环覆盖，保证一个大周期内，比如一个月，完成所有测试用例的循环覆盖。

通过这些机制，可以确保固件与测试两个团队间有效地沟通和协作，提高项目开展的整体效率和质量。建立良好的合作关系不是一蹴而就的，而是需要时间的打磨和持续的努力。

通过上述策略，提高了两个团队合作的顺畅性，提升了工作效率，帮助实现 SSD 产品开发及测试目标。

3.1.3　串讲与反串讲

串讲是一个重要的质量活动，它允许团队成员分享他们的工作，获取反馈，并确保项目各方面协调一致。对于固件与测试团队来说，进行有效串讲有助于确保两个团队对同一个特性或者功能的固件及测试方案有一致的认知，提升固件开发及测试的质量和效率。

以下是进行串讲的步骤和建议。

1. 准备阶段

这个阶段需要重点做以下工作。

- **定义目标和范围**：明确串讲的目标和需要串讲的内容，可以先从重要的讲起，串讲的内容不仅可以包括技术方案，也可以包括流程和标准。
- **资料准备**：固件开发团队需要准备详细的设计文档，包括代码架构图、流程图、重要接口定义、测试接口定义（比如 VU 命令）等。测试团队则应准备测试策略、测试标准、测试环境的介绍资料，并提供初步的测试计划。
- **参与者邀请**：确保所有相关的团队成员都被邀请参加，包括固件工程师、测试工程师和项目管理人员等。

2. 串讲实施

串讲是双向的，包括固件开发团队给测试团队的串讲，以及测试团队给固件开发团队的串讲。当然每个团队内部不同成员之间也可以串讲。SSD 测试与固件开发团队之间的串讲内容建议包括以下几个方面。

- **固件方案**：固件开发团队介绍固件设计方案，优先介绍关键模块和关键流程，如读写流程、垃圾回收、映射表管理、上下电管理、错误处理、测试接口、管理接口、各类查询功能等。
- **测试标准**：测试团队介绍测试标准，包括一些主要测试用例的测试逻辑及测试步骤，覆盖哪些测试场景，每个用例的通过标准是什么。
- **问题和建议**：在串讲的过程中，所有参与者都可以提出问题，讨论潜在的风险，并提出改进建议。将会议记录整理成文档，并分发给所有参与者和工作相关者。
- **记录反馈**：串讲中的所有反馈、问题和行动项都应详细记录，以便后续跟进。
串讲做得好，除了可以提升团队成员的技术水平，还可以促进团队间的互动和沟通。

3. 后续行动

后续行动主要包括以下两条。

- **制定行动计划**：针对会议中提出的问题和建议，制订详细的行动计划，包括负责人和完成期限。

- **执行和跟踪**：各责任人根据行动计划执行改进措施，并定期汇报改进进展。项目管理人员负责跟踪这些行动项的完成情况。

串讲不仅是一个技术分享的过程，还是团队建设和知识共享的重要机会。通过有效的串讲，固件开发与测试团队可以更紧密地合作，共同推进项目成功。

3.1.4　测试标准意见一致

固件开发与测试两个团队对测试标准达成一致是确保产品质量和项目成功的关键。下面提供一些方法帮助这两个团队在测试标准上达成共识。

- **共同参与测试标准的制定**。在项目初期，邀请固件开发和测试团队的关键成员共同参与测试标准的制定过程。这有助于确保测试标准既符合固件的实际情况，也满足测试质量保证的基线要求。
- **充分理解产品需求和目标**。确保两个团队都充分理解产品需求和项目目标。要实现这个目标，两个团队应共同参与规格书的制定，并根据规格书进行测试需求和开发需求的分解等工作，以便在该过程中自然形成共识，从而在测试标准的制定上拥有共同的出发点和目标。
- **进行需求和风险评估**。确定哪些功能和性能指标是最重要的，以及哪些领域可能存在最大的风险。针对识别出的风险，优先制定相应的测试标准。
- **采用行业标准作为参考**。参考行业标准和最佳实践来制定测试标准，如前文提到的 JESD 218、JESD 219 等，以及一些业内客户的 SSD 导入标准等。
- **制定迭代和反馈机制**。制定迭代和反馈机制，允许测试标准在项目进展中进行调整，这样可以保持测试标准的灵活性和适应性。在调整时，需要开正式的评审会议，说明清楚标准改动的原因，必要的情况下可以与客户测试部门也进行相应的沟通，避免因标准不一致而导致的后续分歧。
- **对测试用例和测试标准进行验证**。在制定测试标准的初期阶段，需要对测试用例进行测试验证，然后基于验证结果调整标准。对测试用例的验证可以帮助两个团队基于实际数据而非假设来达成一致。当两个团队对测试标准有分歧时，也可以通过理论分析和竞品对比两种方法来解决分歧。
- **测试标准文档化**。双方的测试标准一旦达成一致，则将测试标准的详细信息文档化，并确保所有相关团队成员都能访问这些文档。
- **相互尊重和理解**。培养一种文化，各自的团队成员尊重并理解对方的观点和挑战。这有助于在面对分歧时找到共同点解决分歧。

3.1.5　测试如何协同固件进行问题定位

测试团队的工作不仅是测试执行，还包括测试开发和问题定位。如果测试人员仅把自己定义为测试执行人员，测出问题后丢给固件开发团队去分析，那就把测试岗位的定位拉低了。合格的测试人员，不仅能设计测试用例、写脚本、执行测试，还应该能在测试失败时，定位故障原因，判断是缺陷问题导致的失败，还是其他问题导致的测试失败。测试参与问题定位的深度，不仅影响测试的最终效果，也影响后续固件的有效投入，这些最终都体现在组织效率上。

测试工程师参与问题定位的重点包括以下几个方面。

1. 日志收集与分析

日志对于分析解决问题非常重要，往往是处理问题的第一步。收集日志时，问题发生的现场最好被保留，以便进一步用交互指令搜集一些现场信息。收集日志的方法主要包括以下几个。

1）**了解日志类型**：首先，需要了解 SSD 的日志类型，包括但不限于固件日志、错误日志、主机日志、脚本日志等。

2）**使用专业工具**：使用专业的 SSD 测试和日志收集工具，例如，通过 nvme cli 工具帮助获取 SSD 日志，常用的几个列在下面：

- nvme smart-log /dev/nvme0n1 查看设备 smart log 信息。
- nvme error-log /dev/nvme0n1 查看设备 error 信息。
- nvme get-log /dev/nvme0n1 -i x -l 512 查看设备 log id 为 x 的对应的日志信息，显示 512 字节。

3）**命令行工具**：利用操作系统提供的命令行工具进行日志收集。例如，在 Linux 系统中，可以使用 dmesg 命令查看内核日志，也可以使用 SSD 厂商提供的工具查看。

4）**设置日志级别**：在测试过程中，设置合适的日志级别以确保收集到足够的信息。不同的日志级别代表日志信息详细程度的不同，例如可以设置为"Debug"级别以获取更详细的日志。对于关键日志，无论遇到何种情况，都不能丢失，比如企业级 SSD 的关键日志会在 NOR 闪存或 NAND 闪存中开辟一个专用空间存放，无论掉电或是其他异常场景，这部分日志都不会丢失。

5）**自动化日志收集**：编写自动化脚本或工具来定期收集日志，这样可以减少人工投入，提高效率。在 Debug 阶段，可以接串口到 SSD，实时打印信息都通过串口上传到 PC 显示；如果不具备串口条件，也可以将这些日志保存在 NAND 中，测试结束后导出，这些日志对于固件分析问题很有帮助。需要保证无论用哪种方式获取日志，日志信息的内容都应该是一致的。

6）**存储和备份**：确保收集到的日志被存储，并进行定期备份，以防数据丢失。对于一般日志，可以在 SSD 的内存中开辟两个缓冲区，其中一个缓冲区写满后就切换到另一个，被写满的缓冲区中的日志下刷到 NAND 中，两个缓冲区循环往复。只要 FW 还可以继续运行，在出现测试 FAIL 后，就可以将这两个缓冲区及 NAND 中的日志导出，缓冲区的日志是最临近问题发生时间点的日志。

　　7）**分析日志**：分析日志，识别问题并上报。

　　8）**提单跟踪**：测试工程师负责记录发现的问题并提单跟踪，把日志信息、测试平台信息、初步的分析结果也都记录在问题单中。问题单成为测试与固件就某个缺陷问题进行沟通的重要方式。

　　9）**持续更新**：持续记录问题分析和解决过程中的有用信息，比如使用某个 Debug 版本进行测试的信息。在问题单上持续更新这些信息，让测试与固件团队都能用最新的信息分析问题，避免信息误差。

2. 问题复现

通过日志分析及现场查看，完成对问题的初步分析，形成初步的定位方向。测试人员结合定位方向，构造出该问题的场景和出现条件，加快问题复现。在验证的实现过程中，需要测试工程师搭建复现环境，开发复现脚本，构造复现场景。一般来说，越容易复现的问题就越容易解决。

加快问题复现的常见方法如下。

- **模拟复现条件**。有的问题存在于特定的条件下，只需要模拟出现问题的条件即可复现。对于依赖外部输入条件的，如果条件比较复杂难以模拟，可以考虑在固件中通过命令触发的方式进入对应状态。比如 SSD 的某个异常和坏块处理相关，那么可以在测试场景下通过固件提供的测试接口人为注入坏块，使得 SSD 更快地进入想要的业务场景。
- **提高相关任务的执行频率**。某个任务长时间运行才出现异常的，则可以通过提高该任务执行频率的方式加快复现问题。以 SSD 异常掉电为例，可以通过缩小两次掉电的时间间隔来加快复现。
- **增大测试样本量**。程序长时间运行后出现异常，问题难以复现的，可以搭建多套同样的测试环境同时进行测试。加大样本量是最有效的复现方法。假如某个 SSD 问题 5 天出现一次，那么可以用 5 块盘并行测试，理论上每天就会复现一次该问题。

3. 问题定位

问题定位的常用方法如下。

- **打印 LOG**。这是对现场已经收集到的日志的补充，固件需要根据问题的现象，出一个 Debug 版本，在 Debug 版本中抱有疑问的代码处增加日志打印信息，以此来追踪程序执行流程及关键变量的值，观察是否与预期相符。
- **在线调试**。在线调试可以起到和打印日志类似的作用，另外此方法特别适合排查程序崩溃类的 bug。当程序陷入异常中断的时候可以直接停住，供调试者查看 call stack 及主控内核寄存器的值，快速定位问题点。

- **版本回退**。对于怀疑是由于后续代码修改而新引入的问题，可以采用回退版本并测试验证的方法来定位首次引入该问题的版本。定位后可以围绕该版本增改的代码进行分析。
- **二分注释**。以类似二分查找法的方式注释掉部分代码，以此判断问题是否是由注释掉的这部分代码引起的。具体方法为将与问题不相干的部分代码注释掉一半，看问题是否已经解决，未解决则注释另一半，已解决则继续将注释范围缩小一半，依此类推逐渐缩小问题的范围。二分注释法需要固件和测试配合才能完成。
- **保存内核寄存器快照**。内核陷入异常中断时会将几个内核寄存器的值保留，从中可以得知当时执行的函数及变量是否异常。

3.1.6　客诉问题的处理

已经交付给客户量产的 SSD，出现量产问题或终端客户问题后，客户首先找到的是 FAE（现场应用工程师）。FAE 负责将问题登记到问题单管理系统。如果 FAE 无法解决问题，则将信息传递给 CQE（客户质量工程师）和 AE（应用工程师）。AE 负责问题原因的初步定位，以便于将问题分配给相关的研发团队进行进一步的定位。CQE 和 FAE 会一直跟踪问题处理的全流程，直至问题闭环。

客户反馈问题的常见处理流程如图 3-1 所示，每个组织的客户问题处理流程上会有些许差异，此案例只用于帮助读者理解客户问题处理的大致流程。

客户问题首先反馈给 FAE，FAE 如果没有能力解决，再将信息转给内部的 AE 和 CQE。三个角色的概念如下。

- **AE**：负责协助客户解决技术问题并提供技术支持。
- **FAE**：常驻客户端或区域市场，帮助客户快速高效地使用公司的产品，工作内容包括解答客户在产品应用方面的疑问、在客户现场调试产品、处理客户遇到的技术问题等。
- **CQE**：主要负责与客户沟通协调，确保产品或服务满足客户的质量标准和期望。

AE 通过分析给出客户问题的定位方向，比如硬件问题、固件问题、NAND 问题、主控问题等，拉相关领域的技术人员一起定位问题的根因。问题定位清楚后，由研发修改设计并重新发布版本（如固件改动、硬件改动、NAND 算法改动等）进行测试。如果测试通过，则将结果告知 FAE、AE、CQE、研发、PM 等相关人员。由 CQE 组织编写客户问题说明报告（比如 8D 报告），给客户进行汇报，推动客户进行版本升级。如果客户要对新的版本进行导入验证测试，那么需要 FAE 配合，直至客户导入测试成功。

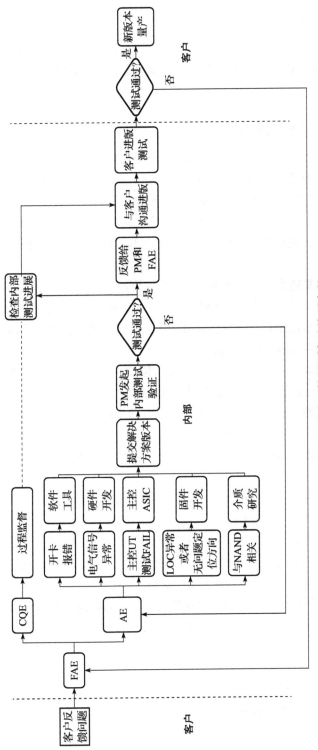

图 3-1　客户反馈问题常见处理流程

3.2　测试自动化

SSD 测试自动化主要包括哪些内容呢？本节将对测试自动化的意义、测试平台管理、测试 SSD 盘片管理、测试资源自动化调度、测试问题单管理、持续集成自动化进行介绍。

3.2.1　测试自动化的意义

SSD 测试自动化的意义主要体现在以下几个方面。

- **提高测试效率**：通过自动化系统自动执行脚本，并获取脚本执行结果，对出现的问题自动搜集日志，并自动提单，大大节约了人力，显著提高了测试效率。
- **降低成本**：虽然初期的自动化测试可能需要一定的投入，但随着测试的不断迭代，自动化的长期成本会降低，因为自动化测试减少了对人工的依赖，从而降低了人力成本。
- **提高测试覆盖率**：自动化测试可以并发执行大量测试用例，覆盖更广泛的测试场景，在同样的时间内覆盖的用例更多，这在人工测试中很难实现。
- **提高测试准确性**：自动化测试减少了人为错误的可能性，可以更准确地重复测试用例，确保测试结果的一致性。
- **支持持续集成**：自动化测试系统可以与 CI（持续集成）集成在一起，使得每次代码提交后都能快速进行测试，及时发现问题。
- **便于测试结果分析**：自动化测试可以自动生成测试报告中的一些固定内容，便于测试和研发人员分析和追踪问题。
- **减少人为因素影响**：自动化测试通过固定的流程和脚本执行，减少了人为因素对测试结果的影响。
- **长期维护和支持**：自动化测试可以持续进行新版本的回归测试，确保产品在使用新版本后依然保持高质量。
- **促进技术创新**：基于自动化测试平台，可以快速地引入新的测试方法及测试工具，比如 PyNVMe 可以被集成到自动化测试系统当中，帮助测试团队快速搭建自己的测试场景，推动测试新技术新方法的落地。

测试自动化是确保产品质量、提高研发效率、降低成本和适应市场快速变化的重要手段。通过自动化测试，可以更好地评估 SSD 的综合表现，为产品发布、导入、量产的决策提供有力的支持。

3.2.2　测试平台管理

SSD 测试平台一般是规模化的，少则几十台上百台，多则上千台。测试平台不仅包括平台硬件，还包括运行在上面的操作系统、测试软件、测试脚本、自动化软件等。

1. 测试资源管理

测试平台是重要的测试资源，可以采用自动化工具对其进行管理。在自动化系统中，需要实现的资源管理功能主要包括以下几个。

- **资源清单**：在自动化系统中维护一个测试资源清单，包括 SSD 测试盘片、测试平台、专项测试设备（比如 Intel RVP、IOL、ULINK、PyNVMe 等）的详细清单。以测试平台为例，维护的信息包括平台的添置时间、配置信息、摆放位置、编号、测试能力（比如能够进行协议测试、性能测试、功耗测试、上下电测试）等。
- **资源调度**：在自动化系统中实现测试资源调度，比如某个测试项目需要占用哪些测试平台，每个 SSD 被分配到哪个测试平台进行测试，每个平台测试哪些测试用例等。通过资源调度，确保测试资源的有效分配，避免冲突和资源浪费。
- **维护和升级**：自动化系统可以拥有平台健康度检查功能，用于检查和维护测试平台，确保其处于良好状态。对于不健康的测试平台，制订升级更换计划，迭代为新平台以适应新的测试需求。

2. 测试软件管理

测试软件的管理主要从以下两个方面展开。

- **自动化调度**：将自动化系统和测试软件进行适配，确保自动化系统可以主动发起软件的执行。这是自动化测试的基础需求。测试软件包括开卡工具、商业软件、开源工具、自研工具等。
- **版本控制**：使用自动化系统对测试软件的版本进行控制，切换不同的版本进行测试，比如 CDM 5/6/7/8、PCMark 8/10/Vantage、Windows 7/8/10/11 等。

3. 测试计划

可以在自动化系统中制订测试计划，配置如下信息：在哪些平台测试、每个平台布置的 SSD、固件的版本及取放路径、开卡工具的版本及取放路径、测试哪些测试用例、每个用例的通过标准、执行循环的次数等。测试计划配置完成后，启动自动化测试。

4. 测试结果分析

通过自动化测试系统对测试结果进行分析，主要包括以下两个方面。

- **执行监控**：通过自动化系统对测试执行的过程进行监控，及时捕捉出现的异常和错误。
- **结果分析**：对测试结果进行分析，识别问题。对于批量测试，自动化测试工具有助于加快结果分析。

针对测试平台所反馈出的测试结果，还要进行数据管理，做到持续改进。

1）**数据管理**，涉及如下三个方面。

- **结果存储**：确保测试结果被安全存储，且便于访问和分析。可以布置一个专门的测试服务器，用于布置自动化管理系统和存储测试结果及日志。

- **数据分析**：使用自动化测试系统中的数据分析功能提取测试结果中有价值的信息，比如统计平台的利用率，分析哪些平台容易测出问题、哪些用例容易测试出问题等。根据这些统计数据，测试人员可以决策淘汰或减少测不出问题的用例，增加容易测出问题的平台，调整测试策略等。用数据支撑管理决策。
- **历史记录**：保留测试历史记录，用于测试质量趋势分析和长期测试质量评估。

2）持续改进：建立反馈机制，定期回顾测试流程和结果，识别改进的机会，使自动化测试系统不断演进，以适应测试的需求。关注新的测试技术和工具，不断更新自动化测试系统。

通过自动化测试管理 SSD 测试资源，可以确保 SSD 测试资源的合理调度和高效运行，提高测试的准确性和可靠性，从而为输出高质量的 SSD 产品提供支持。

3.2.3　测试 SSD 盘片管理

每个平台都要测试 SSD。以消费级 SSD 为例，如果系统盘和数据盘都用在研的 SSD，那么每个平台需要 2 片盘。企业级 SSD 的需求量更大，因为每个服务器可以插入多块盘。上文提到过，SSD 的测试是规模化的批量测试，因此 SSD 盘片的需求数量比平台数量还要多。这就需要使用自动化系统将 SSD 管理起来，具体管理涉及 SSD 的跟踪、使用状态搜集、性能监控和数据安全等多个方面。

通过自动化测试系统管理 SSD 的主要功能如下。

1. 跟踪和记录

为每个 SSD 分配一个唯一标识符，并在资产管理数据库中建立一个条目来记录每个 SSD 的详细信息，包括型号、序列号、投入日期、颗粒类型、NAND 贴片方式和容量等。

记录每个 SSD 的使用历史，包括被哪个项目或测试用例使用、使用的时间段、测试类型等。通过这些信息可以估计 SSD 的寿命与磨损情况（重新开卡后可能会导致 SSD 的 PE（循环次数）记录丢失，但是可以通过自动化系统进行累计统计）。在测试测出问题时，可以查看该 SSD 盘片的历史信息，找到该盘测出过哪些缺陷问题。在一个测试项目中，每个容量的 SSD 应该测多少片，每个厂家标准不一，例如消费级一般每个容量测试 20 片，OEM 消费级每个容量测试 50 片，企业级每个容量测试 100 片。如果做 RDT 可靠性测试，那么测试盘片的数量可以根据 JESD 218 进行测算，比如常见的是 200 片盘测试 1 008 个小时。

2. 性能和健康监控

如果需要在不同的 PE 磨损情况下对 SSD 进行性能测试，测试期间监控 SSD 读写速度及其他关键性能指标（例如小 IO 的时延）。可以在自动化系统里预先配置好测试策略，达到目标 PE 时自动执行该测试。

自动化测试系统定期调用 SMART 工具或其他专业软件，检查 SSD 的健康状态，包括可用寿命、错误计数、温度等，把这些信息保存在 SSD 的测试记录中。这些记录都可能成为未来该 SSD 被测出问题时分析原因的基础数据。

3. 测试分配
根据测试计划，合理分配 SSD 盘片，优先保证关键测试项的需求。

4. 数据清理
在 SSD 从一个测试项目转移到另一个测试项目之前，应进行彻底的数据清理和格式化，以避免数据残留和交叉污染，常见的操作是 SE（安全擦除）。

5. 维修和更换
- **故障跟踪**：记录和跟踪 SSD 的故障情况，及时进行维修或更换。
- **淘汰策略**：对于性能下降严重或 PE 已达到使用寿命的 SSD，制定淘汰策略，安排替换。

6. 使用报告
在测试完成后，生成 SSD 使用情况报告，内容包括该 SSD 测试开始和结束时的 SMART 信息、健康状态、测出的问题等。

3.2.4　测试资源自动化调度

在 SSD 测试过程中实现 SSD 及测试平台资源的自动化调度，可以大大提高测试效率和资源利用率。以下是实施自动化调度的关键技术。
- **建立资源数据库**：创建一个测试数据库，记录所有 SSD 硬盘和测试平台资源的详细信息，包括硬盘的型号、容量、性能指标、使用历史，以及测试平台的配置、状态和可用性。该数据库应支持实时更新，以反映资源最新的状态。相关内容在上文平台管理和 SSD 盘片管理章节中已有提及。
- **自动化测试调度系统**：自动化测试工具可以根据测试需求自动分配 SSD 和测试平台资源。测试人员可以在自动化系统中输入要测的平台数量、SSD 数量、要覆盖的用例范围等信息。系统根据这些信息自动搜集并给出哪些平台资源可以释放给该测试。在分配测试平台时，自动化系统会考虑每个平台的测试能力，分配测试用例到适合的平台进行测试。测试执行人员按照自动化系统分配好的信息把待测 SSD 部署到对应的平台。自动化系统还可以进行批量开卡，开卡工具和固件版本被放置在指定位置。
- **CI 工具**：自动化测试系统可以与 CI 结合，实现 CI 任务的自动分发、执行和监控。
- **实现资源预订和队列机制**：在自动化测试系统中实现资源预订和队列机制，允许测试任务根据优先级和资源需求排队等待。队列机制应灵活，支持紧急任务的优先处理和常规任务的智能排期。

- **动态资源分配和回收**：自动化测试系统需要能够在测试任务开始时动态分配资源，并在测试完成后自动回收资源，以供其他测试任务使用，确保资源不会闲置。
- **自动化错误处理和恢复**：在资源调度系统中实现自动化的错误处理功能，以应对测试过程中可能出现的各类异常，比如硬件故障、日志报错、启动失败等。发生异常后，自动化系统可以主动下发 DFX 命令搜集必要的信息，供测试和研发人员判断。对每类异常，自动化系统可以自主做出决策，比如继续执行下一个测试、停止测试等，避免一些非重要故障打断测试。
- **用户界面**：自动化测试系统应有用户交互界面，允许测试工程师利用该界面提交测试任务、查询资源状态、调整任务优先级、配置自动化策略等。

3.2.5 测试问题单管理

在 SSD 测试中，难免会有一些测试用例测试的结果是失败的，导致失败的原因可能是固件问题、硬件问题、脚本问题、环境问题、兼容性问题等。进行有效的问题单提交和管理至关重要，应确保所有发现的问题都能被追踪、分析和解决。

自动化测试系统针对问题单管理可以提供的主要功能如下。

1. 问题单提交
问题单提交涉及以下几个方面的问题。

- **自动化提交**：当测试失败时自动收集必要的日志、错误代码和系统状态，然后生成并提交问题单。
- **详细信息**：确保每个问题单包含足够的信息，如失败的测试用例名称、失败时间、测试环境信息、日志文件及任何与问题描述相关的屏幕截图等。
- **分类和优先级**：对问题进行分类（如硬件问题、软件 bug、性能问题等），并指定问题单优先级。

2. 问题单管理
使用问题跟踪系统（如 JIRA、Bugzilla 等）来管理所有提交的问题单可以确保问题不会遗漏，并能够跟踪问题的状态和进展。创建问题单可以通过自动化系统进行，当测试中发生错误和异常时，停止测试并保留现场，然后自动创建问题单并放到问题单跟踪系统，这需要自动化测试系统与问题单跟踪系统做好数据接口。自动创建问题单也可以节省测试人员的时间，问题单中的一些基础信息可以被自动化系统自动填充，比如平台位置、用例描述、错误日志、固件版本等。测试人员只需要再补充一些需要人工添加的信息，比如现场查看的结果、人工搜集的信息等，并检查问题单确认完整无误后，点击提交，此时问题单被正式提交，问题单的通知信息会以邮件或者即时通信软件的形式自动发送给相关人员。问题单处理人应定期更新问题单状态，比如问题单对应平台的占用情况，对于超过一定时间不更新信息的平台可由自动化系统主动强制回收平台。自动化系统可以从问题单处理人的角度统计每个人的 Debug 平台及时释放情况，这给考评者提供了数据依据。管理人员可与经常不及时释放平台的人员进行重点沟通。

3. Debug 测试与回归测试

对于每个发现的问题，尝试确定根本原因的过程中可能涉及额外的 Debug 测试，用于搜集一些有用的信息。一旦找到解决方案，立即实施修复措施，并通过回归测试验证修复效果。Debug 测试和回归测试也可以通过自动化测试系统去执行。

4. 过程报告和回顾

过程报告是通过自动化测试系统定期生成的某个测试项目的情况报告，包括新发现的问题、已解决的问题和未解决的问题、总体测试进展、测试覆盖度等。这有助于管理层和团队成员了解项目测试的总体进度和存在的风险。根据报告中体现的问题，需要定期召开问题单回顾会议，讨论解决过程中的难题、成功的案例和改进的机会。

5. 持续改进

持续改进问题单管理流程，包括问题单的提交、处理和报告流程，改进点需在自动化系统中做适应性修改和适配。

自动化测试系统的这些功能，可以确保 SSD 测试过程中发现的问题得到有效的管理和解决，从而提升产品质量和测试效率。

3.2.6　持续集成自动化

在 SSD 固件开发的过程中，不同的固件开发人员需要将自己开发的新代码提交到代码仓库。每个固件开发人员可能在本地测试没有问题，但是一旦上库到主干，和其他开发者的新增开发代码合并在一起后就会出现问题。这就需要通过集成测试去把关。

在开发阶段，每天可能会发生多次代码集成。当工程规模、参与开发的固件人员数量、测试平台规模、集成频率达到一定程度时，通过手动集成测试将不再可行，这时需要通过 CI 自动化解决该问题。在 CI 自动化系统中，取版本、编译、发布测试、搜集结果、反馈结果等功能都被自动执行，提升了集成测试的效率。

1. 持续集成工具 Jenkins

目前业内常用的 CI 工具是 Jenkins，它作为 CI 活动的最高指挥官，负责调度整套 CI 系统的运行。Jenkins 是一个开源的实现持续集成的软件工具，官方网站：http://Jenkins-ci.org/。Jenkins 能实时监控集成中存在的错误，提供详细的日志文件和提醒功能，还能用图表的形式形象地展示项目构建的趋势和稳定性。

Jenkins 的特点如下。

● **易安装**：从官网下载 java -jar jenkins.war 文件后直接运行，无须额外的安装，更无须安装数据库。

- **易配置**：提供友好的 GUI 配置界面。
- **变更支持**：Jenkins 能从代码仓库中获取并产生代码更新列表，进而输出到编译输出信息中。
- **支持永久链接**：用户是通过 Web 来访问 Jenkins 的，而这些 Web 页面的链接地址都是永久链接地址，因此可以在各种文档中直接使用该链接。
- **集成 E-Mail/RSS/IM**：当完成一次集成时，这些工具会告诉你集成结果。在构建一次集成需要花费一定时间的情况下，有了这个功能，测试人员就可以在等待结果的过程中，干别的事情。
- **JUnit/TestNG 测试报告**：也就是以图表等形式提供详细的测试报表功能。
- **支持分布式构建**：Jenkins 可以把集成构建等工作分发到多台计算机中完成。
- **支持第三方插件**：利用第三方插件功能，使得 Jenkins 变得越来越强大。

Jenkins 应用场景如下。

- 持续、自动地构建 / 测试软件项目。
- 监控一些定时执行的任务。

2. 持续集成工具的工作流

SSD 持续集成测试的基本流程主要包括以下几个步骤。

1）**开发者检入代码到代码仓库**：这是 CI 流程的起点，SSD 固件开发人员将代码提交到版本控制系统中，版本控制器可以是 GIT 或者 SVN。

2）**Jenkins 代码检出**：在 Jenkins 中为项目创建一个工作区，配置好代码仓库的路径和编译服务器的路径。当接收到新的构建请求时，Jenkins 将源代码从代码仓库中取出并放置到对应的工作区。

3）**编译构建**：Jenkins 将源代码发送给编译服务器，编译服务器负责将源代码编译成可执行文件。

4）**获取可执行文件**：Jenkins 获取编译结果。

5）**下发给自动化系统测试**：Jenkins 构建完成后，将测试任务发给自动化测试系统，包括测试版本的可执行文件、用例集、测试时长、测试规模等。

6）**自动化测试执行**：自动化测试系统将软件版本自动部署到目标环境，执行测试。

7）**测试结果返回**：自动化测试系统将测试结果实时收集，并将测试结果通过电子邮件、RSS 等方式通知相关人员，尤其对于测试失败项，自动创建问题单。

8）**测试结果上报 Jenkins**：自动化测试系统将最终的测试结果反馈给 Jenkins。

这个流程旨在通过自动化和持续集成的结合使用，提升测试效率，减少人为错误，提高软件交付质量。自动化测试系统和持续集成 Jenkins 工具联合使用的工作流程如图 3-2 所示。

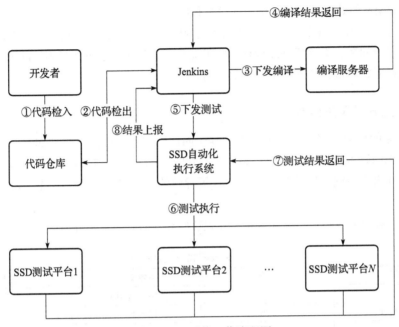

图 3-2 CI 系统工作流程图

3.3 生命周期维护管理

SSD 产品测试评审通过并开始量产后，就进入了产品生命周期维护阶段。

在 SSD 的组成结构中，核心部件包括 SSD 控制器、NAND 颗粒、DRAM 颗粒（无缓存 SSD 不包含 DRAM）三大组件。SSD 控制器中运行的固件的主要功能包括 IO 读写、坏块管理、ECC 纠错、垃圾回收、磨损均衡、NAND die 介质管理、缓存交互等，功能较为复杂。在 SSD 的生命周期阶段，也会有一定比例的盘出现工作异常（参考 AFR，即年化故障率）。在保修期内，客户往往会走 RMA（Return Material Authorization，退料审查）流程。

当用户的 SSD 不能正常工作时，将发起一个 RMA 流程，首先用户必须填写 RMA 申请单，然后 RMA 的处理人员将对该 RMA 申请进行审查，例如，审查是否在保修期内等，然后分配一个 RMA 号给该申请单。RMA 的处理共有 3 种处理方式：第一种方式是换货，通知用户寄回 RMA 件，确认收到后寄出新的产品或部件（有时也可能先寄出新货品），同时寄出发票（有金额或无金额，红字发票冲账，新开发票按再销售处理），新品发货走正常订单处理流程，退回的 RMA 件做入库处理；第二种方式是退货，退回货物后付钱或增加信用余额，同时走红字发票冲账；第三种方式是维修，收到 RMA 件入库后，开出维修通知单或服务通知单，在维修完成、服务确认后，发货或用户取货时，再做收款和财务处理。

RMA 从财务的角度看过程清晰，计算简单。从品质管理的角度看，处理速度快才能让客户满意度高。在企业中，有时还要走对供应商的 RMA 处理，只是过程刚好相反。SSD 企业应该重视 RMA 的处理，它涉及企业的信誉和口碑。

企业除了要对客户有个交待，内部也要对 RMA 问题进行分析复盘。RMA 的分析结果如果确认是设计问题，就需要修改设计，它可能是硬件问题，也可能是固件问题，修改后需对新版本进行回归测试，这就需要测试的参与。

3.3.1 常见 RMA 失效模式

SSD 常见的故障有多种。根据统计，其中固件问题占比最高，达到 60%，硬件异常达到 10%，其他问题占比 30%。也就是说通常看到的 SSD 故障有 70% 是真实的故障，比如是硬件或者固件出了问题，另外 30% 是其他原因导致的，比如使用操作不当、主机环境问题、非异常等。

表 3-1 是各种失效模式的统计分布，导致这些异常的原因主要分为以下几种。

表 3-1 失效模式分类及占比

失效模式	占比	失效模式	占比
固件相关	60%	使用环境相关	5%
无法复现	15%	使用不当	5%
硬件相关	10%	非异常	5%

1）**高温异常**：如果 SSD 的使用环境温度较高，持续大压力读写会导致主控及 NAND 温度升高。高温超过温控阈值后，SSD 会主动进入温控，导致性能降速。客户会以为 SSD 出现了故障。

2）**硬件在物理层面的破坏**：外力（挤压或者弯曲）会导致 SSD 的外壳或者内部器件出现破损、器件与 PCB 脱焊等问题。

3）**超寿命服役**：NAND 介质有一定的使用寿命，比如 TLC 的寿命在 3 000 次左右，QLC 寿命在 800 次左右。如果出现长时间连续写入的业务场景，会导致 NAND 加速损耗，在质保期承诺的时间到达前退役。

4）**固件异常**：SSD 的固件中包括了 FTL 算法、读写逻辑、ECC 纠错算法、错误处理等上百项功能和特性。代码规模可以达到几十万行甚至上百万行，非常复杂，因此存在 FW 缺陷的概率也高。这些缺陷可能会导致 SSD 固件运行异常，比如固件运行挂住（ASSERT）、盘进入写保护（只能读不能写）、性能严重降低、读数据 UNC（数据不可纠错）等。在 SSD 产品生命周期的前期，固件问题导致的 RMA 比例最大，所以固件的质量至关重要。常见的固件缺陷包括下面几种。

- **固件隐藏缺陷**。比如计数算法、时序算法、内存分配、介质参数等问题，这些问题通常在系统测试过程中并不容易被发现，需要一定概率或者特定场景才能触发，在研发测试阶段不可能测试那么多样本量。
- **版本管理问题**：固件开发不是一个人的工程，是一群人的工程。每个开发工程师都会向主干分支提交代码。在代码量相对庞大的时候，会出现一些低级错误，比如原本已经修复的问题，没有及时合并到主干分支，或者在后续代码提交过程中被覆盖掉了。最终导致已经解决的问题，在后续版本或者其他项目上再次出现。这是技术问题，更是管理问题，且是不可宽恕的。

- **修改引入问题**：固件是一个复杂的系统，牵一发而动全身。任何一个参数、变量、逻辑的修改，都可能会影响其他的代码。代码修改后，需要完整验证整体的可靠性和受到的影响。固件开发一定要对代码保持敬畏之心，可以与测试人员充分讨论代码修改的影响范围，请测试做尽可能大的测试覆盖。

因为固件缺陷非常常见，所以固件设计中一定要考虑搜集信息的能力，提供必要的查询接口，以便发生问题后，能够收集到足够的信息分析定位问题。

5）**硬件异常**：常见的硬件异常如下。

- **掉电电容异常**：企业级 SSD 的盘片上会有一颗大电容，容量从几百 μF 到上千 μF 不等。在异常掉电时，该电容会提供足够的电能保证已经进入 SSD 的数据能够正常写入 NAND。如果这个大电容异常，会导致 SSD 异常掉电前接收到内存的数据及正在写入的数据丢失，对企业级 SSD 而言是不可接受的。
- **主控异常**：这里举一个例子，SSD 的主控内部有 SRAM 缓存，用于存放运行代码和数据，如果 SRAM 出现比特翻转（bit flip）可能会导致固件运行异常、IO 数据被破坏等严重问题，所以一般都会为 SRAM 提供 ECC 纠错功能，但是如果错误 bit 超过一定范围或者 ECC 功能没有开启，那么错误就不可被纠正，会导致 SSD 异常。
- **NAND 异常**：比如 NAND 在寿命达到前数据保持能力就已经变差，导致固件加大频率刷新数据，这会影响 SSD 的写放大，更加快了 NAND 进入生命末期。有些异常也可能与 NAND 的品质等级相关，一个 SSD 方案会适配某一个等级的 NAND，如果降级使用更差的 NAND，那么需要固件也重新做适配。

3.3.2　生命周期维护阶段的测试工作

在 SSD 开发完成并投入使用后，由于多种原因，固件如果出现一些问题或者客户提出一些新的需求，要延续当前 SSD 的使用寿命，就需要对 SSD 进行维护。

SSD 维护主要包括纠错性维护（bug 修复）和改进性维护（改进或者新增功能）两种。无论是纠错性维护进版，还是改进性维护进版，都需要测试对新进的版本进行测试。

在生命周期维护阶段，针对 SSD 的维护变更需求，测试需要参与的活动参考图 3-3。

1）**变更内容分析**：分析和了解变更的原因，比如固件版本新功能的增加、需求文档的变更、系统设计的变更、系统实现的变更、元器件的变更（更换 NAND 等），以及缺陷的修改等。

2）**变更影响分析**：分析变更可能产生的影响，比如需求文档、设计文档、固件编码和测试文档的变更，评估需要进行的测试活动。原则上凡是变更都需要测试验证，不仅仅是对代码的测试，还可以是对资料的测试，一些公司有专门的资料开发和资料测试岗位。

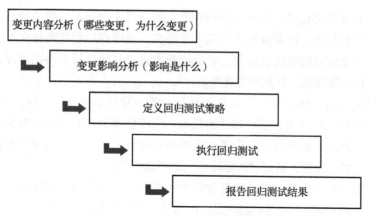

图 3-3　SSD 产品变更测试工作流程

3）**定义回归测试策略**：定义回归测试的方法、策略和准则。回归测试策略可以作为指南，帮助测试工程师开展回归测试活动。回归测试策略一般指回归测试的用例范围、回归测试的代码覆盖率要求，以及回归测试的执行顺序等。

4）**执行回归测试**：创建回归测试任务，执行测试用例。

5）**报告回归测试结果**：汇总和分析回归测试结果，输出总结报告。

SSD 测试分类、设计与实现

本章将详细介绍常见的 SSD 测试方法及其分类，以及常见的 SSD 测试设计逻辑。文中提到的相关测试标准和设计方法并不是唯一的，不同的项目、业务应用方向可能会有不同的标准。

4.1　SSD 测试的分类

本节概要介绍常见的 SSD 测试方法及其分类方式，具体测试的设计和实现方法会在后文展开。

4.1.1　SSD 白盒测试与黑盒测试

与其他领域的测试一样，SSD 测试也可以统分为白盒测试和黑盒测试。SSD 的白盒测试一般会借助固件开放的自定义命令（Vendor Unique 或者 Vendor Specific 命令）来实现。前文我们也提到，这类脚本是一把双刃剑——可以快速、精准地构造测试场景，但是维护要求高，可移植性较差。SSD 的黑盒测试一般会从通用验证的角度进行设计，兼容性比较好，但是构造特殊测试场景的能力较弱，可能需要长时间甚至极长时间持续执行。

在项目实际实施过程中，我们一般采用白盒、黑盒相互配合的方式来进行 SSD 测试。

4.1.2　项目不同阶段的 SSD 测试

按照项目的不同阶段来看，我们可以把 SSD 测试分为研发测试、量产测试、引入测试、业务灰度测试等。研发测试、量产测试一般在生产厂商侧执行，引入测试、业务灰度测试一般在客户侧执行。

1. 研发测试

研发测试，一般是指在 SSD 项目研发过程中的一系列质量保证活动。我们可以简单地将研发测试理解为一个"保交付"的质量活动——即这个阶段的测试，不但关注各个子阶段及里程碑的交付质量，还会关注项目的研发进度，确保项目能够按期交付。

一般来讲，研发测试占据了整个 SSD 测试量的绝大部分，时间和人力资源的投入也比较大。相应地，绝大部分的产品缺陷也可以在这个阶段被发现。

在这个阶段，产品的各个团队需要紧密配合，尤其是研发、测试和市场团队。研发与测试团队需要频繁地进行拉通和对齐，以确保固件的设计实现与测试是匹配的；测试和市场也需要保持实时交流，以确保交付的功能是满足市场需求或者产品定位的。

研发测试阶段后期，我们还可能会对 SSD 进行专业的质量（Qualification）测试，例如常见的 RDT、数据保留能力（Retention）测试、电磁兼容性（Electromagnetic Compatibility，EMC）测试等，这些测试需要借助专业的设备，大部分团队会考虑把相应的测试执行外包出去。

研发测试涉及的内容比较繁杂，我们会在本章后续内容中对其进行重点展开介绍。

2. 引入测试

引入测试，一般是指客户正式使用 SSD 产品之前进行的一系列功能验证和性能评估测试，以确保其满足设计规格、功能完整性、可靠性、兼容性等要求。这些测试涵盖了多个方面，下面是一些关键的测试内容。

1）兼容性测试，主要包括以下两种。

- **硬件兼容性**：检查 SSD 与目标主板、芯片组、硬件接口（如 SATA、PCIe 等）之间的兼容性。
- **软件兼容性**：确认 SSD 与目标操作系统及相关的驱动、应用程序配合是否良好。

2）性能测试，主要包括以下几种。

- **读写速度测试**：通过专门的存储基准测试软件（如 CrystalDiskMark、AS SSD Benchmark、ATTO Disk Benchmark、fio 等）来测量常规连续读写速度、随机读写 IOPS 及延迟表现。
- **稳定性测试**：长时间连续读写以观察 SSD 在高负载下的性能持久性且不会出现超出预期的降速情况。
- **特定业务模型性能评估**：评估 SSD 在特定业务场景下的性能表现。这部分测试对于企业级 SSD 尤为重要，对应的测试负载模型一般不会公开。

3）寿命和数据保持测试，主要包括以下几种。

- **写入耐久度测试**：模拟长期大量数据写入，检查 SSD 的 TBW 指标是否符合供应商宣称的标准。

- **数据保留时间测试**：检验 SSD 在长期断电场景下的数据保持能力。

4）功能完整性与可维护性测试，主要包括以下几种。

- **常规功能验证**：一般包括读写测试、上下电测试、固件升降级测试等。
- **Trim 支持验证**：确认操作系统发送 Trim 命令后，SSD 能够正确优化垃圾回收性能。
- **SMART 信息监测**：检查 SSD 是否能提供正确的自我监控、分析和报告信息。
- **功耗管理及热节流测试**：功耗管理测试主要考察 SSD 能否成功进入和退出相应功耗状态，以及退出后的功能是否正常。当 SSD 温度升高时，确认其是否有恰当的热节流功能来维持正常工作状态。

5）安全特性测试，主要包括以下几种。

- **加密功能验证**：如果 SSD 支持硬件加密，则需要测试其加密算法的有效性和安全性。
- 特定加密标准的符合性测试。

6）其他定制化测试，一般是根据上层业务特点来定制的相关测试。各个厂商一般都会有自己的定制化测试。

3. 业务试运行测试

企业级 SSD 的业务试运行测试，通常是指在正式全面上线新的 SSD 产品或者升级固件版本之前，选取一部分用户环境或者特定环境，进行小规模试用和验证的过程。这一阶段的主要目的是在实际运行环境中，逐步验证新产品或者新版本的功能、性能、兼容性、稳定性及用户体验等各方面是否达到预期目标，并及时发现和修复潜在问题。

SSD 业务试运行测试可能包括以下步骤。

1）**业务环境选型**：一般是挑选一部分具有代表性的业务模型和特定型号的服务器进行初期试用，这部分业务模型和设备能够反映出不同使用场景下的需求和挑战。

2）**数据收集与分析**：在试运行测试期间持续收集关于 SSD 性能指标（如读写速度、IOPS、延迟等）、故障率、系统稳定性等的数据。如果是固件版本的升级，还需要与前一版本的具体指标进行对比验证。

3）**扩大范围**：随着问题的解决和产品稳定性的提升，可以逐步扩大测试的规模和应用场景，直至接近全量部署的状态。

通过这种渐进式、可控的风险管理模式，业务团队可以在不影响大部分业务正常使用的前提下，有效检验并推进 SSD 的上线流程，最终实现产品的平稳发布和市场投放。

消费级 SSD 在投入使用前，一般也会有类似的批量测试，例如基于一些专业工具进行测试和验证或者基于特定需求执行对应的测试等。

4. 量产测试

量产测试是指在大规模生产阶段，在出厂前对 SSD 进行的一系列严格的质量控制和性能验证测试。这个过程需要能够将不合格的产品筛选出去并确保批量生产的 SSD 产品能够达到设计规格要求，同时具备一致、可靠和高效的工作表现。

量产测试一般会借助特定的生产固件进行基础的器件功能性测试，例如常见的 BIST 会针对主控芯片、介质（筛掉坏块数量不符合要求的介质）、DRAM（扫描是否存在数据错误）进行基础的验证。此外，生产测试中，还会覆盖基础 IO 测试、性能测试、上下电测试等。

4.1.3 按照测试内容分类

SSD 测试按照具体测试内容一般可分为以下几种。

1. 协议符合性测试和认证测试

协议符合性测试一般是对协议命令和特性的符合性进行测试，我们一般倾向于把协议符合性测试定位为完整的协议功能验证。而认证测试，一般是通过特定组织的测试和认证，从而获取相应的证书或者标识。这两个测试有一定的重合，但是我们一定不能使用认证测试来代替协议符合性测试。

对于 SSD 产品，常见的认证测试有如下两个。

- UNH-IOL（官网为 https://www.iol.unh.edu/）的 NVMe 认证测试。
- PCIe 合规测试，按照 PCI-SIG 组织制定的规范进行测试，确保其与 PCIe 总线的标准兼容，并能够在不同 PCIe 版本下稳定工作。

本书第 7 章将对 SSD 产品涉及的认证测试展开详细介绍。

2. 功能测试

功能测试一般是指对 SSD 进行功能性验证，并确保在各种负载和工况下 SSD 能够正常运行。这部分在整个 SSD 测试中的占比比较大，我们投入的人力和时间也相对比较多。同时，由于这部分测试与固件的具体设计和实现强相关，相应的实现难度和维护需求也比较大。这就需要我们在设计测试脚本框架时，重点关注脚本对不同项目的兼容和可维护性，本书对此不做展开讨论。

功能测试的过程中，可能会有大量异常场景的覆盖。对于异常场景，建议根据测试团队和项目的实际情况因地制宜，选择合适的测试力度和覆盖范围。一般来讲，测试团队不会进行"无限"投入，会对这部分测试进行合理的取舍。当然，这些"取舍"一定不能是测试团队单方面决定的，需要与相关团队进行充分论证才行。

如果产品还带有某些定制功能，那么这部分功能将会是功能测试验证的重点之一。我们需要全面、充分地验证定制部分的功能并确保其实现与需求的一致性。

此外，我们开展功能测试时，还需要特别留意一些"隐性"需求。这部分需求看似与其他功能都不太相关，但用户侧可能会非常关注，例如写放大、垃圾回收的有效性、SMART等。写放大会直接影响 SSD 的寿命评估，如果产品在某个特定场景下的写放大比较异常，而这个场景又是实际使用中常出现的，那么这将会是一个致命性的问题。SMART 数据的有效性验证，也是我们比较容易遗漏的地方。SSD 上线后，一般用户会比较依赖 SMART 数据来监控和预测盘片的健康程度，以及获取预警信息。如果 SMART 更新不正确，导致用户无法及时发现不健康的盘片，可想而知这个问题会有多严重。

3. 性能测试

性能测试过程中，我们会评估 SSD 在各种工作负载下的读写带宽、IOPS、延迟等关键性能指标，并确保相关指标满足产品规格。我们一般会使用一些比较通用的 IO 负载进行评估，例如 4KB 顺序或者随机读写、一定比例的读写混合，等等。这些对于消费级 SSD 的性能评估可能是足够的，但是对于企业级 SSD 的性能评估，我们还需要特别留意一些特定的负载模型，例如 SSD 在各种前台、后台任务并发时的性能，多命名空间（Multiple Namespace）的性能一致性，单根虚拟化（Single Root IO Virtualization，SRIOV）应用下的性能一致性等。

4. 数据一致性测试

数据一致性测试其实贯穿在各个测试中，但是在实际项目测试时，我们一般会将它单独划分出来做专门的测试验证。数据一致性测试一般会考量 SSD 在各种 IO 负载下的数据正确性，主要包括以下内容。

- 各种 IO（包括 Trim）负载下的数据一致性。
- 突发断电或重置（Reset）时，确保数据能够正确写入并持久化。
- **缓存策略一致性**：确保 SSD 在使用缓存（如 DRAM 缓存或 SLC 缓存）的情况下，能够处理缓存中的数据并同步到 NAND 中，特别是在意外掉电时缓存数据的保存问题。
- **错误检测与纠错机制（ECC）**：测试 SSD 的错误检测和纠错功能，确保存在介质中的数据发生错误，包括不可纠错误（UECC）和可纠错误（CECC），数据也可以尽可能地被恢复为正确的数据。对于 CECC，硬件可以通过 LDPC 或者 BCH（Bose-Chaudhuri-Hocquenghem）码对有限的比特翻转进行纠正；对于 UECC，固件一般可以通过盘内 RAID（独立硬盘冗余阵列）进行纠正。

5. 兼容性测试

一般来讲，用户是在特定的软硬件平台上使用 SSD 的。那么如何确保 SSD 在各类平台上都能正常工作呢？这就是兼容性测试负责的领域。SSD 兼容性测试是确保固态硬盘在各种不同的主机平台、操作系统环境和应用软件中能够稳定工作并达到预期性能的关键环节。以下是常见的 SSD 兼容性测试项。

1）硬件接口兼容性，涉及的接口如下。
- SATA（Serial ATA）接口：测试不同版本的 SATA 接口，如 SATA 3.0 等。
- PCIe（Peripheral Component Interconnect Express，外围组件互连表示）接口：包括不同版本（如 PCIe 4.0、5.0）以及不同通道数（x2、x4、x8 等）的 NVMe 或 AHCI 模式 SSD。
- **M.2、U.2、U.3、E3.S、SATA、SAS、mSATA、BGA、CF 卡等各种物理形态的兼容性。**

2）主板和芯片组兼容性，测试 SSD 是否能在不同制造商和型号的主板上正常安装、识别并运行，特别是新推出的芯片组与旧版系统的兼容情况。

3）对不同的 RAID 卡、PCIe 转换器、PCIe Retimer 的支持。

4）操作系统兼容性，Windows 系列、macOS、Linux 及各类服务器操作系统（如 Windows Server、Red Hat Enterprise Linux 等）下的驱动程序支持和功能验证。

5）BIOS/UEFI 兼容性，确认 SSD 能否在各种 BIOS/UEFI 环境下正确识别并支持必要的高级功能，如电源管理、热插拔、Trim 指令等。

6）系统级兼容性，测试的内容如下。

- 在虚拟化环境中（如 VMware）对 SSD 进行测试，确保在虚拟化环境下能正常使用。
- 集成到 RAID 阵列中的兼容性和性能表现。

7）应用软件兼容性，检查 SSD 在特定应用程序或数据库系统（如 SQL Server、Oracle 等）下能否提供高效稳定的存储服务。

8）电源管理和热节流，测试 SSD 在不同电源状态下以及温度范围内的稳定性，确认其热节流保护机制有效且不影响数据完整性。

9）认证与规范符合性，通过官方组织如 PCI-SIG、NVMe 组织的兼容性测试，确保产品满足相关技术标准和协议要求。

6. 可靠性测试

SSD 产品规格中一般都会明确质保情况，例如确保 5 年内正常使用或者错误率控制在 10^{-17} 以内。SSD 可靠性测试就是用来确保类似指标能够成功满足的。

RDT 测试是 SSD 可靠性测试中比较常见的内容，RDT 测试一般是借助专业测试设备基于电子设备工程师协会（Joint Electron Device Engineering Council，JEDEC）的 JESD 218A 和 JESD 219 标准进行测试。通常我们会把完整的可靠性测试归类在产品质量测试中。

常见的可靠性测试指标包括写入总字节数、每日全盘写入数、年化故障率、平均故障间隔时间和不可修复的错误比特率。TBW 与盘片的总容量和写放大系数有关，当前消费级 1TB 容量的 SSD 对应的 TBW 可以达到几百甚至上千的 TBW。对于 MTBF，市面上常见的 SSD 的 MTBF 一般为 2 000 000 小时。

7. 环境测试

SSD 的具体使用环境可能会比较特殊，特别是工业级和军工级的 SSD。我们需要通过环境测试确保 SSD 在各种温度、湿度或者电磁辐射环境下能正常工作。环境测试一般还包括：静电强度（Electrostatic Discharge，ESD）、温度、湿度、振动、冲击测试、电磁兼容性（Electromagnetic Compatibility，EMC）测试。

8. 安全特性测试

安全特性测试旨在验证 SSD 的数据保护和隐私安全功能，确保在未经授权访问、物理攻击或系统故障等情况下，存储在 SSD 中的敏感信息能够得到妥善保护。以下是一些常见的 SSD 安全特性测试内容。

1）加密技术测试，包括以下内容。

- **国密算法认证**：国密算法是中国国家密码管理局颁布的密码算法，包括 SM2、SM3、SM4 等算法。随着国产化的推进，国密算法的认证也会变得越来越重要。
- **AES 硬件加密**：测试是否支持 AES-256 等标准加密算法，并验证加密性能和密钥管理系统的安全性。
- **TCG（Trusted Computing Group，可信计算组）Opal**：检查 SSD 是否遵循 TCG 规范，实现自加密驱动器（SED）功能并与操作系统安全服务无缝集成。

2）安全擦除测试：确认 SSD 能够快速有效地执行安全擦除命令功能，并确保数据无法恢复。这个功能对于企业级 SSD 比较重要，盘片在退役或者返修之前，都需要借助安全擦除将数据销毁掉。

3）物理防护机制测试，包括以下内容。

- **抗篡改设计测试**：检查 SSD 是否具备防拆设计，如 tamper-evident seals（防拆封条——对于一些包含敏感信息或具有高安全需求的 SSD 产品，如企业级加密 SSD、政府和军事应用 SSD 等，防拆封条尤为重要。它可以防止非法用户在不被察觉的情况下对固态硬盘进行物理接触或数据提取，同时也作为保障产品保修服务的一个重要依据）、内部传感器及对芯片级攻击的防护措施。
- **耐久性及可靠性测试**：模拟极端物理条件下的工作状态，如冲击、振动和高温环境，验证是否影响到加密模块和存储单元的安全性。

4）固件安全审查，包括以下内容。

- **固件更新过程的安全性审查**：检验固件升级过程中的加密传输、签名验证等安全措施。
- **固件本身的抗逆向工程能力审查**：确保固件代码不易被破解或修改。

5）端到端（E2E）数据保护：确保数据传输过程中不存在数据遭受未授权访问和篡改的机制。

9. 功耗测试

功耗测试是评估固态硬盘在不同工作负载和状态下的能耗水平的，这对于数据中心、移动设备及其他对能源效率有严格要求的场景来说非常重要。以下是一些常见的 SSD 功耗测试项。

1）**静态功耗测试**，这里所说的功耗包括以下两种。

- **空闲功耗**：SSD 在未执行任何读写操作且无数据传输时的功耗。
- **待机 / 休眠模式功耗**：SSD 在低功耗模式下（如 SATA 的 DEVSLP、PCIe 的 ASPM L1.2 低功耗状态）的功耗。

2）动态功耗测试，这里所说的功耗包括以下几种。

- **连续读写功耗**：通过连续读取或写入大量数据来测定 SSD 在全速运行状态下的平均和峰值功耗。

- **随机读写功耗**：通过高并发随机读写操作，测量在极限 IOPS 性能下的功耗。
- **温度依赖性测试**：考察温度变化对 SSD 功耗的影响，包括热节流机制触发前后的功耗差异。

3）功耗曲线分析：绘制不同负载条件下的功耗曲线，以观察功耗与 IO 活动量的变化关系。

4）电源管理功能验证：测试 SSD 的电源管理特性，例如自动进入低功耗模式的能力、唤醒速度及节能策略的效果。

4.2　SSD 测试的设计与实现

本节主要关注 SSD 测试的设计方法，同时会对 SSD 典型测试的设计与实现进行详细讲解。需要特别注意的是，本节提到的测试用例仅是相应模块的一些典型用例，并不代表模块的所有测试用例。另外，本书不会对 SSD 测试的各个测试用例进行穷举，因此不能用本节所讲的测试内容来替代完整的 SSD 测试方案。

4.2.1　SSD 协议符合性测试与认证测试

前文提到，协议符合性测试一般是针对协议命令和特性进行的符合性验证。协议符合性测试最大的特点是测试需求相对明确，协议里面的各项要求也很清楚。常见的测试用例设计方法可以应对协议符合性测试，例如等价类划分、边界值分析等。

对于 SSD 协议符合性测试策略，有哪些通用的标准呢？罗恩·佩腾（Ron Patton）在《软件测试》（*Software Testing*）一书中写道：固件没做产品规范中提到的它应该做的；固件没做产品规范中没有提到但应该做的；固件做了产品规范中提到的它不应该做的；固件做了产品规格中没有提到的。

我们在制定 SSD 协议符合性测试策略时，不妨从上述四个角度来思考并重点关注。此外，对于协议中的某些关键字，我们也应特别留意以下几点。

- Mandatory（强制）：表示该部分对于通用 SSD 是强制性实现的。但是，如果是一个特别定制的产品，对于某些明确非需求的功能，我们也可以不实现。
- Optional（随意）：表示该部分对于通用 SSD 是按需实现的，并不强制。
- Reserved（预留）：常见于某些数据结构的定义或者命令字段的定义中，它表示某些字段是预留的。协议中对于某些预留字段会规定其值必须为全 0，某些并没有明确限定。测试时我们需要注意覆盖。

下面主要介绍正交实验设计（Orthogonal Array Testing）在协议符合性测试用例设计中的应用。正交实验设计本质上是一种统计学方法，它可以广泛应用于工程、科研、产品测试等领域，用于优化实验过程和减少实验次数。其核心思想是通过选择一组有代表性的、相互独立的因子（影响结果的因素）进行水平组合，从而以最少的试验次数获取最多的信息量。

从测试用例设计的角度来讲，就是用尽可能少的用例来覆盖。以 NVMe 2.0 协议中的写命令为例，我们先识别出相应的影响因子，如表 4-1 所示。

表 4-1　写命令正交实验设计影响因子

影响因子	取值范围	关联因子
逻辑地址（LBA）区间——SLBA、NLB	有效值、边界值、越界值、特殊值（未写过的区间、重复写的区间、Trim 之后的区间等）	
Force Unit Access（FUA，强制单元访问）	0，1，无效值	Power cycle
Dataset Management-Incompressible（数据集管理不可压缩）	0，1，无效值	
Power cycle（下电类型）	Clean（通知式下电），Dirty（非通知式下电）	FUA
Storage Tag Check（STC，存储标签检查）	0，1	STS
Storage Tag Size（STS，存储标签大小）	0，32，48，无效值	

作为示例，表 4-1 仅列举了部分影响因子。可以看到，部分影响因子之间是有一些关联性的——当 FUA 设置为 1 时，数据应当被"写透"到介质上，因此我们需要额外借助异常掉电来侧面验证该行为；当 STS 设置为 0 时，STC 会被忽略。如果我们按照测试用例全覆盖来设计，我们需要设计 864（6×3×3×2×2×4）组测试用例。对测试团队来讲，这个数量显然不太友好。如果我们考虑写命令的全部影响因子，这个数量还会被倍数级放大。

下面使用正交实验的方法对测试用例集进行优化，其中一种组合如表 4-2 所示。

表 4-2　正交实验生成用例

编号	LBA 区间	FUA	DSM/ Incompressible（不可压缩）	Power Cycle（上下电类型）	STC	STS
1	Trimmed（部分）	无效值	无效值	Clean	1	32
2	Trimmed	0	1	Clean	0	48
3	Trimmed	1	无效值	Dirty	0	无效值
4	Trimmed	0	0	Dirty	0	0
5	边界值	无效值	0	Dirty	0	无效值
6	边界值	0	1	Clean	1	48
7	边界值	无效值	1	Clean	1	32
8	边界值	无效值	无效值	Clean	1	0
9	边界值	1	0	Dirty	0	无效值
10	未写过的区间	1	0	Dirty	0	32
11	未写过的区间	0	无效值	Clean	1	48
12	未写过的区间	无效值	1	Clean	0	0
13	未写过的区间	0	1	Clean	1	无效值
14	有效值	无效值	无效值	Dirty	0	48
15	有效值	无效值	1	Clean	1	无效值

（续）

编号	LBA 区间	FUA	DSM/ Incompressible（不可压缩）	Power Cycle（上下电类型）	STC	STS
16	有效值	0	0	Dirty	0	32
17	有效值	1	0	Dirty	1	0
18	越界值	无效值	无效值	Clean	1	0
19	越界值	1	0	Dirty	0	48
20	越界值	0	1	Clean	0	32
21	越界值	1	1	Dirty	1	无效值
22	重复写的区间	1	1	Dirty	1	48
23	重复写的区间	无效值	0	Clean	1	32
24	重复写的区间	0	无效值	Clean	1	0
25	重复写的区间	0	0	Dirty	0	无效值

　　正交实验的原理及具体应用方法不在本书的讨论范畴内。目前已经有不少开源工具可以基于该方法辅助生成测试用例，感兴趣的读者可以自行查阅。

　　当然，协议也不可能把所有的场景都完全详尽地阐述清楚。我们可以发现协议中还是会存在模棱两可的地方，以及一些用户可以自定义或者自由发挥的地方。我们还是以上述 NVMe 协议中的写命令为例。图 4-1 展示了 NVMe 协议中写命令的主要流程。以写命令处理流程中的异常断电为例，协议中并没有明确规定相应的处理方式。因此，我们在设计测试用例时，一定要从产品需求的角度出发，首先确认固件的设计是合理的，其次才是设计相应的测试用例。作为测试团队，如果我们直接就按照开发团队的设计进行测试，很有可能最后我们交付的产品虽然自身是没有问题的，但却是不符合用户需求的。

　　认证测试，一般是需要通过特定组织的测试和认证，从而获取相应的证书或者标识。SSD 常见的认证测试有 NVMe 认证和 PCIe 认证测试。NVMe 认证测试是由新罕布什尔大学互操作性实验室（InterOperability Laboratory，IOL）提供的一组测试套件。IOL 的 NVMe 认证测试一般会包括以下几个类型。

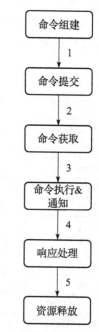

图 4-1　写命令主要流程示意图

- **NVMe 一致性测试套件**（Conformance Test Suite，CTS）：主要用于验证 SSD 是否符合 NVMe 规范的各项要求，包括协议合规性、命令执行、错误处理等。

- **NVMe 互操作性测试套件**（Interoperability Test Suite，ITS）：主要用于验证 SSD 在指定软硬件平台上的兼容性。

认证测试的具体测试内容和测试方案，一般是由相应的认证组织明确定义和提供的，我们会在第 7 章进行详细介绍。需要特别指出的是，我们不能用认证测试来替代完整的协议符合性测试。以 NVMe SSD 为例，IOL 认证测试大约只能覆盖协议符合性测试的 40% ～ 50% 的范围。因此，测试团队还需要额外开发相应的测试进行全覆盖。

4.2.2　SSD 功能测试

功能测试一般是指对 SSD 进行功能性验证，并确保在各种负载和工况下 SSD 能够正常运行。准确地讲，功能测试与其他测试是存在一定重合的。例如，我们可以把性能测试拿过来当作 IO 的功能测试。如何去界定功能测试与其他测试的边界，不是本小节的重点。

一般来讲，我们可以把固件功能测试内容，简单地拆分为"显性"的功能和"隐性"的功能。"显性"的功能，就是我们产品文档中明确定义的部分，例如产品需要支持热节流、虚拟化等；"隐性"的功能，就是我们为了支持 SSD 正常工作而设计的一些功能，例如磨损均衡、介质错误处理（Media Error Handling）等。因此，我们在开始进行功能测试设计之前，需要对以下的基础知识进行了解和掌握。

- **存储介质的特性**：前文提到，SSD 存储介质的更新迭代速度非常快，不同存储介质的特性也不尽相同。测试人员需要掌握存储介质的具体特性和使用的注意事项。
- **产品文档和固件模块设计**：SSD 既有一些比较通用的模块，也有一些定制化的功能模块。测试人员需要掌握这些模块的详细设计。
- **客户使用场景**：客户具体使用场景，在进行功能测试时是一个非常关键的输入信息。测试人员需要对客户使用场景进行分析和掌握。

本节仅列出 SSD 部分典型模块的功能，并对其测试设计和实现展开讨论。

1. 介质错误处理功能测试

顾名思义，介质错误处理（Media Error Handling）模块主要是用来处理 SSD 存储介质上的数据错误，包括读错误、写错误、擦除错误。介质错误处理功能测试的整体思路比较简单——确保各类介质错误能够被正确处理，并综合考虑错误发生的特殊位置、特殊数据类型等。

想要验证介质错误处理功能，我们首先需要能够构造出相应的介质错误。实际 SSD 测试过程中，我们需要在特定的介质位置上甚至是针对特定的数据构造介质错误。想要达到这个目的，使用常规的手段肯定是无法实现的，我们需要借助于 VU 命令。关于 VU 的设计与实现，各个团队都会有自己的一套理念和方法。由于注错的机制对于其他 VU 的依赖和影响比较大，下面我们会先重点介绍比较常见的注错机制。

对于介质注错，特别是读错误（Read Error，例如常见的不可纠错误 UECC），我们可以简单理解为"种萝卜"。

　　一般我们会考虑把萝卜和洋葱一起混种以达到减少虫害的目的。那么我们就可以有两种方法来实现，一种方法是先预留好种洋葱的位置，种萝卜的同时遇到预留位置就把洋葱种下去；另一种方法是先把萝卜种好，然后挑一些合适的位置补种一点洋葱。对介质对应位置上的正常读 / 写 / 擦操作，我们可以理解为"种萝卜"；对介质特定位置注错，我们可以理解为"种洋葱"。

　　所以对于介质特定位置的读错误注入，我们可以在内部固件完成相应写操作之后，挑选位置并注错；对于介质特定位置的写错误和擦除错误注入，我们可以预先与固件协商好，当固件操作到特定位置时，触发相应的写错误或者擦除错误。

　　如何指定介质读错误的特定位置，我们主要考虑以下两种场景：第一种是直接借助固件的地址转换逻辑，将主机侧的逻辑块地址（Logic Block Address，LBA）转换为对应的介质物理位置（Physical Address，PA），例如图 4-2 中的位置 A；第二种场景是，依据一个 PA 获取另外一个相关位置的 PA，例如图 4-2 中我们已经获取到 B1 的 PA，需要获取其后面物理块上 B2 的 PA。

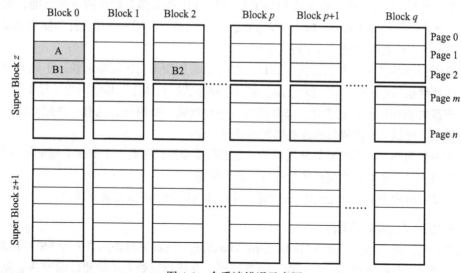

图 4-2　介质读错误示意图

　　对于上述第二种场景，我们有两种处理办法：第一种办法是按照固件对介质物理位置的编码方式推导出 B2 的 PA；第二种办法是让固件按照定义好的规则将 B2 的 PA 直接返回给测试。第一种方法要求测试团队不但要对固件及介质位置转换逻辑具备很深的理解，还需要综合考虑固件对介质可能存在的逻辑替换、废弃等操作，以及在运行过程中可能发生的各种异常场景。第二种方法，测试只需要与开发团队一起定义好规则，固件按照指定规则返回对应 PA 即可。从经验角度来看，我们更加推荐第二种方法——第一种方法更加容易将一些无效的问题引入到测试中，导致即便是项目后期还是会有一些意想不到的脚本逻辑问题；而第二种方法则可以很好地避免这一现象，对于不同项目的兼容性也会好很多。

　　对于介质的写错误和擦除错误的位置，虽然我们也可以有上述类似"种萝卜"的两种方式，但是我们更加推荐采用"预埋种子"的方式。对于介质写错误和擦除错误，我们很难预先推算出他们的绝对位置，因为 SSD 在运行时可能发生多种变量进而影响介质上的数据分布，这些也是我们无法预估的。"预埋种子"的方式则可以很好地避免这一问题。一般地，我们可以通过指定特定的数据类型及"相对位置"来进行预埋。

　　解决了错误注入的问题，我们回到错误处理功能测试的设计与实现上。在展开典型的测试场景之前，我们先来看一下需要考虑的具体影响维度。可能的维度包含以下几类。

- **数据类型**：主机数据、固件原生数据、固件接管的主机数据、无效数据等。
- **介质特定位置**：首尾块位置、首尾页位置、位于同一个盘内独立冗余阵列（RAID）条带（Stripe）上、位于同一个块上等，这里更多地需要参考介质的实际特性。
- **错误数量**：单个错误、多个独立错误、多个嵌套错误。
- **错误处理流程被中断**：各类型的上下电、复位、固件升级操作、其他可能的主机行为、其他可能的固件内部行为。
- **错误触发方式**：主机主动触发、固件内部行为触发。

　　这里仅列举了一些通用的维度，不同的固件实现还可能包含其他维度。有了这些维度，我们就可以设计对应的测试用例了，例如注入三个读错误，其中两个在同一个 RAID 条带内，并且第三个与前面两个中的其中一个读错误位于同一个 Block 内，利用主机读触发其中一个读错误并借助固件内部逻辑触发剩余的两个读错误。其他的错误处理的用例设计，这里我也不一一列举了。重要的是，我们想借助错误处理这个模块，让大家逐渐学会如何构造 SSD 固件功能模块的测试用例。

　　虽然错误处理这个模块与其他固件模块耦合性较高，但是实际触发的概率还是相对比较小的。对于该模块的测试覆盖，我们比较建议尽量覆盖各类可能的场景，但是对于压力性场景的测试可以做一些取舍。

　　从测试脚本的角度来看，脚本流程内我们需要确保各类注入的错误都能被正确触发并处理，特别是读错误。如果有读错误被遗留而未被触发，就会有较大概率影响后续脚本的正常执行和检查。另外，对于注入的 UECC，我们强烈建议测试脚本退出之前，对相应 LBA 进行重写操作，以避免对后续脚本产生影响。

　　此外，固件在处理完介质错误后，一般都会把相应位置标记为坏块。而随着坏块增加到一定数量，我们的盘片可能会进入写保护状态（Write Protection）。因此，我们需要阶段性地清理掉这些人为标记的坏块。一般来讲，我们会通过相应的 VU 接口来完成。

　　介绍完介质错误处理模块的测试用例设计方法，下面我们主要讨论一下对应的测试实现。我们还是以一个测试用例为例：一个 RAID 条带中带有两个 UECC 的物理页，并且其中一个物理页上只有部分 LBA 存在 UECC，主机通过重写其中一个 UECC 物理页上的部分 LBA，进而触发固件的介质错误处理，并对上述 UECC 进行处理。图 4-3 详细展示了各个 UECC 的情况：以单个物理 Page 大小为 16KB、单个 LBA 大小为 4KB 为例，Block0 Page1

上的 UECC 具体分布为 LBA 0 和 LBA 2 为 UECC，LBA 1 和 LBA 3 为正常数据，Block 2 Page 1 与 Block 0 Page 1 同属一个 RAID 条带且其上的 LBA 均为 UECC；具体通过主机重写 LBA 2 来触发相应介质错误处理流程（这里，我们假设固件设计带有 Internal Read 功能——即主机单独写某个 Page 中的部分 LBA 时，固件会将该页上其余 LBA 读回并一起重写下去）。

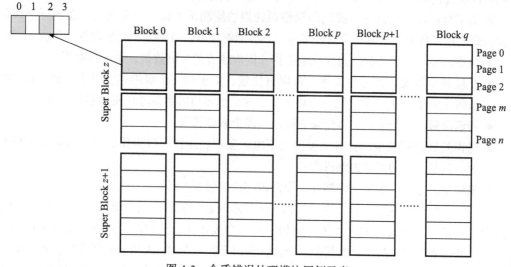

图 4-3　介质错误处理模块用例示意

对应的测试用例实现步骤为：

1）记录当前 SSD 的 Media Error、坏块数量等 SMART 信息。

2）随机选择一段 LBA 区间 [M，N] 并完成顺序写。

3）在区间 [M，N] 中随机选择一个 LBA，记为 LBA 1（如图 4-3 中 Block0 Page1 所示）。

4）借助 VU 获取与 LBA 1 在同一个 RAID 条带上的另外一个 LBA，记为 LBA 2（如图 4-2 Block2 Page1 所示）。

5）在 LBA 1、LBA 2 所在页按图 4-3 所示注入 UECC。

6）主机重写 LBA 1 所在页中的一个 LBA 以触发所有的 UECC。

7）重新获取 SSD 的介质错误、坏块数量等 SMART 信息，并与步骤 1 中数值对比，增量应与注错数量一致。

8）主机重写相应 UECC LBA 以恢复数据，并按需清理测试注错引入的坏块。

可以发现，对于介质错误处理模块的测试，我们需要重点关注数据是否可纠及对应数据的正确性。此外，介质特性决定了 NAND 特殊位置上的错误覆盖，作为测试团队，我们需要详细了解并设计对应的测试用例。

2. 垃圾回收功能测试

讲完耦合性比较高的模块，我们再以一个在 SSD 生命周期内触发频率较高的模块——

垃圾回收的测试作为例子。

我们首先简单介绍一下垃圾回收的原理：垃圾回收与餐馆提高"翻台率"的行为比较类似——假设我们有一个微型餐馆，提供的餐桌数量是有限的。为了能接待更多的客人，我们一般会采取的方式是尽量拼桌、及时清理已使用的桌面。垃圾回收要做的事情有两个，一个是尽量把有效数据集中存放，一个是尽量将有效数据少的物理块腾出来存放数据。有效数据的集中存放就类似拼桌，腾出物理块则类似尽快清理已使用的桌面。

对于垃圾回收的测试，我们首先梳理一下几个典型的维度。

- **数据源类型**：没有无效数据、部分无效数据、带有 UECC 的数据。
- **GC 数据被主机操作命中**：主机读命中、主机写命中、主机擦命中、主机 Trim 命中、复位、上下电等。
- **GC 流程与固件内部其他行为耦合**：介质错误处理、磨损均衡、热节流等。

同样的，明确了这些维度之后，我们就可以设计对应的测试用例了，例如垃圾回收所搬移的目标数据中存在 UECC、垃圾回收所搬移的目标数据存在部分被主机 Trim 的 LBA……可以发现，对于垃圾回收模块的测试，我们需要重点关注数据的正确性及块的释放能否满足 SSD 的运转，特别是一些异常的场景，例如介质错误处理、异常掉电等。

GC 相关测试用例的实现，有以下常见的两种触发方式：借助 VU 命令指定特定位置并让固件强制对该位置进行 GC 操作；通过特定的主机读写操作来使得对应块上的有效数据相对较少，以增加该块被 GC 选中的概率。这两种方法各有优缺点，如表 4-3 所示。

表 4-3　GC 触发方式优劣势分析

GC 触发方式	优势	劣势
VU 强制触发	白盒方式构造速度快；触发位置、时机相对精确	与 SSD 实际运行时的场景不完全一致
主机 IO 触发	黑盒方式项目兼容性好；符合 SSD 实际运行时的场景	构造速度较慢，但是借助短行程（short stroking）技术可以大大加快构造速度；触发时机不太可控

下面我们以一个典型的 GC 用例场景为例，分别用上述两种方式来进行构造——GC 源数据区域中带有 UECC 且 GC 过程被异常断电中断。

首先，我们来看一下 VU 强制触发的方式。具体构造步骤如下。

1）记录当前 SSD 的介质错误信息、坏块数量等 SMART 信息。

2）顺序写一段 LBA 区间 [M，N]，LBA 区间的大小取决于具体固件设计和介质特性。

3）临时禁掉固件后台 IO 相关的任务，例如垃圾回收、介质错误处理等。

4）在 LBA 区间 [M，N] 中随机选择目标 LBA 1 进行 UECC 注错。

5）重新使能步骤 3 中临时禁掉的后台任务。

6）VU 指定 LBA1 所在的物理块触发 GC 任务，并随机对 SSD 异常下电。

7）重复步骤 6 直到 LBA 1 对应的 UECC 被触发。

8）校验区间 [M，N] 的数据正确性。

9）重新获取 SSD 的 Media Error、坏块数量等 SMART 信息，并与步骤 1 中的数值对比，增量应与注错数量一致。

可以看到，使用 VU 强制触发的方式来构造该用例，逻辑比较简单、清晰。下面，我们再来看一下借助主机 IO 触发的方式构造该用例的具体方法。开始之前，我们先看一下如何让介质上的数据变成无效的。以 "O" 代表数据状态为有效数据，图 4-4 展示了当我们初次写入一个 LBA 区间的数据时，对应块上的数据分布情况。

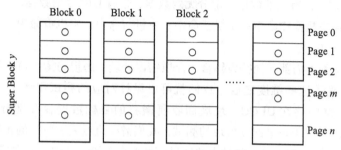

图 4-4　Block 中有效数据示意图

要使得部分 LBA 变成无效数据，我们可以采用主机 Trim 或者主机重写的方式来实现。Trim 命令可以让指定 LBA 区域直接变为无效数据，如图 4-5 中 Block1 Page0 位置所示。如果 SSD 不支持 Trim 命令，我们也可以使用重写的方式——将对应的 LBA 区域重新写一次，那么对应的原始位置就会变为无效状态，如图 4-5 中 Block0 Page1 位置所示。

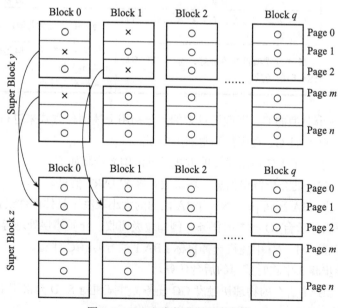

图 4-5　Block 中部分数据无效化

了解了如何将数据无效化，我们就可以借助主机 IO 触发的方式来构造该用例了。具体构造步骤如下。

1）记录当前 SSD 的 Media Error、坏块数量等 SMART 信息。

2）格式化 SSD，顺序写 [0，100GB] LBA 区间（区间大小为参考值）。

3）临时禁掉固件后台 IO 相关的任务。

4）将区间 [10GB，100GB] 对应的 LBA 区域进行 Trim 或者重写。

5）在 LBA 区间 [0，10GB) 中随机选择有效 LBA 1 进行 UECC 注错。

6）重新使能步骤 3 中临时禁掉的后台任务。

7）顺序写 100GB 后续 LBA 空间至写满全盘。

8）随机写 100GB 后续 LBA 空间并间隔性异常下电。

9）重复步骤 8，直至 LBA1 对应 UECC 被触发。

10）校验全盘数据。

11）重新获取 SSD 的 Media Error、坏块数量等 SMART 信息，并与步骤 1 中数值对比，增量应与注错数量一致。

对比上述两种构造方式，我们可以发现主机 IO 触发的方式对于异常下电命中 GC 的时机更加难以把控，测试执行时间也比较长。在实际测试实现中，我们可以将二者结合形成以下的构造方式。

1）记录当前 SSD 的 Media Error、坏块数量等 SMART 信息。

2）格式化 SSD，顺序写 [0，100GB] LBA 区间（区间大小为参考值）。

3）临时禁掉固件后台 IO 相关的任务。

4）将与区间 [10GB，100GB] 对应的 LBA 区域进行 Trim 或者重写。

5）在 LBA 区间 [0，10GB) 中随机选择有效 LBA 1 进行 UECC 注错。

6）重新使能步骤 3 中临时禁掉的后台任务。

7）顺序写 100GB 之后的 LBA 空间至写满全盘。

8）VU 指定 LBA 1 所在 Block 触发 GC 任务，并随机对 SSD 异常下电。

9）重复步骤 8 直到 LBA 1 对应的 UECC 被触发。

10）校验全盘数据。

11）重新获取 SSD 的 Media Error、坏块数量等 SMART 信息，并与步骤 1 中的数值对比，增量应与注错数量一致。

当然，如果固件支持局部充填（short stroking）功能，那么主机 IO 触发方式的运行时间也可以大大减少。对于局部充填，我们可以简单理解为将 SSD 容量进行等比例缩小，形成一个"小盘"。图 4-6 显示了一个 SSD 缩小了大约 50% 之后得到的"小盘"。局部充填并不是一个固件的标准配置功能，本小节就不做过多的展开了。

3. 磨损均衡功能测试

磨损均衡（Wear Leveling，WL）在具体实现时可以分为静态磨损均衡和动态磨损均衡。

静态磨损均衡就是将一些"长期"被占用的 NAND 块置换出来并使用；动态磨损均衡就是在写入数据时，总是挑选空闲 NAND 块中擦除次数较少的来使用。

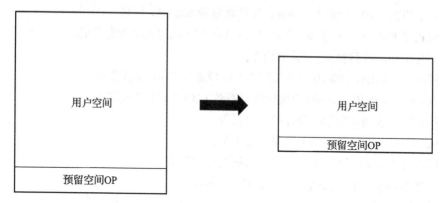

图 4-6　局部充填示意图

对于静态磨损均衡的测试，我们需要构造出"冷""热"数据。冷热数据的定义，需要参考具体固件设计。我们一般是通过 VU 命令直接修改相应固件的属性值以构造出"冷"数据或者"热"数据。大多数的固件实现中，静态磨损均衡可能会被设计成一个后台任务。对于此类情况，我们可能还需要通过 VU 命令来触发相关的后台任务。当然，通过长时间的持续"磨盘"也可以构造出冷数据，只是效率可能会比较低。由于静态磨损均衡还涉及 NAND 上的数据搬移，因此我们还需要充分考虑与其他固件模块耦合的场景，例如前面提到的介质错误处理、垃圾回收等。

对于动态磨损均衡的测试，我们需要能够构造擦除次数少的块。这些，我们也可以通过 VU 命令来修改块的擦除次数来实现。测试结束时，我们还需要将修改的擦除次数恢复回去。

此外，我们还可以借助性能测试、长稳测试等来观测整盘的磨损情况。一般来讲，我们都会定义一个整盘擦除次数差值的阈值。我们可以在性能测试、长稳测试中同步监测这个差值。

以静态磨损均衡测试为例，相关用例设计的典型维度包括以下几类。

- **数据源类型**：没有无效数据、部分无效数据、带有 UECC 的数据。
- **WL 流程被主机操作命中**：主机读命中、主机写命中、主机 Trim 命中、复位、上下电等。
- **WL 流程与固件内部其他行为耦合**：介质错误处理、GC 等。

具体用例实现与上面的 GC 非常相似，这里我们就不再具体举例了。

4. 写放大测试

写放大（Write Amplification，WA）是一个非常重要的衡量 SSD 耐久度的指标，它的计算公式是实际写入到 NAND 的数据量除以主机写入的数据量。写放大的测试本身复杂度并不高，但却是我们实际测试中容易遗漏的。因此，这里我们单独把它列出来做一些阐述。

稳态下，SSD 内部会执行 GC 等任务，从而导致盘内写到介质上的数据量与主机写入的数据量不相等的情况。而且，写放大会直接被具体 IO 负载影响。对于写放大的测试，我们需要重点关注典型 IO 负载下的写放大系数。

- 顺序 IO 的写放大系数。
- 随机 IO 的写放大系数。
- Trim 之后的写放大系数。

对于具体的测试实现，我们可以参考磨损均衡的测试，在性能测试、长稳测试中同步监测。

4.2.3　SSD 上下电测试

上下电测试在 SSD 测试中相对复杂，牵扯到的模块也比较多。按照下电类型来分，SSD 的上下电可以分为正常上下电和异常上下电。企业级 SSD 和消费级 SSD 对于上下电的要求和固件处理方法也不太相同，因此对于某些测试的期望结果可能存在一些差异。整体来讲，SSD 的上下电测试一般期望数据一致且功能正常——数据一致是指对于写入成功的 LBA，数据要确保正确；功能正常是指上电初始化时间符合要求且上电后 SSD 功能、性能正常。但是，如果 SSD 不支持掉电保护或者电容容量有限，那么我们就不能期望掉电前一段时间内写入数据的一致性。

上下电测试的用例设计并不复杂，任意一个前端命令、一个固件功能都可以与上下电放在一起测试；困难的是如何实现这些用例。

对于基础的上下电功能测试，我们重点检查上下电后系统能否正常认盘、Identify 命令返回的数据是否正确；上电时间（包括命令响应）是否符合产品要求；上电后数据是否正确。

对于前端命令，我们还是以 NVMe 的 Write 命令为例来讨论对应的上下电测试。从图 4-7 中可以看出，我们可以按照掉电发生的具体阶段进行分类。

1）如果在阶段 1～3 之间掉电，命令还未来得及执行，SSD 中对应的 LBA 数据并不会发生变化，因此上电后期望对应的 LBA 返回旧数据；如果在阶段 4～5 之间掉电，命令已经开始执行，SSD 中对应的 LBA 数据可能已经发生变化，具体情况需要进一步细分。

- 若 Write 命令未执行完成，则上电后期望对应

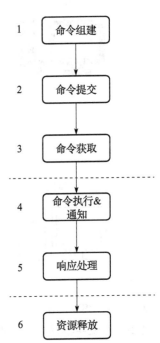

图 4-7　NVMe Write 命令流程示意图

的 LBA 返回旧数据。

- 若 Write 命令执行完成但未与主机同步，则上电后对应的 LBA 实际会返回新写入的数据，而主机或者测试驱动却可能会期望返回旧数据。对于这种场景，我们可能需要做一些适配以避免这种误报的数据校验错误（Data Miscompare，DMC）。

2）如果在阶段 6 掉电，SSD 中对应的 LBA 数据变更完成且已完成与主机的同步，上电后数据一定是期望返回新写入的数据。

因此，对于前端命令的上下电测试，我们可以按照命令的不同处理阶段来进行细分和测试设计。

对于固件功能，任意一个模块、后台任务，都可以考虑与上下电进行耦合测试，例如在前面章节提到的 GC 流程中遇到上下电。详细的用例设计更多地还需要参考具体固件设计，这里我们就不进一步展开了。

上下电测试的难点在于如何实现这些测试。我们首先来看一下测试中我们如何实现 SSD 的上下电。图 4-8 展示了两种比较常见的方案。

- 被测 SSD 连接在一台"从机"上，通过另外一台"主机"控制"从机"进行整机的上下电，进而间接地实现被测 SSD 的上下电。
- 被测 SSD 通过一个专门的 SSD 上下电制具连接到测试机上，测试机可以通过制具来实现对 SSD 的上下电。

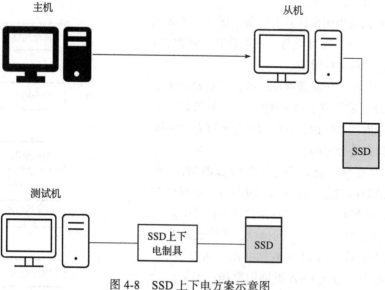

图 4-8　SSD 上下电方案示意图

除了实现 SSD 的上下电，另外一个难点在于如何把控下电的时机。一般来讲，我们可以通过多次重复实验的方式来提高命中的概率。例如上文例子中前端 Write 命令不同阶段的下电，我们可以通过重复多次压入大量命令并随机下电的方式来尝试命中。

4.2.4　SSD 性能测试

SSD 性能测试是通过专门的工具来评估盘片在各种负载下的性能情况，具体性能指标包括带宽、IOPS、延时和性能一致性。

SSD 带宽指的是 IO 过程中的数据吞吐量或者是单位时间内处理的数据量，常见的单位有 MB/s 和 GB/s（1GB/S=1 000MB/s）。带宽的数值越大，我们认为性能表现越好。IOPS 指的是单位时间内处理的 IO 命令数量。IOPS 的数值越大，我们认为性能表现越好。一般来讲，随机读写类型的负载会比较关注 IOPS，顺序读写类型的负载会比较关注带宽。延迟指的是从主机发起数据读写请求开始到 SSD 完成该请求之间的时间差，常见的单位有毫秒（ms）或微秒（μs）。延迟的数值越小，我们认为性能表现越好。与延迟相关的，还有另外一个维度——延迟 QoS，也就是我们常说的四个"9"、六个"9"之类的。延迟 QoS 可以侧面反应性能的稳定性。性能一致性指的是 SSD 在特定 IO 负载下、在一定时间内维持其性能水平的能力，通常我们通过对 BW、IOPS 或者 LAT 进行长时间的持续采样来评估一致性。采样频率可以选择每秒一次，也可以时间间隔更小。下面的代码是使用 fio 进行性能测试的结果及各个性能指标的示例。

```
fio-3.30
Starting 1 thread
Jobs: 1 (f=1): [w(1)] [100.0%] [w=2890MiB/s] [w=23.1k IOPS] [eta 00m:00s]
test: (groupis=0, jobs=1): err= 0; pid=6371; ……
    writes: IOPS=22.5k, BW=2807MiB/s (2944MB/s) (27.4GiB/10012msec); 0 zone resets
                                                              # IOPS 以及 BW
        slat (nsec): min=3358, max=28690, avg=5387.15, stdev=714.32
        clat (nsec): min=46, max=22664, avg=5693.34, stdev=3885.84    # 延迟
         lat (nsec): min=50, max=22669, avg=5693.77, stdev=3885.84
        clat percentiles (usec):                                      # QoS
         | 99.9000th=[14353], 99.9900th=[20317], 99.9990th=[22414],
         | 99.9999th=[22676]
        bw ( MiB/s): min= 2504, max= 2937, per=100.00%, avg=2807.79, stdev=122.91, samples=19
        iops        : min=21079, ……
```

通常我们使用 fio 作为性能测试工具，其他常见的工具还有 CrystalDiskMark、AS SSD Benchmark、lOMeter、HDTune 等。而具体的操作系统和测试驱动环境的要求，不同的项目可能会有所不同。例如，企业级 SSD 我们可能会选择在 Linux 用户态的驱动环境下进行测试，消费级 SSD 我们可能会选择在 Linux 内核态的驱动环境下进行测试或者在 Windows 环境下测试。这个主要是取决于我们的产品定位及最终用户的应用偏好和需求。

不同 SSD 的性能测试或者不同测试项对于测试时盘片状态的要求也会有些差异。企业级 SSD，一般会更加关注"稳态"下的性能表现；而消费级 SSD 可能会偏好测试空盘情况下短时间内的带宽、IOPS 等（我们可以理解为极限性能）。SSD 稳态指的是盘片经过一系列复写之后，其性能达到一个相对稳定的状态。性能一致性测试，一般都会先让 SSD 进入稳

态再进行具体的评估。

性能测试中让 SSD 进入稳态的比较通用的方法是顺序填盘若干遍后再随机写若干时间，例如顺序填盘 2 遍后随机写 2h。具体的填盘次数和时间，我们可以与开发团队沟通对齐具体方案。但是我们一定不能把某个项目上的经验值直接生搬硬套到另外一个项目。此外还需要通过进一步实测来确认上述负载之后，盘片确实进入了稳态。我们可以通过观察对应的 IOPS 是否保持在一个相对一致的水平或者以类似的规律重复循环。如果这些指标随着时间的推移显示出小幅波动或者以相同规律重复循环，那么我们可以认为 SSD 已达到稳态。图 4-9 展示了通过 IOPS 侧面反映 SSD 稳态的例子。如果要让 SSD 进入空盘状态，我们一般使用相应的格式化（Format）命令就可以了。

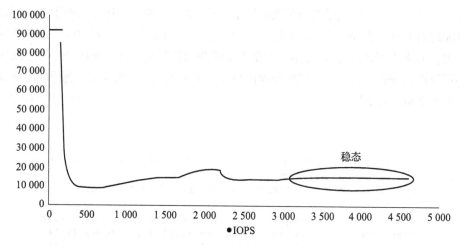

图 4-9 SSD 稳态下的 IOPS 示意图

下面简单介绍一下常见的性能测试负载。大致来讲，我们可以把性能负载分为纯读、纯写和读写混合。在此基础上，我们还可以将这些负载进一步细分为顺序 IO 和随机 IO，同时区分不同的 BS（Block Size，块大小）、QD（Queue Depth，队列深度）、thread 等。表 4-4 列举了一些比较典型的性能测试负载。

表 4-4 典型性能测试负载

负载描述	主要评估项	备注
4K 顺序读 / 写	带宽、LAT	4K 为示例值，实际可能会使用不同的 BS
4K 随机读 / 写	IOPS、LAT	4K 为示例值，实际可能会使用不同的 BS
降频后的顺序读 / 写	带宽、LAT	例如 Gen5 降至 Gen4
降频后的随机读 / 写	IOPS、LAT	例如 Gen5 降至 Gen4
稳态下顺序读 / 写的性能一致性	IOPS、LAT、QoS 等	一般会要求 IOPS 上下抖动不超过相应阈值
读写混合的性能评估	IOPS、LAT、QoS 等	典型读写混合比 1/9、3/7、4/6、5/5、6/4、7/3、9/1 等，视项目具体情况决定覆盖哪些混合比

（续）

负载描述	主要评估项	备注
典型应用场景的性能评估	IOPS、LAT、QoS 等	数据库、网页、游戏等场景；企业级特定应用的场景可能与常规场景不同
典型文件系统格式下的性能评估	IOPS、LAT、QoS 等	例如 EXT4、NTFS、APFS 等
HIR（Host IDLE Recovery，主机空闲恢复）性能评估	IOPS	Host IDLE + 4K 随机写
XSR（Cross Stimulus Recovery，交叉刺激恢复）性能评估	带宽、LAT 等	大、小 Block Size 的切换

需要注意的是，上述这些典型场景并不一定就是适用所有产品的，实际项目应用时可能需要做一些筛选和适配。此外，测试团队还需要依据产品具体使用场景提炼相应的性能测试模型。例如，假设最终 SSD 使用时是以 64K 的顺序写和随机读为主，那么我们就需要额外覆盖 64K 的顺序写混和随机读的场景。

某些应用场景下，用户并不会把 SSD 的全部用户可用容量都用满，而是选择使用总容量的一部分（即 Active Range，活跃区），例如 75% 或者 80%。这种用法对应剩余的容量我们称之为"软 OP"。如果这类场景包含在我们产品的目标场景内，那么我们在进行性能评估时，也需要做相应的适配。

对于 SSD 性能测试，业内也有一些比较通用的标准可以参考，常见的有 SNIA 的 Solid State Storage Performance Test Specification（固态存储性能测试规范）。这里我们不展开讨论。

性能测试完成后，呈现的仅仅是一组组数据，测试团队还需要对相关数据进行分析，挖掘出数据背后隐藏的含义。例如，图 4-10 统计了不同 BS 对应的 IOPS 变化情况，我们可

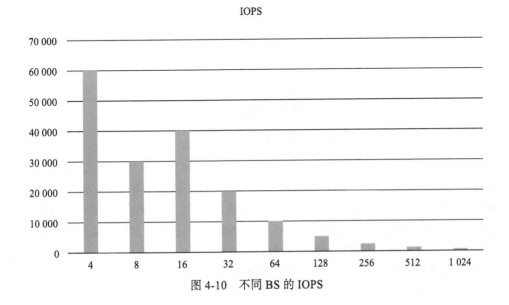

图 4-10　不同 BS 的 IOPS

以看出该 SSD 在 BS 16KB 时对应带宽达到最大值，且随着 BS 的增大带宽基本保持不变。队列深度同样也会存在类似的现象。当达到一定队列深度时，性能也会同步达到峰值；此后，即便我们继续加大深度，性能也保持在同一水平而不会无限地上升。

4.2.5 SSD 兼容性测试

SSD 兼容性测试主要是用来验证 SSD 在特定的硬件和软件环境下能否正常工作、各项表现是否稳定。这里的稳定，不但包括功能的稳定性，还包括性能、功耗等的稳定性。我们可以从两个维度进行兼容性测试用例的设计：软硬件环境的选型和具体测试项的制定。

关于硬件环境，我们一般考虑不同的 CPU、主板、接口（例如 SATA Ⅰ、SATA Ⅲ、PCIe Gen4、Gen5 等）、存储扩展设备、机型（比如笔记本电脑、台式机、工作站、服务器）等。某些企业级应用场景甚至需要考虑不同的组网方式。表 4-5 列举了一些常见的 CPU 和主板厂商，我们在做硬件环境选型时可以选择参考。

表 4-5 常见 CPU 和主板厂商

类型	厂商	备注
CPU	英特尔 Intel	X86
	超威 AMD	X86
	苹果 Apple	ARM
	中科院计算所龙芯	MIPS
	华为鲲鹏	ARM
	飞腾	ARM
	海光	X86
主板	华硕 ASUS	
	技嘉 GIGABYTE	
	微星 MSI	
	华擎 ASRock	
	英特尔 Intel	
	超微 Supermicro	

关于软件环境，我们一般考虑不同的操作系统（例如 Windows、Linux、macOS），不同的内核或者驱动版本，不同的 BIOS（Basic Input/Output System 基础输入 / 输出系统）或者 UEFl（Unified Extensible Firmware Interface，统一可扩展固件接口）版本，不同的 BMC（Baseboard Management Controller 基板管理控制器）版本，不同的应用程序或者软件版本，不同文件系统和分区配置或者存储系统等。有的 SSD 还会提供诸如状态监控、固件版本更新的工具软件，我们也需要把这些软件考虑到兼容性测试中。如果软件版本没有特别限定，建议使用最新的稳定版本以避免一些已知的问题。

具体的兼容性测试项一般会包括以下几个。

- 基础尺寸、接口槽位匹配的检查；上下电或者热插拔的认盘检查（服务器环境还会对整机上下电和单盘上下电分别覆盖），休眠、唤醒的认盘检查和功能检查。
- 常规读写操作的功能检查。
- 常规功耗的检查。
- 典型负载下的性能检查。
- 典型读写压力测试。
- 常规温度和散热检查。
- 主、从盘对应的功能测试，例如作为引导盘的启动测试。

结合上述具体维度，我们就可以设计对应的兼容性测试用例。例如，在特定软硬件环境配置下进行读写压力测试，并对盘片功耗和温度进行实时监控；在特定软硬件环境配置下使用固件版本更新工具进行固件升级、降级。如果上述维度的具体配置组合项数量过大，我们也可以借助前文提到的正交实验的方法来压缩组合项数量。

兼容性测试中有很大比重的手动测试，测试过程中我们需要严格做好数据记录；少部分我们可以通过脚本或者特殊治具来实现自动化，例如用来做热插拔的机械手臂、对 SSD 盘片进行上下电的治具等。

4.2.6　SSD 压力测试

SSD 压力测试是一个统称，一般是指长时间或者多次循环对 SSD 某些功能或者特性进行压力性的测试，比如常见的 IO 压力测试、上下电压力测试等。上下电测试在 4.2.3 节已经介绍过，本节主要介绍 IO 压力测试。

首先需要明确的是，这里的 IO 并不仅是单指读、写操作，还包括其他任何能够改变数据的命令，例如常见的 Trim、格式化等。IO 压力测试不同于 IO 的功能测试，会更加侧重于考察 SSD 在连续的 IO 压力下能否正常工作，也能够检查出一些"极端场景"下的缺陷。

按照具体覆盖的范围来分，SSD IO 压力测试可以分为以下几个大类。

- 狭义 IO（读、写混合）的压力测试。
- 广义 IO（读、写、Trim 等混合）的压力测试。
- IO 混合特定场景（固件更新、上下电、复位）的压力测试。
- 高低温场景下的 IO 压力测试。

我们先来看狭义的 IO 压力测试。这部分测试主要考察读写场景的压力测试，对应测试的设计不但会从块大小、队列深度、多并发和读写混合等维度来考量，还会从固件设计的角度兼顾具体 LBA 特殊分布的场景。

块大小、队列深度、多并发、读写混合这些维度的展开相对简单，也比较通用。对于块大小维度，我们需要覆盖 SSD 支持的不同块大小——512B、1KB、1536B、2KB、4KB、8KB、16KB 等；对于队列深度维度，我们需要覆盖一些典型的深度——1、2、3、16、64、128、支持的最大队列深度等；对于多并发，一般考虑多个读任务并发、多个写任务并发、多个读写任务并发等；读写混合一般考虑一些典型的读写混合比，例如 10%/90%、30%/70%、40%/60%、33%/67% 等。对于多并发的场景，我们在构造测试用例时，需要特别留意并发任务的 LBA 区间是否存在重叠（LBA Overlap）。如果存在重叠，很可能会引入一些测试问题，因为我们的 SSD 处理主机命令时并不是"保序"的。如图 4-11 所示，主机在 Read 命令之前发送了带有重叠 LBA 区间的 Write 命令，但是 SSD 实际完成 Write 命令的时间却是 Read 命令之后；对于该笔 Read 返回的数据，我们的测试就不能简单地期望与该 Write 命令的数据一致。测试的过程中，我们建议尽量主动避免这种带有 LBA 重叠的场景。

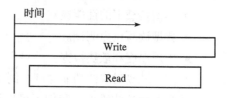

图 4-11　并发读写存在 LBA 重叠

LBA 的分布会间接反映到 NAND 上的实际位置，而这些分布又恰好会触发某些固件的特殊行为。图 4-12 简单罗列了一些常见的 LBA 分布情况。

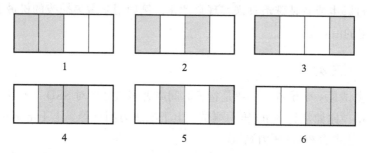

图 4-12　LBA 分布示意图

以图 4-12 中第一种映射方式（图中的分布方式 1）为例，IO 的 LBA 序列为 0，1，4，5，8，9……这个序列最终映射到 NAND 上时，可能会命中连续 Internal Read 的场景（图 4-13 上半部分所示）或者连续平面（Plane）的场景（图 4-13 下半部分所示）。

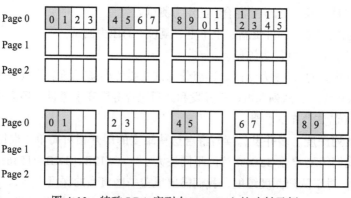

图 4-13　特殊 LBA 序列在 NAND 上的映射示例

此外，我们还可以把针对一些固件功能模块的覆盖考虑进来，例如我们可以针对一小段"热数据"区域做持续的随机 IO 压测；也可以考虑把部分性能测试的相关负载复用过来，作为 IO 压测的场景。

广义的 IO 压测还会加入 Trim、Format 等可能改变数据的命令及并发一些管理性的命令，例如 SMART 相关的命令。对于此类测试，我们也需要特别留意对与 LBA 重叠场景的正确处理。

IO 混合特定场景的压力测试，一般指联合固件更新、上下电、复位等场景一起进行压测。例如，我们可以在做 IO 的同时进行固件更新以评估热升级场景下，SSD 是否能够正常工作；在做 IO 的同时进行上下电，以评估固件是否能够正确处理掉电时的数据及电容功能。要准确实现这类测试，我们需要一些比较专业的测试工具，特别是要能够具备处理此类场景下的数据校验能力。

设备条件允许的情况下，我们比较推荐在不同温度环境下进行 IO 压测。这样还可以评估出介质在不同温度下的工作状况与固件实现是否匹配。尤其是对于一些工业级或者军工级别的产品，我们需要重点评估。因为这类产品对于温度的要求会比较苛刻。

4.2.7　SSD 功耗测试

SSD 功耗测试主要是为了度量 SSD 在各类工作状态下的功耗情况，例如待机、各类典型 IO 负载下、休眠唤醒等。我们可以使用电流表或者功率计等设备进行简单场景下的 SSD 功耗测量。更多地，我们还是比较推荐使用一些专业的功耗测试设备（例如万用表、专业的电源分析仪或者专用的测试治具），以便于我们实时测量和跟踪功耗的变化。

以 SATA SSD 为例，一般会支持以下几种不同的电源状态（Power State）。

- **工作状态（Active State）**：此时 SSD 处于读写操作状态。
- **空闲状态（Idle State）**：一定时间内，SSD 如果没有收到 IO 操作请求，其会自动进入空闲状态，如有需要可关闭 SSD 某些功能以降低能耗。
- **待机状态（Standby State）**：SSD 进入空闲状态后，如果一定时间内依旧没有收到 IO 请求，SSD 就会进入待机状态。
- **休眠状态（DevSleep）**：休眠状态下 SSD 功耗最低，并关闭所有非必要功能。

NVMe SSD 也会支持类似的电源状态，包括 PS0、PS1、PS2、PS3、PS4 等。消费级 SSD 在空闲状态下功耗能够控制在 1W 甚至更低；工作状态下，功耗可能会达到 8W 左右。企业级 SSD 在空闲状态下功耗大概是 6W 左右；工作状态下，功耗可能会达到 25W 左右。

如果我们的产品支持上述电源状态管理功能，我们需要在功耗测试中覆盖上述各个状态下的功耗情况及状态间切换的功耗情况。

对于典型 IO 负载下的功耗，我们除了需要考虑诸如 4K 顺序读写、4K 随机读写之类的通用的 IO 负载，还需要考虑覆盖客户应用场景的 IO 负载。如果无法收集到明确的客户需求，建议至少要覆盖最大性能场景及 IO 频繁切换（读写切换、块大小切换、队列深度切换等等）场景下的功耗情况。此外，我们还需要留意性能水平与功耗是否存在"反向"的情况，例如性能整体下降而功耗反而上升。

盘片上下电时的瞬时功耗，我们也需要测试，特别是对于带有电容的 SSD。因为上电过程中，盘片可能会对电容进行充电。我们需要确认这些行为对于瞬时功耗的影响是否在可接受范围内。

某些盘片还会借助自定义的 SMART 信息向主机提供功耗值。对于这类盘片，我们也可以借助上述信息进行功耗跟踪。当然，我们首先需要确认盘片返回的功耗值与实际情况是否一致。

对于测试过程中的数据采样频率，我们可以根据实际情况选择合适的频率，例如每秒采样一次或者是更加频繁也可以。

4.2.8　SSD 可靠性与数据保持测试

这类测试是从统计学的角度，对一定数量的样本进行测试并统计结果，进而对整体产品的质量进行评估。SSD 质量由一系列的测试项组成。这些测试项及其测试方法和要求，在 JEDEC 相应标准内定义得非常清楚。

常见的 SSD 相关标准有 JESD 218、JESD 219、JESD 22 系列等。其中 JESD 218、JESD 219 定义了 SSD 可靠性验证相关的测试方法及对应的 IO 负载。JESD 22 包含了一系列的测试项，例如 A104 定义了温度循环测试，A110 定义了高度加速温湿度应力实验（Highly-Accelerated Temperature and Humidity Stress Test，HAST）测试，B103、B104 定义了振动和冲击测试，C101 定义了静电放电敏感性实验（ESD）测试……相关标准的详细内容，我们可以在 JEDEC 官方网址 https://www.jedec.org/ 进行查阅。

SSD 可靠性验证测试，也就是我们常说的 RDT 测试。RDT 测试一般是选取一定样本量的产品进行长时间的压力测试，并观察其失效情况。借助 RDT 测试，我们可以评估 SSD 的平均故障间隔时间、年化故障率、不可修复的错误比特率等关键可靠性指标。

如果盘片容量太大会导致测试时间过长，我们可以将盘片容量进行同比例的缩放，并在缩放后的盘片上进行相应测试以缩短测试时间。

对于 RDT 测试，我们有两个加速因子：写加速因子和温度加速因子。对于写加速因子，我们可以简单理解为由于 RDT 的 IO 压力的增大从而导致了总写入字节数的加速达成；对于温度加速因子，我们可以理解为 RDT 过程中的升温环境导致了介质磨损的加速。

写加速因子的具体计算公式如下：

$$AF_{TBW} = \frac{TBW_{RDT} \times WA_{RDT}}{t_{RDT}} \div \frac{TBW_{use} \times WA_{use}}{t_{use}}$$

$$= \frac{TBW_{24hr} \times WA_{24hr}}{24} \div \frac{TBW_{use} \times WA_{use}}{5 \times 365.25 \times 24}$$

这里假设 t_{use} 为 5 年，即 $5 \times 365.25 \times 24$h；对于 RDT 测试负载下的 IO 数据量评估，我

们可以考虑以 24h 的 IO 为单位进行计算。

温度加速因子的具体计算公式（简化版）如下：

$$AF_T = e^{\frac{E_A}{K}\left(\frac{1}{T_{use}} - \frac{1}{T_{RDT}}\right)}$$

这里，E_A 为介质的活化能，K 为玻尔兹曼常数。

JESD 218 中有更加详细的计算公式，这里我们不再一一展开。通常来讲，RDT 测试的持续时间在 40 天左右，选择的样本量可能为 200 片左右。此外，RDT 测试还需要借助专业的设备。

JESD 219 则详细定义了 RDT 测试中的 IO 负载及相应的测试实现方法。这些一般都会直接集成在专业的测试设备中（详见第 9 章），我们直接使用就可以了。

由于 NAND 介质的特性，其中的电荷会随着时间的推移逐渐发生迁移，从而导致数据发生偏转。我们可以通过相应的测试，对 SSD 的数据保持能力进行评估。

一般来讲，消费级 SSD 的数据保持能力要求在 40℃写入数据并在 30℃断电情况下，数据能够至少保存 1 年；企业级 SSD 的数据保持能力要求在 55℃写入数据并在 40℃断电情况下，数据能够至少保存 3 个月。因此，我们要对 SSD 进行数据保持能力的测试。

在进行数据保持能力测试时，我们一般会选择合适的温度组合，利用温度加速来缩短评估时间。JESD 218 中也列举了一些常见的温度组合。

4.3　SSD 生产阶段的测试

SSD 生产阶段的测试是指 SSD 从表面组装技术（Surface Mounting Technology，SMT）制程下线至成品出货的过程中，对各个生产环节和最终产品形态进行的各种测试和验证活动。这些测试的目的是确保出厂的每片 SSD 产品符合设计规范和出厂质量要求。生产阶段的全面性测试不仅可以检验 SSD 产品的基本功能，还可以发现和解决测试中遇到的 SSD 问题，并筛选出潜在的不良品，从而提高 SSD 产品出厂后的可靠性和稳定性。

4.3.1　SSD 生产阶段测试的内容

SSD 生产阶段的测试是 SSD 产品直面客户的最后一道关卡，也是 SSD 生产过程中不可或缺的一部分。它对于保持 SSD 产品质量的稳定、树立企业良好形象和提升终端用户满意度都具有十分重要的意义。

SSD 生产阶段的测试涉及的流程较多，测试用例的数量、SSD 产品的容量等多种因素决定了生产测试整体时间的长短。一般来说，生产阶段的测试主要包括硬件测试、固件测试，并加之在特定温湿度环境下的老化测试等项目。

- 硬件测试是对 SSD 的各个硬件组件进行检查和测试，以确保它们能够正常工作。
- 固件测试主要是对 SSD 的固件的基本功能进行验证，以确保它能够正确地识别，并实现正常的读写操作。

- 老化和环境测试则是利用温箱等测试设备，对 SSD 在不同温湿度环境条件下的表现进行测试，以确保产品能够在用户要求的温湿度环境下正常工作。

SSD 生产测试的重要任务不仅是筛选出潜在的不良品、保证出厂 SSD 的可靠性和质量，同时要保证测试效率与产品良率。对此，我们可以从以下几个方面重点考虑。

- **优化测试流程**：通过简化测试步骤、缩短测试时间、提高测试自动化程度等方式来优化测试流程，从而提高测试效率。
- **并行测试**：同时对多个 SSD 进行测试，以缩短测试所需的总时间。
- **自动化测试**：利用自动化测试工具减少人工干预，以提高测试效率和准确性。
- **选择合适的测试方法**：根据 SSD 的特性和应用场景选择合适的测试方法，以确保测试结果的准确性和有效性。
- **充分利用测试数据**：对测试数据进行分析和处理，提取有价值的关键信息，以更好地了解 SSD 的质量和特性，并为改进产品设计和提高产品质量提供依据。

综上所述，提高 SSD 生产测试效率需要综合考虑测试流程、测试方法、测试工具和测试数据等多个方面。通过不断优化和改进，来提高 SSD 生产测试效率，降低生产成本，提高产品质量和市场竞争力。

4.3.2 SSD 生产阶段测试的流程

SSD 生产阶段的测试流程主要包括以下 3 个部分。

- **SMT 生产**：生产管理部门根据订单需求创建工单，并由主管审核确认工单信息。然后系统核对并生成确定信息，通过后发放至 SSD 生产作业部门。接下来，SSD 生产作业部门确认工单信息并进行备料与 SMT 前的生产准备，按照排程信息进行 SMT 生产与检测。
- **SSD 产品测试**：这是整个流程中最核心也是最关键的部分。操作人员根据工单要求进行开卡测试、出厂测试和产品检验等一系列流程操作。
- **SSD 产品的组装与出货**：待 SSD 产品通过最终检测后进行标签、包装与出货作业。

在上述测试与检测过程中，良品进入下一流程直至最后出货；不良品则按照不良品流程处理与追踪，在此期间需关注各个流程的一次性通过率、通过率、不良原因、处理结果等数据，这些数据在经过大数据的整体分析后，可作为不断提高效率、持续改善生产流程的重要依据与衡量指标。

上述 SSD 产品生产流程只是简单描述了基本的、通用的步骤，稍后再进行各流程模块的细化。需要提醒读者的是，在实际的 SSD 生产测试阶段，涉及的流程相对复杂，每批生产工单涉及的测试方式与要求可能都不相同，而且流程持续时间相对较长，经手人员众多。鉴于此，每个 SSD 生产厂商还会根据自身情况与条件进行流程的细化与优化，但不论如何，也离不开对生产环节的管控与监视。

4.3.3　SSD 生产阶段测试的监控

那么，在 SSD 产品生产测试过程中，如何高效地管理各个流程并进行监控呢？如果遇到测试失败等异常，如何及时汇报、记录并处置异常呢？

在 SSD 产品生产测试过程中，管理各个流程并进行监控是一项复杂繁重的任务。为了确保 SSD 产品品质，需要建立一套完整的、规范的生产质量管理流程系统，用来管理、监视和追踪各个作业过程。这个管理流程系统应基于多项质量管理标准体系，并结合实际情况进行不断的实践和优化。在这方面，以国内一家集研发、生产、营销、服务于一体的 SSD 制造商至誉科技为例，其以软件定义存储，专注于宽温、高性能、高可靠性企业级和工业级 SATA、NVMe、BGA SSD 研发，产品通过 IATF 16949 及 ASPICE Level2 的认证。产品主要应用于工业控制、服务器、广播影视、汽车存储、人工智能、航空航天、国标加密存储和安防监控等领域，并为客户提供弹性化软件定制服务。

至誉科技研发生产的产品之所以能够成功应用于各个领域，离不开其智能化、多功能和便捷化的产品生产质量管理与控制系统。其基本结构如图 4-14 所示。

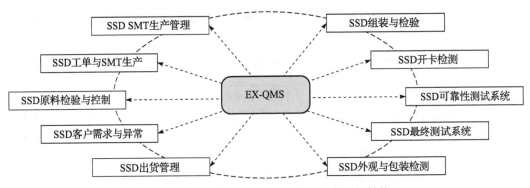

图 4-14　至誉科技产品质量管理与控制系统结构

如图 4-14 所示，我们可以清楚地看到，产品质量管理与控制系统都以 EX-QMS（Extend Quality Management System）为核心，并与 SSD 从原料检验到出货的全链条产品生产管理与管控系统相关联。例如，SSD 的原料筛选与检验、工单的建立、SSD 生产、开卡作业、生产测试与产品包装出货等，都是通过该 QMS 系统进行操作与监控的。接下来，我们将简要介绍与 QMS 系统相关联的各个管理模块的主要功能。

- **SSD 原料检验与控制**：主要管理 SSD 生产涉及的关键零部件（如控制器、闪存、DDR、PCB、Power IC 等）的库存、来料检验、不良原材料筛测与追踪等功能。
- **SSD 工单与 SMT 生产管理**：主要根据需求信息创建工单等关键产品信息，确认并指定测试方式，进行 SMT 备料与管理，以及 SMT 生产排程管理等。
- **SSD SMT 生产管理**：主要用于追踪 SSD 的 SMT 流程，进行生产品质管理和设备管理等。
- **SSD 组装与检验**：主要管理和控制组装零部件，进行检验流程追踪等。

- **SSD 开卡检测**：主要控制和管理 SSD 的生产开卡方式，并支持使用 MST（Manu-facture Self Testing）固件进行 SSD 基本硬件接口功能、控制器功能和 NAND Flash 的基本读写功能等测试，筛选不良的 SSD 产品并标记质量差的 NAND Flash 块为坏块，将其记录到固件的坏块管理表中。开卡结束后，SSD 就可以与操作系统正常交互了。
- **SSD 可靠性测试系统**：主要根据创建工单的信息进行可靠性测试。根据工单信息的要求，可以进行常温、恒温、循环温测试等。
- **SSD 最终测试系统**：主要包括清理测试数据、出货前的信息核对与最终检验、流程追踪等。
- **SSD 外观与包装检测**：主要包含 SSD 的外观检查与包装等流程的管理。
- **SSD 出货管理**：主要是对出货流程的管理等。
- **SSD 客户需求与异常管理**：主要用于客户需求的搜集与问题的反馈追踪，以及 SSD 生产阶段的异常管理，数据分析和挖掘等。

我们更加关注图 4-14 的右半部分，也就是 SSD 产品生产测试的部分。这部分主要是由测试自动化工具与 EX-QMS 系统进行数据链接与交互，并进行测试流程的选择与设定、环境温度的设置以及测试过程监控与结果回收等，我们仍以至誉科技的生产流程为例，进行关键流程更加详细的阐述，如图 4-15 所示。

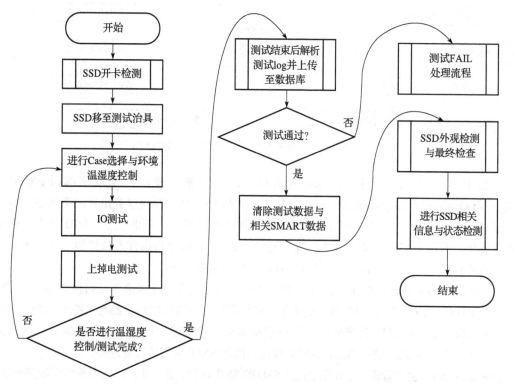

图 4-15　SSD 生产测试流程简图

在 SSD 生产测试中，测试用例的来源是多元化的。这些来源主要包括芯片厂商提供的测试规范和程序、行业标准和规范、客户需求和反馈，以及研发经验和测试积累等。在上述生产测试流程中，使用了以 IO 测试和上掉电测试项目为主，结合环境温度的控制，进行常温、恒定温度及循环温度的测试，完成预定的测试轮数或时间。这部分的测试是该流程核心中的核心，对于准确、快速筛选潜在不良品起着十分关键的作用。因此，对于该部分测试用例的选择就显得尤为关键。

对于 IO 测试，主要覆盖不同读写命令参数与数据格式的写入与读取，进行循环测试至全盘容量或设定的测试时间，期间会检测命令与数据一致性等关键指标；对于上掉电测试，主要覆盖正常与异常掉电场景，进行多轮测试并检测 SSD 的上电恢复时间与数据的一致性等关键指标。一般来说，该部分测试用例会从上述的功能性测试中选取若干经典的 IO 读写测试用例，或者根据客户要求设计测试序列与流程进行核心的 SSD 生产测试，对于检测项目与关键指标的定义需要严格遵照产品的定义与设计规范，并经过反复验证。

对于主流程中的其他子流程，如测试失败的处理、SSD 外观检测与最终检查、相关信息的检验等，可以基于操作顺畅、覆盖全面、快速处置、高效追踪等原则由厂商根据实际情况自定义检查模式和测试项目，此处不做过多的展开。

4.3.4　SSD 生产阶段测试的工具与平台

在整个 SSD 生产测试过程中，测试平台与测试自动化工具两者缺一不可，协同配合。每个 SSD 厂商都有一套专用的量产测试自动化平台与工具，一般是厂商根据自身生产流程与实际操作情况由内部研发实现而成。这些平台与工具大多采用客户端 / 服务器的架构，具备操作简单、界面简洁、标准明确、结果清晰、过程易追溯等特点。不过，无论该工具的具体实现方式如何，其宗旨都是通过批量化自动生产控制，提高生产效率、减少人力成本、降低时间成本等。

那么，作为 SSD 生产测试核心地位的测试自动化工具，需要具备什么基本能力呢？在这里，总结了一些要点。

- 具备选择单台与多台测试机器并控制触发测试用例执行的能力。
- 具备多台、多端口并发执行测试用例的能力；具备出错停止 / 出错继续等控制选项的设置。
- 具备控制与改变环境温湿度的能力。
- 具备定义与选择不同测试用例、灵活配置测试顺序的能力。
- 具备监测每个测试机器的状态和支持单独管理控制（如重启、升级、测试用例下发与更新、硬件复位等）的能力。
- 具备兼容不同 SSD 产品尺寸大小的能力，以及监测测试机器所连接被测 SSD 的测试进度的能力；支持实时测试结果和状态的查看；并能明显指示测试状态，支持异常处理等能力。

- 具备将测试日志与信息上传至数据库的能力，具备与内部 QMS 系统关联的能力。
- 具备支持不同协议的 SSD 产品的测试能力。
- 具备存留测试配置文件和信息导入导出的能力。

除上述基本能力要求外，也可根据 SSD 产品的特点与要求，或实际作业的情况与要求，考虑使测试自动化工具具备一些附加能力与控制模式等。

4.3.5　SSD 生产阶段测试与研发阶段测试的区别

在前面的章节中，我们阐述了 SSD 产品在研发阶段测试的相关内容。那么，SSD 生产阶段的测试与研发阶段的测试区别是什么呢？两者又有什么关联与侧重点呢？表 4-6 主要从测试工具、测试覆盖率等方面列出了生产阶段测试与研发阶段测试的主要区别与各自的侧重点。

表 4-6　研发阶段测试与生产阶段测试的对比

维度	研发阶段测试	生产阶段测试
测试时机	产品研发阶段执行，由研发部门测试团队完成	产品量产阶段为主，由生产部门完成
主要目的	满足产品所要求的功能、设计规格、性能指标等	确保出厂的 SSD 产品符合质量标准
测试工具	借助多种测试工具对不同功能、性能等进行测试	以量产测试工具为主，工具相对单一，并在研发阶段验证完毕，具备同时测试多盘的能力
测试平台	涉及多种平台的兼容性测试	测试平台相对有限与固定
测试 SSD 数量	数量有限，抽样测试	数量多，且 100% 测试
测试用例数量	数量多，类型复杂	数量有限且典型
测试内容	涵盖硬件、固件、兼容性、性能、功能、功耗、可靠性测试、特性测试等	涵盖硬件、部分固件、可靠性测试，以及外观检查等
测试覆盖率	覆盖功能全面	以典型读写、上下电、高低温等测试为主
环境温度测试	特性测试验证与研究试验为主	依据出货产品需求必备要求
测试时间	时间较长，数天甚至数周都有可能	时间有限，12 ～ 24h 不等
调试手段	调试手段多样，相对便捷	调试手段有限
测试方式	可单盘、多盘测试，可具备测试自动化能力	多盘测试，测试自动化，具备操作界面，简单易操作、错误异常汇报上传等
测试记录	不涉及各个流程追溯，注重测试日志存留备查	具备各个测试流程与过程追溯，出货信息完整可查

总而言之，SSD 生产阶段的测试是 SSD 产品面向客户的最后一个环节，需要各个系统的协同配合。尽量在 SSD 产品的研发初期就考虑 SSD 生产所需的治具、平台、环境，以及必须具备的流程、工具和自动化控制等，因为生产测试部分也是一项需要不断积累且耗时的工程。只有在目标准确、提前规划、准备充分的前提下，才能使 SSD 产品在生产阶段满足产品的稳定性和质量的可靠性，增强产品优势并提升产品竞争力。

当然，上述内容只是一个典型的 SSD 生产阶段测试的系统框架和流程介绍，需要了解的是，每个 SSD 厂商都有自己独立的、核心的生产环境和自动化管控流程，但都是基于一定的基础框架不断进行添加和完善的，以达到更好地适配，更加高效地进行 SSD 生产测试之目的。

在本节最后需要强调的是，SSD 生产阶段的测试和其他电子产品的生产过程类似，都更加关注生产效率、测试良率等关键指标，这自然需要各个部门尤其是研发部门资源的大力投入和自动化流程的不断深入。而对于生产部门来说，如何持续优化和改进流程，不断提升 SSD 产品的生产品质也是一个永恒的课题。

4.4 SSD 导入阶段的测试

4.4.1 消费级 OEM SSD 导入测试和厂商测试流程

OEM SSD 一般是由整机厂商提出产品需求，SSD 厂商按照要求进行开发和生产。PC OEM SSD 占了消费级 SSD 出货量的大部分，联想、Dell、HP 等整机出货时自带的部分 SSD 就是 OEM SSD。

OEM SSD 的市场属于前装市场，可以理解为在整机销售前就选定了其内装的 SSD 部件。以渠道和电商为代表的零售 SSD 的市场属于后装市场，例如消费者自己买块 SSD 自行装配到个人电脑上。2021 年 PC OEM SSD 与零售 SSD（渠道＋电商）的比例达到了 8∶2，未来 PC OEM SSD 占比还会继续提升。

那么同样都是消费级 SSD，PC OEM SSD 与零售 SSD 的区别主要在哪里呢？

PC OEM SSD 用料更好。以 NAND 颗粒为例，品牌整机大厂一般只接受原厂 NAND 颗粒，例如三星、美光、思得、西数等 NAND 原厂，这些 NAND 原厂是整机厂商 PC OEM SSD 的主要供应商。也有非 NAND 原厂的独立 SSD 模组供应商，比如 Kingston、ADATA、江波龙等，它们使用 SMI、Phison、联芸、英韧等主控，并向 NAND 厂家采购 NAND，一样可以提供同原厂品质的 PC OEM SSD，而且在客户定制方面更具灵活性。

消费级零售 SSD 产品鱼目混珠、良莠不齐，不排除使用黑片（Ink die）做 SSD 的可能性。NAND 品质不一样，对应测试标准也会有差异，过于严格会导致良率降低，太松则会导致品质下降，因此需要找到一个相对平衡的点，这也是测试的一个重要工作内容。

从 SSD 测试的角度，PC OEM SSD 通过测试的要求和标准更高。例如联想、Dell、HP 等整机厂商有一套完整的导入测试 SSD 的测试标准，这些标准比一般零售类 SSD 的测试标准高很多。

- **测试压力**：比如掉电测试、开关机测试、重启测试，测试的循环数量基本都要达到 3 000 次以上。
- **对待测试失败的态度**：原则上不能有任何测试项目失败，否则视为测试不通过。
- **测试规模和测试覆盖度**：一线整机大厂测试规模可以达到几百台甚至千台，且要求 SSD 产品测试被所有测试用例覆盖到。

　　按照 PC OEM SSD 测试标准，一次完整的导入测试一般至少需要 4 ～ 6 个月，而零售 SSD 的项目时间窗口很小（受到 NAND 供货时间窗口的影响较大），只有 1 ～ 2 个月的方案验证期。这就需要减少测试用例数量，降低测试强度，甚至只做一些必要的测试。这样的时间窗口给 SSD 厂商测试部门提出了一个新的课题，如何在有限的时间内完成测试，同时保证产品的品质？提升测试效率和效果一定是必然选择。

　　下面从兼容性的角度，具体举例说明零售 SSD 和 PC OEM SSD 在测试标准上的不同。

- **测试规模不同**：零售 SSD 测试一般测试 200 台左右近 2 年的主流 PC 平台，而 PC OEM SSD 测试规模可以达到千台以上。
- **通过标准不同**：零售 SSD 在测试时如果出现非常低概率的蓝屏和黑屏，只要盘片重启后可以恢复，就不作为关键问题。PC OEM SSD 不允许出现蓝屏黑屏问题，哪怕交叉验证和 SSD 没有关系，也要找到根因。因为对整机厂商而言，需要保证的是整机质量，而不仅仅是 SSD。再比如 IOMT 信号质量测试，零售 SSD 一般一次测试通过就可以。而 PC OEM SSD 需要分别在高温、常温、低温下测试至少 25 次，全部通过才算通过。
- **测试用例的丰富性不同**：PC OEM SSD 在导入时，需要通过整机厂商的所有兼容性测试用例。整机厂商为了保证兼容性不出问题，测试用例库非常庞大，测试完成需要 2 ～ 3 个月。而零售 SSD 不会测试那么多测试用例，测试 1 个月左右完成。这点并不仅仅在于测试用例数量的不同，一些有实力的 SSD 厂商用例库也很丰富，但是受到时间限制，推出产品的窗口期很短，条件不允许所有的兼容性用例都过一遍。

　　图 4-16 所示是一个整机厂商导入 SSD 的典型工作流程。首先整机厂商或者模组厂家对导入的 SSD 进行初步的系统级质量测试。测试通过后，铺开进行批量兼容性测试和可靠性测试。可靠性分为 SSD 部件可靠性和整机可靠性，SSD 进行可靠性测试需使用专用的 RDT 测试机台。

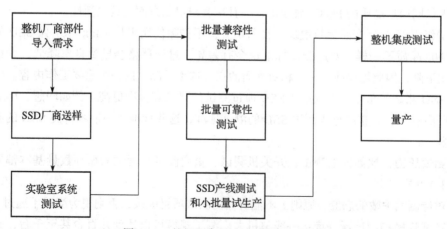

图 4-16　整机厂商导入 SSD 的流程示意

　　导入的 SSD 应该是已经具备量产条件的，样品应该来自产线，避免送样 SSD 和产线 SSD 的差异带来的测试结果偏差。SSD 量产产线也会对 SSD 进行一系列测试，本节对此不做讨论。整机集成测试会把 SSD 装配到整机中进行测试，包括整机可靠性、开关机、重启、性能、读写等项目，直接在目标机型上进行测试。

　　OEM 的导入测试可以分为 4 个阶段：系统测试、兼容性测试、可靠性测试、整机产线测试，如图 4-17 所示。

图 4-17　OEM 的导入测试

1. 系统测试

　　系统测试一般在整机厂商的实验室进行，也有些整机厂商会委托给 SSD 厂商。测试的内容包括性能测试、功耗测试、压力测试、温度测试、协议测试、功能测试、掉电测试、兼容性测试等。部分测试内容与 SSD 厂商内部研发阶段的测试比较相似。采用整机厂商的平台作为测试平台，也会对少量其他主流平台进行少量兼容性测试，目的是做初步的兼容性质量确认，确认没问题后再进入下一步的铺开测试。

2. 兼容性测试

　　系统测试通过后，开始做批量兼容性测试，在这个阶段会覆盖所有兼容性平台和用例。在较大的测试样本量和测试压力下，尽量多地发现平台兼容性问题。兼容性测试用例包括上下电、开关机、重启、功耗等。

3. 可靠性测试

可靠性分为整机可靠性和 SSD 部件可靠性，具体如下。

- SSD 部件的可靠性用 MTBF 表示，消费级 SSD 一般为 150 万小时。实际测试过程中，可以通过一些方法加速测试，在可接受的时间内（比如 1 000 小时）完成测试。常用的方法有增加盘片数量、提高测试时的环境温度。具体的，本节前文已经提到。
- 整机可靠性主要包括高低温存储测试、高低温运行测试、低温开机测试、震动测试、跌落测试、功耗测试、ESD 测试、盐雾测试等。各个整机厂商的标准会有一些差异，一线整机大厂的测试标准会更高，但是大体测试内容相近，可以只关注和 SSD 有关的测试用例，表 4-7 列举了一些常见的整机测试指标。

表 4-7　常见整机测试指标

测试项目名称	测试方法
高温存储测试	将整机放置到温箱里，温度 60℃、相对湿度 93% 环境里静置 16 小时。恢复到 25℃，2 小时后开机检查。相关检查项包括：（1）是否能够开机；（2）开机时间是否正常；（3）开机后测试盘片性能，确认有没有掉速；（4）对整机测试前预先写入的数据进行校验，确认是否有错误
低温存储测试	将整机放置到温箱里，−40℃ 环境里静置 16 小时。恢复到 25℃，2 小时后开机检查（检查项同上）
高温运行测试	将整机放置到温箱里，温度 60℃、相对湿度 93% 环境下连续运行 LTP 8 小时。Linux 测试套件（Linux Test Project，LTP）是一个由 SGI 发起并由 IBM 负责维护的合作计划。它的目的是为开源社区提供测试套件，用于验证 Linux 的可靠性、健壮性和稳定性。LTP 测试套件包括多种测试，如文件系统压力测试、硬盘 IO 测试、内存管理压力测试、IPC 压力测试、SCHED 测试、命令功能的验证测试、系统调用功能的验证测试等，以确保 Linux 内核和系统的质量和性能
低温运行测试	将整机放置到温箱里，0℃ 环境下连续运行 LTP 8 小时
低温开机测试	将整机放置到温箱里，−5℃ 环境里静置 2 小时后开机检查
震动测试	对整机进行震动测试，震动强度 <50mg
跌落测试	对"一角、三棱、六面"进行跌落测试
功耗测试	整机功耗在各低功耗状态下都符合 PRD

4. 整机产线测试

整机产线测试是将 SSD 集成到整机中后对整机进行测试。一般在整机厂商的工厂进行。针对 SSD 的相关测试项目包括：BIOS 测试、BIT 烤机、读写、休眠、重启、开关机、可靠性等。其中 BIOS 测试会在产线上做完整测试，每一台机器都要测到，其他测试项目一般会进行抽测。

4.4.2　企业级 SSD 产品导入测试和厂商测试流程

对企业级 SSD 用户而言，如互联网和运营商，SSD 导入测试是一个复杂且关键的过程，旨在确保企业级 SSD 的性能、稳定性和可靠性满足用户关键业务的需求。以下是一种通用的企业级 SSD 导入测试的流程，包括 SSD 测试范围边界定义与计划阶段、SSD 验证执行阶段、SSD 验证结尾与退出阶段。

从 SSD 验证执行阶段的测试流程来看（见图 4-18），SSD 供应商完成的测试主要有预鉴定验证测试、可靠性论证测试、功能测试和代码回归测试。OEM 验证工作大体在 SSD 供应商验证工作完成后开始，通常从集成测试开始，到系统测试退出结束。系统可靠性验证由 OEM 的鉴定测试小组执行（如果和供应商的可靠性论证试验重叠，可以略过）。

1. SSD 测试范围边界定义与计划阶段

此阶段所需的输入包括由项目经理提议的待验证的 SSD 驱动器、容量、系统配置、兼容性矩阵、产品需求文档矩阵、待测试 SSD 可用日期、系统的预定发货就绪日期。

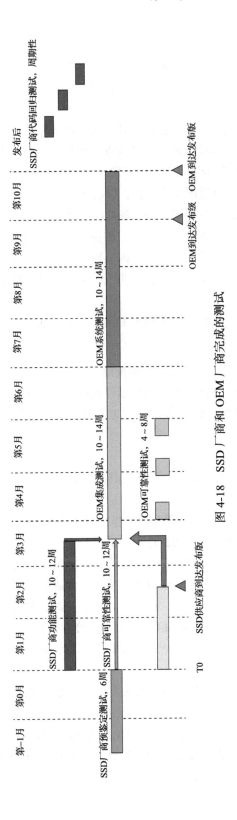

图 4-18　SSD 厂商和 OEM 厂商完成的测试

此阶段待执行的任务：

- SSD 测试工程师、存储系统工程硬件工程师和存储软件工程师一起逐条分析存储系统及系统软件的功能和特性中所有和 SSD 相关的条目，制定测试工作计划的详细信息。
- SSD 测试工程师审查 SSD 导入测试的设计，输入测试规划、范围界定和进度安排。
- SSD 测试工程师根据兼容性矩阵和产品需求文档矩阵及导入测试的设计评审文件来定义测试环境对硬件软件的要求和测试要求。
- SSD 测试工程师创建测试范围界定文件，以确定测试地点、测试矩阵及 NRE（Non-Recurring Engineering，这里指测试新产品的一次性成本、资源规划和分配的预期）。
- SSD 测试工程师创建项目管理文件，以详细说明暂定的测试计划，通常包含项目的各种详细信息，如任务、子任务、里程碑、资源、成本、时间等。这些信息以合规的方式组织，并通过各种视图和报表呈现，以帮助项目经理全面了解项目状态并做出决策。
- SSD 测试工程师根据需要获得最终 NRE 和最终测试计划。

2. SSD 验证执行阶段

此阶段进入标准：测试定义 / 计划阶段获得批准。

此阶段所需的输入：待测 SSD 就绪、SSD 固件就绪、测试环境的设施就绪，在内部项目跟踪系统里创建完成系统测试请求，SSD 产品功能规范文档就绪，所有硬件已经交付给测试团队。

待执行的任务表如下。

- SSD 测试工程师提交 SSD 样品和测试工具采购请求 / 采购订单流程（如果需要外购）。
- SSD 测试工程师在公司内部流程管理系统里提交系统测试请求。
- SSD 测试工程师接收硬件，对 SSD 进行测试。
- 测试团队根据系统测试请求信息开始相应流程，按照批准的时间表完成验证测试项目，和其他的系统技术团队乃至 SSD 供应商一起解决测试所发现的问题。这些测试按需制定，可能包括性能、功能、兼容性、压力、EMC 和安全合规性测试、电源测试、信号完整性测试、冲击和振动测试，以及温度和湿度测试。
- 测试工程师编写"缺陷发现报告"，提供详细的书面记录，以及任何适用的数据、日志和调查结果。
- 测试工程师与 SSD 供应商共同致力于解决发现的问题并进行失效分析。
- 测试工程师在接受详细故障分析结果和适用的纠正措施后关闭"缺陷报告"。
- 测试工程师提供测试程序中规定的和要求范围内的测试数据。
- 系统存储方案工程师审查数据报告的准确性和完整性，与 SSD 测试团队沟通对齐，以便在更新的数据报告中实施。

- SSD 工程师撰写基于不同测试环境完成的总结报告，供测试经理、项目经理批准。
- SSD 工程师提供每周测试进展更新报告直到测试完成。
- 在执行测试前需要根据测试用例预置条件中的描述，准备测试设备（服务器、SSD 盘片等）、测试工具，然后按照测试用例的执行步骤执行测试。

企业级 SSD 导入验证执行的第一步是准备和选择服务器软件硬件配置。例如 CPU 可以选 AMD/Intel 等平台，配置 64 核心、2.2GHz 的 CPU、256G 的内存等。然后，准备并搭建测试组网，常见的企业级 SSD 和服务器组网有 SSD 直接连接服务器、SSD 经过 PCIe Switch 连接服务器、SSD 经过 RAID 卡连接服务器、SSD 经过 Retimer 卡连接服务器、SSD 经过 Redriver 卡连接服务器等 5 种。

选择和配置服务器上的软件环境和软件工具，例如操作系统选择 CentOS 8（4.18 内核），通常操作系统的选定依据是取当前最新版本、前序的第 1 个版本和前序的第 2 个版本；或者是需要交付的特定操作系统。用于查看 SSD 信息的 Nvme-cli v1.16、用于测试 SSD 读写操作的 fio v3.8、用于查看和管理带外信息的 Ipmitool v1.8 建议避免一个具体版本，以"当前最新版"的文字来表述。

第二步是执行各类型的 SSD 验证测试项，包括 SSD 厂商完成的测试和 OEM 厂商完成的测试。典型的 SSD 供应商完成的测试主要有预鉴定验证测试、可靠性论证测试、功能测试和代码回归测试。

- **预鉴定验证测试**：SSD 厂商选定已经上市较长时间的成熟的 OEM 的主机 / 存储测试平台，在正式的鉴定测试启动前就开启执行。测试项目包括多系统配置运行测试、正常路径的固件下载操作测试、盘格式化操作、盘协议（比如 NVMe、SATA、SAS）的验证；运行早期的性能测试；电源验证，包括早期断电警告、热插拔测试、电源循环等。
- **系统配置运行测试**：这些测试旨在验证 SSD 在不同的系统配置下的功能和性能。这可能包括测试 SSD 在不同的硬件配置、操作系统版本、驱动程序等条件下的表现。通过这些测试，可以确保 SSD 能够在各种实际使用场景中稳定可靠地工作。SSD 状态通常指的是在系统运行过程中，将 SSD 的状态信息，主机的信息（如内存、寄存器、变量等）捕获并保存下来的过程。这可以用于故障分析、性能调优、系统监控等目的。通过查看和分析这些状态信息，技术人员可以了解系统在特定时刻的状态和行为。
- **可靠性论证测试**：SSD 厂商在相应的可靠性测试设备上进行测试。

OEM 集成测试和系统测试由 OEM 系统测试团队执行，这是 OEM 新机型发布前的正式测试周期。测试用例包括如下内容。

- 对新类型 / 型号机器进行扩展测试。
- 在所有操作系统下进行测试。
- 包括其他 IO（DVD、磁带、光盘）。

- 实际的客户工作负载。
- 整机系统级的性能验证。
- 合规性认证（安全、EMC/EMI 等）。
- 系统保护频带（温度 / 电压变化）验证。
- 机械冲击和振动测试。
- 系统级传统测试（ESD、电力线干扰、雷击等）。

表 4-8 所示的是简化的验证测试完成后输出的一个例子。

表 4-8 验证测试输出报告

测试内容	测试通过标准	测试结论
驱动器支持功能列表	每种功能都符合驱动器设计目标	通过
固件升级 / 降级	固件升级和降级操作成功	通过
协议规范定义的操作功能	符合协议要求的强制、可选功能	通过
读操作 / 写操作 / 读写混合	可变的 IO 工作负载运行成功	通过
带内 / 带外管理功能	带内带外管理命令测试成功	通过
重置、重启、计划内 / 计划外热拔插，AC/DC 电源循环	NVMe reset 后盘能正常工作	通过
PCIe/SATA 链路稳定性	没有报告可纠正或不可纠正的错误，没有速度或链路宽度下降，驱动器在相关测试期间不应处于断言状态或故障状态	通过
驱动器状态和活动 LED	LED 行为符合产品规范	通过
根据产品规范进行的基本性能测试	符合产品规范中的性能要求	通过
负载：读 / 写 / 读写混合、随机、顺序；不同包大小、不同队列深度；带宽、IOPS、延时、一致性、QoS；包括所有计划验证的容量	—	通过
IO 压力测试压力和循环负载测试	执行压力测试时，日志中无错误记录，无掉盘	通过
各种 IO 压力测试	没有发生 Assert 错误	通过
各种 AC/DC 电源循环测试	没有发生 Assert 错误	通过
各种不同情况下的主机系统重启	没有发生 Assert 错误	通过
驱动器重置	没有发生 Assert 错误	通过
各种不同情况下进行热拔插	没有发生 Assert 错误	通过
PCIe/SATA 接口链路重置	没有发生 Assert 错误	通过
操作系统安装和 RAID 测试	操作系统安装和 RAID 测试成功	通过
硬件和电气验证	所有测试结果均在规范范围内	通过
信号完整性，发射端 / 接收端链路均衡响应测试，盘端眼图测量	所有测试结果均在规范范围内	通过
遵从 NVMe、PCIe、SATA 规范	所有测试结果均符合行业规范	通过

3. SSD 验证结尾与退出阶段

此阶段进入标准：SSD 测试经理批准的摘要测试报告。

此阶段所需的输入：全部测试已完成，被批准的摘要测试报告。

待执行的任务表如下。

- SSD 测试工程师将测试环境所用的硬件和 SSD 返回给相应的职能部门。
- 工程师完成项目幻灯片（如果需要）。
- SSD 测试工程师按机箱配置和 SSD 规格组合矩阵提交"验证测试报告摘要"给公司内部存档系统，用于正式发布。

除 OEM 内部存档的报告摘要外，OEM 通常会用正式的公司邮箱发送电子邮件给 SSD 供应商团队，指明供应商的哪些系列的 SSD 产品鉴定验证工作完成了，符合 OEM 的产品上市要求，正式地导入了 OEM 主机 / 存储平台产品中，并产生了 OEM 的部件编码，具备了下单采购的条件。

现在主机平台的发布节奏加快，架构更趋多样化，各种服务器一直在升级，SSD 本身也陆续导入更新的技术。所有这些推动因素组合在一起，使得一个验证周期刚完成，可能下一个新的验证周期就启动了，正所谓是"终点也是起点"。

4.4.3　案例 1：大普微 R6100 PCIe 5.0 x4 企业级 SSD 导入部分测试

深圳大普微电子股份有限公司（DapuStor，以下简称大普微），是国内先进的 SSD 主控芯片设计和智能企业级 SSD 定制专家。大普微拥有国际一流的研发实力，具备从芯片设计到存储产品设计和生产交付的全栈能力。公司旗下企业级智能固态硬盘、数据存储处理器芯片及边缘计算相关产品，已广泛用于国内外主流服务器、运营商、互联网数据中心市场。

Roealsen® R6 系列产品基于大普微自研控制器 DP800 和自研固件，采用 PCIe 5.0 x4 接口，支持 NVMe 2.0 规范协议，搭载 3D eTLC NAND Flash，读写性能相较于 PCIe 4.0 SSD 提升了两倍。大普微 R6 系列 SSD 支持多种企业级高级特性，如透明压缩、FlashRaid 2.0、OCP 2.0、SR-IOV 及增强掉电保护等。R6100/R6300 规格参数如图 4-19 所示。

按照大普微企业级 SSD 研发测试流程和质量体系要求，企业级 SSD 测试活动将伴随产品研发到量产的整个生命周期。根据测试目的和测试内容可分为功能测试、白盒测试、故障注入测试、专项测试、兼容性测试、电气特性测试、可靠性测试和量产测试。在 EVT 阶段，团队会对 PCIe/NVMe 协议、基础功能、部分性能和功耗等进行测试；在 DVT 阶段，固件上通过新增一些内部接口对 SSD 完整功能、白盒错误注入、完整性能功耗和各类专项进行测试，硬件上通过硬件注入对单板可靠性进行测试；在 PVT 阶段，进行 RDT 可靠性等测试；量产前会进行小批量量产测试，以达到 SSD 量产标准。大普微内部有严格的测试执行、测试评审和质量保证流程，最终经过各个阶段的测试后，使得企业级 SSD 产品整体质量得到保障。

另外，为了企业级 SSD 产品导入，R6100 严格按照互联网、运营商对企业级 SSD 导入流程的测试要求来执行测试标准，以下是 R6100 7.68T 企业级 SSD 的部分测试项和测试结果。

图 4-19   大普微 R6 系列企业级 SSD 规格参数

产品型号	R6100			R6300		
容量(TB)	3.84	7.68	15.36	3.2	6.4	12.8
形态	U.2 15mm					
接口	PCIe 5.0×4, NVMe 2.0					
128KB顺序读带宽(MB/s)	14500	14500	14500	14500	14500	14500
128KB顺序写带宽(MB/s)	6000	11000	11000	6000	11000	11000
随机读(4KB)K IOPS	3500	3500	3500	3500	3500	3500
随机写(4KB)K IOPS	280	460	480	560	900	930
4K随机读写延时(μs)	52/7					
4K顺序读写延时(μs)	7/7					
最大功耗(W)	19	22	24	19	22	24
空闲功耗(W)	5	5	5.5	5	5	5.5
介质	3D eTLC NAND Flash					
寿命DWPD	1			3		
MTBF	250万小时					
UBER	1 sector per 10^17 bits read					
质保	5年					

1. 测试目标

测试目标如下。

- 评估 R6100 的性能优势，包括读写速度、时延、吞吐量和功耗。
- 验证 R6100 在不同工作环境下的稳定性、可靠性和兼容性。
- 确保 R6100 在长时间运行中的耐用性和数据完整性。

2. 测试硬件配置

测试硬件配置如下。

- 测试服务器：支持 PCIe 5.0 接口。
- CPU：Intel(R) Xeon(R) Platinum 8458P。
- 内存：512G DDR5。
- 操作系统：CentOS 9（内核版本 5.14.0）。
- 软件工具：fio（版本 3.35）。

3. 测试项目

1）性能测试相关说明如下。

- **目的**：验证 SSD 的 128K 顺序读写带宽和 4K 随机读写 IOPS 是否符合性能要求。
- **要求**：符合 SPEC 性能数据指标。
- **结果**：R6100 最终平均读写带宽为 SR（顺序读）14 600MB/s；SW（顺序写）11 100MB/s。
- **R6100 最终平均读写 IOPS**：RR（随机读）3 500k IOPS；RW（随机写）460k IOPS。

2）功能性测试相关说明如下。

- **目的**：验证 SSD 的全盘安全擦除时间是否符合要求。
- **要求**：7.68TB 盘片安全擦除时间在 2 分钟以内。
- **结果**：R6100 用时 6.750s，测试通过。

3）电源循环压力测试相关说明如下。

- **目的**：验证 SSD 在通知式和非通知式掉电时是否可靠。
- **要求**：在系统多轮次掉电后，盘片可以正常识别，盘片 SMART 信息没有异常。
- **结果**：R6100 无 SMART 异常，无链路异常，测试通过。

4）IO 压力测试相关说明如下。

- **目的**：验证 SSD 在不同负载快速随机切换的场景下，盘片是否可以稳定运行。
- **要求**：系统日志中无盘片相关错误，对比测试前后盘片 SMART 信息中的 Media 错误无增长。
- **结果**：R6100 测试完成，系统日志中无错误，SMART 信息中 Media 错误无增长。

5）兼容性测试相关说明如下。

- **目的**：验证 SSD 能否在 BMC 界面正常识别。
- **要求**：在 BMC 界面，盘片的 VPD 信息显示正确且数据完整，盘片温度正常，无告警信息。
- **结果**：R6100 BMC 显示信息正常，盘片无告警信息，测试通过。

通过以上测试，可以全面评估大普微 R6100 企业级 SSD 在企业级环境中的性能、压力、兼容性和可靠性，为企业级用户提供可靠的验证数据。同时，大普微按照客户的各种准入测试要求设定，独立创新，持续优化和完善测试流程，持续为客户提供稳定和优质的企业级 SSD 产品。

4.4.4　案例 2：江波龙企业级 SSD 厂商测试流程

江波龙（Longsys）推出 FORESEE ORCA 4836 系列 PCIe Gen4 SSD 与 FORESEE UNCIA 3836 系列 SATA 3.0 SSD 两大产品，面向互联网云服务商、电信运营商、金融、能源和交通等数据中心企业级 SSD 的应用。

FORESEE ORCA 4836 NVMe SSD 是江波龙企业级 SSD 团队自主研发的首款支持 PCIe 4.0 的高端产品，如图 4-20 所示。产品搭载多种企业级应用场景功能，支持 Telemetry、Sanitize 和全路径端到端的数据保护特性，高吞吐量、高 IOPS、低延迟以及优异的 QoS 特性，使其在企业级读写密集型和混合型应用场景中表现出色，为客户提供全面、安全、可靠的企业级存储解决方案。FORESEE UNCIA 3836 系列 SATA SSD 基于国产企业级主控，搭载国产 128 层 TLC NAND 颗粒，由江波龙自主设计研发软硬件，产品覆盖从 480GB 至 3.84TB 的主流容量，可满足用户从系统启动盘至大容量数据盘的不同需求。

图 4-20　江波龙企业级 SSD 产品

江波龙积极响应平台联动，与各方实现同频共振，共同扩展数据产业新生态。截至 2024 年 2 月，已顺利完成 Intel 和 AMD 两大主流服务器系统平台，以及鲲鹏、海光、龙芯、飞腾、兆芯、申威等国产 CPU 平台、服务器平台的兼容性适配，实现主流平台的无缝接轨。此外，两大产品顺利通过了腾讯云 TencentOS Server 及 OpenCloudOS 各项兼容性测试和运行要求，在腾讯云及主流服务器硬件环境下均可良好适配，为未来双方的进一步合作奠定了坚实的基础。

江波龙企业级 SSD 测试活动将伴随产品研发到量产的整个生命周期。根据测试目的和测试内容可分为集成测试、硬件测试、系统测试、可靠性测试和 ORT（Ongoing Reliability Test）测试等 5 大测试项，实现对产品的全方位测试覆盖。下面将以 FORESEE ORCA 4836 系列产品为例，详细介绍测试流程。

1. 集成测试

集成测试团队与固件开发团队按照敏捷开发模式合作验证各个功能，进行持续集成（CI）。主要测试平台包括 X86 PC、X86 服务器、第三方工具平台（如 Oakgate、SANBlaze、eBird）等。

测试用例基于产品需求规格书及固件算法开发各类白灰盒脚本，根据产品需求规格书要求保证测试完备性，做到场景的全覆盖。同时收集代码覆盖率数据，不断提高测试覆盖，现有近 4 000 用例，并通过公司自研测试管理系统来管理用例及触发各类测试，已实现测试分发及报告生成的全自动化，同时可选择自动或手动创建问题单。测试用例按模块可划分为以下几类（见表 4-9）。

表 4-9　集成测试分类

测试类别	测试目的
功能测试	包括 PCIe/SATA 协议、FTL 算法、NAND 特性管理、数据通路等，根据固件算法加入测试点，做到功能全覆盖

（续）

测试类别	测试目的
电源测试	包括各类性能指标、QoS 时延指标、电流 / 功耗摸底、温控测试等，主要借助 fio 工具、温箱、带电流测试功能的转接板等
压力测试	包括不同 IO 读写 Pattern、功能压测、各类场景的异常掉电、TBW（JESD 219）、各类服务器、RAID 卡等相关测试等
白盒测试	包括平衡磨损、垃圾回收、读写擦的异常处理、RAIN、读干扰、数据保持、热节流等各类 FW 内部功能的验证。白盒测试会大量使用 FW 提供的 VU 接口，通过读取 FW 状态，或更改某阈值，或插入错误等，以验证特定的 FW 行为

2. 硬件测试

在产品开发阶段，硬件研发团队会进行全面深入的硬件调测，以确保产品硬件性能（接口信号、电源等）满足设计规范。通过硬件信号的白盒测试及量化分析，不断优化相关接口参数及硬件设计，使产品能够兼容不同平台的硬件环境，适应各种极限场景。ORCA 4836 硬件测试内容主要包含以下 6 个部分（见表 4-10）。

表 4-10　硬件测试分类

测试类别	测试目的
接口信号测试	验证各高低速接口信号质量及时序满足相关规范及设计要求
电源测试	验证电源纹波噪声、上下电时序、备电等满足芯片及设计要求
功耗测试	验证盘片各状态下的功耗满足产品规格要求
热测试	验证盘片硬件热特性及散热性能、温控策略等规格要求
故障注入测试	验证盘片的硬件功能满足芯片及硬件设计要求
硬件可靠性摸底测试	摸底验证盘片长稳测试无硬件相关问题；摸底验证盘片 ESD/EMI 满足产品规格要求

江波龙企业级 SSD 实验室具备 Keysight UXR 59G 高速示波器及 M8040 误码仪，可满足全方位的高速接口协议一致性测试及调试要求。此外，还具备 Keysight 8 通道 MXR 示波器和专业的电源纹波探头，以及 Keysight 直流电源分析仪 N6705C 等设备，可进行全面精准的纹波噪声等电源及功耗相关测试及调试。

3. 系统测试

ORCA 4836 SSD 产品系统测试的主要内容包括以下几个。

1）**功能协议测试**。基于各类操作系统，驱动和硬件平台验证协议和特性功能的一致性，验证平台主要包括：Linux 原生 Kernel ATA Driver + Nvme-cli 工具、Linux + Spdk Nvme driver、Windows + ULINK 工具、OakGate 测试平台、SANBlaze 测试平台等。以上平台均实现 100% 测试自动化，项目需通过功能协议自动化脚本约 2 500 条，涵盖的测试内容包括 NVMe SSD 协议一致性测试、NVMe SSD 特性功能测试、第三方工具验证等。

2）**兼容性测试**。主要覆盖主流服务器品牌、操作系统、CPU 平台及其他软件的兼容性（见表 4-11）。

表 4-11 兼容性测试分类

测试类别	测试目的
硬件平台	Huawei、Sugon、Inspur、H3C 等厂家的不同型号服务器
软件 OS	Centos、Ubuntu、SLES、OpenEuler 等多种类型的操作系统
CPU	Intel、AMD、Hygon、Kunpeng、Phytium 等多种 CPU 类型

测试方案覆盖软件平台（BIOS、OS 与应用软件）与硬件平台（品牌、CPU 平台、Switch 卡与 RAID 卡），以及用户使用场景兼容性测试，测试项涵盖基础操作、应用场景、性能及可维护性多个维度。

3）**性能测试**。基于企业级 SSD 性能测试方法《SSS_PTS_2.0.1》和行业常用测试方法设计测试方案（见表 4-12）。

表 4-12 性能测试分类

测试类别	测试目的
顺序读写带宽	遍历多种 IO 大小
随机读写 IOPS	遍历多种 IO 大小及多种读写比例
QoS	4K 随机读写多种 QD 下 2 个 9 到 5 个 9 的 QoS
性能一致性	主要测试 128K 顺序读写和 4K 随机读写的一致性

江波龙企业级 SSD 产品，包括 ORCA 4836 PCIe SSD 和 UNCIA3836 SATA SSD 产品，在 QoS 和一致性指标上具有明显优势。江波龙 SSD 利用自研智能 QoS 控制技术，按照各相关处理任务权重（读写、垃圾回收、磨损均衡、闪存错误处理、元数据处理等）来智能分配硬件资源，达到优秀 QoS（长尾延迟、多种条件下 QoS、高队列深度下平均延迟、对因闪存错误处理导致高延迟的处理）和优秀的性能一致性。江波龙企业级固态硬盘"延迟均衡算法"保证了长尾延迟、QoS 和写仲裁算法确保随机写的性能一致性好于友商，NAND 后端优先级队列保证混合读写 QoS 时延低于友商，实际性能测试数据如图 4-21 所示。

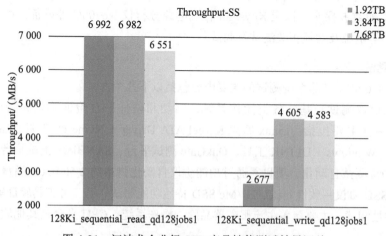

图 4-21 江波龙企业级 SSD 产品性能测试结果汇总

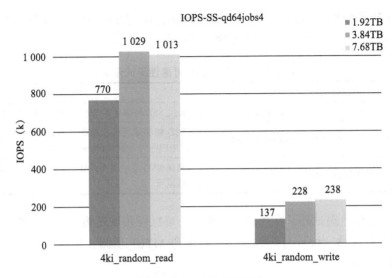

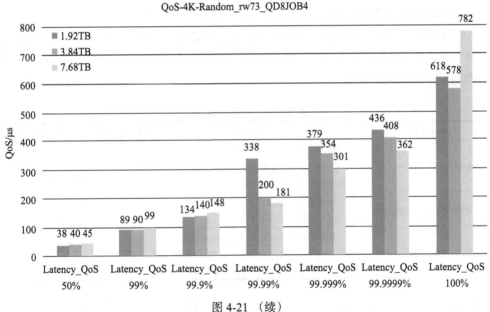

图 4-21　（续）

4）**环境适应性测试和稳定性测试**。包括环境试验、数据可靠性和电源可靠性等。

4. 可靠性测试

按照行业可靠性和客户可靠性准入要求，分为板级可靠性测试和 SSD 产品级可靠性测试。

1）**板级可靠性测试**。板级可靠性测试包括热冲击（可选）、热循环、机械冲击、振动、温度湿度偏差等测试。

2）SSD 产品级可靠性测试。采用 Advantest 公司的 SSD 专用可靠性测试设备 MPT 3000 及江波龙自研 RDT 设备完成，主要测试项如表 4-13 所示。

表 4-13 SSD 产品级可靠性测试分类

测试类别	测试目的
QRDT（Quality Reliability Demonstration Test）	证明 SSD 将满足客户的可靠性期望，如 MTBF ≥ 2Mhrs
ERDT（Endurance Reliability Demonstration Test）	SSD 能够承受多次数据重写的能力和数据保持能力，如 UBER < 1 扇区（sector）每 10^{17} 位读
EST（Environmental Stress Test）	确保 SSD 经过适当设计，在温度和电压公差限制下无故障运行

除了以上可靠性测试外，在产品设计阶段，可靠性领域还将开展器件级可靠性分析，包括物料可靠性评估、设计可靠性评估，如硬件 MTBF 预测、降额审查、热仿真审查、DFM（可制造性设计）等。

5. ORT（持续可靠性测试）

江波龙企业级 SSD 产品 ORT 测试根据江波龙质量体系文件《SSD ORT 测试规范》要求，ORT 测试样品持续在产品量产批次中抽选，按照每个季度执行两次的频率进行 ORT 测试，测试标准如表 4-14 所示。

表 4-14 ORT 测试分类

测试项目	测试条件	样品数量	判断标准与后续处理
Temperature Cycle Test	参考 JESD 22-A104；温度范围：−40 ± 2℃ /85 ± 2℃；温度稳定时间：10min；过程温图：12.5C/min 500 圈	3	无功能性不良及读写错误，日志文件无异常
High Temperature & High Humidity	参考 JESD 22-A101 85℃ /85RH, 168hrs	3	无功能性不良及读写错误，日志文件无异常
RDT-Reliability Demonstration Test	参考 JESD 218/219；Chamber 温度设定 T_{case}=70℃；测试时间：1 000h；测试脚本：RDT-MTBF 测试脚本	40	无功能性不良及读写错误，日志文件无异常

在用户端，一款企业级 SSD 产品将面临各种使用场景及异常突发状况。江波龙制定企业级 SSD 产品测试流程时，一直力求以客户为中心，满足各种客户准入测试要求。江波龙一直坚持独立创新，持续优化和完善测试流程，为客户提供更为优质的产品。

4.5 SSD 测试中的注意事项

4.5.1 针对 SSD 竞品的测试

我们在定义一个 SSD 研发项目的时候，一般都会列举出一些市面上的竞品。为了充分了解竞品，我们建议采买一些竞品并针对性地做一些对比测试，例如一些细分的性能项对比，某些功能点的实现对比等。

对于消费级的 SSD 竞品，如果没有明确的列表，我们可以选择当前市场上同类型的最新产品；对于企业级的 SSD 竞品，我们在产品立项时都会列举明确的竞品列表并进行详细分析。

虽然产品规格上都会展示一些基础性能信息，但是并不会包含特定负载下的性能情况。例如，竞品的具体 QoS 情况及性能一致性情况，这些是需要通过实际测试才能收集到的。当进行我们自己的 SSD 性能调优时，我们就可以对比参考以确认优化方向。

对于某些功能的支持和处理，我们也可以适当参考竞品。例如 NVMe 协议中，并没有特别明确当复位发生时，尚未完成的 IO 命令应当如何处理。实际实现中，有的产品会选择把相应数据直接丢弃，有的则会选择将正在进行中的 IO 处理完成后并丢弃剩余数据……对于这些功能性的问题，如果市场或者客户没有明确的倾向，我们可以选择参考同类型的竞品。

在测试脚本开发过程中，由于脚本自身可能存在问题，我们的黑盒测试脚本可以选择在竞品上先行验证，以确保测试脚本没有明显的编码和逻辑问题。同样地，对于脚本代码合入主分支的验证环境，我们也可以额外搭建一个竞品的验证环境，将黑盒测试脚本的修改在自己的产品和竞品环境上验证通过后再进行合入。

4.5.2 SSD 测试的核心：数据正确性

数据正确性是 SSD 测试中非常重要的一个核心点。纵观本章提到的 SSD 测试，针对数据正确性的检查占到了极大的比例。只有极少数的测试不需要关注数据正确性，例如性能测试、功耗测试等。

介质特性、环境温度、固件内部模块导致的数据搬移、主机的 IO 操作等都有可能导致数据的不一致。

某些情况下，对介质的固定位置频繁地进行读或者写操作，可能会引起相关位置上的数据产生错误。针对这类场景，固件也会做相应的适配，例如常见的读干扰处理、写干扰处理等。测试团队则需要针对这些固件设计进行验证以确保数据的正确性。

高温、低温或者快速的温度切换一方面会加速上述现象的发生，另一方面也会导致介质上的数据更加容易产生错误。因此，我们也可以考虑在温巡场景下进行测试。

固件为了维持 SSD 的正常工作，内部模块也会进行数据的搬移。这些搬移过程也有可能会导致数据错误。这类错误，一般以静默错误（Silent Data Corruption）居多。静默错误发生时，并不会触发固件内部的异常处理机制和纠错机制，也就无法主动恢复数据。这类错误会对数据完整性构成极大的威胁，尤其是在关键业务和数据中心的应用中，静默错误可能导致数据丢失、系统崩溃，甚至引发严重的业务中断。

同样地，主机的 IO 操作也会导致这类错误。因此，我们需要在测试过程中主动记录各个 LBA 对应的数据模式（Data Pattern）以支持后续的数据校验。此外，我们还需要确保每一个 LBA 的写入数据均不相同，且任意 LBA 每次写入的数据也不一致。否则，我们还是有可能会掩盖这类错误。目前主流的支持方式是由测试工具或者测试驱动从底层记录数据模式或者数据对应的 CRC（Cyclic Redundancy Check，循环冗余校验）码，例如第 5 章介绍的 PyNVMe 工具。

4.5.3　SSD 测试的管理

本节简单阐述了作为 SSD 测试管理者需要注意和理解的几个事情，包括 SSD 测试的迭代、SSD 测试架构师、SSD 测试的投入。

1. SSD 测试的迭代

当我们完成测试用例设计和脚本实现之后，我们还需要关注用例的更新。一方面，由于项目过程中固件实现可能会发生变化，这就需要测试与开发团队保持有效的沟通；另一方面，测试自身也需要不断地迭代和更新，以填补测试设计时的覆盖漏洞。

实际项目过程中，特别是研发阶段，测试团队基本不太有机会大刀阔斧地进行大规模的更新，更多还是随着模块的开发过程进行同步迭代。这也是我们常说的 SSD 白盒或者灰盒测试不适合脱离具体开发而独立存在的原因。而对于 SSD 黑盒测试，这部分的通用性则很强，我们建议测试团队在测试设计之初就关注其兼容性，以便扩展到其他类似的项目上。

2. SSD 测试架构师

国内的 SSD 研发团队中，开发架构师比较常见，而配有测试架构师的团队则比较少。比较常见的是由测试经理兼任测试架构师。如果一个团队的测试经理管理能力足够，同时技术能力又很强，那么一定要好好珍惜他（她）。在国内当前的研发环境下，这样的人才是不可多得的。如果测试经理偏重团队管理，那么我们建议最好还是配备一位测试架构师。一位优秀的测试架构师，不但可以帮助团队保障项目整体覆盖情况，还能有效确保测试团队整体技术的健康成长。

我曾经帮助一位朋友的团队寻求一个 SSD 测试架构师。跟多位候选人聊完，最后甚至发动猎头朋友，也没能挑选到非常优秀的人选。这让我意识到寻求一位合格的 SSD 测试架构师的难度，丝毫不亚于寻找一位合适的测试经理。后来我建议那位朋友索性从现有团队中挑选合适的人员进行培养。如果你的团队中已经有一位优秀的 SSD 测试架构师，那么一定要"藏"住……

3. SSD 测试的投入

前文我们强调过要注重 SSD 测试的投入。但是，有一点我们也需要明确，SSD 测试的收益并不是一直与投入保持正比的，这个与其他领域的软件测试是比较类似的。随着测试人员的不断投入，我们获得的收益起初也会是同步增加的。但是，我们会发现收益的增长速度会慢慢降低，如图 4-22 所示。

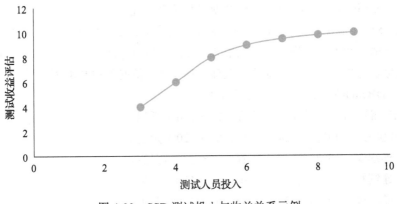

图 4-22　SSD 测试投入与收益关系示例

因此，SSD 测试并不是单纯的"堆人"就能解决的。如果你的团队出现了类似的情况，那么请评估一下团队的技术投入及技术迭代是否正常。也就是说，我们需要确认这一现象是不是由团队的技术瓶颈导致的。如果是由技术原因导致的，那么让测试架构师尽快"动"起来；如果不是，而且项目整体覆盖率还比较高，那么这也是有可能的。

4.6　SSD 产品评测

SSD 市场评测，一般由第三方测试机构或个人来完成，旨在 SSD 上市前后，让消费者或用户全面地了解这款产品的各项指标，特别是在竞争激烈的市场中突出自己的优势地位。本节将概述 SSD 产品市场评测的一般测试流程，包括测试平台的选择、性能测试、压力测试、基本功能测试、BIOS 配置测试和其他相关测试项目。

1. 选择测试平台

测试平台的选择会直接影响到 SSD 评测的有效性和实用性。对于追求极致性能的消费级 SSD 产品，选择配置有高端 GPU 和 CPU 的游戏用途台式机和笔记本为测试平台尤为重要；而对于那些强调数据安全性的产品，商用电脑则更加适合。在操作系统的选择上，可选用最新版本的 Windows 11，特定需求下，客户指定的特别的操作系统（譬如 Chrome OS、信创平台等）也可纳入测试范围。

对于企业级 SSD 评测一般选用性能最好的如 Intel SPR、EMR、GNR 等 PCIe Gen5 平台，标准的 CentOS 等 Linux 操作系统，保证多盘情况下性能不被平台限制。

2. 性能测试

消费级 SSD 性能测试通过标准测试工具（如 CrystalDiskMark、Iometer 等）获取 SSD 的基本性能指标，如读写速度、IOPS 等。要特别关注 PCIe 的速度和通道数量是否符合预期，以及 SSD 盘在系统上的散热情况。此外，使用 PCMark 工具可以获取搭配不同 SSD 盘的系统的电池使用时间，以综合评估 SSD 盘的性能和功耗水平。

企业级 SSD 性能测试通过 fio 和 VDBench 等测试工具，在满盘条件下进行纯读、纯写、不同比例的读写混合等操作，来获取 SSD 的基本性能指标，如读写速度、IOPS、读写时延、进入稳态后的 QoS 等。测试主要关注服务器多盘情况下的 SSD 性能等。

例如，VDBench Workload 测试方法如下。

- **4K 随机读**：100% 读 128 个线程，0 ～ 120% 延迟。
- **4K 随机写**：100% 写 128 个线程，0 ～ 120% 延迟。
- **64K 连续读**：100% 读 32 个线程，0 ～ 120% 延迟。
- **64K 连续写**：100% 写 16 个线程，0 ～ 120% 延迟。
- **64K 随机读**：100% 读 32 个线程，0 ～ 120% 延迟。
- **64K 随机写**：100% 写 16 个线程，0 ～ 120% 延迟。
- **综合（Synthetic）数据库**：SQL 和 Oracle。
- **VDI 全复制和链接复制跟踪**。

3. 压力测试

压力测试通过模拟极端使用情景来考验 SSD 的耐久性和数据保护能力。

对于消费级 SSD，这包括 IO 压力测试、电源状态压力测试（如 Windows 的 Sleep/Hibernate 操作）、热重启、冷重启和异常掉电等。特别是对于现代 SSD 支持的低功耗状态（如 PS4），在支持 L1.2 的平台上的测试尤为重要。这些测试帮助检查确保 SSD 即使在最复杂的使用条件下也能保持稳定运行。

企业级 SSD 的压力测试包括 IO 压力测试，在填满盘条件下进行长时间大压力连续读写和随机读写操作及数据校验工作，这些测试检查 SSD 是否稳定运行。

4. 基本功能测试

基本功能测试是产品化测试的起点，对于消费级 SSD，包括但不限于 Windows 操作系统的安装、磁盘的格式化、文件的基本读写操作。此外，高级功能如磁盘碎片整理、磁盘检查与修复、系统数据的备份与恢复、磁盘的加密与解密等也在测试范畴之内。SSD 特供的管理软件的功能实现与用户界面友好性也是测试的重点之一，以确保能够提供最佳用户体验。这些测试都在 Windows 下进行，有大量的工具和方法来帮助我们实现测试自动化。

5. BIOS 配置测试

在 BIOS 层面，与 SSD 相关的配置测试对于验证产品的兼容性和稳定性非常关键。

对于消费级 SSD，包括但不限于 SSD 盘密码设置、Intel RST 平台的开启与关闭、RAID 的组建等。不同 BIOS 配置下的性能和稳定性测试能够揭示 SSD 在实际使用中可能遇到的各种情况，为产品优化提供依据。有些 BIOS 还提供了 SSD 盘或者 PCIe 设备的检测工具，也需要进行测试。

对于企业 SSD，BIOS 配置包括 Relax ordering（宽松排序）、PCIe resource padding（资源填充），在这些功能开启与关闭时检查性能的稳定性；NVMe Option ROM 的开启与关闭时的系统安装。

6. 其他测试

系统空闲状态下的测试也非常关键，因为即使在看似空闲的状态下，SSD 和系统仍可能执行各自的后台任务，频繁进出低功耗状态，这些测试能够帮助发现潜在的稳定性问题。用各种工具，特别是 Windows 自带的工具，进行 SSD 盘的固件升级（和降级）测试。

数据中心服务器往往带有 BMC，因此企业级 SSD 的测试中也会关注到 BMC 下的 MCTP control 命令、MI 命令测试、VPD 数据读取等。另外与 Retimer 卡的兼容性、稳定性和性能测试也是企业级 SSD 测试的一部分。OEM 厂家也会关注虚拟机下 PCIe 直通企业级 SSD 的相关测试，如热重启、热插拔、冷重启等。

4.7　案例：长江存储消费级 PC41Q PCIe 4.0 x4 QLC SSD

虽然 QLC 闪存在颗粒层面的性能和可靠性暂时无法与 TLC 闪存颗粒比肩，但是在日趋成熟的主控和固件加持下，基于 QLC 闪存的消费级 SSD，在 SLC Cache 模式下的读写性能与 TLC SSD 基本相同，用户实际使用体验与 TLC SSD 也基本相当。QLC SSD 的优势是在满足消费级用户需求的同时，产品成本和售价低于 TLC SSD。并且随着 QLC 闪存技术越来越成熟，QLC SSD 将极具发展潜力。

从闪存本身来看，QLC 与 TLC 闪存的主要核心参数对比如表 4-15 所示。

表 4-15　QLC 和 TLC NAND 典型参数对比

参数	主流 TLC	主流 QLC
IO 速度	1.6 ～ 2.4GT/s	1.6 ～ 2.4GT/s
Die 容量	64 ～ 128GB	128GB
tREAD(SLC/xLC)	20 ～ 40μs 或 40 ～ 60μs	20 ～ 40μs 或 80 ～ 100μs
tPROG(SLC/xLC)	80 ～ 110μs 或 300 ～ 450μs	80 ～ 110μs 或 1 600 ～ 2 000μs
tBERASE(SLC/xLC)	4 ～ 6ms	～ 10ms

当前最新量产的主流 QLC 闪存 IO 接口速度为 1.6GT/s ～ 2.4GT/s，已基本达到 TLC 水平。如最新量产的 QLC 闪存 IO 速度已达 2.4GT/s，已达消费级 SSD 所需的闪存 IO 速度的最高速度。对表 4-15 中的相关内容说明如下。

- 单 Die 容量：QLC 在相同 Die size 下，可以实现更高的存储密度，单 Die 容量更大，更适合大容量消费级 SSD 的需要。
- Page 读 tREAD 时间：QLC 大约是 TLC 的 2 倍；但在双方使能 SLC 模式条件下，QLC 和 TLC 的 tR 基本相同。

- **Page 写 tPROG 时间**：QLC 大约是 TLC 的 5 倍，编程时间更长（慢）；但在双方使能 SLC 模式条件下，QLC 和 TLC 的 tP 基本相同。
- **寿命（编程 / 擦除次数）tBERASE**：QLC 编程 / 擦除次数比 TLC 少，但是随着技术发展带来的闪存能力的提升，QLC 与 TLC 的编程 / 擦除次数差距在缩小。新制程 QLC 闪存全盘擦写次数不仅会考虑满足消费级 QLC SSD 寿命需要，同时会兼顾到企业级 QLC SSD 寿命需求。

综上所述，相较于 TLC，QLC 闪存 IO 接口速度相同，单 Die 容量更大，性能上读写擦速度略慢，但在 SSD 使用模式上使能 SLC Cache 模式，读写速度基本相同，闪存性能慢的缺点会被弥补。同时在闪存的可靠性如数据保持能力、写干扰、读干扰及寿命方面，QLC 闪存能力相较前几代已大幅提升，完全可以满足消费级 SSD 对闪存的要求。

4.7.1 X3-6070 QLC NAND

通常情况下，如 QLC NAND，闪存单元存储的电荷越多，其在编程 / 擦除方面的次数就越低。然而，长江存储借助于 Xtacking® 晶栈架构，通过材料创新、制程进步和纠错算法的改进，显著提高了 QLC 闪存单元的编程 / 擦除次数。

在 2024 CFMS（中国闪存峰会）上，长江存储展示了 X3-6070 QLC NAND（见图 4-23），其接口速度为 2 400MT/s，具有最高的 4 000 次编程 / 擦除次数，是上代 QLC 的 4 倍，寿命显著提升。4 000 次编程 / 擦除次数远超过消费级 QLC SSD 所需要的寿命要求（一般 2 000 即可），同时也让 QLC 颗粒进入企业级应用领域成为可能。

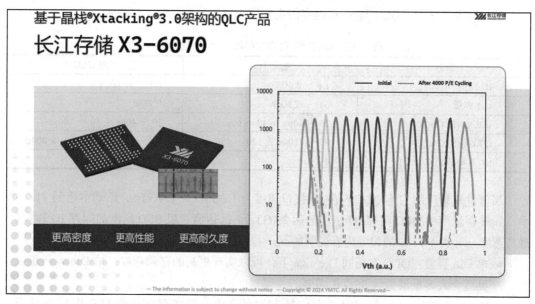

图 4-23　CFMS 长江存储 QLC NAND 产品

对比上代 QLC NAND，X3-6070 存储密度提高了 70%，编程性能提高了 90%，IO 速度提高了 50%，X3-6070 的各项参数如表 4-16 所示。

表 4-16　X2-6070 和 X3-6070 QLC NAND 参数

产品型号	X2-6070	X3-6070
产品架构	晶栈®Xtacking®2.0	晶栈®Xtacking®3.0
存储单元类型	QLC	QLC
存储容量	1.33Tb	1Tb
NAND 闪存接口	ONFI 4.1	ONFI 5.0
最高 IO 速度	1.6GT/s	2.4GT/s

4.7.2　PC41Q PCIe 4.0 x4 QLC SSD

如今各家原厂大力发展 QLC 闪存，特别是从 2024 年开始，QLC 闪存颗粒在接口速度、SLC Cache 模式下读写性能等参数已不输于 TLC。以消费级 SSD 为例，QLC SSD 性能跑分已可以跻身高端产品，但售价较 TLC SSD 低 10% ~ 20%。对用户来说，QLC SSD 大幅降低了采购成本，无疑是不错的选择。

根据消费级 PC OEM SSD 市场未来预测，凭借和 TLC SSD 接近的性能但更低的价格，OEM 产商采购 QLC SSD 的比例将大幅增加。零售 SSD 市场，凭借 QLC SSD 极致性价比特性，终端用户购买比例也会持续增长。

长江存储于 2024 年推出了基于最新 QLC NAND 的消费级 PC41Q PCIe 4.0 x4 SSD 新品（见图 4-24）。PC41Q 有 2242 和 2280 两种规格，适合主流笔记本和台式机存储的尺寸；容量包括 512GB、1TB 及 2TB 三种；连续读性能高达 5 500MB/s，连续写性能高达 5 100MB/s，随机读性能高达 800k IOPS，随机写性能高达 850k IOPS；读写功耗不超过 4W，PS4 低功耗低至 2mW。

1）CDM 性能：如图 4-25 所示，PC41Q 连续读性能高达 5 500MB/s，连续写性能高达 5 100MB/s，随机读性能高达 800k IOPS，随机写性能高达 850k IOPS，四项性能指标均高于友商同类 PCIe 4.0 x4 QLC SSD 产品。

2）PC Mark 10 跑分：如图 4-26 所示，PC41Q 在空盘条件下跑分高达 3 495 分，50% 填盘条件下跑分高达 3 407 分。

3）PS4 低功耗：如图 4-27 所示，PC41Q 低功耗优化十分出色，低至 2mW，友商 PS4 功耗值分别是 2.5mW 及 5mW。

4）性能温度曲线：PC41Q 在室温 25℃，没有风扇，顺序写 30G 数据重度写负载场景下，依然能一直维持顺序写 5 000 + MB/s，性能不下降，且未见明显波动，同时 SSD 整体温度一直控制在 80℃以下。同样测试条件下，友商 C 为了维持低于 SSD 整体温度 80℃，明显触发了降低性能的节流操作，性能上下波动；友商 B 的性能虽然没有波动，但性能仅能达到 4 000 + MB/s。具体性能温度曲线如图 4-28 所示。

长江存储 PC41Q QLC SSD

参数	512GB	1TB	2TB
接口	PCIe Gen4x4, NVMe 1.4		
加密	Pyrite & Opal		
NAND	X3-6070 QLC 1Tb/Die		
尺寸	M.2 2242/2280		
容量	512GB	1TB	2TB
连续读(单位为MB/s)	5 300	5 500	5 500
连续写(单位为MB/s)	4 000	5 100	5 100
随机读(单位为k IOPS)	500	800	800
随机写(单位为k IOPS)	700	800	850
寿命(TB)	150	300	600
数据保持(EOL)	1 Year @ 30℃		
平均无故障时间(MTBF)	2 Million Hours		
不可纠错比特数(UBER)	10^{-15}		
功耗	Active Power 4.0W Max, PS4 Power 2.0mW(typ)		
认证	PCIe-SIG, WHLK,UL, CE, FCC, BSMI, RoHS, Halogen Free, China RoHS, WEEE, KC, VCCI, TUV, RCM		

图 4-24 长江存储 PC41Q QLC SSD 产品图片及规格参数

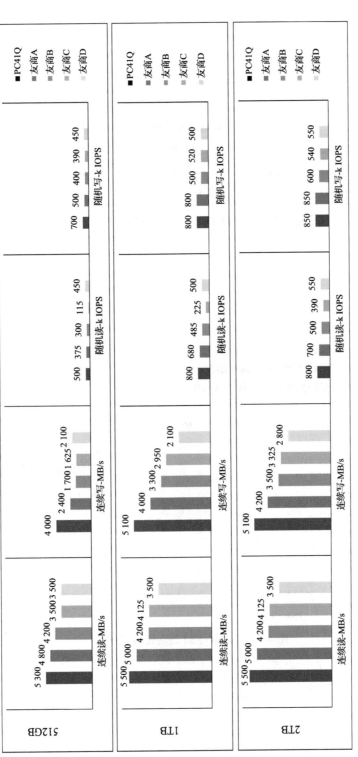

图 4-25 PC41Q CDM 性能 vs 友商

PC Mark 10结果			
测试项	512GB	1TB	2TB
PCMark10_Full System Drive Benchmark	3 395	3 487	3 495
PCMark10_Full System Drive Benchmark（50%填盘）	3 225	3 393	3 407

图 4-26　PC41Q PC Mark 10 跑分

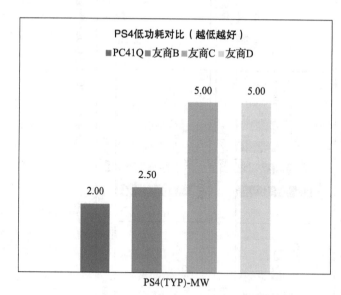

图 4-27　PC41Q PS4 低功耗 vs 友商

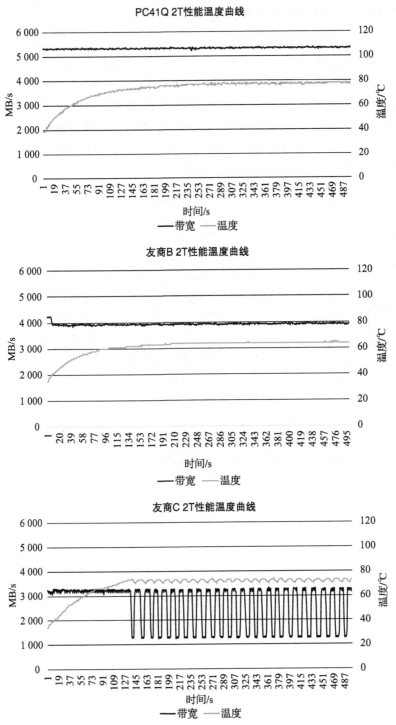

图 4-28　PC41Q 的性能温度曲线与友商产品性能温度曲线

4.7.3 日常 PC 使用的存储负载分析

用户在选择一款消费级 SSD 的时候，是选择 TLC 还是 QLC SSD，除了上述性能、寿命、功耗和价格指标的横向对比，还可从"实用"角度借助日常工作存储负载来分析一款 SSD 够不够用和好不好用。在 PC SSD 使用状态下经用户模型统计（见图 4-29），在生产力、游戏和内容创建不同存储工作负载的条件下，SSD 接收到的命令绝大部分是读命令，总体读写比例为 8：2，读多写少。基于 QLC SSD 和 TLC SSD 几乎相同的读性能，较少的写操作对于 SSD 磨损较少，因此对于 QLC SSD 使用者而言，相比较 TLC SSD，其存储使用体验几乎相同。担忧 QLC SSD 寿命和写性能，似乎显得"多余"了。

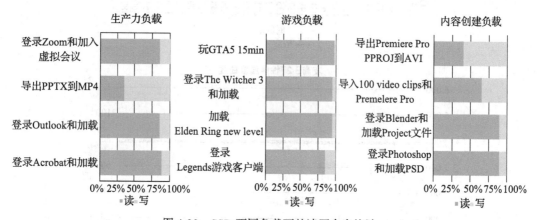

图 4-29　SSD 不同负载下的读写命令统计

负载分析还包括性能相关的 NVMe 命令队列的深度、SSD 工作功耗和低功耗状态等分析，这些方面 QLC SSD 也是非常胜任的，这里先跳过不展开分析。

第 5 章 *Chapter 5*

SSD 测试工具和平台

"工欲善其事，必先利其器"，选择合适的测试工具对于保证 SSD 产品的质量和性能至关重要。尽管市场上存在众多的 SSD 测试工具，每一种工具都有其独特之处和适用场景，但并没有一款单一的工具能够满足所有的测试需求。因此，我们只有理解各种工具的功能和限制，才能将它们运用到研发、量产等不同的测试场景上，从而全面地把握 SSD 产品的质量。

SSD 测试工具有软件也有硬件，有第三方工具也有各个厂家自己开发的测试工具。本章将介绍几款典型的 SSD 测试工具，介绍它们的使用方法、特点、优势、限制及最佳适用场景，以帮助读者根据产品的需求选择合适的工具。此外，随着技术的不断发展和标准的更新迭代，SSD 开发和测试人员经常需要开发新的测试，所以我们也会介绍可以二次开发的测试平台。

5.1 测试的硬件平台

一个典型的 SSD 项目会经历研发、兼容性、可靠性和产线等测试环节。这些不同的测试对测试的硬件有不同的要求。

在研发阶段，一般的笔记本、台式机等通用电脑就足够胜任大部分测试需求，价格便宜量又足，采购也方便。通用电脑可以用来做功能、性能，甚至压力测试。如果对性能测试的结果有比较高的要求，需要尽量配置强劲的 CPU 和大容量的内存，不要让测试平台成为测试系统的性能瓶颈。对可靠性和压力测试，工作站会比普通电脑更稳定。研发团队可以根据自己的项目需求及预算条件，灵活选配不同的硬件平台。

不过这些通用电脑还是会有一些测试盲区，需要特别定制的测试夹具才能实现。譬如我们在测试中需要如下操作。

- 对盘上电。
- 对盘掉电。
- 功耗测量。
- 带外信号的获取甚至注入。

这些操作大部分都属于 PCIe 物理层的范畴，单纯软件是力所不能及的。Quarch 公司提供的各种产品可以帮助我们覆盖这个盲区，使得测试软件可以触及 PCIe 协议的物理层，把通用电脑转变为专业的 SSD 测试硬件平台。这类测试夹具对 SSD 测试是不可或缺的。

兼容性测试要根据目标客户的特点选择多种硬件平台。譬如 PC 的 SSD、工业 SSD、企业级存储的 SSD、数据中心的 SSD、车用的 SSD、影像的 SSD 等，它们的系统硬件都是不一样的，需要有针对性地选择兼容性测试的硬件平台。

当项目从研发阶段转向量产阶段，普通电脑或工作站就显得力不从心了。一般的台式机通常只能测试 1 ～ 3 块 SSD，很难满足几十片测试盘同时测试的需求。有些服务器可以同时测试 10 ～ 20 片测试盘，能提升测试效率和密度，但是大部分服务器在设计上不能满足大量测试盘同时测试的带宽和温控要求，也不能使用上述测试夹具，所以我们需要一些定制的大规模测试平台来满足这些早期量产测试的需求，包括如下具体需求。

- 能支持几十片测试盘同时测试。
- 为每一片测试盘提供足够的带宽。
- 不同测试盘之间的温度要尽量隔离。
- 能覆盖完整的功能测试，包括上述测试夹具提供的测试。
- 能稳定地执行长达数个月的测试任务。
- 不同盘能执行不同的测试任务。
- 提供实时测试状态和完整的测试报告。

正式的量产测试的规模和时间会进一步增长，测试盘数量会从几十片增至数百甚至上千片，单次测试的持续时间从数天延长至数月。因此，量产测试对测试的硬件平台要求更高，以确保工厂生产的稳定性和连续性。Advantest 公司和德伽存储提供的测试机柜可以满足这个阶段的测试需求。这类测试硬件平台我们会在后续章节介绍，本章接下来主要讨论研发阶段工作在通用电脑上的测试软件。

5.2 SSD 测试软件

SSD 测试软件五花八门，可以大致分为以下几类。

- **基本性能测试软件**。SSD 用户大部分时候都会使用这类软件来获取 SSD 盘的基本性能，譬如 Crystal Disk Mark、ATTO Disk Benchmark、HD Tune 等。这些软件简单易

用，并且专注于评估存储设备的基本性能，提供直观的性能测试结果。由于被大量
评测机构使用，几乎所有消费级 SSD 的厂商都会用这些软件进行重点测试，甚至会
做针对性的固件优化。

- **高级性能测试软件**。SSD 业内开发人员通常会使用更专业的工具来测试 SSD 盘的
  性能，譬如 fio、iometer 等。这些工具允许用户定义各种 IO 负载，获取各种不同
  的性能数据。它们的使用较为复杂，需要用户深入理解并正确使用各种配置和参
  数，才能正确地执行测试。这些工具提供的测试结果也比较复杂，但能提供更加全
  面的性能分析，为 SSD 的性能调优提供具体的、量化的指导，是业内工程师的必用
  工具。
- **综合测试软件**。很多系统测试软件提供了存储子系统的测试，譬如 3DMark、PCMark
  10、Burnin Test 等。这些软件能全面测试电脑的多个子系统的综合性能，提供更加
  全面且贴近实际使用场景的测试方法，能更好地反映 SSD 在各种实际使用条件下的
  能力。这些软件能帮助普通消费者选择 SSD，但是对特定的行业用户、数据中心及
  企业用户，并不能提供有意义的评估。而且这类跑分软件通常要在几个小时内完成
  大量操作，模拟的是一个常人所不能及的超级重度使用方式，和正常的消费级固态
  硬盘的实际工作负载相去甚远。如果针对这些跑分来优化固件设计，那对提升实际
  用户体验可能是缘木求鱼。
- **专业测试平台**。性能只是 SSD 的一部分，甚至不是最重要的那部分。业内开发人
  员需要更灵活的软件实现更高覆盖程度和更大压力的测试，例如 DriveMaster、
  SANBlaze、PyNVMe3 等。有些 SSD 大厂自己开发的测试工具也属于这类软件。这
  些软件允许开发人员使用脚本语言开发测试脚本，方便对问题的复现和定位，以及
  后续的自动化回归测试。工程师需要深入学习这类工具才能掌握其脚本开发和问题
  分析的方法。一旦掌握了这些工具的使用方法，很多开发工作可以事半功倍。

接下来我们将深入介绍一些典型的测试软件，包括它们的功能、使用方法和适用的场
景。可二次开发的专业测试平台我们会在下一节中展开介绍。

5.2.1　CrystalDiskMark

在消费级 SSD 盘的评测领域，CrystalDiskMark（CDM）扮演着一个不可或缺的角色。
相信大家对图 5-1 所示的界面都已经非常熟悉了。

CDM 主打的就是使用简单，超级简单。通常默认的配置就可以满足测试要求，按 All
按钮直接跑所有测试，大概几分钟就能得到结果。CDM 默认提供的 4 种 IO 负载如下。

- **大数据块、低并发的顺序读写**：此测试模式旨在测量 SSD 在最佳条件下的性能带宽。
  许多 SSD 的性能标称值就是基于此得出的。
- **中等数据块、大并发的顺序读写**：与第一种模式相似，此模式测试在不同条件下的
  带宽极限。

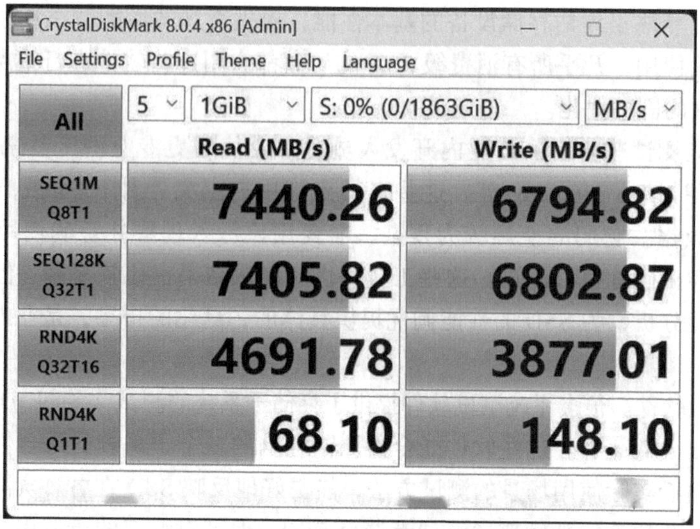

图 5-1 CDM 的测试界面

- **4K 数据块、高并发的随机读写**：此模式用于测试 SSD 的最高随机读写性能。测试结果除以 4 得到 IOPS 值，就是消费级 SSD 常用的随机性能指标。
- **4K 数据块的同步读写**：在此模式下，每次只发出一个 IO 请求，等待其完成再进行下一个 IO。通过这个模式可以计算出平均 IO 延迟。例如：假设测得读写性能为 s MB/s，那么每秒 IO 个数为 s/4 k IOPS，取倒数得到平均延迟 4/s ms。以 68.10MB/s 读性能为例，单个 4K 读的平均延迟为 4/68.10 = 0.058 7ms = 58.7μs。消费级 SSD 的延迟标称值可以从这里得到确认。

这里我们能看到，消费级 SSD 的大部分性能指标都可以用 CDM 得到确认。由于 CDM 简单易用，测试数据相对准确、稳定，所以很多评测都会首选 CDM 来呈现基本性能测试的结果。反过来，这也让消费级 SSD 厂商非常看重 CDM，会在 CDM 上面做大量的内部测试和固件优化。

在使用 CDM 进行 SSD 性能测试时，通常会采取各种方法来获得理想的测试结果。这些方法主要集中于优化测试环境和硬件配置，但它们更多是为了呈现理想化的性能数字，不一定反映日常使用条件下的实际表现。以下这些常见的优化措施可供参考。

- **使用高配置 PC**：选择配备强大 CPU 和充足内存的高性能 PC，以确保测试平台本身不成为性能测试的瓶颈。
- **清空盘上数据**：通过全盘格式化或者其他手段，恢复测试盘至 FOB（Fresh Out of Box，开箱即用）状态。
- **散热**：高温是 SSD 性能的第一杀手，所以测试时要确保 M.2 SSD 的螺丝上紧，并尽量安装散热片。甚至可以使用风扇对着测试盘吹，以进一步降低其工作温度，维持其性能稳定。

- **固件优化**：制造商可能会对固件进行优化，如扩大 SLC 缓存、减少后台操作等，以在 CDM 测试期间获得最理想的性能。
- **系统软件**：不同版本的 Windows 和驱动程序也会导致测试结果出现差异。

虽然这些措施可以帮助厂商获得更高的性能数据，但它们往往和实际用户的日常使用场景相去甚远。例如，高性能 PC 和额外的冷却措施并不一定反映普通消费者的使用环境，用户也不可能时常格式化 SSD 盘。固件针对 CDM 做的优化在真实工作场景下也会很快失去作用。在消费级 SSD 上，CDM 测试结果反映的是 SSD 盘最理想的性能指标，漂亮但不全面，必要但不充分。消费级产品真正的挑战是功耗、兼容性、成本、安全性、稳定性、响应速度等，这些方面 CDM 就爱莫能助了。

总的来说，CDM 是一个优秀的大众评测工具。但对于专业用户和 SSD 研发人员，需要更专业的工具来获得更全面的性能评估。

5.2.2　fio

相比 CDM，fio 就显得小众很多了。fio 是一款由 Linux 内核维护者 Jens Axboe 开发的 IO 负载发生器和性能测试工具，最初是为了测试 Linux 内核块设备的代码而开发的。对企业级 SSD 来说，fio 提供了大量参数来实现各种 IO 负载，工作稳定，数据全面，非常契合企业级 SSD 开发者的需求。所以 fio 在企业级 SSD 的研发、测试和新品引入中被广泛采用，包括但不限于功能测试、性能评估、可靠性测试等方面，是企业级 SSD 研发的重要工具。

fio 支持命令行和 job 文件两种使用方式。以下是一个命令行的例子，展示了如何使用 fio 进行 SSD 的顺序写入测试：

```
sudo fio --name=seqwrite --filename=/dev/nvme0n1 --rw=write --bs=4k --size=1G
    --direct=1 --runtime=60 --time_based
```

上述测试也可以通过 job 文件来定义。譬如下面这个 test.fio：

```
[seqwrite]
filename=/dev/nvme0n1
rw=write
bs=4k
size=1G
direct=1
runtime=60
time_based
```

可通过下面的命令行来执行 job 文件：

```
sudo fio test.fio
```

执行 test.fio 文件中的设置时，fio 会根据文件中定义的参数运行测试。与命令行相比，job 文件提供了一个更加结构化的配置方式。fioSynth 是 Facebook 的开源项目，提供了大量模拟实际业务 IO 负载的 fio job 文件，值得参考和利用。

我们下面将介绍 fio 的一些常用参数，这些参数在默认情况下已经足够进行基本的测试。尽管 fio 提供了更广泛的配置选项，但通常只需以下几个最关键的参数即可定义大部分 SSD 测试。我们要深入理解这些参数的定义和使用方法才能用对、用好 fio，所以 fio 官方文档还是值得大家花时间去认真阅读的：https://fio.readthedocs.io/en/latest/fio_doc.html。

- name 参数用于标识测试。在定义单个 job 时，name 参数的位置可以灵活安排。但在定义多个 job 时，每个 name 参数都标识一个新的 job，其后的参数仅适用于该 job，直到出现下一个 name。位于第一个 name 参数前的参数被视为全局参数，适用于所有 job。对于单纯的性能测试，单个 job 一般就可以了。但当我们需要模拟实际负载时，可能需要定义多个 job。

- filename 参数用于指定测试的文件或设备路径。对 NVMe SSD 测试而言，一般直接使用设备文件（例如 /dev/nvme0n1）来测试物理盘的性能，所以需要使用 root 权限。

- numjobs 参数在 fio 中用于创建指定数量的 job，每个 job 作为一个独立的线程或进程运行。这使得用户可以同时开启多个相同任务的线程或进程。通过 group_reporting 参数，可以将所有 job 的统计信息整合报告，而不是分别报告每个 job 的结果。在 NVMe SSD 测试中，不同的 job 运行在不同的 CPU 核上，每个 CPU 核绑定不同的 IO 队列，从而实现多队列测试。fio 默认通过 fork 创建进程给 job 使用；但如果指定 thread 参数，fio 将使用 POSIX 的 pthread_create 调用来创建线程。

- runtime 参数用于指定 fio 测试的运行时间。测试将一直运行，直到完成所有 IO 负载或达到指定时间，以两者中先发生的为准。如果设置了 time_based 参数，fio 会继续重复执行，直到达到设定的 runtime 时间。

- direct 参数用于确定是否采用非缓冲 IO。在进行 SSD 设备测试时，为了准确测量物理盘的性能，推荐将 direct 设置为 1（direct=1）。这样，fio 会绕过操作系统的缓存，直接对设备进行数据读写。这一点在测试 LBA 空间非常小的情况下尤为重要，因为如果不使用非缓冲 IO，测试最终得到的可能会是操作系统缓存的性能，而非 SSD 盘的性能。

- rw 参数在 fio 中用于指定 IO 模式。fio 支持多种模式，包括顺序读（read）、顺序写（write）、随机读（randread）、随机写（randwrite）等。此外，SSD 的 Trim 测试也是必不可少的。可以通过 trim 和 randtrim 选项实现 Trim 操作。另外，我们也可以通过 percentage_random 参数设置随机和顺序 IO 的混合比例，譬如我们可以设置一半数量的 IO 是随机读写，另外一半是顺序读写。

- 默认情况下，fio 的随机读写会保证覆盖全盘空间的每一个 LBA，这一点是通过其内部的 randommap 来实现的，可以防止出现没有被写过的 LBA 空洞。但是从另一方面来看，这也牺牲了随机行为的品质：越接近 SSD 满盘的时候，写入地址越是确定的。如果要实现真正的随机读写，需要使用 norandommap 参数。norandommap 参数会导致有些 LBA 没有被写，而有些 LBA 会被重复写多次。所以，如果需要单纯测试随机性能，可以使用 norandommap 参数以获得真正的随机行为，但要注意这时相同 LBA 上的并发访问会导致数据校验结果的不确定性。

- 模拟实际业务场景时，混合读写擦（Trim）操作可以通过 rw、randrw、trimwrite、randtrimwrite 等选项实现，并且可以通过 rwmixread 或者 rwmixwrite 参数定义混合负载中读写操作的百分比。然而，fio 并不支持发送特定的 NVMe IO 命令，如 Write Uncorrectable、Write Zeroes 和 Flush 等等。为了测试这些命令，我们后面会介绍一个专门为 NVMe SSD 测试而开发的专业工具，PyNVMe3。

- bs 参数用于设置 IO 的块大小，默认为 4 096 字节。可以为读、写和擦除操作分别指定不同的块大小。ba 参数用于确定 fio 的数据对齐方式，其默认值与 bs 参数指定值相同，使用方式也和 bs 参数相同。bsrange 参数用于设置块大小的范围，发出的 IO 块大小总是这个范围内最小值的倍数。譬如 bsrange=1k-4k,2k-8k，这个参数设定读操作的块大小为 1k/2k/3k/4k，写和擦的块大小为 2k/4k/8k。bssplit 参数则更加灵活地指定了精确的块大小和对应的 IO 数量百分比。例如，将 bssplit 设置为 4k/50：64k/25：128k/25，就是将 block size 按照比例 50：25：25 进行配置。这里需要注意，不同的 SSD 有不同的 MDTS（Max Data Transfer Size）设定，当 bs 大于 mdts 时，驱动会把大 IO 切割成多个小的 IO。

- size 参数决定了测试的 LBA 空间范围。如果未指定，默认使用整个 SSD 盘。io_limit 参数则限制了要完成的 IO 数据量。譬如，size 设为 10GiB，而 io_limit 设置为 3GiB，fio 会在 0 ~ 10GiB 的范围内执行 IO，但在完成 3GiB 之后停止。反之，若 size 是 10GiB，io_limit 设定为 15GiB，fio 将会在 0 ~ 10GiB 的范围内执行总计 15GiB 的 IO。这两个参数提供了对测试空间和数据量的控制能力。

- ioengine 参数决定了 IO 操作的执行方式。libaio 是一个常用的 Linux 原生异步 IO 库，通常测试都要求使用这个 engine。io_uring 是 Linux 5.1 版本引入的更高效的异步 IO 接口，它通过减少系统调用，实现批量异步 IO 操作，显著提升性能。另外，Intel 的开源项目 SPDK 也为 fio 提供了一个 ioengine，但需要重新编译 fio 和 SPDK。我们可以根据客户的需求来定义具体的 ioengine。

- iodepth 参数设置 IO 执行的并发数量，对应于 NVMe 的 IO 队列的实际并发数量。增加 iodepth 值能够提升并发数量，充分发挥 NVMe SSD 的性能优势。然而，我们不能只关注高并发的性能，低 iodepth 设定下的性能同样重要，因为它更贴近实际应用场景。使用时，应通过 fio 输出的 IO 深度分布确认实际深度是否达到预期，以确保测试结果的准确性。

- thinktime 参数在 fio 中用于模拟应用程序处理 IO 后的等待时间，按指定的时间（微秒）暂停作业，模拟 CPU 处理数据的空闲时间。rate_iops 参数限制 IO 速率至每秒指定的操作数（IOPS），使用户能精细控制 IO 的负载，评估存储系统在不同工作负载下的性能表现。在企业级 SSD 测试中，SSD 盘在固定 IOPS 负载下的延迟是一项

非常重要的性能指标。另一方面，我们也可以通过固定延迟来获取 IOPS 的最大能
力，这时可以用 latency_target 参数设定最大延迟。

- 数据一致性的检查是所有专业测试工具的必备功能。通过使用 verify 参数，用户可
  以选择多种校验方式，如 MD5 或 CRC32C，来保证数据一致性。但是使用 verify 特
  性有一些限制，譬如 NVMe 协议在并发访问时并不保证数据的一致性，如果读写操
  作同时进行，可能会遇到竞争状态导致 verify 结果存在不确定性。

下面这个 fio 命令配置了一个针对 NVMe SSD 设备 /dev/nvme0n1 的性能测试，通过
60s 的随机写操作，以 4KB 的块大小和 32 的队列深度，来评估 SSD 在处理 1 000 IOPS 负
载时的性能表现。测试使用 libaio 引擎进行直接 IO 操作，确保测试结果能准确反映 SSD 的
实际性能。

```
sudo fio --name=ssd_test \
    --filename=/dev/nvme0n1 \
    --rw=randwrite \
    --bs=4k \
    --ioengine=libaio \
    --iodepth=32 \
    --size=10G \
    --runtime=60 \
    --time_based \
    --direct=1 \
    --write_iops_log=ssd_test_iops \
    --percentile_list=50:90 \
    --rate_iops=1000
```

这个命令行还通过参数 percentile_list 指定了延迟的百分位数，这里我们只关心 50% 和
90% 处的延迟。对企业级 SSD 而言，我们需要关注更多个 9 的百分位延迟。以下是部分输
出结果及具体分析。

```
ssd_test: (g=0): rw=randwrite, bs=(R) 4096B-4096B, (W) 4096B-4096B, (T) 4096B-4096B,
    ioengine=libaio, iodepth=32
fio-3.28
Starting 1 process
Jobs: 1 (f=1), 0-1000 IOPS: [w(1)][100.0%][w=4000KiB/s][w=1000 IOPS][eta 00m:00s]
```

这里确认测试的基本信息和配置，以及测试执行过程中的每秒性能数据。性能数据的
单位有 MiB/s 和 MB/s 之分，它们之间的换算关系如下。

1MiB = 1 024KiB = 1 048 576B

1MB = 1 000KB = 1 000 000B

类似地：

1GiB = 1 024MiB = 1 073 741 824B

1GB = 1 000MB = 1 000 000 000B

1TiB = 1 024GiB = 1 099 511 627 776B

1TB = 1 000GB = 1 000 000 000 000B

通常测试报告会使用 KB/MB/GB/TB 这类单位。

```
write: IOPS=999, BW=4000KiB/s (4096kB/s)(234MiB/60001msec); 0 zone resets
slat (nsec): min=1830, max=22690, avg=1971.01, stdev=239.57
clat (usec): min=17, max=666, avg=270.49, stdev=3.06
lat (usec): min=40, max=685, avg=272.50, stdev=3.10
```

上面是测试的基本性能结果。写性能保持在 4 096KB/s，符合我们指定的 IOPS 要求。延迟方面我们应该关注 clat（completion latency，完成延迟），这表示 IO 操作从提交到完成的时间，也就是 SSD 测试盘的响应时间。这里可以看到平均延迟是 270μs。

```
clat percentiles (usec):
 | 50.000th=[273], 90.000th=[273]
```

命令行指定了关注的延迟百分比。这里可以看到大部分操作的延迟非常集中，50% 和 90% 的延迟都是 273μs。

```
bw (KiB/s): min=4000, max=4008, per=100.00%, avg=4001.01, stdev=2.67, samples=119
iops: min=1, max=1, avg=1.00, stdev=0.00, samples=60000
```

这部分是性能的分布情况。带宽和 IOPS 非常稳定，表明 SSD 性能在测试期间表现一致。

```
cpu: usr=0.99%, sys=0.00%, ctx=120000, majf=0, minf=485
```

这部分是 CPU 的负载。CPU 使用率低，表明主机资源不构成性能测试的瓶颈。

```
IO depths: 1=100.0%, 2=0.0%, 4=0.0%, 8=0.0%, 16=0.0%, 32=0.0%, >=64=0.0%
```

这里确认实际的并发数量。虽然命令行指定的队列深度是 32，但因为限制了 IOPS，所有 IO 操作在下次 IO 请求发出前就被处理完成了。所以实际的 IO 深度是 1。

综上所述，fio 提供很多参数来构造各种 IO 负载，并给出细致的统计数据，是企业级 SSD 性能测试的标准工具。

5.2.3　PyNVMe3

如果将 CDM 视为面向大众的性能测试工具，fio 是面向专业用户和 SSD 开发人员的性能测试工具，那么 PyNVMe3 则是专为 NVMe SSD 开发和测试工程师设计的更加全面的测试工具。fio 是由内核开发者为提高内核开发效率而设计的，PyNVMe3 则是由 SSD 开发和测试工程师为提升 SSD 的开发和测试效率而设计开发的。PyNVMe3 不单单面向性能测试，更可以实现功能、协议、注错、可靠性、压力、功耗、安全、带外管理、固件白盒等各种测试。

PyNVMe3 提供了一个类似于 fio 的 ioworker 模块，用来构造各种 IO 负载。ioworker 基于 SPDK 的用户态 NVMe 驱动实现，能够获得比 fio 和其他内核态工具更高的性能和更低的延迟。同时，ioworker 提供 Python API 接口，便于用户通过 Python 脚本实现测试，并在脚本中收集、处理和可视化测试数据。

与 fio 类似，ioworker 也提供了许多参数和选项。但得益于 Python 语言强大的表达能力，ioworker 可以用更直观的方式表达更多的测试场景。表 5-1 整理并比较了 ioworker 和 fio 的常用参数。

表 5-1　ioworker 和 fio 的常用参数

fio 参数	ioworker 参数	描述
bs	io_size	设置 IO 操作的块大小。ioworker 可以提供单一块大小，也可以通过 list 或 dict 指定多种块大小
ba	lba_align	IO 的 LBA 对齐方式。fio 默认与 bs 值相同，ioworker 默认为 1
rwmixread	read_percentage	指定读写混合的百分比分配
percentage_random	lba_random	定义随机和顺序操作的百分比
runtime	time	定义测试运行的时间
size	region_start, region_end	定义测试的区域大小或范围。PyNVMe3 可以定义单个连续区域的开头和结尾 LBA 地址，也可以通过 list 类型的参数来指定多个离散区域
iodepth	qdepth	设置队列深度
buffer_pattern	ptype, pvalue	设置 IO 缓冲区的数据模式。ioworker 在初始化时将数据 buffer 填写为指定的模式
rate_iops	iops	限制每秒的 IO 操作数
verify		fio 通过 verify 检查数据完整性。而 PyNVMe3 默认会在每次读操作完成后通过 CRC 验证每个 LBA 的数据一致性
ioengine		fio 一般选择 libaio，而 ioworker 直接使用更高性能的 SPDK 驱动
norandommap		fio 使用 norandommap 实现完全随机的读写。PyNVMe3 为完全随机的行为，并且通过 LBA 锁实现异步 IO 在 LBA 上的互斥，让数据一致性检查在大部分情况下都可以进行
	lba_step	指定顺序读写的 LBA 地址递增步长。通常顺序读写会覆盖所有的 LBA 地址，所有 IO 首尾连续，不会形成空洞。但是通过 lba_step 会产生 LBA 空洞或者 LBA 重叠的序列。如果指定负的 lba_step，还会产生起始 LBA 地址递减的序列
	op_percentage	fio 只支持 read/write/trim 三种操作，而 ioworker 可以通过指定 opcode 定义任何种类的 IO 命令及其百分比
	sgl_percentage	ioworker 可以用 PRP 或者 SGL 来表示数据缓存的地址范围，这个参数指定使用 SGL 的 IO 的百分比
	io_flags	指定所有 IO 第 12 个命令字的高 16 位，包含 FUA 等标志位
	qprio	指定队列的优先级，以实现 Weighted Round Robin 仲裁的工作场景

下面这段 Python 脚本提供了和上文 fio 命令行同样的测试。

```python
def test_ioworker_demo(nvme0n1, verify):
    # 初始化一个空字典，用于存储指定百分位数的延迟
    percentile_latency = dict.fromkeys([50, 90])

    # 调用 ioworker 开始一个性能测试
```

```
r = nvme0n1.ioworker(
    io_size=1,                          # 每次 IO 操作的大小为 1 个 LBA，这里测试盘 LBA 的大小为 4KB
    read_percentage=0,                  # 测试全为写操作（0% 的读操作）
    qdepth=31,                          # 队列深度设置为 31
    region_end=10*1024*1024*1024// nvme0n1.sector_size,   # 测试前 10GB 的数据
    time=60,                            # 测试运行时间为 60s
    iops=1000,                          # 目标 IOPS 为 1000
    output_percentile_latency=percentile_latency,
).start().close()                       # 启动测试并等待结束

# 打印指定百分位数的延迟
logging.info(percentile_latency)
```

在相同硬件和 OS 平台下，ioworker 的延迟结果为：

```
{50:268, 90:271}
```

fio 对应的延迟结果为：

```
| 50.000th=[273], 90.000th=[273]
```

可见 ioworker 的延迟比 fio 更低。ioworker 使用用户态的 NVMe 驱动直接操作 SSD 盘，避免了操作系统内核的各种开销，让 ioworker 测到的数据更接近 SSD 物理盘的本来面貌。

5.2.4　测试软件对比

CDM 提供了一个直观的、易于使用的界面，适合进行快速的基本性能评估，广泛用于消费级 SSD。fio 提供了更深入的性能分析和测试定制能力，适用于专业的性能调优和系统分析，广泛应用于企业级 SSD。PyNVMe3 专注于 NVMe SSD 的深入和全面的测试，提供了极高的性能和二次开发能力，特别适合进行 SSD 研发团队的测试开发。PyNVMe3 不仅可以用来执行性能测试，还可以覆盖各种功能、协议测试，可以提供很高负载的压力测试，可以使用各种测试夹具实现功耗和上下电测试，还可以实现各种目的的白盒测试。CDM、fio、PyNVMe3 的特点总结与对比如表 5-2 所示。

表 5-2　CDM、fio、PyNVMe3 的特点或工具总结与对比

特点 / 工具	CDM	fio	PyNVMe3
主要用户	消费者、评测机构	专业用户、企业级应用	开发工程师、测试工程师
界面	图形用户界面	命令行界面、job 文件	Python API
自定义能力	低	高	高
适用场景	基本性能评估、快速性能检查	深入性能分析、系统调优、压力测试	SSD 研发阶段的各种测试
操作系统	Windows	各种 Linux	Ubuntu LTS
主要优势	用户友好、快速启动测试	功能强大、灵活性高	针对 NVMe SSD 的专业测试平台，性能好，支持二次开发
主要限制	深入测试和分析的能力有限	需要理解大量参数的确切含义	需要 Python 编程能力，以及对 NVMe 协议的深入理解

选择合适的测试工具取决于测试目标和需求。对于基本性能的快速检查，CDM 是一个很好的选择；对于需要深入分析性能和调优的场景，fio 提供了强大的功能和灵活性；而对于更全面和专业的 SSD 研发阶段的测试需求，PyNVMe3 提供了更好的性能和灵活性。

5.3 专业测试平台

在 SSD 测试领域，像 CDM 和 fio 这样的通用测试软件通常用于较为成熟的 SSD 产品。然而，这类软件在发现问题时往往难以复现和分析，因此 SSD 的开发和测试工程师在产品研发阶段通常使用更加专业的测试平台。专业测试平台专门为 SSD 研发量身定制，能够更高效地支持项目周期中各个阶段的测试工作，帮助工程师更迅速地发现和解决问题。为了更好地理解专业测试平台的作用，我们首先分析了 SSD 研发的特点，并基于这些特点定义了专业测试平台应满足的核心需求。根据这些需求，团队和项目可以更有针对性地选择适合的专业测试平台，从而确保测试过程更加精准、高效。最后，我们将以 PyNVMe3 为例，深入探讨专业测试平台的设计。

5.3.1 研发测试和产品检测

现代软件项目的敏捷实践都要求开发和测试齐头并进，缩短项目每个节点之间的周期，稳扎稳打、步步为营。如图 5-2 所示，测试工作和开发工作是交织在一起的，而不是先做完全部开发工作再来考虑测试。

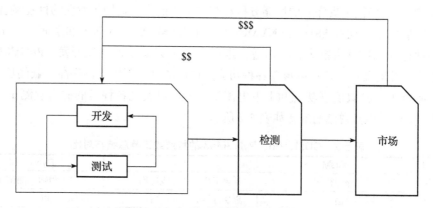

图 5-2　SSD 的研发测试和产品检测

当研发进行到一个重要的里程碑，项目准备对外发布产品或者新的版本时，我们需要执行另一个密集的产品检测（或称为 QA）阶段。这个阶段重点执行最终用户可能进行的测试或操作，比如我们之前提到的 CDM、fio、PCMark 10 等大量通用测试软件，也有 Windows、Office 和各种游戏等软件。产品检测合格后才会进入市场。

如果问题留到产品进入市场才被发现，会导致很高的修复问题的开销，譬如产品召回、差旅、加班、公关等费用。内部产品检测发现的问题，修复的开销就会小很多。同样的道理，如果能在开发阶段通过各种测试发现尽可能多的问题，我们就可以用最小的成本修复问题，提高产品的质量。

我们只有在 SSD 产品到达用户之前即按照最终用户使用的方法来测试产品，才能确保其功能和性能满足客户的期望，所以产品质量检测非常重要，必不可少。但是这类测试的工具十分繁杂，自动化程度低，测试效率不高，发现问题后复现和分析问题的难度大。所以研发团队不能完全依赖产品检测环节来保证 SSD 的质量。表 5-3 对比了研发测试和产品检测的主要差异。

表 5-3　研发测试和产品检测的差异

	研发测试	产品检测
目标用户	开发者	最终用户
测试时间点	代码提交之前	产品发布前
测试类型	自动化和白盒测试	手动和黑盒测试
测试焦点	代码逻辑、数据流和内部设计细节	产品整体性能和用户体验
故障排查	通常更快，因为测试针对具体细节	通常更耗时甚至无法复现

研发测试虽然需要团队投入更多的资源，但是可以更早更好地控制项目的进度、质量和风险。本节我们将重点讨论研发测试的专业测试平台。

5.3.2　研发测试的需求

为了适应研发测试的特定需求，开发适用的测试工具是至关重要的。研发测试的主要服务对象是研发团队，不同的研发团队和工程师面临着各自不同的需求，不同的需求会导致产品不同的设计。为了能在这些不同设计的实现过程中同时开展对应的测试工作，我们就需要差异化的测试方法和工具来满足不同设计的测试需求。通用的测试工具难以满足这些差异化的测试需求，因此挑战落到了研发测试工具上。针对研发阶段的测试需求，我们整理了研发测试工具需要具备的 6 个基本特性。

- **测试覆盖率**：测试工具必须能够覆盖所有可能的功能、特性和性能的测试，确保没有任何关键部分被遗漏。有些特性可能对产品开发来说是容易实现的，但是缺乏测试手段，那这样的特性我们也很难对外正式支持。甚至可以说，没有测试手段的特性是不能匆忙去开发的，要通过测试去驱动开发。以现在主流的 NVMe 协议为例，即便去掉那些不常用的可选特性，其最基本的功能文档也有 100 多页。如果还要考虑到 PCIe、Opal/Pyrite、MI 等相关协议，那要测试的内容就更多了。这些协议里面所有的细节都需要被认真考虑，并形成对应的测试用例。然后按照项目研发的进度同步开发测试脚本，并在以后的项目实施过程中定期回归。以 HMB 特性为例，业界标准的 UNH IOL NVMe 测试（Version 20.0）只提供了 5 个测试项目，只能说明被测盘是否支持 HMB，这显然是不够的；PyNVMe3 的自带协议测试集在 HMB 特性上则提供了 30 多个测试用例，覆盖 NVMe 协议中提到的各种细节，甚至还包括对各种内存布局的测试、和 IO 结合的压力测试、内存注错测试等。后者的覆盖程度明显更高。

- **测试准确性**：测试工具需要提供准确、可靠的测试数据，以确保开发人员能够基于真实和准确的测试结果进行除错和调优。因此，测试工具在功能上要尽可能少地引入限制，在性能上要尽可能少地引入开销。不能让测试工具成为系统中功能和性能的瓶颈。打个比方，测试工具要像一层薄纱，能看清被测设备的每个棱角，如果测试工具像棉被，那我们就只看到棉被，而不是被测设备了。有些测试工具和驱动，会检查用户测试的参数并根据系统和 SSD 盘的特点来灵活调整。这样做对日常使用和生产是合理的，甚至是必须的；但是对测试来说并不是我们希望的结果，因为这样会导致我们发下去的测试参数和待测设备实际收到的测试参数不一样，达不到测试的目的。在性能方面，测试工具要提供尽可能高和稳定的性能，以及尽可能低并且稳定的延迟，这样我们才能在各种性能测试和调优中获得准确的数据。

- **高可靠性**：测试工具本身必须极为稳定和可靠。我们可能会进行长时间（几天甚至几个月）的测试，或者在大量机器（几十到上百台）上面部署测试。如果因为工具的原因导致测试失败，会带来很大的困扰和影响。测试工具要有很大的用户群体，通过大量的实践检验，才能逐步提高并验证其可靠性。如果一个产品看上去很好，但用户群体的数量很小，那这个产品就很难迭代优化、提高品质。然而，SSD 测试只是一个小众市场，"他山之石，可以攻玉"，我们的测试工具一定要利用其他成熟工具和项目的成果来服务 SSD 测试，而不是闭门造车。

- **可扩展性**：SSD 是一个技术不断发展的产品。随着市场的不断发展，各种新需求也不断被提出。在消费级领域，可以降低成本的 HMB、boot partition 等特性逐一出现，对低功耗的要求越来越高；在数据中心领域，既出现了 ZNS 和 FDP 等新的应用方式，也出现了 SRIOV 和双端口等特性；在车用、航天和军用领域，SSD 的应用越来越多。这些新的行业、新的需求、新的特性会给 SSD 带来新的差异化设计的要求，所以研发测试工具要能快速扩展以适应这些变化，抓住这些新的机会。

- **设备兼容性**：如果绑定特定的测试专用硬件，会限制测试工具的应用范围。研发测试工具需要能被部署到不同的平台上，如日常使用的笔记本计算机、台式计算机，以及工作站、服务器，甚至是 ARM 和 RISC-V 架构的平台。所以研发测试工具要尽可能用软件来定义和实现。另一方面，SSD 测试中不可避免地会用到一些定制的测试硬件，以实现通用计算平台无法实现的功能，譬如：对 SSD 盘断电、上电，测量 SSD 盘的实时功耗，温度的控制和测量，MI/SMBus 带外接口的支持等。不同厂家会有不同的测试夹具，市场上也有各种第三方的解决方案，研发测试软件需要能够快速适配这些不同的硬件夹具。

● **研发友好**：研发测试工具的服务对象是研发人员，所以必须满足研发人员的各种诉求。在开发过程中，经常会遇到一些问题需要测试人员快速构造测试场景，帮助开发人员去研究不同测试盘的行为和特性，或者帮助排查、验证一个具体的问题。测试开发人员需要能快速（几小时或几天）实现这样的测试脚本。项目过程中的所有测试脚本都要能无缝集成到研发的自动化流程中，包括每次代码提交、每晚每周的例行回归测试、每个项目节点的完整测试，都需要能在自动化测试框架中灵活配置并执行。测试产生的数据和日志也要方便研发人员获取并理解。

总而言之，研发测试工具的设计和开发必须紧密围绕研发团队的具体需求，以确保在创新的同时，保持产品质量的高标准。测试工具的高覆盖率、准确性、可靠性、可扩展性、设备兼容性及研发友好性，共同构成了支持高效研发的核心。通过实现这些关键特性，测试工具不仅能够提升研发效率，还能确保每个研发阶段的成果都能达到预期的质量标准，最终促进产品的快速迭代和市场竞争力的提升。

5.3.3　测试平台介绍

对大部分 SSD 产品研发团队来说，很难有足够的资源从头开发并维护一个专业的 SSD 测试平台，一些大厂商即便开发了内部测试工具，也很难和其合作伙伴共享，所以使用第三方测试平台来构建测试脚本对所有 SSD 研发团队都是有意义的。下面我们介绍几个常用的第三方测试平台。

1. SANBlaze

美国 SANBlaze 公司是存储测试领域的先锋企业，其系统在全球大多数主要存储硬件和软件供应商的测试和开发实验室中都有部署。该公司的产品包括 SBExpress 系列，该系列对 SSD 产品生命周期中的每一个环节都非常有帮助。SANBlaze 的 SBExpress-DT5 是一款全功能的 PCIe Gen5 NVMe SSD 的单机测试平台，将企业级 NVMe 验证带到了开发者的桌面上，支持包括分区命名空间（Zoned Namespace，ZNS）、可信计算组（Trusted Computing Group，TCG）、独立参考时钟独立扩散频谱时钟（Separate Refclk Independent SSC，SRIS）及电源管理等多项先进测试功能。关于 SANBlaze 测试设备的具体介绍请参考 9.2 节。

SANBlaze 的产品整合了硬件和软件，提供了一站式的解决方案，但无疑也抬高了产品的价格，导致其产品的应用和部署规模受限。

2. OakGate

OakGate 的 SVF Pro 是一个功能强大的测试平台，它提供了全面的测试功能来验证存储设备和系统的性能、可靠性和耐用性。这个平台支持自动化测试，可以执行大量的预定义测试案例，也允许用户自定义测试脚本来满足特定的测试需求。SVF Pro 支持多种接口和协议，使其能够测试各种类型的存储设备。

OakGate 的测试平台在存储行业内被广泛使用，一些大厂和数据中心都在使用其产品进行研发测试。与 SANBlaze 类似，OakGate 的产品价格较高，难以大规模部署。

3. DriveMaster

DriveMaster 由 ULINK Technology 提供，适用于研发阶段的协议验证。其 TCG 认证方案得到了业界认可。DriveMaster 可以搭配其配套的电源模块，实现上下电测试和功耗测量。颇受诟病的是，其测试脚本通常都是加密分发，再加上其自定义的脚本语法，测试工程师在 DriveMaster 上进行二次开发的代价很高。

4. dnvme

dnvme 是一个专为 NVMe 设备合规性测试设计的 Linux 内核态驱动程序，与用户空间的 tnvme 应用程序一起构成一个业界早期的 NVMe 协议测试方案。dnvme 提供了命令处理、数据结构管理、中断管理、队列操作、寄存器操作和状态检查等核心功能，并且通过 IOCTL 提供了这些功能的内核调用接口。tnvme 则提供了一套丰富的测试脚本，覆盖了 NVMe 协议的主要功能点，包括命令集和异常处理等测试。

dnvme 强调功能而非性能，因此只适合用作项目初期的功能测试，而不能用来做进一步的性能和压力测试。并且作为一个 Linux 内核模块，dnvme 需要适配不同的内核版本，开发和维护都比较复杂。目前这个项目在 github 上面已经年久失修，再也无法跟上业界的发展步伐了。

5. nvme-cli

nvme-cli 是 Linux 平台下的一个命令行工具，专为 Linux 系统下的 NVMe SSD 管理而设计，是一个成熟的开源项目。它直接使用内核的 NVMe 驱动，在用户态提供了一系列管理和诊断的功能，如设备信息查询、固件更新、Namespace 管理等，可以发送几乎所有的 admin 命令和 IO 命令，也可以灵活指定这些命令的大部分参数。但作为一个命令行工具，nvme-cli 依然着眼于功能而非性能，所以其测试效率比较低，无法满足性能和压力测试的需求。

nvme-cli 提供了一些简单的 NVMe 测试用例，有一些 SSD 厂商也会在这个基础上拓展更多的 NVMe 测试。但是作为一个命令行工具，它在性能和测试压力方面有无法逾越的障碍，很多问题都测不出来。

6. fio

fio 可以用来做 IO 命令的性能和压力测试，也是业界的标准 IO 性能测试工具，很多测试库都是基于 fio 开发的。我们上文已经讨论过 fio 的基本使用方式，这里不再赘述。但是要注意，由于内核的 NVMe 驱动和存储软件堆栈的影响，fio 的单核性能并不好，IO 路径的延迟也不稳定。此外，fio 不能收发任何 admin 命令、reset 和电源操作，甚至很多 IO 命令也是不支持的，所以 fio 工具在测试覆盖率等方面很难达到研发测试平台的要求。

fio 可以和 nvme-cli 结合，用来做一些项目初期的功能性测试。但是由于它们固有的不足，很难满足整个研发周期的测试需求。

7. PyNVMe3

在 NVMe 时代，PyNVMe3 的出现如同一股清流，它为 NVMe SSD 测试提供了一个前所未有的灵活而又强大的解决方案。与传统的测试工具相比，PyNVMe3 通过提供原生的 Python API 接口，赋予了测试开发工程师更大的灵活性，使得在其基础上进行二次开发极为方便。PyNVMe3 采用用户态驱动直接访问 SSD，避免了操作系统内核带来的功能限制和性能损耗。

图 5-3 所示是在相同软硬件平台上，fio 和 PyNVMe3 使用不同个数 CPU 核（1 ～ 5）时的性能对比。当使用足够多的 CPU 核时，二者都可以触及 SSD 盘的性能瓶颈。但是 PyNVMe3 的单核性能（1 000k IOPS）大大优于 fio 的单核性能（600k IOPS）。这个优势对 SSD 测试的性能、成本、可靠性、压力和效率有重要的意义。

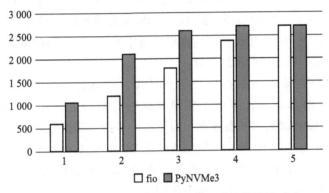

图 5-3　PyNVMe3 和 fio 的 4K 随机读性能测试对比

通过表 5-4 我们可基于研发测试平台的 6 个需求，对比总结上述除 dnvme 之外的其他几个测试平台。

表 5-4　不同测试平台的对比

测试平台	测试覆盖率	测试准确性	高可靠性	可扩展性	设备兼容性	研发友好
SANBlaze	高	高	高	中	低	中
OakGate	高	高	高	中	低	中
DriveMaster	中	中	中	低	中	低
nvme-cli	中	中	高	低	高	中
fio	低	高	高	低	高	低
PyNVMe3	高	高	高	高	高	高

5.3.4　专业测试平台的设计

本节通过专业测试平台的 6 个需求来具体介绍 PyNVMe3 的设计。

1. 测试覆盖率

在设计测试平台时，首要考虑的问题是操作系统的选择。虽然 Windows 在日常使用中非常方便，但由于安全和稳定性的考虑，Windows 对硬件设备的访问存在种种限制，尤其是对 NVMe/PCIe SSD 这类核心存储组件。相比之下，Linux 内核的 PCIe 和 NVMe 驱动为开发者提供了广泛的便利性和灵活性，支持各种 SSD 测试的底层操作。因此，大部分研发和测试工作选择在 Linux 平台上进行。

在 Linux 环境下，NVMe SSD 的测试和开发可以使用内核的 NVMe 驱动，也可以使用 SPDK（Storage Performance Development Kit，存储性能开发工具包）的用户态驱动。SPDK 是一个由 Intel 主导的开源项目，提供了一个用户态的高性能存储驱动开发工具包。SPDK 是基于 Intel 的另一个开源项目 DPDK（Data Plane Development Kit，数据平面开发工具包）开发的。DPDK 提供了在用户态操作 PCIe 设备的能力和管理大页内存的能力，在数据中心的网卡和 DPU 上有大量成熟的应用。SPDK 和 DPDK 都在用户态运行，没有系统调用和内核软件堆栈的开销。另外，SPDK 使用轮询模式而非中断，进一步降低了处理 IO 请求的延迟，尤其适合高性能、低延迟的测试需求。

SPDK 的 NVMe 驱动面向数据中心生产环境，并不是专为 SSD 研发测试开发的。PyNVMe3 在 SPDK 的基础上，添加了各种测试相关的特性，并移除驱动中的一些限制，提升了对 NVMe 协议测试的覆盖率。为了进一步提高测试覆盖率，PyNVMe3 提供了 metamode（元模式）方式的 IO 操作。这种方式在 DPDK 的基础上工作，其 IO 操作的实现完全绕开了 SPDK 的 NVMe 驱动，因此也不存在 NVMe 驱动的种种限制。通过这些改进，PyNVMe3 的脚本可以覆盖 NVMe 测试的各种细节。

2. 测试准确性

在存储设备的测试中，数据一致性是首当其冲的。测试工具需要在验证数据准确性的同时尽可能地提高性能，确保在各种负载和使用条件下数据的一致性。PyNVMe3 利用 CRC 数据校验，在测试的同时实现了对用户透明的数据检查，验证测试盘的数据可靠性。

测试收集的数据，特别是性能数据，对开发人员进行决策和性能调优也非常重要。虽然可以通过多核并发提高性能，但这和单核（单队列）是不同的测试场景。PyNVMe3 优化了单核的 IO 性能，让单队列、低并发的测试也能获得准确的性能数据，这对于发现特定条件下的性能问题尤为重要。

SSD 的性能不仅高，还要求稳定，特别是对延迟的 QoS 要求，所以测试平台的性能也要求稳定。为此，测试驱动在 IO 路径上的开销必须最小化并保持稳定。内核的存储软件堆栈（包括系统调用、文件系统、IO 调度、驱动等）很难做到这一点。PyNVMe3 基于 SPDK 的 NVMe 驱动，提供更高更稳定的性能。

性能测试的数据不仅包括 MB/s 和 IOPS 等指标，还应包括延时（Latency）及 QoS 的测量。测试平台应能够全面收集这些性能数据，支持开发人员从多个维度对性能进行深入分析和优化。为此，PyNVMe3 的 ioworker 在产生 IO 负载的同时，也用很少的开销收集这些性能数据，用户脚本可以对这些数据做进一步分析。

3. 高可靠性

确保测试工具的高可靠性对于进行长时间、大规模的测试至关重要。SPDK 在数据中心环境中得到广泛应用，经过了多年的实践检验和优化改进，是一个可靠的测试驱动选项。PyNVMe3 在 SPDK 的基础上，严格遵循敏捷开发原则，注重快速迭代和持续改进，在提供更多功能和更高性能的同时，保持测试平台的可靠性。PyNVMe3 开发了大量针对自身 NVMe 驱动的测试代码，对版本的平稳更新发挥了重要的作用。

PyNVMe3 集成了开源生态中大量成熟稳定的项目，降低了工具开发的复杂度，同时也增强了产品的成熟度和可靠性。PyNVMe3 也向社区反馈了大量需求、问题和改进，用生态的力量来推动该项目的前进。在过去 5 年多的时间里，PyNVMe3 在数十家 SSD 研发厂商中得到部署，运行超过上千台节点，这些实际商业应用也验证了 PyNVMe3 的可靠性。

4. 可扩展性

在 SSD 技术和市场快速发展的背景下，测试工具的可扩展性成为了支持新技术和满足新需求的关键因素。PyNVMe3 作为一个高性能、高可靠性的 SSD 测试平台，其设计考虑了未来技术发展的需要，具备出色的可扩展性。

PyNVMe3 为每个 API 接口提供完整的可选参数，甚至协议中大部分保留字段也可以通过 API 的参数来指定，使其具备高度的灵活性。这种设计理念使得 PyNVMe3 能够轻松应对 NVMe 规范的更新和进化，例如从 NVMe 1.4 到 2.0 的演进，以及 ZNS（Zoned Namespaces）的出现。在进行 ZNS 测试时，PyNVMe3 仅通过 Python 脚本在现有 API 的基础上快速扩展出对 ZNS 的操作能力，而不需要在驱动层面进行大规模的修改。这样的扩展方式既提高了效率，又降低了风险。

5. 设备兼容性

设备兼容性是研发测试工具设计中的一个重要考量，尤其是在 SSD 被大量新行业新应用使用的时代大背景之下，这一点显得尤为重要。为了确保测试工具能够满足不同场景的需求，降低成本，同时提高测试的灵活性和覆盖率，测试软件需要能够在各种硬件平台上无缝运行，并且能够适配各种定制的测试硬件。

PyNVMe3 设计之初就考虑到了广泛的平台兼容性，包括但不限于笔记本计算机、台式计算机、工作站和服务器等。这种跨平台的设计使得 PyNVMe3 能够在不同的硬件配置和操作系统环境下运行，从而为研发人员提供了极大的灵活性，使他们能够在最接近实际使用环境的硬件上进行测试。

PyNVMe3 通过定义 Python 回调函数接口来操作测试夹具，实现对盘上电、掉电等功能。因此，无论是来自 SSD 厂商的测试夹具，还是市场上的第三方产品，PyNVMe3 仅通过 Python 脚本就可以快速适配。

为了提高设备兼容性的测试效率，PyNVMe3 的驱动还提供了很多底层操作，让测试脚本可以在一个硬件平台上面模仿不同平台的配置和行为。譬如，PyNVMe3 可以控制 IO 队列的个数和深度，可以检查 MSI 和 MSIx 中断，可以定义 NVMe 盘的初始化过程，可以定义低功耗切换的参数，可以定义 HMB 的物理内存分布等。以往这些特性都是由驱动根据平台的特性来配置的，但 PyNVMe3 能通过测试脚本来灵活定义。

6. 研发友好

最后但也是最重要的，测试平台要对研发友好。不仅能高效地设计、执行测试任务，还能为研发人员提供各种便利，满足他们多样化的需求。PyNVMe3 提供丰富而灵活的 API 使研发人员能够在面对突发问题时，快速（几小时或几天内）实现测试脚本。研发人员熟悉的工具和流程，PyNVMe3 也会支持，譬如 pytest 和各种 CI 工具，这可以帮助开发人员提高测试开发和执行的效率。

PyNVMe3 的 Python 脚本对客户开源，极大地方便了工程师理解和深入定制测试。开源测试脚本不仅使研发人员能快速掌握测试工具的设计和使用方法，还允许他们根据自己的具体需求进行定制和扩展。开源测试脚本还意味着研发团队之间可以更容易地分享他们的测试脚本，促进团队间的协作。

PyNVMe3 提供的 VSCode 插件支持使得研发人员可以在熟悉的 IDE 中编写和调试测试脚本，查看帮助文档和测试日志，还可以获取 NVMe 的命令日志，从而更深入地考察测试脚本的行为。VSCode 支持远程模式，开发人员再也不用长时间待在实验室，可以在任何地方通过 VSCode 连接到测试机开发和调试测试脚本。

作为一个 SSD 开发工程师开发的 SSD 测试平台，PyNVMe3 定位为一个研发友好的测试平台，为自己和伙伴解决 SSD 研发过程中遇到的实际问题。这些问题来自 PyNVMe3 开发者长期 SSD 研发项目的经历，来自对不同研发团队的观察和理解，更来自大量客户的使用反馈和建议。PyNVMe3 是在研发现场成长起来的专业测试平台，是 SSD 研发人员的好伙伴。

7. 小结

PyNVMe3 专注于 NVMe SSD 研发阶段的测试，提供了一个高效、准确、可靠、可扩展且研发友好的测试环境。PyNVMe3 的设计充分考虑了覆盖率、数据准确性、高可靠性、可扩展性、设备兼容性以及研发友好性这六个基本需求，使其成为 SSD 研发和测试工作的有力助手。通过采用 Linux 平台，利用 SPDK 和 DPDK 技术，以及提供灵活的 Python API 接口来接入强大的 Python 生态，PyNVMe3 实现了对 NVMe SSD 全面的测试能力。

这些独特的优势让很多 SSD 研发团队把 PyNVMe3 整合到自己的研发流程中，并且和上下游合作伙伴在这个共享的测试平台上面合作开发测试脚本。接下来，我们将深入探讨 PyNVMe3 的测试脚本开发。

5.4　PyNVMe3 脚本开发

本节将深入探索如何在 PyNVMe3 平台上开发 NVMe SSD 测试脚本。

5.4.1　平台介绍

PyNVMe3 是一个软件定义的 SSD 测试平台。用户可以使用自己的硬件资源来部署 PyNVMe3。为了确保测试的准确性和效率，以下是我们推荐的软硬件配置。

- **CPU**：多核 X86-64 架构。PyNVMe3 的 ioworker 作为独立进程运行，每个 ioworker 绑定一个物理 CPU 核，以确保性能稳定，并且可以收集到准确的性能数据。
- **内存**：16GB 或更多。PyNVMe3 的数据校验功能会使用 DRAM 来保存每个 LBA 的 CRC 值，所以测试盘容量越大，内存需求越多。但是数据的一致性是存储的首要特性，必须要实现严格的测试。
- **操作系统盘**：推荐将操作系统安装在 SATA 盘上，这样可以完全禁用内核 NVMe 驱动，避免对 OS 盘的误操作。
- **BIOS 设置**：为了保证兼容性和测试准确性，应在 BIOS 中禁用 RST（Rapid Storage Technology，快速存储技术）、Secure Boot 等特性。
- **操作系统**：Ubuntu LTS。PyNVMe3 在 Ubuntu LTS 版本上进行了广泛测试和优化。推荐使用国内的 apt 和 pip 源以加速软件安装。
- **IDE**：我们推荐 Visual Studio Code（VSCode），一个来自微软的开源集成开发环境。

具体的安装过程，请参考 PyNVMe3 的官方网站资料：https://pynv.me/ssd/user-guide/。PyNVMe3 被安装到 /usr/local/PyNVMe3 目录下，后续所有操作都将以 root 用户在这个目录下执行。

1. 开始动手

首先，我们需要执行以下命令行以配置 PyNVMe3 的运行环境。

```
make setup
```

此命令将预留大页内存供后续测试使用，并将待测 NVMe 盘的驱动从系统默认的内核驱动切换到 PyNVMe3 提供的用户态驱动。随后，我们可以开始利用 Python 体验 PyNVMe3 的功能。以下是一个简单的 Python 交互示例。

```
root@gen5:/usr/local/PyNVMe3# python3
Python 3.10.12 (main, Nov 20 2023, 15:14:05) [GCC 11.4.0] on linux
Type "help", "copyright", "credits" or "license" for more information.
>>> import nvme as d
>>> pcie = d.Pcie('0000:01:00.0')
>>> nvme0 = d.Controller(pcie)
>>> buf = d.Buffer(4096)
>>> nvme0.identify(buf).waitdone()
```

```
0
>>> buf[4:23]
b'HS5U05A23A00GMBH'
>>> pcie.close()
>>> quit()
```

下面我们逐行解释这些脚本。

```
import nvme as d
```

PyNVMe3 的驱动及其 API 接口都被编译封装进 nvme.so 文件中，我们在 Python 中直接导入此文件。

```
pcie = d.Pcie('0000:01:00.0')
```

为了便于脚本编写，PyNVMe3 采用面向对象的方式提供了一系列的类。NVMe SSD 是一种 PCIe 设备，因此我们首先创建一个 Pcie 对象，此处假设您的 NVMe SSD 的 PCIe 地址为 0000:01:00.0。

```
nvme0 = d.Controller(pcie)
```

在 Pcie 对象的基础上，我们进一步创建一个 Controller 对象，代表 NVMe 控制器。Controller 对象可以收发 Admin 命令。

```
buf = d.Buffer(4096)
```

接下来，我们创建一个 4KB 的 Buffer 对象，用于存储 NVMe 命令的返回数据。这个 Buffer 对象指向一段连续的物理内存，用于 NVMe 命令的 DMA 数据传输。

```
nvme0.identify(buf).waitdone()
```

现在，我们可以使用 Controller 对象发送 identify 命令。SSD 将 identify 数据传输到指定的内存中。由于 NVMe 命令是异步操作，我们需要调用 waitdone 方法等待命令完成。

```
buf[4:23]
```

命令完成后，我们可以从 Buffer 对象中获取 identify 数据，例如上述语句可以从 identify 数据获得待测盘的型号。

```
pcie.close()
```

测试结束前，需要释放 pcie 对象。

通过以上步骤，我们演示了如何使用 PyNVMe3 进行基本的 NVMe 操作，从创建 Pcie 和控制器对象，到发送 identify 命令并处理返回数据，这些操作都遵循 NVMe 协议，在理解 NVMe 协议的基础上，测试开发人员可以很直观地实现各种 SSD 测试。

2. 生态

将上述脚本保存到一个文件中就得到我们的第一个 Python 测试脚本了，但 PyNVMe3

提供 Python API 的目标不仅仅是编写简单的 Python 脚本，其强大之处在于能够无缝接入整个 Python 生态，实现更专业的 SSD 测试。

Pytest 是一个功能强大、易于上手的 Python 测试框架，它既支持简单的单元测试又支持复杂的功能测试，并提供了丰富的测试配置和扩展功能。Pytest 使得编写测试脚本变得更加简单直观，而且支持自动化测试，从而提高了测试效率和覆盖率。

PyNVMe3 与 Pytest 的结合，意味着我们可以借助 Pytest 这一 Python 社区的成熟第三方测试框架来进行 SSD 测试。很多专业 SSD 测试工具过度关注 SSD 测试本身，而忽视了测试框架的重要性，导致测试开发和执行的效率低下。PyNVMe3 则专注于提供对 NVMe SSD 驱动的支持，而将测试相关的特性尽可能通过 Pytest 来实现。

在引入 Pytest 后，我们可以更加优雅地编写之前用于获取 identify 信息的脚本。

```
import Pytest
import logging
from nvme import Buffer

def test_identify(nvme0):
    # 创建一个 4K buffer
    buf = Buffer(4096)
    # 向 nvme0 控制器发送 identify 命令，并等待命令完成
    nvme0.identify(buf).waitdone()
    # 打印设备型号
    logging.info(buf[4:23].decode())
```

脚本首先导入 Pytest、logging 模块和 nvme 模块中的 Buffer 类。这里的 nvme 模块就是 PyNVMe3 提供的 nvme.so。通过定义 test_identify 函数，我们创建了一个测试用例。其中 nvme0 作为参数传入，这是一个通过 PyNVMe3 预定义的 fixture 自动管理的 Controller 对象。这种 fixture 机制非常适合于设置测试前的初始化和测试后的清理工作，简化测试流程。在函数内部，我们创建了一个 Buffer 对象，并通过 nvme0 发送了 identify 命令。waitdone() 方法确保命令执行完成。最后，通过 logging.info 打印出了 identify 命令返回的部分数据，这里是设备的型号。

在这个脚本中，我们没有直接看到 Pcie 对象的初始化和释放，因为这些操作已经由 PyNVMe3 通过 nvme0 这个预定义的 fixture 自动完成了。

作为一个被各种软件项目使用的测试框架，Pytest 非常稳定、高效。我们不需要为 SSD 开发一个特别的测试框架，而是充分理解、应用并扩展 Pytest。Pytest 提供丰富的特性，如测试用例的组织、参数化测试、fixture 以及详细的测试报告等，放在 SSD 测试也是同样有用的。

我们不仅在软件方面会注重利用和回馈生态，在硬件方面我们也非常注重和友商的合作。PyNVMe3 对 Quarch 的电源监测设备提供了非常好的支持，在 Total Phase 公司 I2C Host 设备的基础上提供了完整的带外管理测试脚本，同时还积极引入国内更具竞争力的产品给广大客户使用。在整合这些第三方软硬件的过程中，我们会提供我们的需求和问题，让

生态中的友商和我们一起打造完善的 SSD 测试平台。

3. 执行测试

将这些代码保存到文件 scripts/my_identify_test.py，这就是我们的第一个测试脚本了。我们可以通过命令行来执行这个脚本，并且提供待测盘的 BDF 地址。

```
make test TESTS=scripts/my_identify_test.py pciaddr=0000:01:00.0
```

在 scripts 目录下，PyNVMe3 已经提供了一套完整的测试脚本库。例如，以下命令执行 IO 压力测试：

```
make test TESTS=./scripts/benchmark/ioworker_stress.py pciaddr=0000:01:00.0 limit=12
```

上述命令行的 TESTS 参数指定了待执行的测试脚本的路径；pciaddr 参数指定待测 NVMe 盘的 BDF 地址；limit 参数对测试执行的时间或其他参数进行限制，具体取值依赖于脚本的设计。

现在我们已经可以在 PyNVMe3 平台上编写和执行测试了，大家迫不及待要开始写脚本了吧！

4. 原生测试集

在开始编写自己的测试之前，可以先浏览一下 PyNVMe3 自带的脚本库。这套脚本库覆盖了 NVMe 协议的各个方面，并且还会不断扩充。表 5-5 罗列了其中一些主要的测试类别。

表 5-5　PyNVMe3 提供的原生测试集

测试类别	描述
admin	测试控制器的 admin 命令合规性
nvm	测试 IO 命令的合规性
hmb	测试 HMB 特性的功能、性能、可靠性等
registers	测试 NVMe 盘的各种 PCIe 和 NVMe 寄存器
tcg	测试 NVMe 盘的 TCG 合规性
management	MI 测试集，包括带外管理和 SPDM 等测试
benchmark	各种功能、性能、功耗、可靠性等测试
features	各种企业级 NVMe 盘的特性测试
production	支持企业级 SSD 导入的测试
vendor	为 OEM 厂商定制的测试脚本

PyNVMe3 通过这些测试脚本为 NVMe SSD 的各项技术规范提供了全方位的测试，测试工程师可以依托这些脚本快速高效地完成设备的基本测试。同时，这些脚本也是很好的参考资料，脚本工程师可以通过这些脚本来理解 PyNVMe3，并作为新开发脚本的起点。

经过大量客户 5 年的打磨，PyNVMe3 在这些测试集的基础上，提出了自己的消费级 SSD 认证测试方案。可以联系厂商获得进一步资料：https://pynv.me/services/。

5.4.2 类和方法概述

PyNVMe3 按照面向对象的方法，梳理、整合了所有功能到几个类中。这些类和方法的设计都遵循 NVMe 协议，所以只要理解了 NVMe 协议，就能更好地理解和掌握 PyNVMe3 的设计和使用。下面我们介绍图 5-4 所示的 PyNVMe3 提供的几个关键的类。

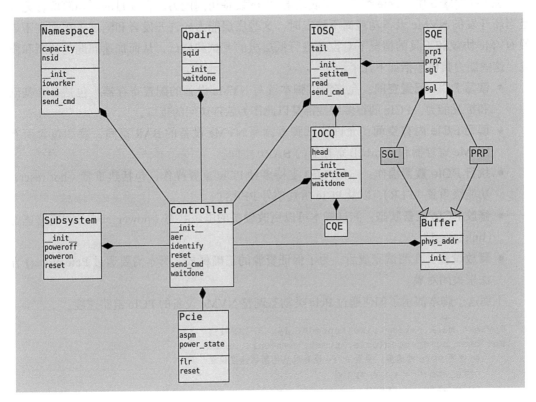

图 5-4　PyNVMe3 的类图

1. Controller 类

从图 5-4 中可以很明显地看出 Controller 是 PyNVMe3 提供的一个最核心的类。在 NVMe 协议中，一个 SSD 盘包括控制器（Controller）和命名空间（Namespace）两个部分。Controller 是负责管理主机与 NVMe 设备之间连接的接口，它处理命令、数据传输及其他管理任务。而 Namespace 是 NVMe 设备内的存储数据的逻辑单位。PyNVMe3 也遵循这样的定义。

Controller 类是对 NVMe 控制器的抽象，其他类的创建都需要关联到 Controller 类上面。譬如创建 Namespace 和 Qpair 对象时，都需要指定 Controller 对象。

下面这个脚本从 fixture 提供的默认 Pcie 对象创建一个 Controller 对象，并执行 getfeatures 命令。

```
def test_controller(pcie):
```

```
# 使用 pcie 对象创建一个控制器实例
nvme0 = Controller(pcie)
# 查询控制器的 Feature，这里查询的是 Feature ID 7
nvme0.getfeatures(7).waitdone()
```

2. Pcie 类

在 PyNVMe3 中，Pcie 类提供了底层的 PCIe 设备访问能力。在项目的早期阶段，尤其是当新开发的 NVMe 设备功能尚不稳定时，这些底层能力允许开发者和测试工程师在不依赖 NVMe 协议和工具的情况下对设备进行低层次的测试和调试，从而加速问题的诊断和修复。这些能力具体包括如下几个。

- **读写 PCIe 配置空间**：允许测试脚本读写 NVMe 设备的配置寄存器，包括各种基础和扩展能力。PCIe 的很多特性都是以此作为软件访问的接口。
- **读写 PCIe 内存空间**：允许测试脚本读写 NVMe 设备的 BAR 空间，譬如包含所有 NVMe 寄存器和 doorbell 寄存器的 BAR0 空间。
- **执行 PCIe 重置操作**：PyNVMe3 支持多种 PCIe 重置操作，包括热重置（hot reset），功能级重置（FLR），以及 PCIe 重置信号 PERST#。
- **修改 PCIe 设备状态**：测试脚本可以更改设备的电源状态（power_state）和链路速度（link speed）。
- **释放设备**：在测试完成后，为了保证资源的正确释放，脚本需要通过 Pcie.close() 方法来关闭对象。

下面这个脚本演示了如何通过 Pcie 类动态调整 NVMe 设备的 PCIe 链路速度。

```
@pytest.mark.parametrize("speed", [4, 3, 2, 1])
def test_pcie_speed(pcie, nvme0, nvme0n1, speed):
    # 改变 PCIe 的速度，重置 PCIe 设备以应用新的速度设置
    orig_speed = pcie.speed
    pcie.speed = speed
    pcie.reset()
    nvme0.reset()
    logging.info("current PCIe speed %d" % (pcie.speed))

    # 执行 IO 测试
    nvme0n1.ioworker(io_size=10,
                     read_percentage=100,
                     time=10).start().close()

    # 恢复 PCIe 速度到原始设置
    pcie.speed = orig_speed
    pcie.reset()
    nvme0.reset()
    logging.info("current PCIe speed %d" % (pcie.speed))
```

3. Buffer 类

Buffer 类负责申请一段固定且连续的物理内存空间，用作数据交换的共享内存。由于

NVMe 协议在进行数据交换时采用共享内存的方式，所以 Buffer 类在 NVMe 测试中可以起到多方面的作用。Buffer 类不仅可以用于各种命令的用户数据，还可以用于 NVMe 协议中的多个关键数据结构，如队列、PRP List、HMB 等。以下是 Buffer 类的关键特性和应用。

- **物理内存空间的管理**：Buffer 类通过申请连续且固定的物理内存空间，为 NVMe 命令和数据交换提供了基础。这种物理内存空间是 DMA 操作的必要条件。
- **灵活的内存偏移修改**：Buffer 类支持修改 offset 字段，允许脚本精确控制驱动生成的 PRP，实现对 PRP 特性的深入测试。
- **直接访问物理地址**：通过 phys_addr 属性，脚本可以获取物理内存的起始地址，这对于需要直接与硬件进行交互的操作非常重要，譬如初始化 HMB 内存空间。
- **支持各种 mptr**：mptr 包括 PRP 和 SGL 两种类型。PRP 和各种 SGL 都可以从 Buffer 类继承而来，让脚本可以做各种内存地址相关的测试。
- **CMB 特性的支持**：可以在 SSD 盘的 CMB 空间上分配内存并创建 Buffer 对象。

下面这个脚本测试 NVMe 盘处理带有不同偏移量的 PRP 时的行为。PyNVMe3 驱动会根据 buffer 的偏移和大小构造对应的 PRP。

```
@pytest.mark.parametrize("offset", [4, 16, 32, 512, 800, 1024, 3000])
def test_prp_admin_page_offset(nvme0, offset):
    # 在 CMB 中创建 Buffer，并调整 Buffer 的起始偏移和大小
    buf = Buffer(4096*2)
    buf.offset = offset
    buf.size = 4096

    # 发送 identify 命令，identify 数据会被写入 Buffer
    nvme0.identify(buf).waitdone()

    # 打印 identify 数据
    logging.info(buf[4:20])
```

4. Namespace 类

Namespace 类在 PyNVMe3 中是对 NVMe 盘中"命名空间"的抽象，其中命名空间定义为 NVMe 规范中的数据存储单元，支持一系列的操作，如读取、写入及删除。在常见的消费级 SSD 盘中，通常只有一个命名空间，而企业级盘可能支持多个命名空间。需要注意的是，Namespace 对象的创建仅是对已经存在的命名空间的抽象，若需在盘中实际创建新的命名空间，则需通过 namespace management 这个 admin 命令来实现。Namespace 类的核心特性包括以下几个方面。

- **IO 操作**：Namespace 类主要用于执行各种 IO 操作，如 LBA 的读写和 Trim。
- **ioworker 方法**：通过 ioworker 方法，Namespace 类可以批量发送 IO 命令，支持定义复杂的高性能的 IO 负载。
- **数据校验**：为确保数据的完整性和正确性，每个 Namespace 对象内部维护一个 CRC 表，记录每个 LBA 数据的 CRC 值。在执行写操作（包括 Trim、Sanitize 等改变

LBA 数据的操作）后，相关 LBA 的 CRC 值会更新。读操作完成后，驱动会根据
CRC 值校验读到数据的正确性。

- **多命名空间操作**：在支持多命名空间的设备上，PyNVMe3 允许用户创建多个 Namespace
  对象来分别操作和管理这些命名空间，增加了测试的灵活性和覆盖范围。
- **Zoned Namespace（ZNS）支持**：PyNVMe3 通过扩展 Namespace 类来支持 Zoned
  Namespace 协议，为测试 ZNS 设备提供更方便的操作接口。
- **释放设备**：在使用 Namespace 对象进行测试或操作完成后，为了释放占用的资源，
  脚本应调用 Namespace.close() 方法，以释放其主机资源，譬如 CRC 数据。

下面的代码展示了如何使用 Namespace 类的 ioworker 方法在脚本中发起复杂场景的 IO
操作。代码中创建了两个 ioworker 进程，每个 ioworker 定义了不同的 IO 工作负载。第一个
ioworker 发送 10% 的 flush 操作、50% 的写操作和 40% 的 Trim 操作；第二个 ioworker 发
送 10% 的写操作和 90% 的读操作。两个 ioworker 在独立的 CPU 核上对同一个 namespace
同时进行测试。with 语句块可以确保 ioworker 进程在执行完毕后能够正确关闭和清理资源。

```
def test_ioworker_complex_workload(nvme0, nvme0n1):
    with nvme0n1.ioworker(io_size=4,
                          op_percentage={0:10, 1:50, 9:40},
                          time=10), \
         nvme0n1.ioworker(io_size=8,
                          op_percentage={1:10, 2:90},
                          time=20):
        # 在这两个 ioworker 进程执行期间，主进程可以执行其他任务
        pass
```

5. Qpair 类

Namespace 对象在发送 IO 命令时需要通过 Qpair 对象来传递 SQE 和 CQE。Qpair
对象封装了一对具有相同 id 和深度的提交队列（Submission Queue，SQ）和完成队列
（Completion Queue，CQ）。Qpair 对象的提交队列存放命令数据（Submission Queue Entry，
SQE），而完成队列则用于接收来自 NVMe 测试盘的完成数据（Completion Queue Entry，
CQE）。以下是 Qpair 类的具体特性。

- **发送 IO 命令**：Qpair 对象可用于发送各种 IO 命令，并且可以同时发送多条命令。
- **等待 IO 命令完成**：Qpair 对象的 waitdone() 方法可以等待指定个数的 IO 命令完成，
  并调用脚本指定的回调函数。
- **支持中断**：Qpair 可以配置使用特定的中断向量，以实现对 MSI 和 MSIx 中断的测试。
- **支持 CMB**：脚本可以提供 Buffer 对象给 Qpair 对象使用，用作 SQ 和 CQ 队列的内
  存空间。当这个 Buffer 对象定义在 CMB 空间上时，对应 Qpair 的队列也会创建在
  CMB 空间上，实现对 CMB 特性的应用和测试。
- **删除 Qpair 对象**：测试完成后，应使用 delete() 方法来删除 Qpair 对象的资源，包括
  与测试盘关联的 SQ 和 CQ。

这段代码演示了如何在 PyNVMe3 中把 SQ 创建在 CMB 上。这里通过指定 sq_buf 参数将 SQ 放在 NVMe 控制器的 CMB 内，以提高 PCIe 总线的使用效率。

```
def test_qpair_sq_in_cmb(nvme0, nvme0n1):
    # 在控制器的 CMB 中为 SQ 分配缓冲区，缓冲区大小为 32*64 字节
    sq_buf = Buffer(32*64, nvme=nvme0)

    # 创建一个 Qpair，其 SQ 位于 CMB 中
    qpair = Qpair(nvme0, 31, sq_buf=sq_buf)

    # 使用创建的 qpair 启动一个 ioworker，进行 IO 操作
    nvme0n1.ioworker(qpair, io_size=8, io_count=100).start().close()

    # IO 操作完成后，删除 Qpair 以释放资源
    qpair.delete()
```

5.4.3　驱动的特性

PyNVMe3 驱动的所有功能都通过上面的类来提供。本节说明 PyNVMe3 驱动提供的一些关键特性。

1. 三种 IO 方式

PyNVMe3 有三种发送 IO 的方式。但这些不同的方式可不是滥竽充数，而是为了给开发者和测试工程师提供具有特定能力的工具箱，以满足不同测试用例的需求。

（1）ns.cmd

PyNVMe3 的 ns.cmd 提供了一个基础且强大的接口，允许用户发送任何 IO 命令。这包括常见的命令如 read 和 write，以及供应商特定（Vendor Unique）的命令。通过 send_cmd() 这个通用方法，PyNVMe3 允许用户传递几乎所有命令参数给 NVMe 控制器。这些命令的接口也支持回调机制，驱动在收到 CQE 后会调用脚本提供的 Python 回调函数，提供了一种灵活的异步方式来定义命令完成后的后续动作。

下面是一个展示 ns.cmd 方式读写操作的示例脚本。在 qpair.waitdone(2) 里面，驱动会先回收写操作的 CQE，然后执行脚本在发出 write 命令时指定的回调函数 write_cb() 发出 read 命令，并最终也在 qpair.waitdone(2) 里面完成。这里的参数 2 是指等待 2 条命令结束。

```
def test_hello_world(nvme0, nvme0n1, qpair):
    # 为读写操作准备数据 buffer，在写 buffer 内写入一些数据
    read_buf = Buffer(4096)
    write_buf = Buffer(4096)
    write_buf[10:21] = b'hello world'

    # 定义一个写操作完成后回调的函数，该函数将发起一个读操作。
    def write_cb(cqe):
        nvme0n1.read(qpair, read_buf, 0, 1)
```

```
# 发送写命令，并指定写完成后的回调函数。
nvme0n1.write(qpair, write_buf, 0, 1, cb=write_cb)

# 等待写和读命令完成，并检查读 buffer 中的数据。
assert read_buf != write_buf
qpair.waitdone(2)
assert read_buf == write_buf
```

（2）ioworker

针对效率和便捷性的考量，PyNVMe3 引入了 ioworker，一个自动化的 IO 生成器。ioworker 根据提供的工作负载，自动地发送和回收 IO，能够在单核心上实现超过一百万 IOPS 的性能。通过 Namespace.ioworker() 创建并启动多个 ioworker 对象，分别在对应的子进程和 CPU 核上运行，并允许主进程同时发起其他操作。这个功能丰富的生成器还能返回详细的统计信息，使其成为大规模、高性能 IO 发生器的理想选择。

这段 Python 脚本在子进程执行一个 ioworker，同时在主进程监控 NVMe 设备的温度。

```
def test_ioworker_with_temperature(nvme0, nvme0n1, buf):
    # 使用 ioworker 启动一个 IO 负载
    with nvme0n1.ioworker(io_size=256,
                          time=30,
                          read_percentage=0):
        # 在 IO 工作期间，每隔 1 秒记录一次设备的温度
        for i in range(40):
            time.sleep(1)
            nvme0.getlogpage(0x02, buf, 512).waitdone()
            ktemp = buf.data(2, 1)
            from pytemperature import k2c
            logging.info("temperature: %0.2f degreeC" % k2c(ktemp))
```

（3）metamode

metamode 提供了一种特别的测试模式，它直接将 NVMe SSD 作为原始 PCIe 设备处理，完全绕过了 SPDK NVMe 驱动，让测试脚本负责定义所有 NVMe 相关的细节，包括 IOSQ、IOCQ、SQE、CQE、PRP 和 SGL 等 NVMe 数据结构，以及 Doorbell 操作。虽然这种模式提高了脚本的复杂性，但它使得脚本能够完全控制与 NVMe SSD 交互的任何细节，实现各种常规驱动无法实现的测试用例，譬如以下例子。

- 非对称的 IOSQ/IOCQ 配置：通过 metamode 方式发起 IO 操作，PyNVMe3 允许创建非常灵活的队列配置，例如配置多个命令队列（IOSQ）对应同一个完成队列（IOCQ），或者为 IOSQ 和 IOCQ 指定不同的 id 和深度。
- 构造 PRP 和 SGL：metamode 支持直接构造 PRP List 或各种 SGL，用来测试各种离散内存布局的数据传输，甚至可以模拟不同 MPS（Memory Page Size）和 MDTS（Maximum Data Transfer Size）配置下的主机行为。
- 指定命令的 cid：PyNVMe3 允许在 SQE 中直接指定命令的 ID（Command ID，CID），甚至支持发送具有相同 CID 的多个命令，通过注入这种错误来测试 SSD 盘的鲁棒性。

- **控制 Doorbell**：metamode 可以在脚本中直接更新 doorbell，让脚本能够模拟各种负载和瞬间压力，从而评估设备极端条件下的性能和稳定性。

下面这段脚本利用 metamode 来测试不同 qid 的 SQ 和 CQ 是否可以一起正常工作。

```python
@pytest.mark.parametrize("sqid", [1, 2, 3])
def test_cq_sq_diff_id(nvme0, sqid, buf):
    # 创建一个完成队列（CQ），队列标识符为 1
    cq = IOCQ(nvme0, 1, 10, PRP())

    # 创建一个提交队列（SQ），队列标识符由参数 sqid 指定
    sq = IOSQ(nvme0, sqid, 10, PRP(), cq=cq)

    # 向 SQ 发送一个读命令
    sq.read(cid=0, nsid=1, lba=0, prp1=buf)

    # 更新 SQ 的 doorbell，以通知设备新的命令已经在 SQ 中
    sq.tail = sq.wpointer

    # 等待 CQ 中新的 CQE 到来
    cq.waitdone()

    # 更新 CQ 的 doorbell
    cq.head = cq.rpointer

    # 删除 SQ 和 CQ，清理资源
    sq.delete()
    cq.delete()
```

这三种 IO 操作方式，从基础到高级，为 NVMe 存储测试提供了广泛的选择。ns.cmd 适合 IO 命令的基本功能测试，ioworker 适合性能和压力测试，而 metamode 则提供了更全面和深入的测试能力。测试工程师需要根据测试需求来决定具体的操作方式，当然，也可以组合多种操作方式来实现一些复杂的场景，譬如可以在发起 ioworker 之后，同时用 metamode 来测试。PyNVMe3 提供的灵活性能够对 NVMe SSD 进行全面和精准的测试。

2. 命令的超时机制

PyNVMe3 提供了一套命令超时的处理机制，以应对在规定时间内未能从 SSD 盘收到 CQE 的情况。在 PyNVMe3 中，默认的命令超时时间为 10s。如果命令在这个时间段内没有得到回应，PyNVMe3 将会中止该命令，并在日志中记录超时信息。为了提高测试的容错性和灵活性，超时后，驱动会给这个超时的命令一段额外的等待时间（例如 20s），以期待命令的完成。如果在这额外的时间内 SSD 盘返回了 CQE，PyNVMe3 将继续执行剩余的测试流程。反之，如果设备在额外的时间内仍未响应，PyNVMe3 将标记该测试为失败，并结束这个测试。

此外，PyNVMe3 允许脚本定义特定命令的超时时间，下面这个示例脚本设置了 Trim 命令的超时时间，可以规避 SSD 研发初期的一些问题。

```
def test_ioworker_io_timeout(nvme0, nvme0n1):
    # 设置 trim 操作的超时时间为 100s
    nvme0n1.set_timeout_ms(9, 100_000)

    # 使用 ioworker 执行 flush/write/read/trim 混合操作
    nvme0n1.ioworker(io_size=128,
                     lba_random=True,
                     op_percentage={0: 10, 1: 20, 2:30, 9: 40},
                     slow_latency=90_000_000,
                     time=10).start().close()
```

除了定义 timeout 时间，ioworker 中还定义了一个 slow_latency 时间。响应时间超过 slow_latency 的 IO 不会引发测试的任何 FAIL，但是会在 log 里面记录这个超长响应时间 IO 的信息，帮助开发人员优化设计。通常，slow_latency 应该比 timeout 时间短，这样才能提供有意义的测试数据。

3. 数据的校验机制

PyNVMe3 采用 CRC 校验来确保测试过程中数据的一致性，这一点对于验证存储设备的可靠性极为关键。每当写入操作成功完成后，PyNVMe3 就会为每个 LBA 计算 CRC 值，并将这些 CRC 值保存在 DRAM 的大页内存中。在读操作完成后，PyNVMe3 会再次计算读到数据的 CRC，并与之前保存在内存中的 CRC 值进行对比，以此确保数据的一致性。

在 PyNVMe3 的测试脚本中，开发者无需编写任何额外的代码即可自动执行数据一致性校验。如下所示的脚本示例中，脚本先写 LBA 0，然后又读取了相同的 LBA。在读操作完成后，PyNVMe3 会自动进行数据一致性校验。测试脚本要做的只是在函数参数列表中加入 verify 这个预定义的 fixture。

```
def test_write_read(nvme0n1, qpair, buf, verify):
    nvme0n1.write(qpair, buf, 0).waitdone()
    nvme0n1.read(qpair, buf, 0).waitdone()
```

PyNVMe3 的数据验证机制充分利用了 CPU 的 CRC 指令，最小化对系统性能和响应时间的影响。这意味着即使在执行数据一致性校验的同时，也不会对 SSD 的性能产生显著影响。为了进一步增强数据校验能力，PyNVMe3 还在每个 LBA 的前 8 字节填充了地址信息（包括 LBA 和 nsid），并在每个 LBA 的末尾 8 字节添加了一个全局唯一的单调递增的令牌数字（token），以确保测试执行周期内每一次 LBA 写数据的唯一性。这样的设计有助于发现潜在的数据一致性问题。

需要在多次测试执行之间检查数据一致性时，PyNVMe3 支持将 CRC 数据写入文件，并从指定文件中读出 CRC 数据。此外，PyNVMe3 引入了 LBA 锁机制，确保任一时刻只有一个 IO 操作可以在某个 LBA 上执行，用来保证数据在异步读写情况下的准确性。

以下示例脚本展示了如何使用 PyNVMe3 进行数据验证。

```
def test_verify(nvme0n1, verify):
```

```
# 执行数据写入
nvme0n1.ioworker(io_size=8,
                 lba_random=False,
                 read_percentage=0,
                 qdepth=2,
                 io_count=1000).start().close()

# 通过读数据执行数据验证
nvme0n1.ioworker(io_size=8,
                 lba_random=False,
                 read_percentage=100,
                 io_count=1000).start().close()
```

该脚本通过 ioworker 首先进行数据写入，随后执行数据读取，并利用 CRC 机制进行数据验证。PyNVMe3 的这种透明的数据一致性验证机制大幅简化了测试流程，并提升了测试的准确性和可靠性。

4. 自定义 NVMe 初始化

NVMe 初始化的过程会通过配置 NVMe 寄存器来使能 NVMe 设备，并且创建 Admin 队列、获取 Identify 数据、配置 IO 队列数量等最基本的操作，之后盘就处于可以读写的状态。NVMe 协议详细定义了这个初始化过程，而且这个过程是比较固定的，所以通常由驱动来实现。但 PyNVMe3 允许用户在脚本中自定义 NVMe 初始化过程，可以根据特定测试需求调整初始化过程的细节，譬如是否需要使能 Weighted Round Robin 仲裁方式等。

以下是一个 PyNVMe3 自定义 NVMe 初始化的脚本示例，用户可以在此基础上进行调整。NVMe 初始化函数会被作为一个参数传递给 Controller 对象，这样在需要初始化 NVMe 设备的时候，驱动会调用脚本提供的这个函数。如果脚本没有提供这样的自定义 NVMe 初始化函数，那驱动会使用内置默认的初始化过程。

```
def nvme_init_user_defined(nvme0):
    # 1. 禁用控制器：清除 CC 寄存器的 EN 位
    nvme0[0x14] = 0

    # 2. 等待控制器禁用：检查 CSTS 寄存器的 RDY 位是否为 0
    nvme0.wait_csts(rdy=False)

    # 3. 设置管理队列
    if nvme0.init_adminq() < 0:
        raise NvmeEnumerateError("初始化管理队列失败")

    # 4. 配置 CC 寄存器
    nvme0[0x14] = 0x00460000

    # 5. 启用控制器：设置 CC 寄存器的 EN 位
    nvme0[0x14] = 0x00460001

    # 6. 等待控制器就绪：检查 CSTS 寄存器的 RDY 位是否为 1
```

```
        nvme0.wait_csts(rdy=True)

        # 7. 获取设备的 identify 数据
        identify_buf = Buffer(4096)
        nvme0.identify(identify_buf).waitdone()
        if nvme0.init_ns() < 0:
            raise NvmeEnumerateError(" 命名空间初始化失败 ")

        # 8. 配置和获取 IO 队列数量
        nvme0.setfeatures(0x7, cdw11=0xfffefffe, nsid=0).waitdone()
        cdw0 = nvme0.getfeatures(0x7, nsid=0).waitdone()
        nvme0.init_queues(cdw0)

        # 9. 发送所有异步事件请求（AER）命令
        aerl = nvme0.id_data(259)+1
        for i in range(aerl):
            nvme0.aer()

    def test_user_defined_nvme_init(pcie):
        nvme0 = Controller(pcie, nvme_init_func=nvme_init_user_defined)
```

5. 命令日志（cmdlog）

在调试新的测试脚本时，经常需要查看具体的 SQE、CQE 数据。PyNVMe3 提供的命令日志（cmdlog）详细记录了所有队列的 SQE、CQE 及其时间戳。通过这些命令日志可以帮助脚本开发工程师有效地分析和诊断问题。

PyNVMe3 提供了灵活的命令日志获取方式，脚本可以通过 Controller 类的 cmdlog_merged 方法，打印最近发出的命令日志，日志中既包括 admin 命令和 IO 命令，也包括 ioworker 和 metamode 发出的 IO 命令。

```
    def test_cmdlog(nvme0, nvme0n1, qpair, buf):
        # 执行从第 0 个 LBA 读取操作，等待操作完成
        nvme0n1.read(qpair, buf, 0).waitdone()

        # 遍历并打印命令日志
        for c in nvme0.cmdlog_merged(100):
            logging.info(c)
```

为了进一步提升开发和调试的便利性，PyNVMe3 还提供了 Visual Studio Code 插件。通过这个插件，用户可以在 IDE 环境下查询特定队列的命令日志。这一功能不仅适用于脚本运行时，也可以在断点调试场景下使用，让工程师可以像开发应用软件那样开发 SSD 测试脚本。

5.4.4 实例解析

通过上面介绍的 PyNVMe3 的各种类、方法和特性，我们可以实现各种简单或复杂的 NVMe SSD 测试。接下来我们将通过介绍几个典型的测试案例，来进一步说明 PyNVMe3 测

试脚本开发的方法和细节。

1. HMB 测试

NVMe 协议中的 HMB 特性允许分配系统内存给 SSD 使用，这样 SSD 就不用自带 DRAM 了。现在市场已经接受了这种做法，DRAMLess 盘已经成为主流。然而，通常测试都依赖于操作系统的 NVMe 驱动来分配 HMB 内存，所以测试无法灵活调整 HMB 内存的布局，也就无法精确覆盖 HMB 特性的设计细节和测试需求。PyNVMe3 把 HMB 的管理释放给脚本去做，解决了其他工具中 HMB 测试的盲点。

脚本利用 Buffer 对象的特性，定义任意 HMB 内存布局，可以更全面地测试盘在 HMB 方面的健壮性。脚本也可以向 HMB 注入错误，譬如比特翻转等，来测试 HMB 实现的鲁棒性。

以下是初始化 HMB 内存的代码片段。

```
# 分配多个 HMB Buffer，直到获得足够的内存大小
while hmb_bytes > 0 and chunk_count < max_chunk_count:
    # 分配 HMB Buffer
    s = min(chunk_size, hmb_bytes)           # 确定本次分配的大小
    hmb_bytes -= s                           # 更新剩余需要分配的内存大小
    chunk_buf = Buffer(s)                    # 创建一个 Buffer 对象
    buf_list.append(chunk_buf)               # 将 Buffer 对象添加到缓冲区列表

    # 将块信息放入 HMB 列表表中
    page_per_chunk = s // 4096               # 计算每个块中的页数
    addr = chunk_buf.phys_addr               # 获取块的物理地址
    cbase = chunk_count * 16                 # 计算当前块在 HMB 列表中的起始位置
    hmb_list_buf[cbase:cbase+8] = addr.to_bytes(8, 'little')
    hmb_list_buf[cbase+8:cbase+12] = page_per_chunk.to_bytes(4, 'little')
    chunk_count += 1                         # 块计数增加

# 启用 HMB
hmb_list_phys = hmb_list_buf.phys_addr       # 获取 HMB 列表的物理地址
nvme0.setfeatures(0x0d,                      # 设置 HMB 特性
                cdw11=1,                     # 启用 HMB
                cdw12=hmb_size,              # HMB 总大小
                cdw13=hmb_list_phys & 0xffffffff,   # HMB 列表物理地址的低 32 位
                cdw14=hmb_list_phys >> 32,          # HMB 列表物理地址的高 32 位
                cdw15=chunk_count).waitdone()       # HMB 列表中块的数量
```

这段代码在系统内存中分配一系列的 Buffer 作为 HMB 的内存，并且通过 HMB 列表将这些 Buffer 组织在一起，最后通过 Set Features 命令将这个 HMB 列表发送给 SSD，并使能 HMB。以上 Python 脚本可以灵活地配置 HMB 的内存布局。

通过脚本激活 HMB 功能后，我们可以执行更深入的测试。例如，下面的脚本在 IO 负载执行过程中不断激活与停用 HMB，以考察 SSD 在同时应对 HMB 操作和高强度 IO 负载时的稳定性。

```
def test_hmb_enable_disable_with_ioworker(nvme0, nvme0n1, hmb):
    # 在 IO 工作负载中启用和禁用 HMB
    with nvme0n1.ioworker(io_size=8,
                          lba_random=True,
                          read_percentage=50,
                          time=200):
        while w.running:            # 当 IO 工作负载正在运行时
            hmb.enable()            # 启用 HMB 特性
            time.sleep(2)           # 2 秒之后
            hmb.disable()           # 禁用 HMB 特性
            time.sleep(1)           # 1 秒之后
```

2. PRP 测试

PRP 通常由 SSD 盘的主控硬件来处理，要在主控流片之前就得到充分验证，所以这部分测试非常重要。但通常 PRP 是由驱动根据用户数据的长度来自动生成的，所以常规的测试工具没有办法精确控制 PRP。PyNVMe3 可以通过脚本来定义各种 PRP 测试用例，并且这些测试用例可以在 ASIC 设计的仿真环境中工作。下面是一个和 PPR 偏移相关的测试用例。

```
def test_prp_valid_offset_in_prplist(nvme0):
    # 初始化 SQ 和 CQ 队列
    cq = IOCQ(nvme0, 1, 10, PRP(10*16))
    sq = IOSQ(nvme0, 1, 10, PRP(10*64), cq=cq)

    # 创建一个 PRP 对象，设置 page 的偏移量和大小
    buf = PRP(ptype=32, pvalue=0xffffffff)
    buf.offset = 0x10              # 设置 PRP 的偏移量为 0x10
    buf.size -= 0x10               # 调整 PRP 的大小

    # 构建 PRP 列表，定义其偏移量和大小
    prp_list = PRPList()           # 创建 PRP 列表
    prp_list.offset = 0x20         # 设置 PRP 列表的偏移量为 0x20
    prp_list.size -= 0x20          # 调整 PRP 列表的大小

    # 在 PRP 列表中填充多个 PRP
    for i in range(8):
        prp_list[i] = PRP(ptype=32, pvalue=0xffffffff)

    # 构建一个 NVMe 读命令，设置其 PRP1 和 PRP2
    cmd = SQE(2, 1)                # 创建 SQE，操作码为 2（读），命名空间为 1
    cmd.prp1 = buf                 # 设置命令的第一个 PRP 指向 buf
    cmd.prp2 = prp_list            # 设置命令的第二个 PRP 指向 PRP 列表
    cmd[12] = 31                   # 指定读取 32 个 LBA（cdw12 是 0base）

    # 提交命令到 SQ 队列
    sq[0] = cmd                    # 将命令写入提交队列的第一个位置
    sq.tail = 1                    # 更新提交队列的尾指针，表示有一个命令待处理
```

第 5 章　SSD 测试工具和平台 ❖ 207

```
# 等待 CQ 队列
cq.wait_pbit(0, 1)              # 等待完成队列的第一个位置
cq.head = 1                     # 更新队列的 doorbell，表示命令回收完成
```

这个脚本测试 IO 命令的 PRP1 和（作为 PRP 列表的）PRP2 都带有偏移时，盘是否能正确地解析数据传输的空间。脚本通过监视 pbit 来等待回收 CQE。

3. SGL 测试

NVMe 协议中给出了图 5-5 这个 SGL 的例子。此 SGL 结构描述了一次复杂的读取操作，该操作涉及主机 DRAM 中不连续的三个数据块。首先，读取从 LBA x 开始的 3KiB 数据到 Data Block A；接着，读取从 LBA $x+6$ 开始的 4KiB 数据到 Data Block B；然后，跳过接下来的 2KiB 数据（位桶操作）；最后，读取从 LBA $x+20$ 开始的 4KiB 数据到 Data Block C。通过这种方式，NVMe 设备可以执行非连续的数据块读取操作，从而提高 IO 操作的灵活性和效率。我们可以通过 PyNVMe3 的脚本来实现这个 SGL 例子。

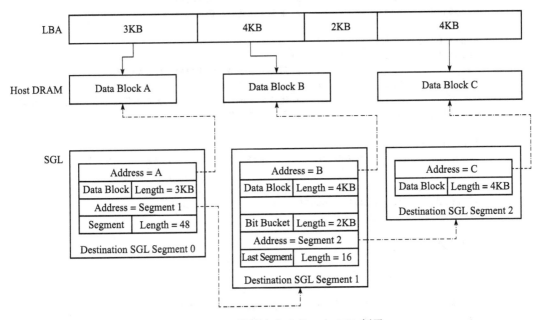

图 5-5　NVMe 协议文本中的一个 SGL 例子

```
def test_sgl_example(nvme0, nvme0n1, qpair):
    # 创建一个 Buffer
    sector_size = nvme0n1.sector_size
    buf = Buffer(sector_size*26, ptype=0xbeef, pvalue=100)

    # 写数据到指定 LBA
    nvme0n1.send_cmd(1, qpair, buf, cdw10=100, cdw12=26-1).waitdone()

    # 创建一个新的 Buffer 用于读取数据，并执行读取操作，然后等待完成
```

```
buf_read = Buffer(sector_size*26)
nvme0n1.read(qpair, buf_read, lba=100, lba_count=26).waitdone()

# 断言原始缓冲区和读取后的缓冲区数据相同
assert buf[:] == buf_read[:]

# 创建完成队列和提交队列
cq = IOCQ(nvme0, 3, 5, PRP(5*16))
sq = IOSQ(nvme0, 3, 5, PRP(5*64), cq=cq)

# 构建 SGL 结构
sseg0 = SegmentSGL(16*2)        # 创建一个 SGL 段，预留空间放置两个描述符
sseg1 = SegmentSGL(16*3)        # 创建另一个 SGL 段，预留空间放置三个描述符
sseg2 = LastSegmentSGL(16)      # 创建最后一个 SGL 段，这是结束段，包含一个描述符

# 配置第一个 SGL 段
sseg0[0] = DataBlockSGL(sector_size*6)
                                # 第一个描述符：指定传输 3KiB 数据到 Data Block A
sseg0[1] = sseg1                # 第二个描述符：链接到下一个 SGL 段 (sseg1)

# 配置第二个 SGL 段
sseg1[0] = DataBlockSGL(sector_size*8)
                                # 第一个描述符：指定传输 4KiB 数据到 Data Block B
sseg1[1] = BitBucketSGL(sector_size*4)
                                # 第二个描述符：作为位桶，指定不传输接下来的 2KiB 数据
sseg1[2] = sseg2                # 第三个描述符：链接到最后一个 SGL 段 (sseg2)

# 配置最后一个 SGL 段
sseg2[0] = DataBlockSGL(sector_size*8)# 描述符：指定传输 4KiB 数据到 Data Block C

# 使用 SGL 读取数据
sq.read(cid=0, nsid=1, lba=100, lba_count=26, sgl=sseg0)
sq.tail = sq.wpointer

# 等待读操作完成
cq.waitdone(1)
cq.head = cq.rpointer

# 检查读写数据是否一致，确保中间 4 个被 BitBucketSGL 覆盖的 LBA 数据没有变化
assert buf[0:sector_size*6] == sseg0[0][:]
assert buf[sector_size*6:sector_size*14] == sseg1[0][:]
zero_buf = Buffer(sector_size*4)
assert buf[sector_size*14:sector_size*18] != sseg1[1][:]
assert zero_buf[:] == sseg1[1][:]
assert buf[sector_size*18:sector_size*26] == sseg2[0][:]

# 删除队列
sq.delete()
cq.delete()
```

与传统的 PRP 相比，SGL 提高了数据传输的灵活性和效率，是企业级 SSD 的一个重要

的特性。PyNVMe3 提供的 3 种 IO 模式都支持 SGL 的测试，为用户提供了多样化的选择。

- ns.cmd：在这种模式下，通过配置 Buffer 对象的 sgl 属性，用户可以指定使用 SGL 来准备命令的 SQE。这种模式适用于需要精确控制单个 IO 操作的测试场景。
- IOWorker：通过 sgl_percentage 参数定义在生成的 IO 操作中使用 SGL 的比例。这样，用户可以在一个持续的工作负载中模拟出一定比例的 SGL 操作，从而评估在混合使用 SGL 和 PRP 数据传输时系统的性能和可靠性。
- metamode：用户可以直接在测试脚本中手动构建各种类型的 SGL 描述符，为测试提供了最高级别的灵活性和控制能力。通过精细地配置 SGL，用户可以设计出极具挑战性的测试场景，以评估存储设备在处理复杂数据传输时的表现。上面的 SGL 脚本就是通过 metamode 来实现的。

4. WRR 测试

在 PyNVMe3 框架中，对加权轮询（Weighted Round Robin）仲裁机制的支持体现了 PyNVMe3 全方位的灵活性。脚本不仅可以配置不同队列的优先级，还能够在 NVMe 初始化中启用 WRR 仲裁机制。下面是 NVMe 初始化的脚本。

```
def nvme_init_wrr(nvme0):
    # 禁用控制器，准备配置
    nvme0[0x14] = 0
    nvme0.wait_csts(rdy=False)

    # 初始化管理队列
    if 0 != nvme0.init_adminq():
        raise NvmeEnumerateError("fail to init admin queue")

    # 根据 CAP 寄存器配置 WRR
    if (nvme0.cap >> 17) & 0x1:
        logging.info("set WRR arbitration")
        nvme0[0x14] = 0x00460800        # 设置 WRR 和其他必要的 CC 寄存器值
    else:
        nvme0[0x14] = 0x00460000

    # 重新使能控制器
    nvme0[0x14] = nvme0[0x14] | 1
    nvme0.wait_csts(rdy=True)

    # 获取 identify 数据
    id_buf = Buffer(4096)
    nvme0.identify(id_buf).waitdone()
    if nvme0.init_ns() < 0:
        raise NvmeEnumerateError("retry init namespaces failed")

    # 配置和获取队列数量
    logging.debug("init number of queues")
    nvme0.setfeatures(0x7, cdw11=0xfffefffe).waitdone()
```

```
        cdw0 = nvme0.getfeatures(0x7).waitdone()
        nvme0.init_queues(cdw0)

    @pytest.fixture()
    def nvme0(pcie):
        # 使用自定义初始化函数启用 WRR
        return Controller(pcie, nvme_init_func=nvme_init_wrr)
```

这里通过自定义的 NVMe 控制器初始化函数 nvme_init_wrr 来启用 WRR 仲裁机制。然后脚本重载 nvme0 这个 fixture，给这个默认的 Controller 对象指定不同的 NVMe 初始化函数。接下来，我们通过 ioworker 的 qprio 参数为每个队列明确指定优先级，并评估调度策略的效果。

```
    def test_arbitration_weighted_round_robin_ioworker(nvme0, nvme0n1):
        # 配置 WRR 特性：仲裁，高、中、低优先级权重依次为 8:4:2
        nvme0.setfeatures(1, cdw11=0x07030103).waitdone()

        # 启动多个 ioworker，每个 ioworker 的优先级权重不同
        l = []                                      # 存储 ioworker 实例
        num_of_entry = nvme0.cap & 0xffff           # 从 CAP 寄存器获取队列深度
        num_of_entry = min(1023, num_of_entry)      # 队列深度最大 1023
        for i in range(3):                          # 为每个优先级创建一个 ioworker
            a = nvme0n1.ioworker(io_size=8,         # IO 大小 8
                              lba_align=8,          # LBA 对齐 8
                              lba_random=False,     # 顺序访问
                              region_end=region_end, # 访问区域的结束地址
                              read_percentage=100,  # 100% 读操作
                              cpu_id = i+1,         # 把不同的 ioworker 分配到不
                                                    # 同的 cpu 核上
                              qdepth=num_of_entry,  # 队列深度
                              qprio=i+1,            # 队列优先级
                              time=10)              # 运行时间 10s
            l.append(a)                             # 添加到列表

        w = []
        for a in l:                                 # 启动所有 ioworker
            r = a.start()                           # 启动 ioworker
            w.append(r)                             # 存储结果

        iops_list = []                              # 存储每个 ioworker 的 IOPS
        for a in l:                                 # 获取每个 ioworker 的结果
            r = a.close()                           # 关闭 ioworker 并获取结果
            logging.info(r)                         # 记录结果
            iops = r.io_count_read/r.mseconds       # 计算 IOPS
            iops_list.append()                      # 存储 IOPS

        # 高优先级队列应该处理更多 IO
        logging.info(iops_list)                     # 记录 IOPS 列表（K IOPS）
        assert iops_list[0] > iops_list[1]          # 验证高优先级的 IOPS 最高
        assert iops_list[1] > iops_list[2]          # 验证中优先级的 IOPS 高于低优先级
```

这段代码展示了如何在 PyNVMe3 框架中测试加权轮询（WRR）仲裁机制。首先，通过设置 NVMe 控制器的仲裁特性，定义了不同优先级队列的权重比例。然后，通过启动不同优先级的 ioworker 实例来模拟具有不同优先级的 IO 负载。最后，通过比较不同优先级队列的 IOPS，验证高优先级队列是否能够处理更多的 IO 请求，从而检查 WRR 仲裁机制的正确性。

5. 低功耗测试

为了在现代存储设备中实现性能与功耗之间的最佳平衡，NVMe 协议提供了一系列的机制，使得设备能够根据当前的工作负载和系统需求，在不同的功耗状态（Power State）之间切换。

如图 5-6 所示，设备开始处于正常工作状态 A，功耗比较高。但是一段空闲时间之后，设备可以主动切换到低功耗状态 B。直到设备接收到新的工作任务，又回到正常的功耗状态 C 去处理任务，这时功耗又会回到比较高的水平。不同功耗状态之间的切换是一个过程，涉及一系列硬件模块的断电或者时钟降频操作，也会涉及固件优化的细节，所以需要重点测试。

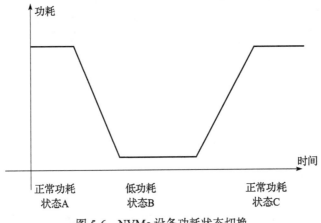

图 5-6　NVMe 设备功耗状态切换

测试脚本可以通过发送 Set Features 命令，直接指定设备进入特定的功耗状态。测试脚本也可以通过 APST 配置功耗状态切换的时间和策略，这样设备在空闲一定时间后可以自主进入 APST 指定的功耗状态，无须主机介入。

常见的消费级 NVMe 盘定义了 PS3 和 PS4 两个低功耗状态（NOPS，不可处理主机命令的功耗状态），允许存储设备在功耗和响应时间之间取得平衡，这方面的调校对移动设备的使用体验特别重要。我们整理了测试消费级 SSD 低功耗设计的关键考虑，包括以下几个方面。

- **功耗状态切换功能**：设备能够根据 APST 配置，或者 Set Features 指定的功耗状态，进入或退出不同的功耗状态。所有的状态都应该被测试覆盖到。
- **低功耗状态的功耗**：在 NOPS 时，设备的功耗应尽可能地低，以最大限度地减少能耗。通常最低功耗只有 1 ~ 3mW，所以需要特别精确的测量设备才能得到准确的测量结果。PyNVMe3 集成了对 Quarch Power Analysis Module（PAM）设备的支持，让脚本可以获取精确的功耗数据。

- **功耗状态切换的可靠性**：功耗状态的切换过程需要高度可靠，以避免因状态转换导致的数据丢失或设备失去响应的风险。
- **切换速度**：从低功耗状态恢复至工作状态的速度非常重要，切换速度要快，以确保设备能够迅速响应主机的 IO 请求。
- **功耗切换带来的 NAND 磨损**：要尽量减少状态切换过程中的 NAND 写操作，以控制因频繁切换状态而加速 NAND 磨损的风险。

我们先看如何用 PyNVMe3 脚本实现 APST（自主功耗状态转换表）的配置。APST 表是一种用于 NVMe 盘的自主功耗状态切换机制，它允许设备在没有主机命令介入的情况下自动管理其功耗状态。APST 表通过预设的时间延迟和对应的功耗状态，使得设备能根据空闲时间自动进入低功耗状态。下面的代码展示了如何构造 APST 表。

```python
@pytest.fixture(scope="function")
def apst_table(nvme0, id_power):
    npss = nvme0.id_data(263)              # 获取功耗状态数量
    assert npss == len(id_power)-1

    # 查找第一个不接受主机操作的功耗状态
    first_nops = 0
    for i in range(npss):
        if id_power[i][1]:
            first_nops = i
            break

    # 创建 APST 表
    apst_table = Buffer(256, "apst_table")
    for i in range(npss):
        if id_power[i][1]:                 # 如果该状态不接受主机操作（NOPS）
            nops = npss                    # 设置为最后一个功耗状态（一般为 PS4）
            delay = 300                    # 设置等待时间为 300ms
        else:                              # 如果该状态接受主机操作
            nops = first_nops              # 设置为第一个不接受主机操作的功耗状态（一般为 PS3）
            delay = 60                     # 设置等待时间为 60ms

        # 填 APST 表的各个字段
        offset = i*8
        apst_table[offset+0] = nops << 3
        apst_table[offset+1] = delay & 0xff
        apst_table[offset+2] = (delay >> 8) & 0xff
        apst_table[offset+3] = (delay >> 16) & 0xff

    return apst_table
```

这段代码首先基于设备 identify 命令的返回结果，获取功耗状态的数量（npss）和每个功耗状态是否接受主机操作（nops）。然后，遍历所有功耗状态，找到第一个 nops 功耗状态（first_nops）。接着，为每个功耗状态在 APST 表中配置相应的延迟和目标功耗状态。这里设定了两种情况的延迟：所有 nops 功耗状态在 300ms 空闲后进入最低功耗状态，或者在 60ms 空闲后进入第一个 nops 状态（譬如 PS3）。这个函数作为一个 pytest 的 fixture 实现，其他测试函数只需要引用这个 fixture 就可以获得一个构造好的 APST 表。

然后我们定义另外一个 fixture 来把 APST 表配置给 SSD 盘，代码如下。

```
@pytest.fixture(autouse=True, scope="function")
def power_init(pcie, nvme0, apst_table):
    # 启用 APST
    # 首先，检查设备的 Identify Controller 数据结构中，APST 特性是否被支持
    if nvme0.id_data(265):
        # 如果设备支持 APST，使用 Set Features 命令（特性 ID 为 0x0C）配置 APST 表
        # cdw11=1 表示启用 APST，buf 参数指定了之前构造好的 APST 表
        nvme0.setfeatures(0xc, cdw11=1, buf=apst_table).waitdone()
```

这个 fixture 定义为 autouse，所以在每次测试函数开始执行的时候，pytest 都会自动调用这个 fixture 函数。这个函数通过 Set Features 命令，将之前构造好的 APST 表配置到 NVMe 设备上。调用 set features 提供的各个参数请参考 NVMe 规范。通过这种方式，power_init 确保为所有测试提供一致的 APST 配置。

APST 设置好后，我们就可以在脚本中通过控制空闲时间来让盘进入低功耗状态了。下面这段脚本通过 sleep 和 IO 操作配合，来精确地控制 SSD 盘进入和退出低功耗状态。这里假设 APST 定义 360ms 进入 PS4，我们就要产生 360ms 的空闲时间来触发盘的功耗切换。但是因为 SSD 盘的时间未必和主机的时间完全同步，再加上功耗切换本身也需要一个时间过程，所以我们无法准确地通过单次时间来控制盘的行为，而要通过覆盖一个时间范围才能确保盘能进入低功耗状态。譬如下面的脚本，会覆盖 350 ～ 370ms 这个区间，从 350ms 开始，每一次循环增加 1μs 的空闲时间。就像我们拍照，可以用包围曝光来应对测光不准的问题。我们这里对 PS3 进入 PS4 这个过程做了 2 万次包围曝光，来验证这个功耗状态切换过程是否健壮。

```
def break_ps_transtion(delay):
    # 遍历一个特定的 idle 时间范围，尝试在不同的时间点发送 IO 操作来打断功耗状态切换的过程
    for us in range(max(delay*1000-10_000, 0), delay*1000+10_000, LIMIT):
        # 保持空闲一段时间，以触发盘的功耗状态切换的动作
        libc.usleep(us)

        # 发送单个读 IO 并记录响应时间
        start = time.time()
        nvme0n1.read(qpair, buf, random.randrange(max_lba), 8).waitdone()
        read_latency = (time.time()-start)*1000000
        read_latency_list.append(read_latency)

        # 发送批量写 IO 并记录响应时间
        io_count = 128
        write_buf_list = []
```

```
for i in range(io_count):
    write_buf = Buffer(4096*8)
    write_buf_list.append(write_buf)
    nvme0n1.write(qpair, write_buf, random.randrange(max_lba), 8)
qpair.waitdone(io_count)
write_latency = (time.time()-start)*1000000
write_latency_list.append(write_latency)

# 记录测试进度和读写延迟
logging.info(f"progress {us}us, read latency {read_latency}us, write latency
    {write_latency}us")
```

通过这种包围曝光的测试方式，我们可以确保在不同的时间点中止进入低功耗状态的过程，实现对功耗切换的健壮性测试。除此之外，我们还会记录每次循环的 IO 响应时间，以此作为低功耗状态的退出时间。下面是某个盘测试 PS4 时测到的 2 万次低功耗退出时间。

x 轴是测试的次数，y 轴是每次测试的退出时间。从图 5-7 我们能看到，当空闲时间介于 350ms 和 360ms（也就是图 5-7 的左半部分，test cycle 从 0 到 10 000），设备空闲时间还不足以从 PS3 进入 PS4，所以这时候从 PS3 退出响应 IO 的时间很短，大概 3ms 左右。但是当空闲时间大于 360ms（图 5-7 的右半部分，test cycle 从 10 000 到 20 000），低功耗状态的退出时间会急剧上升，这也说明功耗状态确实发生了改变。这里能看到 PS4 的退出时间大概是 28ms 左右。整个测试过程都可以顺利响应 IO，没有出现睡下去醒不来的问题。

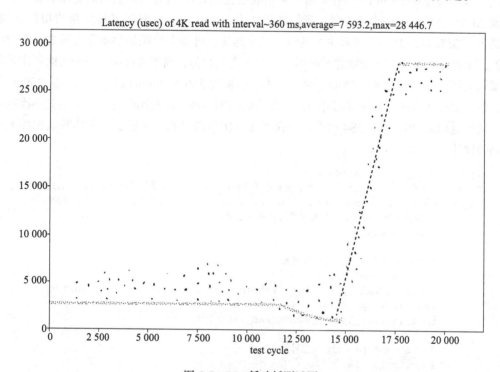

图 5-7　PS4 低功耗测试图

这里还有 2 个细节可以深入分析。在 10 000 到 15 000 轮测试中间，退出时间出现了下降的趋势；然后在 15 000 到 17 500 中间退出时间逐步上升。退出时间下降是因为有些 SSD 在从 PS3 进入 PS4 的过程中，会暂时回到工作状态，做一些现场保留的动作，所以在这个时候回到正常工作状态去响应主机 IO 确实会比较快。当空闲时间足够长，SSD 盘完成了现场保留的动作后，就会开始逐渐关闭 SSD 各个部件的时钟甚至电源，关闭的部件越多，再回到工作状态去响应 IO 的时间肯定会越长。这段时间是我们对低功耗状态切换的健壮性测试的重点，看到这样的行为说明我们的测试覆盖了 SSD 切换功耗状态的关键时间段。从图 5-7 中，我们可以得出以下结论。

- PS3 的退出时间在 3ms 左右。
- PS4 的退出时间在 28ms 左右。
- 从 PS3 进到 PS4 的时间大概是 7.5ms（17 500 – 10 000 = 7 500μs）。
- 功耗状态切换是稳定可靠的。

同样的测试也可以对 PS3 进行，只需遵循我们在 apst_table 中定义的时间，把基准空闲时间从 360ms 改为 60ms。这就是通过 PyNVMe3 脚本实现的对 NVMe 功耗特性的测试。在 PyNVMe3 测试过程中，我们也可以用 Quarch 的 QPS 软件来接收 PAM 采集的功耗数据。

现在的个人电脑非常强调待机功耗和待机时间，低功耗状态的切换每分每秒都在进行，所以我们需要重复上百万次进出低功耗状态的测试，来检查相关的设计和实现是否足够健壮。

6. 掉电测试

SSD 盘的掉电测试依然是非常重要的，尤其是对这个过程中数据正确性的验证。不管是正常掉电还是异常掉电，其后的上电过程及 SSD 初始化都非常复杂，需要进行细致的测试。PyNVMe3 同样利用 Quarch 的 PAM 设备，在不同的工作负载下进行正常或者异常掉电。通电后，PyNVMe3 测量 SSD 盘的 IO 命令响应时间，并检查数据正确性。为了提高数据检查的效率，PyNVMe3 记录断电前下发的 IO 命令，并在通电后重点检查这些命令操作的数据。

为了实现上面这些测试目的，PyNVMe3 提供了一个通用的上下电测试框架。这个框架可以：

- 发起单个或者多个 ioworker 工作负载。
- 实现正常掉电，等待工作负载完成，并且通知 SSD 盘之后再掉电。
- 实现异常掉电，会在指定时间立刻掉电。
- 在断电和上电之间插入电压抖动。
- 记录并检查 SSD 掉电前的命令。
- 检查 SSD 全盘数据。
- 提供一个特别定义的 NVMe 初始化过程，记录初始化各个阶段的时间戳。

在这个框架的基础上，我们可以实现以下异常掉电测试。

```python
@pytest.mark.parametrize("repeat", range(500))
def test_plp_dirty_random_write(nvme0, nvme0n1, plp, hmb, repeat):
    # 计算测试区域的结束位置
    region_end = test_region_end//nvme0n1.sector_size
    # 设置 IO 大小
    io_size = 4*1024//nvme0n1.sector_size
    # 向 PLP 框架添加一个 IOWorker，配置其参数
    plp.add_ioworker(cmdlog_len=5000,
                     io_size=io_size,
                     lba_align=io_size,
                     lba_random=True,
                     read_percentage=30,
                     qdepth=255,
                     region_end=region_end,
                     slow_latency=8_000_000,
                     time=15)
    # 启动 IOWorker
    plp.start_ioworker()
    # 随机延时，模拟不同时间点的掉电
    time.sleep(random.uniform(1, 10))
    # 执行掉电和上电操作，记录相关时间
    bar_time, admin_time, io_time = plp.power_cycle(glitch=[3, repeat*0.01]*3)

    # 如果配置了 HMB，上电后需要重新初始化 HMB
    if hmb:
        hmb.disable()
        hmb.enable()

    # 扫描 IOWorker 断电前的命令日志，检查其数据
    error_count = plp.scan_cmdlog()
    logging.info(error_count)

    # 扫描测试区域的数据，并记录扫描时间
    scan_start = time.time()
    plp.scan_drive(0, region_end)
    scan_time_list.append(time.time()-scan_start)
```

类似地，我们也可以测试正常掉电。下面是某张 SSD 盘上电后 IO 响应的时间，包括 500 次异常掉电和 500 次正常掉电。大部分异常掉电和所有正常掉电后的 SSD 上电时间都非常短，但是异常掉电会出现周期性的上电响应时间特别长的情况（如图 5-8 中 0 ~ 500 cycle 之间）。

除了使用 Quarch PAM 来实现对盘的断电和上电，我们还可以使用任何其他的电源控制设备。首先用 Python 脚本定义 on() 和 off() 函数分别实现该设备的上电和断电操作，然后在初始化 subsystem 对象的时候注册这两个函数。通过 fixture 实现的具体代码如下。

```python
@pytest.fixture(scope="function")
```

```
def subsystem(nvme0, pam):
    # 检查是否存在 PAM 设备，用于控制电源的断电和上电操作
    if pam.exists():
        # 如果存在 PAM，使用 PAM 来控制电源的断电和上电
        ret = Subsystem(nvme0, pam.on, pam.off)
    else:
        # 如果不存在 PAM，使用 S3 来控制电源的断电和上电
        ret = Subsystem(nvme0)
    # 返回初始化的 subsystem 对象
    return ret
```

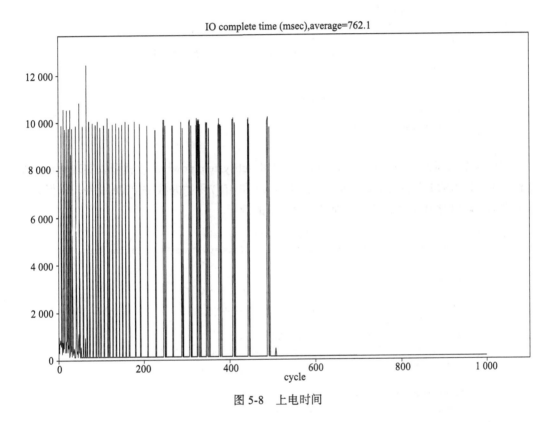

图 5-8　上电时间

这段代码定义了一个名为 subsystem 的 pytest fixture，它用于初始化一个 subsystem 对象，该对象负责管理 NVMe 设备的电源控制。如果 PAM（电源管理设备）存在，它会使用 PAM 提供的 on() 和 off() 方法来控制 NVMe 设备的电源；如果 PAM 不存在，则默认使用 S3 电源控制方法。S3 的电源控制方法是指利用主板提供的 S3 电源模式实现对盘断电，并通过 RTC 时钟定时唤醒系统从而恢复对盘的供电。一般的台式机都可以支持这种方式，但由于进入退出 S3 状态的时间可能很长，导致上下电的效率很低，不推荐使用。

这个 subsystem 可以在测试脚本中使用，从而简化电源控制的实现。通过这种方式，测试脚本可以方便地实现对 NVMe 设备的断电和上电操作，无须直接与底层电源控制设备交

互。用户只需要用不同的 Python 脚本替换 PAM 对象，就可以适配不同的掉电设备。如下面这个 fixture，适配了 3 种不同的掉电设备。

```python
@pytest.fixture(scope="session")
def pam():
    # 尝试导入并使用 PMU2 作为电源管理单元
    from scripts.pmu2 import PMU2
    ret = PMU2()
    # 如果 PMU2 不存在，尝试导入并使用 PAM
    if not ret.exists():
        from scripts.pam import PAM
        logging.info("try Quarch Power Module")
        ret = PAM()
    # 如果 PAM 也不存在，尝试导入并使用 RackTester 作为电源管理单元
    if not ret.exists():
        from scripts.racktester import RackTester
        logging.info("try RackTester")
        ret = RackTester(slot=0)
    # 返回初始化的电源管理单元对象
    return ret
```

测试脚本只需要使用 subsystem.poweroff() 和 subsystem.poweron() 就可以实现对盘的断电和上电，PyNVMe3 驱动会调用脚本注册的 on() 和 off() 函数并枚举 PCIe 设备，以保证上电后脚本可以继续操作测试盘。下面是一个简单的例子。

```python
@pytest.mark.parametrize("abrupt", [False, True])
def test_subsystem_power_cycle_with_notify(nvme0, nvme0n1, subsystem, abrupt):
    # 从 logpage 中读取上电次数
    def get_power_cycles(nvme0):
        buf = d.Buffer(512)
        nvme0.getlogpage(2, buf, 512).waitdone()
        p = buf.data(127, 112)
        logging.info("power cycles: %d" % p)
        logging.info("unsafe shutdowns: %d" % buf.data(159, 144))
        return p

    # 获取测试开始前的上电次数
    powercycle = get_power_cycles(nvme0)

    # 启动一个 IOWorker 进行数据写入，持续 10 秒
    with nvme0n1.ioworker(io_size=256, lba_align=256,
                          lba_random=False, qdepth=64,
                          read_percentage=0, time=10):
        pass

    # 发出断电通知
    subsystem.shutdown_notify(abrupt)
    # 执行断电操作
    subsystem.poweroff()
    time.sleep(3)
```

```
# 执行上电操作
subsystem.poweron()
time.sleep(3)
# 对 NVMe 设备进行复位
nvme0.reset()

# 检查上电次数是否累加
assert powercycle+1 == get_power_cycles(nvme0)
```

7. ZNS 测试

Zoned Namespaces（ZNS）是一种新兴的存储技术，旨在提高 SSD 的写入性能并延长其寿命。与传统的 NVMe SSD 相比，ZNS SSD 通过引入 Zone 的概念来管理数据的写入，从而优化存储设备的使用和管理。每个 Zone 包含连续的 LBA 空间，ZNS 要求对每个 Zone 中的数据按顺序写入，即只能向 Zone 的末尾追加数据。每个 Zone 都有自己的状态，如空闲、打开、关闭、满等，这些状态反映了 Zone 当前的使用情况和数据写入的状态。

PyNVMe3 在 Python 脚本层面提供对 ZNS 的支持。通过 Zone 类，支持 Zone 的创建和管理，可以初始化单个物理 Zone 或将多个物理 Zone 合并为超级 Zone。超级 Zone 是多个物理 Zone 的逻辑组合，通过将多个 Zone 视为一个虚拟的 Zone 来管理，并使用和物理 Zone 相同的 API 接口。

PyNVMe3 提供了一系列函数来执行 ZNS 特有的管理操作，如打开 Zone、关闭 Zone、重置 Zone 等。也可以查询 Zone 的当前状态，包括它的容量、当前写入指针（wpointer）等。PyNVMe3 的 ZNS 库还实现了 append 方法来支持追加写入操作。ioworker 方法也被继承到 Zone 类中，依然可以定义复杂的 IO 负载。ioworker 还可以在由多个物理 Zone 构成的超级 Zone 上工作。

以下是一个脚本示例，演示了如何使用 PyNVMe3 进行超级 Zone 的测试。

```
def test_zns_ioworker_zone_list_multiple(nvme0n1, qpair, zq, zsze):
    # 创建两个超级 Zone，每个超级 Zone 包括两个物理 Zone
    zone1 = Zone(zq, nvme0n1, [zsze*4, zsze*7]).reset().open()
    zone2 = Zone(zq, nvme0n1, [zsze*6, zsze*5]).reset().open()

    # 计算每个超级 Zone 的大小
    io_count1 = sum(zone1.capacity)      // 256
    io_count2 = sum(zone2.capacity)      // 256

    # 分别对两个超级 Zone 执行 IO 操作，使用 ioworker 方法
    w1 = zone1.ioworker(io_size=256, qdepth=1, io_count=io_count1).start()
    w2 = zone2.ioworker(io_size=256, qdepth=1, io_count=io_count2).start()

    # 等待 IO 操作完成
    w1.close()
    w2.close()
```

上面的脚本可以逐个填写物理 Zone，一旦某个 Zone 被写满，写操作就会转移到下一个

Zone。这种方式虽然简单，但不能最大化多个 Zone 的并发性。

Zigzag 写入模式旨在通过轮流向多个 Zone 写入数据，来平衡每个 Zone 的写入负载。这种模式下，写入操作不是连续填满一个 Zone 再转到下一个，而是在每个 Zone 写入一定量的数据后，切换到下一个 Zone，如此循环往复，直至所有参与的 Zone 都被均匀填充。Zigzag 可以提高并发程度，也可以用极少的主机资源实现对大量 Zone 的管理和操作。下面的代码示例演示了 Zigzag 这种写入方式。

```
def test_zns_ioworker_zone_list_zigzag(nvme0n1, qpair, zq, zsze):
    # 创建 Zone 对象，重置并打开包含三个物理 Zone 的超级 Zone
    zone = Zone(zq, nvme0n1, [zsze*6, zsze*5, zsze*1]).reset().open()

    # 定义 IO 操作的大小
    io_size = 256

    # 计算 io_count，确保 zigzag 模式下所有 Zone 具有相同的容量
    io_count = (min(zone.capacity) * len(zone.capacity)) // io_size

    # 以 zigzag 模式启动 ioworker 进行 IO 操作
    r = zone.ioworker(io_size=io_size,
                      qdepth=1,
                      zns_zigzag=True,
                      io_count=io_count).start().close()
```

在上述代码中，通过设置 zns_zigzag=True 参数，启用了 Zigzag 写入模式。为了保证 Zigzag 模式的正确执行，需要确保所有参与的物理 Zone 有相同的容量，这一点通过 io_count 的计算来保证。PyNVMe3 提供的超级 Zone 和 Zigzag 写入方式提高了测试资源的利用效率，提高了测试设备的性能和压力，可以更灵活地测试 ZNS 盘。

在当今 SSD 产品的研发周期中，测试环节扮演着不可或缺的角色，远超过传统的质量验证步骤，它覆盖了从性能评估、功能确认到稳定性与可靠性测试的广泛领域。这一全面的测试流程对于确保产品的质量、缩减研发时间及减少成本发挥着关键的作用。掌握和应用各种测试工具及平台，同时深入理解这些工具的核心特性和应用场景，对于高效执行这些测试任务至关重要。

PyNVMe3 作为一个高性能、灵活且功能全面的测试平台，为 SSD 研发阶段的高质量测试提供了坚实的基础。PyNVMe3 简化了测试的实现，提升了测试效率，适应新技术的发展，帮助测试工程师深入浅出地用简洁直观的 Python 脚本来实现各种 SSD 测试。

第 6 章 *Chapter 6*

主控芯片验证

SSD 主控芯片是 SSD 中的关键部件之一，通常大家更关注主控芯片设计的各种参数与指标，对于主控芯片本身的测试关注不多。本章将详细介绍 SSD 主控芯片的测试内容，这些测试是确保 SSD 主控芯片在设计和生产过程中达到高质量标准的关键步骤。这些测试内容主要分为硅前验证、硅后验证、DFT/ATE 测试。

- **硅前验证（Pre Silicon Verification）**：鉴于市面上已经存在大量关于传统仿真技术的资料，本章将主要集中于 FPGA 原型验证、Emulator（加速器）仿真和 HW/FW 联合仿真三个关键领域。这些方法在现代芯片设计和验证过程中起着至关重要的作用。
- **硅后验证（Post Silicon Validation）**：是当今芯片测试领域的热点，主要用来对已经制造出的芯片进行调试，其目的是为了定位一些在传统的硅前验证阶段（如仿真验证、形式验证、UVM 等）没有发现的错误及一些芯片制造过程中引入的错误。随着产品上市时间压力的增加，半导体公司期望提高其硅后验证效率。硅后验证的主要内容包括系统级 PVT（Process、Voltage、Temperature，工艺角、电压、温度）测试、PCIe 接口验证、闪存接口验证、LDPC 解码验证、DDR 接口验证、功耗验证，以及各类硬件加速 IP 的验证等。
- **DFT/ATE 测试**：在主控芯片的生产阶段扮演着至关重要的角色，主要应用于量产阶段，以确保批量生产的芯片满足既定的质量标准。

6.1　主控芯片验证概述

SSD 主控芯片的质量对于 SSD 产品的整体质量至关重要，SSD 主控芯片验证是 SSD 设计和制造过程中的一个关键步骤,主控芯片的质量对产品的整体性能和可靠性有着直接的影响,因此进行严格的验证是至关重要的。以下是 SSD 主控芯片验证过程中需要考虑的几个关键方面。

1)**功能**:主控芯片作为 SSD 的数据通路和控制中心,必须确保功能正确无误,以防止数据损坏或 SSD 工作异常。通过功能验证可以确保主控逻辑的正确性和数据通路的准确性。

2)**性能**:性能验证是 SSD 主控芯片验证过程中的一个关键环节,首先确保各独立模块(PCIe/NVMe、DDR、闪存控制器)达到或超过设计指标。在模块验证的基础上,进行整个系统级的性能测试,并配合固件进行调优,确保整体达到最优性能。

3)**接口**:主要涉及如下两个关键指标。

- **信号完整性**。主控需要与高速串行总线(如 PCIe)和闪存(如 ONFI)接口相连接,高速信号质量的好坏直接影响 SSD 的性能与稳定性。
- **协议标准兼容**。主控需要兼容支持的协议标准,如 PCIe、NVMe、ONFI/Toggle 等。

4)**电气特性**:涉及主控的工作功耗、供电条件、发热量等指标的好坏,关系到 SSD 的功耗、散热和 EMI 设计难度,甚至影响 SSD 的稳定性。

- **可靠性**:主控的可靠性直接决定了 SSD 产品的可靠性与使用寿命。
- **兼容性**:在前端需要与不同的主机 PCIe 接口适配,在后端需要与不同的闪存适配。

SSD 主控是 SSD 产品的大脑,其功能、性能、接口、电气特性和可靠性等的高低,将直接影响 SSD 产品的性能,包括可靠性与使用寿命。SSD 主控验证可以有效检验主控在这些方面的质量,确保交付客户的 SSD 产品的整体质量达到高标准。

芯片验证是指对芯片设计进行验证,主要目的是发现设计中的错误和缺陷,确保芯片能够按照设计要求正常工作。芯片验证通常以流片划分为前后两个部分:硅前验证和硅后验证。

传统的芯片验证(Design Verification)通常使用各种 EDA 工具在仿真环境进行,包括但不限于如下几种。

- **Lint 测试**:使用工具(例如 SpyGlass、Lint)静态分析 RTL 代码以查找语法错误、编码风格违规和其他可能影响芯片功能的问题。
- **RTL 仿真验证**:验证芯片的功能是否符合设计要求,主流的方法使用基于 UVM 架构,使用仿真工具(例如 VCS、Questasim)进行,依靠施加各种类型的随机激励,通过代码覆盖率和功能覆盖率的收敛来实现对设计的全覆盖。
- **时序验证**:使用时序分析工具(例如 PrimeTime、Tempus)验证芯片的时序是否满足设计要求,包括时钟频率、时序延迟等。
- **等价性检查**(Equivalence Checking):检查 RTL 和综合后的网表是否等效。
- **门级仿真**:与 RTL 仿真类似,但是测试对象从 RTL 替换成了综合后生成的门级电路。
- **功耗验证**:使用 EDA 工具(例如 PrimeTime PX)来模拟芯片设计的功耗消耗并进行优化。

- **形式验证**：使用 EDA 工具（例如 JasperGold）通过数学方法证明芯片设计满足一组形式规范的正确性。

硅后验证使用真实芯片进行测试，以 SSD 主控芯片为例，包括但不限于如下几种。

- **点亮测试**：上电测试芯片，确保各接口正常工作，主要数据通路读写正常。
- **高速接口测试**：对 DDR、NAND、PCIe 等高速接口进行测试，并调优相关参数。
- **PVT**：选择不同制程的样品，在不同电压及温度环境下进行测试。
- **性能测试**。
- **功耗测试**。

通过以上测试，可以确保 SSD 主控芯片各方面的质量都达到高标准，从而保证最终交付给客户的 SSD 产品的整体质量。

6.2 硅前验证

目前，随着 SSD 主控芯片的功能越来越多，设计越来越复杂，传统的 RTL 仿真验证遇到了一些挑战。

1）仿真速度和资源需求方面的挑战。

- **速度降低**：随着设计复杂性的增加，仿真速度显著降低，尤其是大型和复杂的设计。这不仅延长了设计和验证过程，还可能导致对计算资源的需求显著增加。
- **资源消耗升高**：复杂的设计需要更多的计算资源进行仿真，这增加了硬件成本，并使仿真环境的配置和维护变得更加复杂。

2）覆盖率和环境复杂性方面的挑战。

- **覆盖率不足**：随着设计复杂性的增加，实现全面覆盖变得更加困难，可能导致某些潜在的错误或缺陷未被检测到。
- **环境复杂性低**：传统的 RTL 仿真通常在简化的测试环境中进行，与真实芯片在复杂场景下的实时处理相比，缺乏足够的环境复杂性。

3）时序、功耗分析和固件交互方面的挑战。

- **时序和功耗分析限制**：传统的 RTL 仿真可能无法准确模拟时序和功耗特性，这对高性能的 SSD 控制器至关重要。
- **固件与硬件交互**：随着固件在 SSD 控制器中的重要性的不断提升，传统的 RTL 仿真可能无法充分模拟固件与硬件之间的复杂交互。

4）性能压力和实用性方面的挑战。

- **性能压力不足**：传统的仿真测试通常只发送少量命令，无法模拟真实芯片每秒处理数万至数十万条命令的高压力情况。
- **实用性问题**：在实际应用中，只有一部分功能点被频繁使用，这意味着仿真可能在不太相关的功能点上花费了过多时间。

5）难以重现的复杂问题：一些 RTL 设计中的复杂问题可能不会在芯片制造前被发现，这些问题在仿真环境中难以重现。

本节将介绍应对这些问题的一些方法和手段。

6.2.1 FPGA 原型验证

FPGA（Field Programmable Gate Array，现场可编程门阵列）原型验证是目前 SSD 主控芯片厂商普遍采用的硅前验证方式之一。这种方法的关键优势在于其高度的灵活性和可重配置性，这对于复杂的 SSD 主控芯片设计至关重要。

FPGA 的一个核心特点是通过编程可以实现不同的功能逻辑。这意味着通过加载不同的配置文件（位文件），同一块 FPGA 板卡可以被用来模拟不同的硬件设计。

对于 SSD 主控芯片的开发而言，FPGA 可以被用来模拟不同类型的主控芯片，或者是同一款芯片中的不同模块。这使得设计团队可以在实际硅片制造之前，对设计进行全面和灵活的测试。

FPGA 的优点如下。

- **更高的执行速度与加速仿真调试**：FPGA 提供的执行速度远快于传统 RTL 仿真，因而它能够更有效地进行高压力测试。这不仅加快了验证速度，而且由于 FPGA 的高速度和并行化特性，也大幅加速了仿真运行和调试的过程，从而提高发现和修复缺陷的效率。

- **更真实的仿真环境**：FPGA 能模拟与 ASIC 相近的执行环境，包括延迟、时序等，更好地反映芯片的真实情况。

- **可重配置性**：由于 FPGA 的可重配置性，它可以快速适应 RTL 设计的变化和迭代，使得设计团队可以迅速响应并进行必要的调整。

- **硬件 / 软件协同验证与加速固件开发**：在 FPGA 上可以运行固件，并与硬件 IP 协同进行验证，确保硬件与软件的有效交互。这不仅提供了一个更真实的环境来验证硬件 / 软件交互问题，还允许固件团队更早地介入开发过程。利用 FPGA 平台，固件开发可以与硬件设计并行，从而大大缩短了项目的整体开发时间。这种早期介入为固件团队提供了更多的时间来优化和调试代码，确保固件和硬件能够更好地集成。

综上所述，FPGA 原型验证不仅提高了验证的效率和准确性，而且通过支持硬件和软件的早期协同工作，极大地缩短了整个项目的开发周期。这种方法特别适用于对性能、时序和固件依赖性高的复杂 SSD 主控芯片的设计。

在传统的 RTL 仿真中，设计验证工程师通常使用基于 UVM（Universal Verification Methodology，通用验证方法）框架，使用 System Verilog 语言进行验证。然而，在 FPGA 硅前验证中，这一职责通常转移到专门的硅前验证团队或固件团队，编写基于 C 语言的固件进行测试。

FPGA 验证的主要流程如下。

1）**RTL 代码发布**：芯片设计工程师完成 RTL 代码，并进行发布。

2）**编译生成位文件（bit file）**：FPGA 工程师使用专门的工具（如 Xilinx 的 Vivado 或 Intel 的 Quartus）对 RTL 代码进行编译，生成适用于特定 FPGA 板卡的位文件。

3）**设计测试用例**：验证工程师根据设计工程师提供的技术文档，设计具体的测试用例，并与设计工程师共同审阅。

4）**测试固件准备**：验证工程师准备固件，用于在 FPGA 上驱动硬件，实现测试用例。

5）**测试执行**：将生成的位文件加载到 FPGA 板卡上，加载测试固件，运行不同的测试用例。

6）**调试和迭代**：针对测试过程中发现的问题，与设计工程师合作，针对识别出的问题进行调试和代码修正，通过不断的迭代优化，使最终实现的设计能够在真实硬件上无误地运行，并满足预定的性能和功能标准。

但是 FPGA 方案也有其不足之处。

- **容量限制**：不同型号的 FPGA，其支持的门数可能从几十万、几百万到上千万不等，随着 SSD 主控功能越来越多，设计越来越复杂，前期购买的 FPGA 会出现容量不够的问题。举例来说，PCIe Gen3 的主控可以把全部设计塞进一块 FPGA 中；到了 PCIe Gen4 发现放不进去了，需要砍掉一些不常用的功能模块才能放进去；到了 PCIe Gen5 的时候，发现即使去掉一部分设计也无法把整颗芯片的设计放进一块 FPGA 了。这时，要么购买新型号（支持更多门数）的 FPGA，要么就把整个主控设计一分为二，生成两个位文件，一个只放前端（NVMe/PCIe）的设计，另一个只放后端（闪存控制部分）的设计，这也是大多数公司常用的做法。

- **调试便利性**：芯片验证一旦发现问题，通常需要通过波形来进行调试，RTL 仿真软件可以在仿真时抓取波形，设计人员通过波形可以比较容易地定位问题。而 FPGA 则没有这么方便，想在 FPGA 上抓取波形，必须先预设需要抓取的信号并重新生成位文件，而且抓取波形的窗口时间也比较短。这样会导致两个问题，一是为了抓取不同的信号反复生成位文件（FPGA 位文件的编译时间比较长，通常需要数小时），二是为了抓取有效的波形反复调整触发条件，这两点都是使用 FPGA 调试时无法避免的问题。

- **FPGA 上的 PHY（物理层）与实际芯片存在差异**：FPGA 在模拟 SSD 主控芯片的 PHY 时，通常面临着与实际芯片不完全一致的问题。例如在 FPGA 上，PCIe PHY 很可能是 Xilinx 的，而实际芯片上使用的 PCIe PHY 则可能是 Synopsys 或者 Cadence 的。同理，DDR 和 NAND PHY 也会有相同的问题。通常 FPGA 更加适合进行逻辑层面的验证，而对于物理层的验证则有所不足。新款 FPGA 支持使用 IP 厂商提供的物理层适配板卡是一种创新解决方案，旨在缩小 FPGA 模拟环境与最终 ASIC 实现之间的差距。通过使用这些适配板卡，FPGA 可以更准确地模拟真实芯片的物理层特性，如电气特性和信号完整性，缺点则是集成比较复杂。

- **FPGA 的时钟跟真实芯片存在差异**：FPGA 与真实芯片在时钟设计上的差异，尤其是在时钟频率和时钟分布方面的差异，可能会导致验证环境与实际芯片运行环境之间的显著差异。假设一个 SSD 主控芯片设计要求内部模块 A 以 200MHz 工作，而模块 B 以 400MHz 工作。在芯片设计中，这种时钟频率关系可以通过精密的时钟树设计和 PLL（Phase-Locked Loop，锁相环）配置来实现，确保时钟之间的同步。然而，FPGA 的时钟资源和分配方式与真实芯片存在差异，会导致在 FPGA 上实现的时钟频率与实际芯片设计有所不同，从而影响模块间的交互和数据同步，进而影响整体系统的性能和稳定性。

6.2.2 Emulator 仿真加速器

在硅前验证领域，FPGA 是平民的盛宴，而 Emulator 则是土豪专属的狂欢。

从本质来说，Emulator 的底层核心硬件也是 FPGA，能够模拟真实芯片或者 IP 的功能和行为。但是，Emulator 不只是 FPGA，更快的编译和执行速度，更大的规模（支持更多门级电路），更专业易用的访问界面，与仿真软件的深度整合才是 Emulator 相较于 FPGA 的核心竞争力。

前文提到了 FPGA 容量限制和调试不够友好的问题，在 Emulator 上这两个问题完全不存在。

某 EDA 巨头旗下最新的 P 系列的 Emulator，包含多个仿真单元，单个仿真单元能支持 800 万门的设计，一个机架最多可以支持 144 个仿真工作同时运行，如果整个系统全部用来仿真一个设计，支持的门数是恐怖的 184 亿，再也不用担心主控设计太复杂，放不进去的问题。

调试方面，RTL 设计经过编译加载到 Emulator 以后，可以随时随地地抓取波形，而且信号的深度和宽度可以自行选择，不用像 FPGA 一样每次重新生成位文件，可以节省大量时间。当然，Emulator 的波形抓取需要占用内部内存资源，所以抓取的波形时间长度有限制，无法做到像 RTL 仿真一样抓取整个过程，但这个时间相比 FPGA 已经长了很多，而且因为重新设置触发条件后可以马上重跑测试抓取波形，对于调试来说已经足够了。

与 FPGA 相比，Emulator 的优点还包括以下几个。

- **门级电路级仿真**：Emulator 除了可以编译 RTL 进行加载，还支持直接加载综合工具生成的网表文件，这是一种抽象级更低的仿真，接近最终的物理实现。这样做的优点是：速度快，可以达到较高的频率，适合进行时序和交互验证；已经考虑了综合和优化的结果，仿真结果更加接近最终实现，相当于一种物理原型。
- **UVM 级别仿真加速**：因为 Emulator 是由 EDA 公司开发的，通过与旗下的仿真软件配合，可以实现 UVM 级别的仿真加速，即 TB（仿真环境）依然是软件，但是测试对象由 RTL 代码变成了 Emulator。如果一个设计输入输出比较简单，但是内部运算比较复杂，采取这种方式能够大大缩短仿真时间。

- **Speed Bridge（速度桥）**：Speed Bridge 可以将 Emulator 和真实的外部设备连接起来，例如 PCIe Speed Bridge 可以将 Emulator 的 PCIe 接口与 PC 机的 PCIe 插槽连接，对 PCIe 接口进行并联仿真和验证。PCIe 速度桥负责在两者之间映射 PCIe 信号，保证时序和规范匹配，实现 PCIe 总线的构建。通常在 FPGA 上，只能跑到 PCIe Gen1，而通过 PCIe Speed Bridge，Emulator 可以跑到 PCIe Gen4 甚至更高的速度。
- **云端仿真**：利用云计算资源，使得设计团队可以随时随地扩展仿真容量。通过虚拟化技术，用户无须投资昂贵的硬件设备，只需根据需求付费使用仿真资源。
- **功耗分析**：提供的功耗分析软件可以实时地对仿真波形进行功耗分析并反馈分析结果。
- **虚拟模型**：提供 DDR，NAND Flash 模型用于 SSD 主控芯片的端到端验证，以及虚拟串口用于固件的输入输出。
- **高级调试功能**：CPU Trace，在 Emulator 运行过程中，实时打印 CPU 正在运行的函数，以定位固件问题；提供了一系列的 Memory 后台初始化函数，可以直接将固件通过后门方式加载到 DDR 中。

EDA 三巨头旗下都有各自的 Emulator 产品：Cadence 的 Palladium 系列、Mentor 的 Veloce 系列、Synopsys 的 ZeBu 系列。

6.2.3 硬件 / 软件联合仿真

除了 FPGA 和 Emulator，硅前验证领域另外一个值得一提的方法是硬件 / 软件联合仿真。硬件 / 软件联合仿真是指在一个仿真环境中同时运行硬件模型（RTL 语言）和固件，两者可以相互作用，来验证硬件和软件的设计是否符合预期。

联合仿真的主要目的是让硬件和软件设计人员可以尽早在一个共同的仿真环境中对各自的设计进行验证和调试，缩短开发周期，减少后期集成调试的工作量。

硬件 / 软件联合仿真的核心技术在于使用仿真 CPU 运行真实的固件，要实现 CPU 的仿真可以在环境中直接加载主控芯片 CPU 模块的 RTL 代码，或者通过开源工具（例如 QEMU）。

QEMU 是一个开源的机器仿真和虚拟化软件，可以仿真整个系统，包括处理器、外设和固件，支持许多不同的处理器架构，包括 X86、ARM、RISC-V 等。

以下是一个通过 QEMU 实现的 SSD 主控硬件 / 软件联合仿真的案例。

1）使用 QEMU 仿真 ARM 处理器。

2）编译 SSD 主控芯片的固件代码，得到映像文件。

3）将闪存控制器、NVMe 控制器、DDR 控制器等模块的 RTL，通过 QEMU 的设备接口与 QEMU 建立连接。

4）在 QEMU 仿真的 ARM 处理器上运行 SSD 主控芯片的固件，这样固件就可以和 NVMe 控制器、闪存控制器进行交互。

5）在仿真环境中，可以通过添加断点、观察 CPU 寄存器、检查内存、监控总线信号，来调试固件与硬件模型的交互，验证联合仿真系统的功能是否正确。

6）根据仿真结果，RTL 团队和固件团队各自更新设计和代码，进行下一轮联合仿真，直到 SSD 主控芯片的功能达到要求。

该方案与 FPGA 方案相比，有以下几个优势。

- **低成本**：QEMU 是免费的开源软件，而 FPGA 需要 FPGA 开发板和配套的工具软件。
- **高灵活性**：QEMU 可以随意配合硬件模型仿真各种处理器、外设和系统结构。而 FPGA 原型受 FPGA 资源和现有 IP 核的限制，灵活性不及软件仿真。
- **调试友好**：可以像 RTL 仿真一样抓取波形进行分析。

基于 QEMU 的联合仿真方案也存在一些劣势，比如需要专门的人员进行前期开发和后期维护，仿真速度比较慢等。总体来说，联合仿真方案在成本、灵活性和调试方面具有优势，但仿真速度不及 FPGA 原型。理想的情况是两者结合使用，软件仿真用于早期开发和调试，FPGA 原型用于后期的功能验证。这样可以充分利用两种方案的优势，得到最佳的设计验证效果。

6.3 硅后验证

主控芯片流片回来以后，需要进行硅后验证。硅前验证的侧重点在于确认正确性，即芯片是否正确地实现了预期的功能。而硅后验证的重点则是芯片本身，一方面需要确定芯片的稳定性，比如进行 PVT 测试、Clock 验证等，另一方面需要验证各高速接口（PCIe、DDR、NAND 接口）物理层并进行参数调优。这两块都是硅前验证无法覆盖的。

6.3.1 PVT 测试

PVT 测试是对主控芯片在不同工艺角（Process）、电压（Voltage）和温度（Temperature）条件下进行的测试，目的是评估芯片在各种环境条件下的性能和可靠性。

电压和温度都比较容易理解，这里解释一下工艺角。在芯片制造工艺中，掺杂、刻蚀、温度等外界因素会导致芯片参数的变化范围比较大。为减轻设计困难度，需要将器件性能限制在某个范围内，并报废超出这个范围的芯片，以此来严格控制可能的参数变化。工艺角即为这个性能范围，如图 6-1 所示。

主要的工艺角包括以下几个。

- 典型角（Typical，TT）工艺参数处于典型分布范围内，位于中心位置。
- 快速角（Fast，FF）工艺偏向快速，导致晶体管开关速度快，电流驱动能力强，但泄漏电流也增大，位于右上角。
- 慢速角（Slow，SS）工艺偏向慢速，晶体管开关速度变慢，电流驱动变弱，但泄漏电流减小，位于左下角。

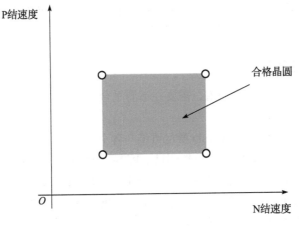

图 6-1 工艺角示意图

- 快进慢出角（Fast NMOS + Slow PMOS，FS）NMOS 偏快，PMOS 偏慢，位于右下角。
- 慢进快出角（Slow NMOS + Fast PMOS，SF）NMOS 偏慢，PMOS 偏快，位于左上角。

PVT 测试的主要步骤如下。

1）**电压测试**：在室温下，改变芯片的供电电压（通常调整范围为 ±10%），测试芯片在不同供电电压下的工作是否正常，通常随着电压降低，芯片性能和可靠性会下降。

2）**温度测试**：在标准电压下，改变环境温度（通常为 –40℃，0℃，25℃，125℃），测试芯片在不同温度下的工作状态，温度过高或过低都会导致芯片不稳定。

注意：改变温度虽然可以采用温箱，但使用温箱需要将测试平台或者带有芯片的开发板放入高温环境才可以测试，这样测试平台或者开发板 PCB 可能影响最终的结果。因此，最好采用专业设备单独控制芯片的温度。

3）**工艺角测试**：选取不同的工艺角芯片进行测试。

4）**组合测试**，综合改变电压、温度和工艺条件，测试芯片性能极限，通常的组合方式如下。

- **最差条件**：工艺角 SS + 高温 + 90% 电压。
- **典型条件**：工艺角 TT + 常温 + 正常电压。
- **最佳条件**：工艺角 FF + 低温 + 110% 电压。
- **低温最差条件**：工艺角 SS + 低温 + 90% 电压。
- **最大功耗条件**：工艺角 FF + 高温 + 110% 电压。
- **典型功耗条件**：工艺角 TT + 高温 + 正常电压。

主控芯片在进行 PVT 时，在改变 P、V、T 三个条件的基础上，可以进行 FIO 读写测试并检查不同条件对性能及稳定性的影响。

通过 PVT 测试可以找出芯片设计和工艺存在的问题，优化设计和工艺流程，提高芯片的可靠性和良率，这在芯片量产前的验证阶段非常关键。

6.3.2 PCIe 接口验证

PCIe 作为 SSD 对外的传输通道，需要在不同平台上、不同场景下保证数据稳定高效的传输，其重要程度不言而喻。

市面上的平台成千上万，一款 SSD 要尽可能与各个平台适配，要做到这点，一个非常重要的前提是通过 PCI SIG 的 PCIe 一致性测试。PCIe 一致性测试是确保 PCIe 设备符合 PCIe 规范并实现互操作性的关键步骤。这种测试主要针对 PCIe 设备的物理层、数据链路层和事务层进行测试，以验证设备在各个层次上是否符合 PCIe 规范。关于 PCIe 一致性测试的具体内容，我们将在第 7 章进行具体介绍。

对于 SSD 主控，通过 PCIe 一致性测试只是开始，还需要进行大量的验证工作，包括可靠性测试、性能测试和功能测试。

1. 可靠性测试

作为存储产品，可靠是压倒一切的前提，有的平台遇到 PCIe 链路质量不好的时候，甚至会主动降速以保证传输的可靠性。那么链路的可靠性怎么测试呢？我们可以自下而上，从物理层、链路层到事务层逐一进行测试。

在物理层，我们可以进行回环（loopback）测试和接收端裕度（接收端 Lane Margin）测试。

（1）回环测试

如图 6-2 所示，物理层包括 MAC（Media Access Layer，媒体访问层）、PCS（Physical Coding Sublayer Layer，物理编码层）和 PMA（Physical Medium Attachment Layer，物理介质层）3 个部分。

- MAC：处理与上层协议的通信。
- PCS：负责数据的编解码与错误检测，确保数据的完整性和可靠性。
- PMA：负责管理物理层面的信号特性，确保信号能够正确地传输到远端接收器。

回环测试的核心是把数据从发送端发出去并由接收端收回进行校验，具体连接方式和实现方式不同，测试效果也不一样。

在 SSD 内部将发送端和接收端连接起来称为内部回环，在 SSD 外部通过夹具⊖将发送端和接收端连接起来则称为外部回环。如果有条件，建议进行外部回环测试，这样除了可以测试到主控芯片的 PCIe 部分，也能测试到 PCB 的 PCIe 走线和连接器（金手指）的信号质量。

⊖ PCI SIG 出品的 CBB（Compliance Base Board，一致性测试基板）。

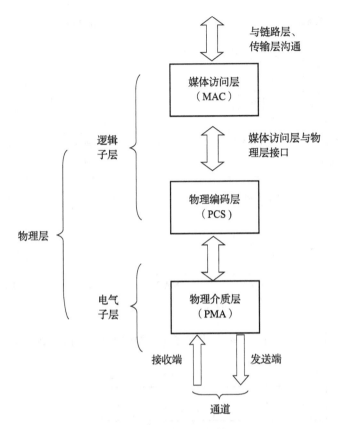

图 6-2　PCIe 物理层架构图

只有 PCS 和 PMA 参与的称为 PHY 回环测试，如果 MAC 也参与则称为 Core 回环测试。建议先进行 PHY 回环测试保证信号的稳定，通常 PHY 回环测试如果通过，Core 回环不会有太大问题。不同回环测试如图 6-3 所示。

（2）接收端裕度测试

接收端裕度是从 Gen4 开始新增的功能，可以理解为接收端信号的电子眼图（X 和 Y 轴分别是时间和电压）。固件可以通过配置指定的寄存器触发硬件进行接收端裕度的测试，每条 lane（每组差分信号）都可以单独测量。

回环测试是 PCIe 物理层的自检，而接收端裕度测试则反映 SSD 与真实的平台连接以后的信号质量。不同的平台或者相同平台的不同槽位，搭配不同的盘，接收端裕度都有可能不同。

进行接收端裕度测试的过程中有以下要求。

● 链路需要保持在 L0，不能进入 ASPM 状态或者恢复模式。

● 不能进行链路速度切换。

FW 通过 Margin 命令与硬件交互，实现接收端裕度测试。Margin 命令则通过设置裕度控制寄存器和读取裕度状态寄存器实现。

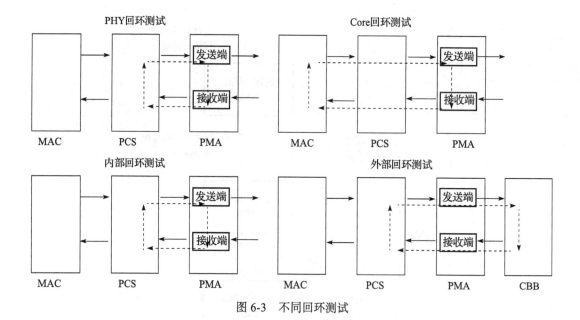

图 6-3   不同回环测试

PCIe 裕度控制寄存器和 PCIe 裕度状态寄存器如图 6-4 和图 6-5 所示。

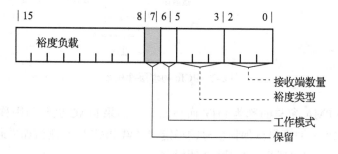

图 6-4   PCIe 裕度控制寄存器

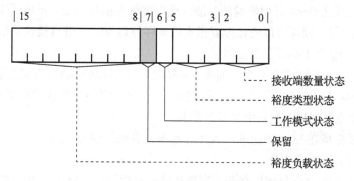

图 6-5   PCIe 裕度状态寄存器

以下是两个 Margin 命令的例子。

Report Margin Control Capabilities 命令：

```
Margin Type=001b, Valid Receiver Number=001b, Margin Payload=88h
```

Set Error Count Limit 命令：

```
Margin Type=010b, Valid Receiver Number=001b, Margin Payload[7：6]=11b, Margin
    Payload[5：0]= Error Count Limit
```

完整的命令及相应的回复可以参考 PCIe Spec 里 "Margin Commands and Corresponding Responses" 表格。

下面是一个接收端裕度测试的实现流程。

1）发送 Report Margin Control Capabilities 命令。

2）读取裕度状态寄存器。

- 如果 Margin Type = 001b 并且 Receiver Number = 目标 Receiver，则到步骤 3。
- 否则，等待 10μs 重新到步骤 2，如果 10ms 内还没有满足上述条件，测试失败并退出。

3）存储步骤 2 读取到的信息用于测试。

4）广播 No Command 命令，等待回复（如果 10ms 内没有收到回复，测试失败并退出）。

5）针对所有支持的电压和时间值，重复步骤 1 到 4。

以上流程中，还可以加入通过 Set Error Count Limit 命令去设置期望的 error count。

下面是一个调整时间值并测试接收端裕度的实现流程。

1）发送 "Step Margin to timing offset" 命令设置偏移量。

2）读取裕度状态寄存器。

- 如果 Margin Type = 011b 并且 Receiver Number = 目标 Receiver，则到步骤 3。
- 否则，等待 10μs 重新到步骤 2，如果 10ms 内还没有满足上述条件，测试失败并退出。

3）读取裕度状态寄存器。

- 如果 Margin Payload [7：6] = 11b，且超过 0.2UI，代表找到 Margin，否则测试失败，到步骤 7。
- 否则，如果 Margin Payload [7：6] = 00b，则测试失败，到步骤 7。
- 否则，如果 Margin Payload [7：6] = 01b，则等待 1ms，继续步骤 3，200ms 内还未满足条件，测试失败，到步骤 7。
- 否则，到步骤 4。

4）在规定时间内持续读取裕度状态寄存器获取错误数量，如果错误数量累计没有超标，代表找到 Margin，否则，测试失败，到步骤 7。

5）广播 "No Command" 命令并等待回复，如果 10ms 内没有收到回复，测试失败，退出。

6）回到步骤 1，如果希望继续测试，将偏移值 +1，否则到步骤 8。

7）将上一轮通过的偏移值作为最终结果。

8）广播 No Command、Clear Error Log、No Command、Go to Normal Setting 等命令退出测试。

2. 开关机测试

完成回环测试和接收端裕度测试之后，就可以上不同的平台进行开关机测试，开机时 PCIe 上电时序如图 6-6 所示。

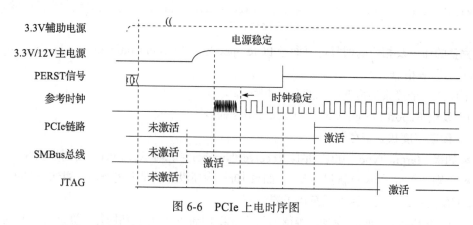

图 6-6　PCIe 上电时序图

3.3V/12V 从输入到稳定有一个过程，电压稳定 100ms 之后 PERST# 信号拉高，（此时 REFCLK，参考时钟信号也已经稳定），此时硬件会产生一个中断，告知固件开始 PCIe 的初始化，之后才是硬件通过 LTSSM（Link Training and Status State Machine，链路训练状态机，见图 6-7）链接到目标速度。

开关机测试可以完整覆盖到上电时序和 LTSSM 的全过程，能够有效地测试 PCIe 链路的稳定性。实现方法也非常简单，通过脚本实现平台的自动开关机，并在每次进入系统时检查 PCIe 设备的链路速度和宽度即可。这个测试次数越多越好，不同公司标准不同。

3. LTSSM 链路测试

开关机测试效果好，缺点是速度慢。特别是如果已经验证了上电时序没有问题，想重点验证 LTSSM，开关机测试就显得效率有点低下了。

Intel 和 AMD 都有推出专门进行 PCIe LTSSM 的测试工具，Intel 的叫 lt_loop，AMD 的叫 AMDXIO。以 lt_loop 为例，测试的内容包括热重启、链路重新训练，链路禁用 / 启用、重新均衡、速度切换、PCI 电源管理 L1、ASPM L1 等，可以看到这些测试内容基本上把 LTSSM 的所有状态都覆盖到了（AMD 的工具功能类似）。

需要签 NDA 才能拿到 lt_loop 工具，而且 lt_loop 只能在 Intel 官方发售的验证平台上运行，或者打开 Debug BIOS 的服务器（Intel 对 BIOS 里的相关设定有非常细致的要求）上运行。如果大家没有使用这个工具的条件也不要紧，在《深入浅出 SSD 第 2 版》的 8.10 节介绍了通过软件触发热重启（Hot Reset）、链路禁用 / 启用及功能级重启的方法。这里我们以热重启测试为例介绍具体实现方式。

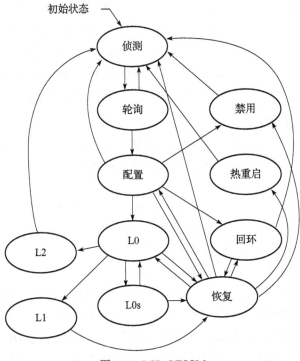

图 6-7 PCIe LTSSM

在 Ubuntu 系统里集成了两个工具——lspci 和 setpci，用于查看 PCIe 设备并对其进行设置，具体实现方法如下。

1）发送 lspci | grep Non-V 命令，查看系统上所有的 NVMe 设备，获得待测 SSD 的设备号，假设为 0000:01:00.0。

2）发送 lspci -s 0000:01:00.0 -PP 命令获得待测 SSD 的根节点的设备号，假设为 0000:00:01.00。

3）发送 temp=$（setpci -s 0000:00:01.0 BRIDGE_CONTROL）命令，读取根节点的 Bridge Control Register（桥控制寄存器）的值并保存在变量 temp 中。

4）将 temp 变量 bit 6 置 1。

5）发送 setpci -s 0000:00:01.0 BRIDGE_CONTROL=$temp 命令，将根节点的 BRIDGE_CONTROL[6] 置 1。

6）等待 1s。

7）将 temp 变量 bit 6 置 0。

8）发送 setpci -s 0000:00:01.0 BRIDGE_CONTROL=$temp 命令，将根节点的 BRIDGE_CONTROL[6] 清零。

这样就完成了 1 次热重启，如果此时抓取 PCIe Trace，将会看到根节点发送带热重启置位的 TS1，触发 PCIe 链路进行热重启。通过 Shell 或者 Python 可以将以上步骤自动化，进行多次热重启然后检查链路速度和带宽是否正确。这样的测试效率比开关机要高得多。

其他测试流程类似，只是设置的寄存器有所不同，比如下面的情况。

- 链路禁用 / 启用是设置根节点的 Link Control Register[4]（链路控制寄存器位 4）。
- 功能级重启是设置设备的 Device Control Register[15]（设备控制寄存器位 15）。
- 链路重新训练是设置根节点的 Link Control Register[5]（链路控制寄存器位 5）。

4. 数据读写与性能测试

经过不同平台上的开关机测试与 LTSSM 测试，PCIe 链路已经比较稳定，接下来就可以对事务层进行测试了。方法也比较简单，使用 FIO 对 SSD 进行持续读、持续写和混合读写的测试即可。

除了读写的稳定性之外，另一个非常重要的检查点是检查系统的最大读写带宽，那么用 FIO 跑出来数据以后，怎么知道芯片确实已经跑到了设计的最大带宽呢？这个可以拿 SSD 主控芯片仿真过程中的性能数据作对比。

芯片验证 PCIe 性能测试时需要注意以下事项。

- 可以使用 Ramdrive 固件（使用 DDR 或者 SRAM 模拟 SSD 容量），这样数据不会落到闪存上，可以排除 FTL 及后端闪存控制器对前端的影响。
- 选用 MPS（Max Payload size，最大有效载荷）更大（例如 512B）的平台，会获得更好的性能数据。MPS 的具体内容在《深入浅出 SSD》第 2 版中有介绍，这里不做展开。

5. ASPM 测试

ASPM 测试需要主机平台支持，下面以 ASPM L1 为例介绍测试思路。

1）确保固件将 SSD ASPM 使能。

2）在主机 BIOS 中打开 ASPM L1。

3）将 SSD 作为数据盘插上开机，并正常进系统。

4）不对 SSD 进行任何操作，SSD 会自动进入 ASPM 状态（这点可以使用串口查看 PCIe IP 相关寄存器确认）。

5）等待 1s，对 SSD 进行读写，SSD 自动退出 ASPM 状态。

6）等待 1s，停止读写。

7）回到步骤 4，进入下一个循环。

以上测试思路同样适用于 ASPM Sub State 的测试，只不过需要找到合适的主机。这个测试建议进行多次循环，同时步骤 5 和步骤 6 可以采用随机时间，这样可以覆盖到硬件进出 ASPM 的不同时间点，更好地保证产品质量。

6.3.3　闪存接口验证

闪存控制器是 SSD 主控中非常重要的一个模块，负责管理和控制连接到 SSD 上的闪存存储芯片。

首先应验证 NAND PHY（物理层），确保闪存与主控制器之间的物理层接口正常工作。
NAND PHY 验证如下。

- **回环测试**：确保 PHY 本身的发送端和接收端工作正常。
- **波形与时序分析**：使用逻辑分析仪抓取控制器与闪存之间的传输波形，检查命令发送、数据传输等步骤的时序是否符合规范，通过波形获取关键的时序参数（例如 tR、tProg、tErase）以确认在规定的范围之内。
- **信号完整性测试**：通过示波器或者内建眼图工具，检查读写操作时 NAND PHY 的眼图，确保眼宽和眼高达标。

与 PCIe 类似，主控芯片的闪存接口也有 PHY 回环测试，通过这项测试保证闪存接口的物理层是工作稳定的。

闪存控制器的验证，重中之重是适配不同 NAND 原厂的闪存，原厂包括 Samsung、Hynix、Kioxia、Micron、WD 及 YMTC（长江存储）。

主控厂商都会跟 NAND 原厂有专门的沟通渠道，定期进行交流，获取最新的技术规范，新功能介绍，仿真模型等，最重要的是提前拿到工程样品，提前进行适配。

适配的主要工作如下。

1）**闪存的初始化**，使主控能够发送命令给闪存。

2）**命令集验证**：根据各家 NAND 原厂提供的手册，验证其命令集中的所有命令。这些命令包括 Reset（重置）、Reset LUN（重置 LUN）、Read ID（读取设备 ID）、Read Status（读取状态）、Get Feature（获取参数）、Set Feature（设置参数）、Change Read Column（改变读列地址）、Change Write Column（改变写列地址）、Change Row address（改变行地址）、SLC mode Erase/Program/Read（SLC 模式 擦 / 写 / 读）、TLC（QLC）mode Erase/Program/Read（SLC 或 QLC 模式擦 / 写 / 读）、Partial Read（部分读取）、Cache Read（缓存读）、Cache Program（缓存写）、Erase Page check（擦除页检查）、multi plane operation（多平面操作）、Suspend（暂停）等。在验证时，需要确保在命令正确发送后 NAND 回复期待的结果，同时执行了正确的操作。

- 以写命令为例，除了通过读取状态命令获取闪存的状态，还应该发送读命令将数据读出以确认写入的数据是否正确。
- 同理，设置参数命令也应该使用类似的逻辑使用读取参数命令进行检查。

3）**测试不同的 IO 速度**，例如 800MT/S、1 600MT/S、2 400MT/S 等，确保在不同速度下不仅可以对 NAND 进行正常读写且数据正确，还可以通过压力测试。

4）**性能测试**：与整盘性能测试通常在 host 端使用 CDM 或者 FIO 不同，闪存控制器性能测试通常在固件内部嵌入测试用例来完成。通过固件向闪存发送大量的读写命令并记录完成时间，再直接计算出性能。

在执行性能测试时，固件需要充分利用并发，通过发送命令到多个通道、LUN 和平面，让不同设备的 tR 或者 tProg 周期尽量重叠，避免总线的空闲时间，确保在任何时刻都在执行读写操作，提高性能。

其次，应进行 NAND Characterization（特征分析）。

严格说来，NAND Characterization 不属于主控验证的范畴，但却是所有厂商研发与生产过程中必不可少的环节之一。其原因在于闪存的 Vt（阈值电压）分布会随着 PE Cycle 的增加及环境温度的变化而变化，在闪存中，Vt 是决定存储单元是否被编程的关键因素。随着 P/E 次数的增加，闪存存储单元会逐渐退化，其阈值电压的分布会变得更加宽泛。这意味着一些存储单元可能需要更高或更低的电压才能准确读取。如果阈值电压变化过大，普通的读取操作可能无法准确判断存储单元的状态，从而导致数据错误，面对这种情况，通常会采用 read retry（重读）的方式。

重读时，需要在原有的 Vt 基础上增加一个或正或负的 offset（偏移）。理论上来说，可以在原有 Vt 的基础上以最小步进逐步增加或者减少，在此过程中一定可以找到一个新的 Vt，读回正确的数据。然而，在实际操作中，由于时间和效率的限制，不可能进行过多的重读尝试。特别是在企业级 SSD 中，对于重读的次数通常有严格的限制，以确保数据访问的响应时间和整体系统性能。有的厂商要求企业级 SSD 重读三次之内必须有结果。

所以固件工程师必须拿到一张表格，以便他们通过当前的 P/E 次数和温度，直接获得理论上最佳的 Vt 值。这个表格包含了不同 P/E 次数和温度条件下的最佳 Vt 值。这种表格或数据集是通过广泛的测试和特性分析得出的。制造商会在不同的 P/E 次数和温度条件下测试闪存存储器，收集数据来确定每种情况下的最佳 Vt 值。这些测试可以帮助工程师理解闪存在其使用寿命内的退化情况，以及温度变化对其性能的影响。

有了这样的数据，固件可以更加智能地进行重读操作。当 SSD 控制器检测到读取错误时，它可以参考这个表格，快速地调整 Vt 值到一个更有可能成功读取数据的水平，而不是盲目或随机地尝试不同的 Vt 值。这样可以显著提高读取操作的成功率，同时减少所需的重读次数，从而在提高数据可靠性的同时保持较高的性能水平。

特征分析就是通过有计划的测试和数据收集来得到这张表格，表 6-1 所示是一个示例。

表 6-1　NAND Vt Offset 分布情况

PE Cycle	温度 /℃	Vt 偏移 /V
0	25	0
1 000	25	0.5
2 000	25	−0.3
3 000	25	0.8
0	50	0
1 000	50	−0.2
2 000	50	0.4
3 000	50	−0.5

（续）

PE Cycle	温度 /℃	Vt 偏移 /V
0	75	0
1 000	75	0.3
2 000	75	−0.7
3 000	75	0.6

假设我们要做特征分析的这款闪存的 PE Cycle 是 3 000，工作温度是 0 ～ 75℃，NAND Char 的测试步骤大致如下。

1）准备实验环境。

● 准备实验用的闪存芯片，并将闪存芯片焊到带主控的电路板或者专用的测试设备上。

● 准备控制温度的设备。

2）在 PE Cycle 等于 0 的时候：分别测量并记录闪存在 0℃、25℃、50℃和 75℃的 Vt。

3）进行 PE Cycle 测试：进行持续的写 / 擦，在 PE Cycle 达到 1 000、2 000 和 3 000 时分别进行步骤 2，并记录结果。

4）结果整理：

● 将实验结果整理成表格，包括 PE Cycle、温度和相应的 Vt 偏移变化。

● 对数据进行统计和分析，以便了解 Vt 偏移随着 PE Cycle 和温度变化的趋势。

按照这个步骤，我们就可以得到 Vt 随着 PE Cycle 及温度变化的规律。事实上，在实际项目里，只拿到这样的数据是不够的，还需要考虑 Data Retention（数据保持）、Write Disturb（写干扰）和 Open Block（开放块）的情况。以 Data Retention 为例，我们需要在测量 Vt 时增加一个维度，即写入数据以后多久去读，这样我们就可以在表格中加入"数据保持时间"，将表格升级如表 6-2 所示。

表 6-2 NAND Vt 偏移分布情况

PE Cycle	温度 /℃	Vt 偏移 /V	数据保持时间 / 月
0	25	0	10
1 000	25	0.5	8
2 000	25	−0.3	6
3 000	25	0.8	4
0	50	0	9
1 000	50	−0.2	7
2 000	50	0.4	5
3 000	50	−0.5	3
0	75	0	8

（续）

PE Cycle	温度 /℃	Vt 偏移 /V	数据保持时间 / 月
1 000	75	0.3	6
2 000	75	−0.7	4
3 000	75	0.6	2

Open Block 通常指的是已经开始写入数据但尚未写满的块，Open Block 对 Vt 分布也是有一定影响的，所以在实际操作中，需要分别对 Open block 和 Close block（封闭块）做以上实验，分别获得各自的表格。

6.3.4　LDPC 解码能力验证

SSD 可靠性的关键指标包括 UBER（Uncorrectable Bit Error Rate，不可修复的错误比特率）和 RBER（Raw Bit Error Rate，原始错误比特率）。

闪存自身的特性决定了 RBER 不可避免，UBER 的要求非常高，SSD 主控就是要化腐朽为神奇，软硬兼施地把错误率从 10e−3 降低到 10e−17（以企业级 SSD 为例），如图 6-8 所示。

图 6-8　保证 SSD 数据可靠性

要验证 LDPC 的解码能力，我们需要先知道目标，即 LDPC 需要能够达到什么样的解码能力才能实现 UBER=10e−17。

《深入浅出 SSD》第 2 版在 7.7 节提供了 LDPC 性能曲线的示意图（见图 6-9），并指出 LDPC 的 CFR（Codeword Fail Rate，码字错误率）需要保持在 10^{-11} 的水平（即平均解码 10^{11} 个码字出现一次解码失败）。

我们简单推导一下 CFR 和 UBER 之间的换算关系：假设一款 LDPC 的硬判决解码能力是 1.5e−11，把码字解码失败率换算成比特错误率 1.5e−11/（4 096×8）= 4.58e−16，LDPC 软判决解码和重读机制降低 10 倍错误率 4.58e−16/10 = 4.58e−17，使用 4 个 Die 创建 RAID5，错误率 4.58e−17/4 = 1.14e−17。（以上数据和倍数关系仅供参考，读者朋友们理解思路即可。）

LDPC 编解码的流程如图 6-10 所示。

1）用户数据 A 写入闪存时，LDPC 对其进行编码，产生的校验数据 A 连同用户数据 A 一起写入闪存。

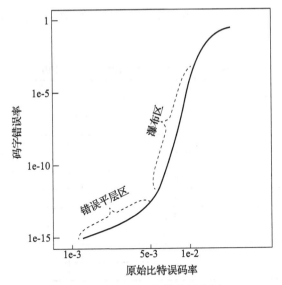

图 6-9 LDPC 性能曲线示意图

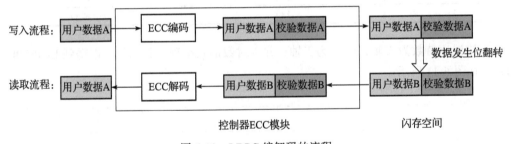

图 6-10 LDPC 编解码的流程

2）数据在闪存中，由于某些原因（读干扰或者数据保持等因素）导致位翻转，用户数据 A 变成用户数据 B，同理，校验数据 A 变成校验数据 B。

3）读取用户数据的时候，如果用户数据 B 和校验数据 B 经过 LDPC 解码，正确得到用户数据 A，代表解码成功，否则失败。

CFR 的测试就是重复这个过程，下面介绍具体实现步骤。

1）准备一份由随机 Pattern 组成的用户数据 A，并根据 ECC 编码算法得到校验数据 A。

2）在用户数据 A 和校验数据 A 中随机翻转 n 个比特，得到用户数据 B 和校验数据 B（模拟数据在闪存中发生的翻转）。

3）将用户数据 B 和校验数据 B 以"禁用 LDPC"模式写入 NAND。

4）将用户数据 B 和校验数据 B 从 NAND 上读出，使用 LDPC 模式进行解码。

5）回到步骤 2，进行下一次随机翻转（n 不变）。

6）统计编解码 2 000 次，1 999 次解码成功，1 次失败，那么 LDPC 在错误比特 =n 情况下的解码能力 =1/2 000=5e-4。

按照上面的步骤，重复测试不同错误比特数对应的 CFR 值，我们可以得到表 6-3（数据仅供参考）。

表 6-3　不同错误比特数对应的 CFR 值

序号	错误比特数 n	CFR
1	400	8.23e-02
2	390	2.15e-03
3	380	4.20e-04
4	370	3.40e-05
5	360	4.50e-06
6	350	3.40e-07
7	340	4.90e-08
8	330	2.80e-09
9	320	9.50e-10
10	310	2.30e-10
11	300	8.70e-11
12	290	6.70e-11
13	280	4.70e-11

以错误比特数为 X 轴，CFR 为 Y 轴，并以对数形式呈现，我们就可以得到 LDPC 能力曲线，如图 6-11 所示。

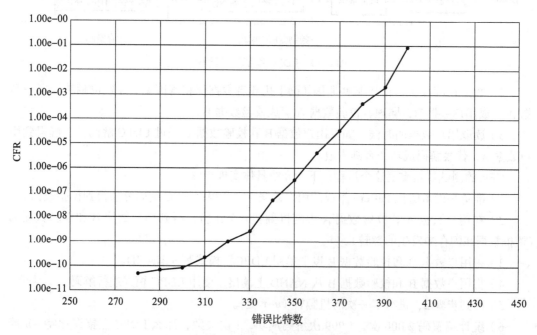

图 6-11　LDPC 能力曲线

　　从表 6-3 可以看到，随着错误比特数的逐步减少，CFR 呈指数级下降，但是错误比特数达到 300 之后，错误数量的减少并不会导致 CFR 的显著下降，而会逐步达到解码能力极限（错误平层）。

　　LDPC 能力曲线测试这个方法，设计团队通常会在仿真环境下进行，但受限于仿真速度，通常只能获得 10e-5/10e-6 这个数量级的 CFR 结果。如果想拿到更低 CFR 的数据，可以考虑使用 FPGA 或者 SSD 成品来进行这个测试。需要注意的是，仿真采用的是闪存行为模型，数据写入以后不会翻转，而 FPGA 和 SSD 使用真实闪存，为了排除闪存本身不可控的比特翻转，上文步骤 3（写入）和步骤 4（读出），可以采用缓存写 / 缓存读的方式进行。

　　除了 CFR，还可以采用类似方法收集不同错误比特数情况下 LDPC 解码的迭代次数，这也是 LDPC 解码能力的重要体现。

　　LDPC 能力曲线是主控 LDPC 解码能力的一个非常直观的体现方式，但对于验证工程师来说，获得能力曲线并不代表工作结束。与设计部门紧密配合，形成设计→验证→反馈→优化的正向循环，不断提高主控 LDPC 的解码能力才是最终目标。

6.3.5　DDR 验证

　　DDR 是 SSD 中一个非常关键的部件，是 SSD 能发挥高速特性的重要基础，其主要作用包括以下几个。

- **缓存用户数据**：将从闪存读取或者要写入闪存的数据暂存在 DDR 中，作为主机和闪存控制器之间数据传输的缓冲，抹平速度不匹配的问题，加快读写速度。
- **命令队列**：利用 DDR 来构建命令队列，可以按优化顺序发送命令并执行，提高闪存的利用效率。
- **数据校验**：利用 DDR 来实现读取数据的校验，包括 ECC 校验、CRC 校验等，及时发现和纠正错误。
- **管理元数据**：将 SSD 中的映射表、垃圾回收信息等关键元数据存放在 DDR 中便于快速访问。

1. DDR 上电与初始化

　　不管是要使用 DDR 还是对其进行测试，都需要先完成 DDR 的上电与初始化。DDR 上电与初始化是由一系列精心设计的步骤组成的标准序列，在系统上电之后，主控里 DDR 控制器会被从复位状态中释放，自动执行上电与初始化序列，其主要过程如下（以 DDR4 为例）。

　　1）给 DRAM 颗粒上电。

　　2）复位 DRAM 器件，向 DDR 器件发送复位命令，使其进入复位状态。

　　3）使能其时钟，产生时钟信号。

　　4）按照特定序列读取 / 配置 DRAM 模式寄存器参数（如突发长度、CAS 延迟等）。

5）进行 ZQ 校准，校准终端电阻，用于匹配线路阻抗。

6）使 DRAM 进入空闲状态。

2. ZQ 校准

下面重点介绍 ZQ 校准，过程如图 6-12 所示。

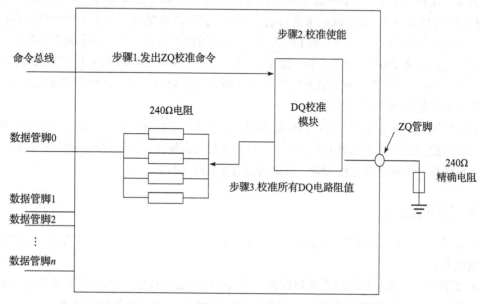

图 6-12　ZQ 校准

ZQ 是 DDR 内存中的一个重要校准术语，与 DDR 数据信号线 DQ 的电路有关，在 DRAM 颗粒内部，每个 DQ 管脚之后的电路都有多个并联的 240Ω 电阻。由于颗粒 CMOS 工艺本身的限制，这些电阻不可能是精确的 240Ω，而且这些电阻的阻值还会随着温度和电压的改变而改变。所以必须将其校准至接近 240Ω，以便提高信号的完整性。

为了进行校准，DRAM 颗粒内部有一个专用的 DQ 校准模块，这个模块通过一个 ZQ 管脚连接到一个外部电阻。这个外部电阻阻值为精确的 240Ω，其阻值不会随着温度的变化而变化，该电阻被当作校准的参考阻值。

那这个校准是如何进行的呢？

DQ 电路中的多个 240Ω 电阻是一种被称为"多晶硅电阻"的电阻器，通常略大于 240Ω，因此，在 DQ 电阻上并联了很多 PMOS 管，当这些管子开启时，会通过并联电阻降低 DQ 电阻的阻值，以使其接近 240Ω。

连接到 DQ 校准控制块的电路本质上是一个分压电路，DQ 校准控制块一边连到 DQ 电路中的可调电阻，另一边连到外部精密的 240Ω 电阻。在初始化过程中发出 ZQCL 命令时，DQ 校准控制块被启用，并通过内部控制逻辑不断调整可调电阻阻值，直到电压准确达到 VDDQ/2。

经过这些步骤，DRAM 颗粒已经了解了其需要工作在哪个频率上，以及它的时序参数是多少，主控就可以对 DRAM 进行读写了。可以读写，不代表可以持续稳定正确地读写，要达到这个目标，还需要进行训练，比较重要的包括 Vref（参考电压）校准和读写训练。广义上来说，这个训练也可以算作初始化的一部分。

3. 关于 Vref 校准

在 DDR3 中接收方以 Vdd/2 作为参考电压来判断信号为 0 或者为 1，而在 DDR4 中则使用一个内部参考电压来判断信号为 0 或者为 1。这个内部参考电压就是 Vref。Vref 可以通过模式寄存器进行设定，在 Vref 校准阶段，DDR 控制器需要通过尝试不同的 Vref 值来设置一个能够正确区分高低电平的值。

4. 读写训练

完成 Vref 校准以后，下一步是读写训练。DDR 读写训练的目的是优化 DDR 存储器的读写时序，确保可靠的读写操作。

图 6-13 是 SSD PCB 上主控中的 DDR 控制器与 DRAM 颗粒之间的一种典型布线方式，8 个 DRAM 颗粒共用一组时钟 / 地址 / 控制信号，而数据线是各自独立的。DDR 控制器到不同 DRAM 颗粒的走线长度是不一样的，因此对于不同 DRAM 颗粒来说，数据线与时钟信号的延迟也是不一样的。

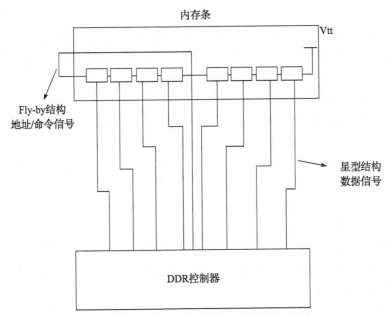

图 6-13　SSD DDR 控制器与 DRAM 颗粒布线示例

DRAM 是个很单纯的器件，它自己没办法解决这个跟邻居延迟不一样的问题，这就需要 DDR 控制器来完成。以写操作为例，DDR 控制器通过设置模式寄存器告知 DRAM 这个延迟是多少，然后 DRAM 就会一直使用这个设定。所以 DDR 控制器需要考虑 PCB 的布线情况，来给每个 DRAM 颗粒设置合理的延迟时间。

读写训练一般由 DDR PHY 来实现，一个比较常见的方法是 write leveling（写入级别调整），其主要步骤如下。

1）通过设置模式寄存器，使 DRAM 进入 write leveling 模式，在该模式下，DRAM 颗粒会使用 DQS 信号对时钟信号进行采样，并将采样结果通过 DQ 反馈给 DDR 控制器；

2）DDR 控制器持续发送一组 DQS 信号，DRAM 颗粒持续用 DQS 信号对时钟信号进行采样，采样的值为 0 或 1，并通过 DQ 反馈采样结果；

3）DDR 控制器查看反馈的采样数据，并根据值的不同，调整 DQS 的延迟后再发下一组 DQS 信号；

4）DRAM 再次进行采样并反馈；

5）重复步骤 2 ~ 4，直到 DDR 控制器检测到一次从 0 到 1 的转变，控制器会记录此时的 DQS 延迟，并将其作为最终设置告知 DRAM 颗粒；

6）以上步骤需要对每个 DRAM 颗粒执行一次。

在完成初始化及校准以后，即可开始对 DDR 进行功能验证，包括但不限于以下步骤。

1）确保 CPU、NVMe、NAND 控制器等模块均可正常访问 DDR。

2）数据完整性测试：使用不同的数据 pattern（例如 0x5a5a，0x1111）对全部 DDR 地址空间进行写入、读取和比较测试。

3）测试确保 DDR 支持的不同频率（尤其是最高频率）均可正常读写。

4）性能测试：使用主控自带的 DMA 或者 XOR 模块，对 DDR 进行性能测试，确保达到设计性能。

5）压力测试：对 DDR 进行持续读写压力测试。

6）错误注入测试：在读写过程中注入错误，确保硬件能够检测到错误并产生中断上报给固件。

最后，JEDEC 规定了针对 DDR 电器性能的合规测试，这个可以通过几大厂商的示波器（需购买合规测试 license 及相关夹具）进行，这里不做展开。

6.3.6 电源轨及功耗验证

在 SoC 中，电源轨是指供电给芯片内部各个功能模块和组件的电源线路。一个 SoC 通常由多个功能模块组成，例如 CPU、DDR、NVMe 控制器等。每个功能模块都需要特定的电源供电以使其正常运行。

电源轨通常包括不同的电压和电流等级，以满足各个功能模块的需求。例如，某个功能模块可能需要较低的电压和较小的电流，而另一个功能模块可能需要较高的电压和较大的电流。因此，SoC 的电源轨设计需要考虑到各个功能模块的功耗需求和电源稳定性。

表 6-4 所示是一个示例（数值仅供参考）。

表 6-4　不同电源轨功耗情况示例

电源轨	电压 /V	电流 /mA	瞬态负载 /A
VDD_CORE	0.85	500	2
1.8V_GPIO	1.8	10	100
1.8V_analog	1.8	50	200
DDR_VDD	1.2	150	1
DDR_VDDQ	1.2	150	1
PCIe	3.3	500	1.5

在 SSD 主控芯片中，通常包括但不限于以下电源轨。

- VDD_Core：核心电源电压（Core Power Supply Voltage），用于为芯片内部核心逻辑电路和处理器供电。
- AVDD（模拟电源电压）：为模拟电路供电。
- VDD_PCIe：为 PCIe 模块供电。
- VDD_NAND：为闪存芯片供电。
- VDDR：为 DDR 控制器供电。
- VDDQ：为 DDR 控制器 IO 供电。

在芯片验证阶段，要测量各个电源轨的实际功耗，只需要测量对应模块的工作电流，再乘以电压即可。测量通常会使用到开发板，开发板会预留测量点，方便工程师在验证过程中对开发板的电源进行准确测量和调试，监测开发板的电压、电流等关键参数，确保芯片在正常工作时的电源稳定性，及时发现并解决潜在的电源问题。

验证 SSD 主控芯片功耗时，通常需要测量以下几个不同场景、不同模块的电流值，然后乘以该模块的核定电压，从而获得该模块的功耗。

- 顺序读 / 顺序写。
- 随机读 / 随机写。
- 空闲（闲置状态）。

表 6-5 是一个示例（数据仅供参考）。

表 6-5　不同场景功耗分解

电源轨	额定电压 /V	顺序读		顺序写		随机读		随机写		闲置	
		电流 /mA	功耗 /mW	电流 /mA	功耗 /mW	电流 /mA	功耗 /mW	电流 /mA	功耗 /mW	电流 /mA	功耗 /mW
VDD_CORE	1.2	500	600	550	660	450	540	550	660	100	120
DDR_VDD	1.2	150	180	160	192	140	168	160	192	50	60
DDR_VDDQ	1.2	150	180	160	192	140	168	160	192	50	60
VDD_Core_PCIe	3.3	300	990	350	1 155	250	825	350	1 155	70	231
VDD_Core_NAND	1.8	200	360	250	450	180	324	250	450	60	108

完成测量后，需要对各模块及整体的功耗情况进行统计分析，并与设计目标进行比对，针对没有达标或需要提高的模块，进行功耗方面的整体优化。

6.4 DFT 与 ATE

没有一个制造过程是完美的，任何芯片设计都会存在一定的失效率，在一块晶圆上制造出的所有芯片中，只有一部分能通过所有的测试并且功能正常。SSD 主控芯片当然也一样，随着技术的演进，不断地切换到更新的制程，失效率也会随之增加，因为制程的复杂度增加而缩小的尺寸更容易受到各种小的变化和缺陷的影响。

主控芯片在制造过程中，会出现很多种不同类型的错误。

- **卡住故障（Stuck-At Fault）**：这类故障是由制造过程中的硬件缺陷引起的，导致某个节点（通常是一个门或者晶体管）在逻辑 0 或逻辑 1 的状态上卡住。这种故障可能是由材料缺陷、掺杂问题、金属层的裂缝等引起的。
- **开路 / 短路故障（Stuck Open/Short Fault）**：这类故障包括开路和短路。开路故障是晶体管等硬件元件未正确连接，导致信号无法正常传递。短路故障则是两个或多个电路节点之间产生不应有的短接，导致信号异常流动。
- **桥接故障（Bridge Fault）**：桥接缺陷是由电路中两个或多个电节点之间短路引起的，而这种短接在设计中并未考虑。这可能导致信号的异常路径，影响芯片的正常功能。
- **延迟缺陷（Delay Fault）**：在高速芯片应用中，延迟缺陷是由电路中的一些元件或路径的传输延迟发生变化引起的。例如，小面积的开路可能导致某段线路的阻值增加，从而影响信号的传播速度。

为了应对这些问题，DFT（Design for Testability，可测试性设计）和 ATE（Automatic Test Equipment，自动测试设备）成为确保产品质量和可靠性的关键环节，它们能够帮助检测和诊断制造过程中可能出现的缺陷，从而提高产品的整体性能和稳定性。

6.4.1 DFT

DFT 是一种设计方法，旨在使芯片在制造后更容易进行测试和诊断。测试人员需要在芯片设计之初就根据芯片的规格参数规划好测试内容和测试方法，以便在芯片制造完成后能够更有效地进行测试。通常一款 SSD 主控芯片包括模拟 IP、IO、数字 IP 和 Memory（内存），所有的这些电路都需要 DFT 来覆盖。

DFT 的主要方法包括 SoC 扫描链（Scan Chain）和边界扫描（Boundary Scan）。

1. SoC 扫描链

所谓扫描链，是指将芯片内的寄存器串联起来，形成一个寄存器链，并在扫描链周围添加控制逻辑，用于管理和控制扫描链的操作，这包括加载测试向量、切换芯片到测试模式、读取测试结果等。扫描链技术是应用最为广泛的 DFT 技术，使用它进行测试通常可以使设计的故障覆盖率达到 95% 以上。

扫描链的基础是可扫描寄存器,在普通寄存器的基础上添加了 SI 和 SE 信号,如图 6-14 所示。

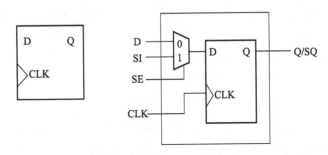

图 6-14　普通寄存器与可扫描寄存器

SE 信号用于控制扫描链的启用和禁用,当 SE 信号处于有效状态时,扫描链被激活,允许测试和诊断操作。当 SE 信号处于无效状态时,扫描链处于非活动状态,即正常工作模式。

SI 端口是用于将测试向量输入到扫描链的端口,在测试开始时,通过 SI 端口将测试向量逐位地输入到扫描链中,从而替换掉扫描寄存器中原始的逻辑电路状态。

SO(与寄存器输出信号复用)端口用于从扫描链读取测试结果,在测试结束后,可以通过 SO 端口读取扫描链中的测试结果,以进行分析和诊断。

扫描链的三种模式如下(见图 6-15)。

- **功能模式**(Function Mode):即 chip 正常的工作模式。此时 SE=0。
- **偏移模式**(Shift Mode):此时 SE=1,选择 Scan(扫描)模式,并注入期望的 SI 序列,这样可以让每个扫描单元(scan cell)有一个确定的值。然后切换回功能模式,从 D 输入期望的序列,与原来单元中的值进行运算后,得到一些特定的输出。
- **捕获模式**(Capture Mode):在 pulse(脉冲)clk 下依次移出单元中的值,然后在输出端捕获,进行检测。

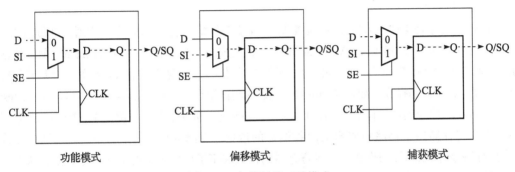

图 6-15　扫描链的三种模式

将电路中的所有寄存器都替换成可扫描寄存器，并将它们首尾相连，就形成了扫描链，如图 6-16 所示。

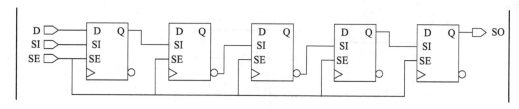

图 6-16　扫描链

一个芯片中的主要工作部分就是组合逻辑和时序电路，使用 SoC 扫描链可以直接从输入端和输出端对电路中的所有状态进行观察和控制，因此扫描链成为应用最为广泛的 DFT 设计方法。

这个模式中花费时间最多的是位移（shifting）和位移输出（shifting out），如果扫描链长度非常长，那么总扫描测试时间会非常长，对于大型设计来说，测试效率较低。为了解决这个问题，通常采用扫描链压缩的方法，将原有的 1 根长扫描链分成多根短扫描链，将原本的 SI 扩展成多个的扫描输入，并将它们作为到内部多根短扫描链的输入，最后将多根短扫描链的输出合并成一个统一的 SO 进行输出。通过这样的串并转化，位移输入和位移输出花费的测试时间可大大缩短。

2. 边界扫描

除了 SoC 扫描链，还有另外一种方法——边界扫描。与 SoC 扫描链关注芯片内部所有电路不同，边界扫描的主要目的是被测电路的边界（IO 引脚）。SoC 扫描链和 IO 边界扫描的关系有点像固件测试里的白盒和黑盒测试，一个进行全面体检，关注每一部分是否正确，另一个则关注输入输出是否符合预期，以及最终实现效果是否正确。

边界扫描现在已成为一个 IEEE 标准（IEEE 标准 1149.1），其全称是 IEEE Standard for Test Access Port and Boundary-Scan Architecture，具体结构如图 6-17 所示，包括 TAP（Test Access Port，测试端口）、IR（Instruction Register，指令寄存器）和 DR（Data Register，数据寄存器）等模块。

TAP 控制器是 TAP 的核心，负责控制扫描操作的状态转换和时序。它通过 TCK（Test Clock，测试时钟）、TMS（Test Mode Select，测试模式选择）、TDI（Test Data Input，测试数据输入）和 TDO（Test Data Output，测试数据输出）等信号，实现从一个状态到另一个状态的转换，以便执行不同的操作，如扫描测试数据或读取测试结果。TAP 控制器按照 JTAG（Joint Test Action Group，联合测试工作小组）标准定义了一组状态，如重启状态、测试中 / 空闲状态等。

指令寄存器用于存储和加载 TAP 控制器的指令。在测试和调试过程中，可以通过加载不同的指令来控制芯片的操作。指令寄存器的位数决定了可以定义的不同指令数量，从而支持多种测试模式和操作。

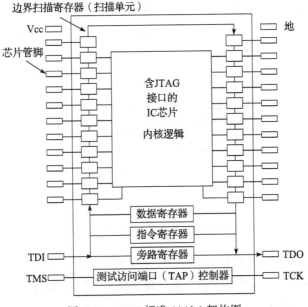

图 6-17　IEEE 标准 1149.1 架构图

　　测试数据寄存器用于存储测试模式数据，测试数据可以被输入到芯片进行测试，也可以从芯片中读取出来作为测试结果。

　　边界扫描寄存器是边界扫描技术的关键，用于在芯片的引脚之间插入可控的测试逻辑。它允许在芯片的输入和输出之间插入额外的逻辑电路，以便执行连通性测试、故障定位等操作。边界扫描寄存器存储了扫描链上的测试模式数据，可以通过 TAP 控制器进行加载和读取。

　　旁路寄存器用于绕过边界扫描逻辑，将芯片的输入直接连接到输出。当不需要执行边界扫描时，可以通过加载指令将旁路寄存器中的数据传递给 TDO 输出，从而绕过边界扫描逻辑。

　　TDO 驱动器用于控制 TDO 输出信号的驱动。在扫描链操作期间，TDO 驱动器负责将测试模式数据从边界扫描寄存器或旁路寄存器传递到 TDO 输出。

3. Memory 内建自测试

　　SoC 扫描链和 IO 边界扫描虽然很强大，但是严重依赖测试设备来提供输入并获得输出进行结果比对。BIST（Built-in Self Test，内建自测试）的目的则是尽量不使用或少使用自动测试设备。

　　一个典型的 BIST 通常包括 3 个部分，如图 6-18 所示。

- **测试数据生成模块**：在电路内负责产生测试数据的特殊硬件。
- **测试响应分析模块**：BIST 也不会将响应数据存储在电路里，而是使用一种特殊硬件。BIST 通过存储测试响应的特征信号或其压缩版本来解决这个问题。

- **测试控制模块**：该部分控制整个内建自测试流程。

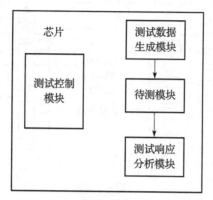

图 6-18　典型 BIST 架构

SSD 主控中包括多个不同用途的 SRAM，就是采用 Memory BIST 的方法进行测试，在芯片中嵌入自测试电路，它生成和执行一系列测试模式，覆盖内存的各个部分，然后分析测试结果以确定是否存在故障。

除了以上几种 DFT 技术，PHY 回环测试也是芯片测试中必不可少的环节。SSD 主控中包括几个关键的 PHY IP，如 PCIe、DDR、NAND，这些 PHY IP 都有自己的 BIST（例如前文提到的 PCIe PHY 回环测试）。

一款 SSD 主控芯片的 DFT 测试流程通常为 IO Boundary Scan、SoC Scan Chain、Memory BIST、PCIe PHY、NAND PHY 回环等。

DFT 强调在芯片设计阶段就考虑测试的需求，以确保设计的可测试性。设计人员在设计过程中引入了一些特定的测试结构、电路和技术，使得测试工程师可以更有效地检测和定位硬件故障。

6.4.2　ATE

ATE 是用于执行芯片测试的专用设备，它结合了高精度的测试仪器和复杂的控制系统，用于自动执行以下任务。

- **自动执行测试向量**：ATE 根据预设的测试计划自动加载和执行测试向量，覆盖芯片的各个功能和性能参数。
- **记录和分析测试结果**：自动记录测试结果并与预期值比较，快速识别出不符合规格的芯片。
- **提高效率和覆盖率**：利用 DFT 结构，ATE 可以更高效地执行测试，提高测试覆盖率，确保芯片的高可靠性。

芯片在 Wafer（晶圆）和 Package（封装）阶段都需要进行测试，其中，Wafer 阶段的测试需要使用 Prober（探针）来连接晶圆和 ATE 设备，Prober 是专门设计的用于芯片测试的夹具，上面的 pin 脚数量可以从几十到上千不等；Package 阶段的测试则使用底座，将封装好的芯片通过机械手放置到底座上，ATE 设备自动开始测试，并根据测试结果对芯片进行分类。

　　ATE 的测试程序是一个不断改进优化的过程，目标是提高测试效率（ATE 是按照使用时间收费的）、测试覆盖率和测试的准确性。

　　DFT 与 ATE 的协同作用，DFT 提供的结构使得测试向量的生成更为直接和高效，降低了测试准备的复杂度，DFT 结构使得 ATE 能够快速执行测试，及时发现并定位故障，加速了生产流程。虽然 DFT 会增加一些设计复杂度和面积开销，但它使得 ATE 的测试更高效，缩短了测试时间，降低了成本，提高了整体的生产效率。

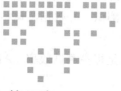

闪存及其测试

众所周知，NAND（又称 NAND 闪存，有时也简称闪存）已经成为存储设备中不可缺少的介质。2005 年 Apple iPod 第一次使用了闪存介质来取代 HDD 作为存储设备，自此闪存在市场上风靡一时，广泛应用于如 SD 卡、CF 卡、U 盘、移动硬盘、笔记本计算机 SSD 盘、手机 eMMC/UFS 卡等消费者必不可少的高速存储设备中，出路量一路狂奔，目前闪存芯片营收达到每年约 600 亿美元，是半导体芯片营收中单一品种的"大"芯片。

本章介绍闪存的基础知识、组织结构、3D 闪存未来发展之路、3D 闪存未来发展的设计和生产挑战、闪存失效模式等，最后重点介绍闪存测试的相关内容，给读者在使用闪存的过程中提供参考。

7.1　闪存概述

7.1.1　闪存组织结构

如图 7-1 所示，闪存由 Die/Lun、平面（Plane）、块（Block）和页（Page）组成，Die 或 Lun 是用户对闪存操作的最小实体，是闪存接收命令的最小单元。一个 Die 或 Lun 下面可以有多个平面，一个平面下面有多个块，一个块下面有多个页。

Die 或 Lun 通过独立的 IO 数据和命令接口连接到主机或主控端，它是接收命令的最小的实体单元；Die 或 Lun 下面的平面是命令执行操作的基础单元，它内部有闪存命令操作的执行电路，同时平面中包含数据和缓存寄存器，用来接收和缓存用户读写的数据。

平面下面是块，它是闪存擦除的最小单元；块下面是页，它是闪存读和写操作的最小单元，大小一般为 16KB 以上（包含 16KB 存储空间和 2KB 左右的冗余空间）；页下面是

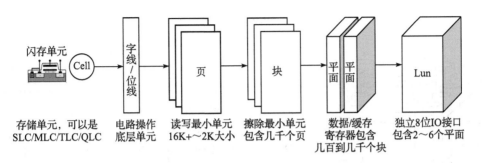

图 7-1　闪存组织结构示意图

字线（Word Line）和位线（Bit Line）（一个字线和位线穿过多个页），以及存储实际数据的最小存储单元（我们称之为 Cell）；一个存储单元的出厂模式可以配置为 SLC（1bit）、MLC（2bit）、TLC（3bit）和 QLC（4bit）等。

闪存的主要基本操作是读、写、擦，当然还有其他操作，这里先略过。

以 ONFI Spec 为例，用户对闪存的读或写操作，会由闪存控制器转化为读写命令，对于读命令，闪存控制器首先发送命令字"0x00"，第二步发送目标读取的闪存的页地址，通常为 3 ～ 5 个地址周期，第三步发送命令字"0x30"，这之后闪存会将数据由存储单元返回到平面里的数据寄存器，最终由数据寄存器经 Die/Lun 的 IO 总线接口返回到控制器的缓存或 DRAM 里。

对于写命令，闪存控制器首先发送命令字"0x80"，然后发送目标写入的闪存的页地址，通常为 3 ～ 5 个地址 Cycle，最后将准备好的缓存中的数据，经由 Die/Lun 的 IO 总线接口发送到闪存的数据寄存器中，第四步发送命令字"0x10"，最终数据会被写到闪存目标地址对应的存储单元中。

一般在进行闪存写操作之前，要确保页的内容为空，如果页的内容不为空，则要先擦后写。用户对闪存的擦除操作会由闪存控制器转化为擦除命令，闪存控制器首先发送命令字"0x60"，第二步发送目标擦除的闪存的块地址，通常为多个地址 Cycle，第三步发送命令字"0xD0"，这之后目标块的数据会被清空，块中的数据会变为全"1"（物理状态）。

综上所述，用户对闪存的读、写、擦操作会转化成相应的命令来完成，但闪存接收到命令后，底层是如何执行的呢？

为了理解底层的执行动作，先看下闪存内部物理结构，如图 7-2 和图 7-3 所示，垂直方向上 3D 闪存由多层堆叠而成，而一个块就包含这些多层结构；平面方向上每一层由字线和位线相交叉的网格状图形组成，字线和位线的交叉点就是一个 Cell。

字线连接到晶体管（闪存中的基本存储单元）的控制门，用于在读取、写入和擦除操作期间选择和控制这些单元格。位线垂直于字线，并连接到单元晶体管的源极或漏极，用于从单元读取数据或向单元写入数据。

总之，闪存中的字线和位线协同工作，以选择特定的单元进行读取、写入和擦除操作。

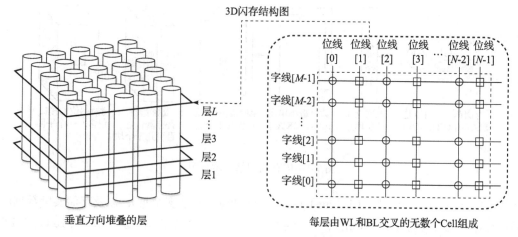

图 7-2　3D 闪存垂直和平面结构图

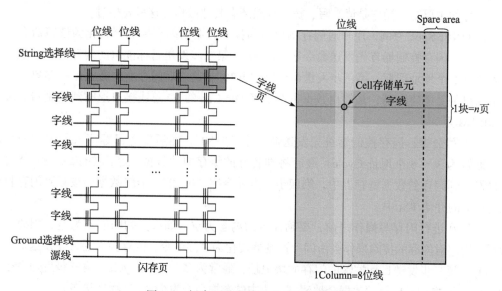

图 7-3　闪存页的字线和位线平面结构图

字线控制存储单元的门，而位线则参与这些单元的实际数据传输。这种网格状结构可实现闪存的高密度和高效访问特性。

1. 闪存读操作底层电路执行动作

为了完成闪存读操作，如图 7-4 所示，底层电路执行动作如下。

- **选择线（Select Line）操作**：选择线是通过控制门电压来选择特定的存储单元。在读取数据之前，需要通过选择线选中将要读取的存储单元。
- **字线操作**：字线是负责传递读取或写入的数据的线路。在读操作中，需要通过控制字线来读取存储单元中的数据。

- **位线操作**：位线是连接存储单元的线路，负责传递数据。在读取操作中，通过位线将存储单元中的数据传递到读取电路中。
- **感应放大器（Sense Amplifier）操作**：读取的数据通常是弱信号，为了增强这个信号，需要使用放大器。感应放大器会增强从存储单元读取的数据信号，使其能够被后续电路正确处理。存储单元中的不同二进制数据所表达的电压水平不同，感应出不同的电压代表不同的二进制数据。
- **数据输出**：最终，经过选择线、字线、位线和放大器的联合操作，读取的数据会被传递到输出端，供上层系统使用。

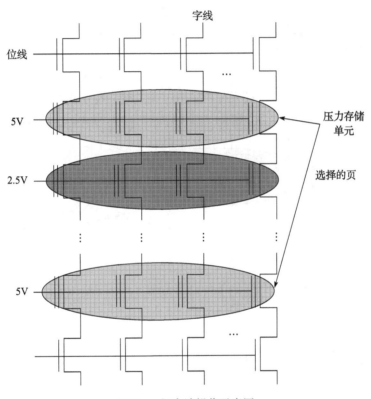

图 7-4　闪存读操作示意图

总体而言，闪存的读操作涉及选择特定的存储单元，通过字线和位线传递数据，使用放大器增强信号，并最终将数据输出到系统。

2. 闪存写操作的底层电路执行动作

如图 7-5 所示，为了完成闪存写操作，底层电路执行动作如下。

- **擦除**：在进行闪存写操作之前，通常需要先擦除目标存储单元。擦除是将存储单元的位设置为初始状态的过程，以确保新数据的正确写入。

- **字线充电**：写操作开始时，相应的字线被充电，这是通过向目标存储单元的控制栅极施加电压来实现的。充电字线是为接收数据做准备并确保数据能够被正确写入。
- **位选择**：选择需要写入的目标存储单元。这是通过将相应的位线激活并选择相关的位线来实现的。
- **数据写入**：通过在选定的位上引入电荷，改变存储单元的状态，从而实现数据的写入。这通常涉及在晶体管中充入电荷，以便在介质中存储数据。
- **校验和刷新**：写入完成后，会进行校验操作以确保数据的正确性。有时，还可能需要刷新相关的电路或存储单元，以确保数据被正确保持。

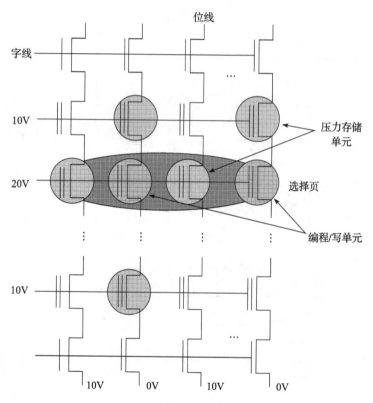

图 7-5　闪存写操作示意图

这些步骤的具体实现方式可能会根据具体的闪存存储器设计而有所不同，但上述过程概括了闪存写操作的一般底层电路执行动作。

3. 闪存擦除操作的底层电路执行动作

为了完成闪存擦除操作，如图 7-6 所示，底层电路执行动作如下。

- **激活选择字线**：擦除开始时，特定的选择字线被激活，以确定要擦除的存储单元。
- **加电擦除栅**（Erase Gate）：当擦除操作发生时，P 阱被加电。这个动作是为了创建足够的、足以在存储单元中引起电荷移动的电场强度。

- **断开位线**：为了确保擦除过程中存储单元中的电荷能够被完全清除，与擦除栅相连的位线会被断开。这样一来，存储单元的电荷可以自由地流向大地，这是一个放电过程，可实现数据的擦除。

- **电荷移动**：随着擦除栅的加电，电荷在存储单元中移动，并逐渐被排放。这导致存储单元的物理状态全部变为"1"。

- **擦除完成**：一旦擦除栅的作用使得存储单元中的电荷几乎被完全移除，擦除操作就完成了。此时，选择线和擦除栅会被恢复到初始状态，准备进行下一轮的读写操作。

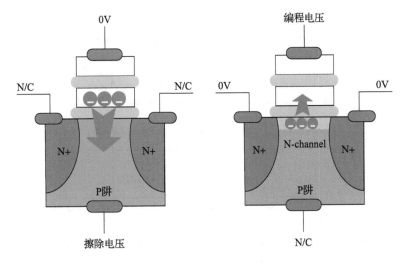

图 7-6　闪存擦除操作示意图

总体而言，闪存擦除操作的底层电路执行的动作涉及激活选择线、加电擦除栅、位线断开及电荷在存储单元中的移动，最终实现数据的擦除。

7.1.2　3D 闪存未来发展之路

回顾闪存的技术发展之路，当 2D 闪存制程从 1998 年的 400nm 走到 2012 年的 15nm 时，制程不断微缩，导致一个闪存存储单元变得越来越小，Vt 窗口的裕度（Margin）随之减小并更容易偏移；闪存存储单元之间的距离更近，字线与字线之间有了严重的耦合效应，最终导致闪存的可靠性和寿命降低。传统的 2D 方法难以解决这种制程带来的问题，2D 闪存的发展很难继续下去。

幸运的是，上帝掷下一枚骰子，制程工艺从 2D XY 维度转到 3D XYZ 三维空间，用更老的制程（>20nm）解决了 2D 闪存越来越小的存储单元和字线之间的耦合效应问题，同时从 Z 维度继续增加闪存的密度和 Die 的容量，给了闪存一条新的技术发展之路，让闪存得以用 3D 方式延续摩尔定律（见图 7-7）。

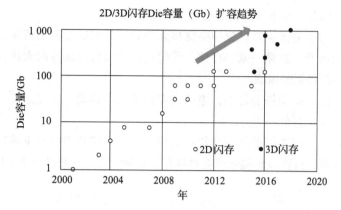

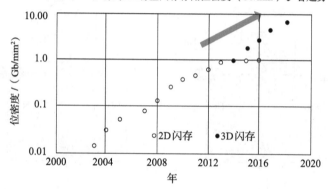

图 7-7 从 2D 到 3D，Die 容量和存储密度继续增加（来源：IMW 2020）

1. 3D 闪存层数演进

2D 闪存遵循摩尔定律的技术实现同一般半导体芯片一样，是制程纳米数的推进。3D 闪存的摩尔定律的技术实现是闪存层数一直往上累加，不断盖楼，一直盖到摩天大楼，从而实现单位面积（mm²）存储密度的增加，获得每 GB 容量成本的降低。

加层数和盖楼是门技术活，传说中闪存的层数可以堆到"千层饼"，现实中以现有和未来的盖楼工艺和技术来看，实现 500+ 层问题不大。如图 7-8 所示，往后看，2026 年 3D 闪存盖楼到 400+ 层。

2. 3D 闪存的成本计算

闪存每 GB 容量的成本，等于每片晶圆的制造成本除以每片晶圆上产出的合格 Die（Good Die）对应的总容量，加上每 GB 的封装成本，计算公式如下：

$$\frac{总成本}{GB\ 数量} = \frac{晶圆制造成本}{每片晶圆产出\ Die\ 数量 \times 良率 \times GB\ 数量/Die\ 数量} + 封装测试成本/GB\ 数量$$

随着闪存层数的增加，每片晶圆产出的总 GB 数会相应地成比例地增加，根据上述公式，这是每 GB 成本下降的核心。

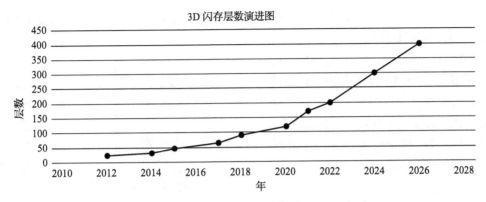

图 7-8　3D 闪存层数演进图（来源：FMS 2022）

　　封装测试成本取决于封装方式、引脚数，以及每颗闪存芯片经过的晶圆测试（CP）、最终测试（FT）等带来的测试成本，通常封测成本相对固定，变化不大。因此最终折算下来每 GB 成本与层数的对应关系如图 7-9 所示。

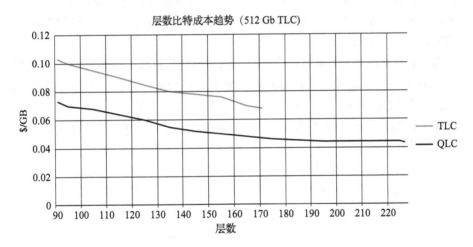

图 7-9　闪存层数与成本趋势图（来源：FMS 2022）

3. 3D 闪存扩展的几种方式

　　3D 闪存扩展就是 3D 闪存按照某些技术方法实现单位面积（mm²）存储密度的增加。如图 7-10 所示，相比较 2D 闪存，3D 闪存可以通过增加 3D 闪存层数（Z Scaling）、增加 2D 平面位密度（XY Scaling）、扩展架构（Architecture Scaling）及扩展存储单元比特位（Logical Scaling）等多种技术手段来增加存储密度。

　　1）Z Scaling 是当前 3D 闪存增加存储密度最重要的方法，技术实现如下。

- 增加层数，在生产制造上，需要具有对应的新的蚀刻（Etch）设备和工艺。
- 层数高的，一般采用多层堆叠的方式，并且必须解决内存孔（Memory Hole）贴合问题。

由于以上两点，400 层以下，生产制造晶圆成本的增加相对可控，每片晶圆能生产出的总的 GB 数，与层数成比例增长。

400 层以上时，蚀刻工艺变得更加复杂，晶圆的生产成本随着新的蚀刻设备成本和工艺步骤复杂性的增加而增加，而且成本增加系数显著增大。这就意味着，400 层以上 3D 闪存的生产成本将会受到更多的挑战，参看如下公式。

$$\text{Die 成本} = \frac{1}{N} * a$$

式中，a 为工艺复杂度，N 为层数。

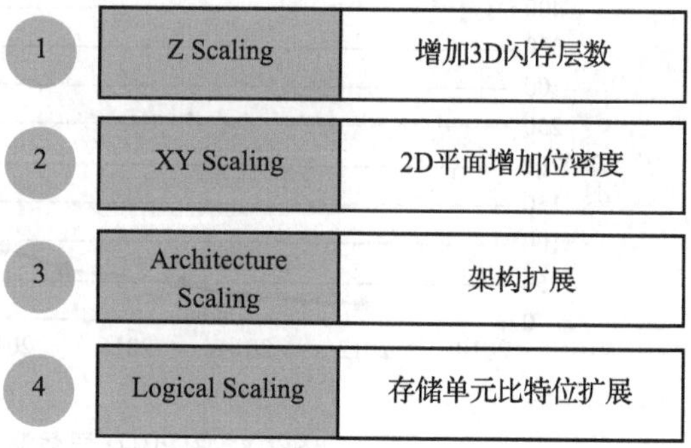

图 7-10 3D 闪存扩展的几种方法

2）XY Scaling 是 3D 闪存在 2D 平面空间通过微缩增加存储密度的方法，具体分为以下几种。

- 在 XY 平面空间上减少 Non-cell 的面积，这种方法又称 Slit reduction（狭缝减小），即增加 Slit 和 Slit 之间的内存孔的数量，如由 9 个增加至 14 个，这需要新的生产制造工艺设备和步骤。

- 在 XY 平面空间上放置更多的内存孔，减少内存孔到内存孔的 Pitch（可以理解为插口距离），为了实现这些，闪存厂商需要在元件构造、材料、工艺流程等方面下功夫，与生产制造设备厂家及材料厂家共同研发，推进存储芯片的高密度化。

- CMOS 微缩，基于传统的 CuA（CMOS under Array，CMOS 下的阵列）架构，阵列面积密度增加或相同容量 Die 的面积减小后，一般要求 CMOS 面积同样减小，但如果考虑设计更多的平面和更高的并行度，CMOS 面积可能反而会增加，实现 CMOS 微缩将会面临更大的挑战。但基于新的架构，如 Wafer Bonding/Stacking，CMOS 在另一片晶圆上设计和生产，CMOS 微缩将会更容易实现。

3）架构扩展，CMOS 和阵列的架构对比如图 7-11，具体方法有以下几种。

- 传统架构 CnA → CuA：CnA（CMOS next Array，CMOS 紧邻阵列）是将 CMOS 电路和阵列左右分开放在 2D 平面上（见图 7-11），两座平房，易于实现，但占据面积较大（增加成本）；CuA 将 CMOS 电路置于阵列下面，将两座平房变成两层小楼，优点是可以大大减小 Die 的面积，因此渐渐地闪存就由 CuA 架构取代了 CnA 架构。

- CuA → Wafer Bonding/Stacking（晶圆键合 / 堆叠）：同 CuA 类似，Wafer Bonding/Stacking 是将 CMOS 置于阵列的上面，空间上也是两层小楼，但不同的是，Wafer Bonding/Stacking 是将 CMOS 和阵列分别设计和生产制造在两块独立的晶圆上，然后将两者键合在一起，形成一块闪存晶圆。

- Wafer Bonding/Stacking → Multi-Bonding（多键合）：多键合原理同 Wafer Bonding，但可以键合更多的阵列晶圆来实现更高密度的闪存容量。

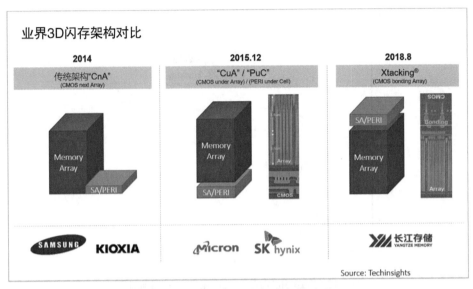

图 7-11　业界几种 3D 闪存架构对比

4）逻辑扩展（Logical Scaling）是用闪存比特位扩展来提升存储密度的方法。闪存最早出现的时候是 SLC（1bit），1 个单元存储 1bit；后来出现了 MLC（2bit）和 TLC（3bit），1 个单元分别可以存储 2bit 和 3bit，相当于容量从 1X 提升到 2X 和 3X；同理，之后从 TLC 扩展到 QLC，相比较 TLC，QLC 中 1 个单元存储 4bit，帮助闪存继续增加容量，从而降低每 GB 成本。

4. Wafer Stacking 架构

2018 年前，闪存一直使用主流的 CuA 架构。之后遵循 JEDEC 规定的标准发展的闪存 IO 速度越来越快，参考 IMW 2022 论文"3D NAND Flash Status and Trend"（见图 7-12）预测，基于 CuA 架构，当闪存 IO 速度超过 5GT/s 时，由于 CMOS 和存储阵列单元在同一片晶圆上，而在存储阵列单元的生产制造过程中有在超高温度环境下进行的工艺步骤，这将会影响和限制超过 5GT/s 的 IO 电路的电路质量，该问题的一种解决方法是采用 Wafer Stacking（晶圆堆叠）架构。

Wafer Stacking 是将 CMOS 电路和存储阵列单元独立放在两片不同的晶圆上进行设计和生产，然后通过 Wafer Bonding 技术将两片晶圆"粘合"在一起，形成一片闪存晶圆。这样做的好处是各做各的，相互独立，互不干扰，可以将各自的电路做到最优。没有了在 CuA 架构下 IO 速度超过 5GT/s 时对 IO 电路的生产制造造成的影响，同时 CMOS 电路面积可以变得更小，密度可以变得更大。

另一方面，Wafer Stacking 有两片晶圆键合的步骤，存在良率和质量的挑战，但与 CuA 架构比较，键合步骤带来的成本增加将会逐年减小，甚至可以忽略不计，如将来闪存发展到 IO 速度超过 4GT/s、5GT/s 那一代产品时，键合步骤带来的成本增加将非常小。

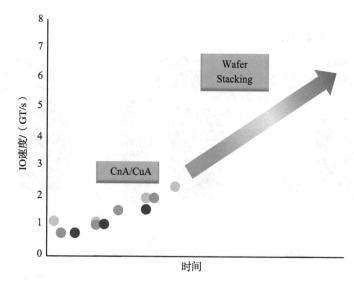

图 7-12　CuA 和 Wafer Stacking 架构时间演进图

Wafer Stacking 架构有如此多的优势，第一次把这种架构应用于 3D 闪存并实现规模量产的是长江存储，名为晶栈 ®Xtacking® 架构。长江存储通过创新布局和缜密验证，经过长达 9 年在 3D IC 领域的技术积累和 4 年的研发验证后，终于将晶栈 ®Xtacking® 晶圆键合这一关键技术在 3D 闪存上得以实现。在指甲盖大小的面积上实现数十亿根金属通道的连接，合二为一成为一个整体，拥有与同一片晶圆上加工无异的优质可靠性表现，这项技术为 3D 闪存带来了更多的技术优势和未来无限的发展可能。随着层数的不断增高，基于晶栈 ®Xtacking® 所研发制造的 3D 闪存将更具成本和创新优势。

7.1.3　3D 闪存发展的未来挑战

闪存从 2D 到 3D 技术的发展，代表了闪存技术的重大进步，3D 技术使闪存拥有了更高的密度和容量，但是，与任何不断发展的技术一样，未来 3D 闪存的设计和制造也存在一些挑战，具体如下。

设计方面的挑战如下。

- **扩展限制**：3D 闪存面临的主要挑战之一是如何有效地垂直扩展。增加更多层可以提高容量，但这也会增加设计复杂性，并可能影响可靠性。在遇到设计问题如信号完整性问题之前，可以将堆叠层数限制在一定的数量以内。
- **散热**：随着 3D 闪存中存储密度的增加，操作过程中产生的热量也会增加，高效的散热设计对于保持性能和延长闪存寿命至关重要。
- **单元和单元之间的干扰**：较高的密度会导致相邻单元之间的干扰增加，在设计中尽量减少这种干扰对于保持数据完整性和降低错误率至关重要。

制造方面的挑战如下。

- **复杂的制造工艺**：在垂直堆叠中构建存储单元的过程本质上比传统的 2D 闪存制造工艺更复杂，在层数增加的情况下，这种复杂性增加了出现缺陷的风险，并可能影响良率。
- **跨层的均匀性**：在生产过程中保持数百层的均匀性是一项重大挑战。层厚度、材料成分或其他因素的变化都可能导致性能不一致和更高的不良率。
- **层间连接**：随着层数的增加，确保层间一致和可靠的连接变得更加有挑战性。这需要在制造过程中进行精确控制，并采用创新设计来保持性能和可靠性。
- **材料和蚀刻**：当层数变得更高时，创建垂直结构的蚀刻过程必须非常精确，开发和使用能够承受 3D 闪存所需的多个蚀刻和沉积步骤的新材料具有一定的挑战性。
- **成本考虑**：虽然 3D 闪存目标是以更低的每 GB 成本提供更大的容量，但制造复杂性的增加可能导致更高的初始生产成本，在成本、性能和容量收益之间取得平衡是一项持续的挑战。

未来，为了解决这些挑战，3D 闪存技术需要不断创新，继续突破可堆叠层数的界限，同时保证可靠性和性能；开发能够提供更好的性能、耐久性和可靠性的新材料；探索不同的架构设计，例如从 CuA 到 CBA，这样可以在可扩展性和可靠性方面带来更大的优势。

另外，闪存技术不断向前发展，3D 闪存层数继续增加，会给其内部组织和特性带来如下变化。

- 每个块里面的页数会不断增多，块大小变大。
- 平面的个数会逐渐增多，例如平面由 4 个增加到 6 个。系统性能取决于闪存并行读写的个数，闪存并行读写个数不仅仅依赖于系统里闪存 Die 的个数，也依赖于平面的个数。
- 每个存储单元 Cell 内部的电子数减少，感应幅度（Sense Margin）也会减小，V_t 窗口会更加不稳定，由于电子的流失导致更易发生数据偏移，进而导致页的比特错误数增加，如图 7-13 所示。

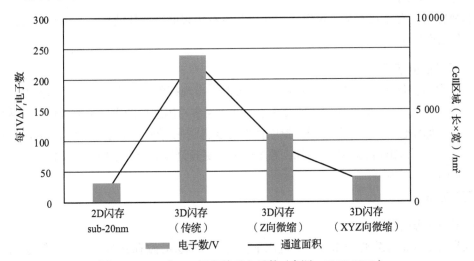

图 7-13　2D 和 3D 闪存单元电子数（来源：FMS 2022）

- 编程擦除次数、数据保持、V_t 窗口将面临更多的挑战，可通过提升制造工艺和研发新材料来解决。

7.2 闪存失效模式

闪存是一种常用的存储设备，广泛应用于手机、平板电脑、相机、固态硬盘等设备。但是，由于闪存的使用频率越来越高，应用规模越来越大，它也面临着各种失效的情况。下面先从用户使用角度介绍几种常见的闪存失效模式，分析其可能的原因并找到解决方法。

7.2.1 用户使用角度的闪存失效模式

用户使用角度的闪存失效模式主要包括以下几种。

1. 页错误

闪存中的每个存储块都包含多个页，当某个页发生错误时，就会导致与页相关的闪存命令如读写命令失败。页错误可能是存储单元老化、电压不稳定或者外部干扰等原因导致的。在出现页面错误时，闪存可能会导致用户的文件损坏、数据丢失等问题。

解决方法：对于页的读错误，可以采用在用户数据后增加错误校正码（ECC）来修复错误的数据。

2. 块损坏

闪存中的存储单元被分成多个块，当某个块发生损坏时，就会导致与块相关的闪存命令如擦除命令失败。块损坏可能是存储单元老化、写入过程中断、电压不稳定等原因导致的。在出现块损坏时，闪存可能无法正常执行读写数据、块擦除等操作，从而导致命令失败、闪存无法使用或性能下降等问题。

解决方法：对于块损坏，可以采用坏块管理技术来屏蔽损坏的块，避免其对后续闪存的正常使用产生影响。

3. 擦写速度下降

闪存中的存储单元在使用一段时间后，可能会出现擦除和写入速度下降的问题。随着闪存寿命（PE Cycle）的增加，长期使用下，介质层容易因磨损产生缺陷或者势阱，从而更容易捕获/吸附电子，从结果来说，擦除操作会变得越来越慢，而写入则会显得越来越快。另外，老化后写入出错的频率会增加，系统端需要更频繁地处理、维护写入出错的数据，这也会导致闪存性能变差。

解决方法：无。

4. 电压不稳定

闪存对电压的稳定性要求较高，电压不稳定，可能会导致存储单元无法正常读写数据。电压不稳定可能是电源供应问题、闪存电路设计问题等原因导致的。在出现电压不稳定时，闪存可能会出现数据丢失、系统崩溃等问题。

解决方法：对于电压不稳定，可以通过增加电压滤波电路、改进电源设计等方式来提高电压的稳定性。同时，可以通过使用高品质的电源适配器来降低电压不稳定的风险。

7.2.2　内部角度的闪存失效模式

以上是从用户使用的角度看闪存的几种失效模式，如果深入到闪存内部，它又存在寿命磨损、读干扰、写干扰、位翻转和数据保持等几种常见的失效模式。

1. 寿命磨损

组成闪存的每个块是有一定擦除次数限制的，主要的原因是，在闪存电路内部有许多高电压的设计，例如写入或者擦除的时候，其实都会把高电压加到 Gate 或者 Well 上，通过高压实现电荷在介质层中的进出，实现 Vt 的变化，完成写入或擦除的动作，久而久之就会对介质层产生磨损。因此，闪存芯片写入和擦除数据会导致存储单元的寿命逐渐缩短，最终影响闪存的性能和可靠性。

闪存磨损的原因主要有以下几点。

- **写入和擦除操作**：闪存芯片的写入和擦除操作是通过电子擦除和写入的方式进行的。在擦除和写入过程中，存储单元会受到一定的损耗，导致其寿命逐渐缩短。因此闪存有一定的写入擦除次数上限，简称 PE Cycle。
- **闪存寿命**：闪存芯片的使用寿命是有限的，通常以写入擦除次数 PE Cycle 来衡量。例如 SLC 100 000 次擦写次数，TLC 3 000 次擦写次数，闪存芯片的寿命在几千次到十万次之间，具体取决于芯片的制造工艺和质量。
- **存储单元损耗**：闪存芯片中的存储单元会随着使用而逐渐损耗，从而导致其可靠性和性能下降。
- **控制器算法**：闪存芯片的控制器算法会影响其寿命和性能。不同的控制器算法会对存储单元的使用方式和寿命管理产生影响，从而影响闪存芯片的使用寿命。

总结一下，磨损对闪存的影响主要包括以下几点。

- **性能下降**：闪存磨损会导致设备的读写速度变慢，响应时间延长，从而影响设备的整体性能。
- **数据丢失**：闪存磨损可能导致存储单元的损坏，从而导致存储数据的丢失或损坏。
- **可靠性下降**：闪存磨损会导致设备的可靠性下降，增加数据丢失和设备故障的风险。

总之，闪存磨损会导致闪存芯片在长期使用过程中出现逐渐损坏和性能下降的现象。

2. 读干扰

闪存读干扰（Read Disturb）是指在闪存中，读取特定存储单元中的数据时对相邻存储单元中的数据产生干扰的现象。这种现象可能会导致数据错误或者数据丢失，对闪存的可靠性和稳定性造成影响。

读干扰的产生主要是由于闪存中存储单元之间的电荷干扰。由于闪存存储单元从结构来讲同一个位线上的存储单元是串联的形式，为了使某一个存储单元上的数据能被读出，必须确保整条位线上的所有的存储单元都保持通路状态，考虑到各个存储单元写入的数据不同即阈值电压（Vt）不同，所以其他存储单元上会被施加一个更高的电压，导致其数据错误或者丢失，这就是传统读干扰的来源。还有一种读干扰情形，以浮栅为例，在控制栅即字线和浮栅之间有一层介质层，如果这层介质层的质量不好，就会导致原本被限制在浮栅中的电子在读的过程中受到控制栅即字线上电压的吸引而逸出，这也会影响存储单元的阈值电压状态，从而影响读的结果。除此之外，读干扰的机制还有其他若干种，这里就不一一展开介绍了。

闪存读干扰对闪存的可靠性和稳定性造成了一定的影响。首先，它可能导致数据错误，使得用户无法正确读取存储在闪存中的数据。这对于一些重要的数据，如系统文件、用户文件等，会造成严重的影响。其次，闪存读干扰也可能导致数据丢失，使得闪存中的数据无法正常访问，这对于用户来说也是一种不可接受的情况。此外，闪存读干扰还会缩短闪存的使用寿命，因为频繁的读取操作会加速存储单元的电荷衰减，从而降低闪存的可靠性和稳定性。

为了减轻读干扰对闪存的影响，设计者提出了一些解决方案。

- 可以通过改进闪存的电路设计和工艺制造技术，来减小存储单元之间的电荷干扰。例如，可以采用更先进的工艺制造技术，使得存储单元之间的距离更大，电场的影响范围更小，从而减少闪存读干扰的发生。
- 可以通过优化闪存的读取算法和读取电路，来降低读取操作对相邻存储单元的干扰。例如，可以采用更精确的电场控制技术，来减小读取操作对相邻存储单元的影响，从而减少闪存读干扰的发生。因为读操作在实际应用中不可避免，所以系统层面还可以根据监测到的读干扰的程度（或者说，读干扰引起的错误比特数的多少）来决定是否要适时地刷新数据。
- 可以通过引入更先进的纠错码技术和故障管理技术，来提高闪存对读干扰的容忍度，使得即使发生读干扰，也可以通过纠错码和故障管理技术来修复数据错误和防止数据丢失。

总的来说，读干扰是闪存中一个重要的问题，通过以上这些措施，可以有效地减小闪存读干扰的发生，提高闪存的可靠性和稳定性。

3. 写干扰

闪存写干扰（Program Disturb）是指在闪存中进行写入操作时，由电荷累积和电子迁移导致的数据丢失或损坏现象。闪存每个 Cell 由多个存储比特组成，这种现象通常发生在相邻的单元进行多次写入操作时，导致未被写入的单元受到干扰，从而影响数据的稳定性和可靠性。

写干扰的发生主要有以下几个原因。

- **电子迁移**：传统的写干扰包括两种，由于写入的动作是字线和位线配合施加电压的过程，一次写入时，会对一根字线加高电压，各个位线则根据实际写入数据的情况确定是否会被激活，于是会有激活的位线在不写入的字线上受到的干扰，以及要写入的字线在未被激活的位线上受到的干扰，即通常说的抑制干扰（Inhibit Disturb）和编程干扰（Program Disturb）。
- **热效应**：在进行写入操作时，存储单元会产生热量，导致存储单元的电荷状态发生变化。当进行多次写入操作时，热效应会加剧，从而导致未被写入的相邻存储单元受到影响，造成数据丢失或错误。

写干扰会对数据的可靠性和稳定性造成严重影响，因此需要采取一些措施来减少其发生。下面将介绍一些减少写干扰的方法。

- **写入限制**：通过限制对存储单元的写入次数来减少写干扰的发生。通过监控存储单元的写入次数，并在达到一定次数后停止写入操作，可以有效减少闪存写干扰的发生。
- **数据校验**：通过在写入操作后进行数据校验，可以及时发现数据的错误或丢失情况。通过对写入的数据进行校验和验证，可以及时发现写干扰的发生，并进行相应的ECC修复操作，将纠正的数据搬移到其他块和页中。
- **温度控制**：通过控制闪存的工作温度，可以减少热效应对写干扰的影响。
- **电荷平衡**：通过在写入操作后进行电荷平衡，可以减少电荷积累对写干扰的影响。

总之，通过以上措施可以有效减少写干扰的发生，从而提高闪存的可靠性和稳定性。

4. 位翻转

闪存中的存储单元是利用电荷来表示数据的，当电荷发生变化时，就会导致位翻转。位翻转可能是由存储单元老化、电磁干扰、电压不稳定等原因导致的。在出现位翻转时，闪存会出现数据错误、系统崩溃等问题。

解决方法：对于位翻转，可以采用在用户数据后增加错误校正码（ECC）来纠正错误数据，发生位翻转时很可能是存储单元的 Vt Placement 出了偏差，如果只是比较轻微的偏差导致与读电压没有配合好的话，LDPC 校验中用到的 Soft bit 信息也能帮助表征哪些是强 0 弱 0 的位，哪些是强 1 弱 1 的位，帮助 ECC 完成校验。同时，可以通过工艺提升提高存储单元的可靠性和稳定性来降低位翻转的风险。

5. 数据保持

闪存数据保持是指在闪存中存储的数据在不进行操作的情况下能够保持其数据稳定性和可靠性的能力。由于闪存是一种非易失性存储器，因此其数据保持能力对于数据的长期存放和可靠读取至关重要。

闪存数据保持的重要性在于数据在存储过程中可能会受到各种因素的影响，如电压、温度变化、辐射等。这些因素可能导致存储单元中电子的漂移、数据位翻转，从而影响数据的可靠性和稳定性。因此，保证长期数据保持能力是闪存设计和应用中的一个重要问题。

要保证数据的稳定性和可靠性，可采取以下几种手段。

- 通过改进闪存的材料和工艺，提高闪存的数据保持能力。
- 基于闪存中所存数据的 Vt 在数据保持中可能发生偏移的特性，一般还会在闪存的重读算法中加入某些特定的设置来补偿不同阶段和程度的数据保持后的 Vt 偏移，以减少读操作时的数据错误。此外，还可以通过加强监控机制，提高闪存数据的可靠性和稳定性。

总之，通过以上措施可以有效减少数据保持问题的发生，从而提高数据的正确性和长期保持能力。

闪存作为一种常用的存储设备，面临着各种失效模式的挑战。针对不同的失效模式，可以采取不同的解决方法来提高设备的可靠性和稳定性。希望通过以上分析，可以帮助大家更好地了解闪存的失效模式，并有效地解决相关问题。

7.3 闪存测试

如图 7-14 所示，半导体的设计和生产流程由产品设计、晶圆制造、探针测试、芯片封装、芯片测试和板级测试等多个环节组成，各个环节环环相扣，缺一不可。

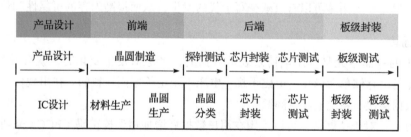

图 7-14 半导体设计制造测试流程图

闪存也不例外，首先它会由闪存设计工程师完成设计，包括 CMOS IO 电路和存储阵列电路设计；设计完成后投入晶圆制造，经过复杂的晶圆制造流程，包括光刻、沉积、刻蚀、填充等环节；晶圆制造完成后，对一片晶圆上的每个 Die 进行晶圆探针测试，将好的 Die 挑选出来，俗称 Good Die，同时将好 Die 和坏 Die 进行晶圆 map 标记；然后将一片晶圆上多个闪存 Die 切割出来，并将前面标记的 Good Die 送到下一个环节，按照一定的引脚进行闪存 Die 芯片封装；然后进入芯片测试环节，对封装完成后的闪存芯片进行更严格的测试，将好的芯片分级（俗称分 Bin），并将不良的芯片筛选出来。

以上环节中，与闪存测试有关的是 WAT、CP、FT 测试。

7.3.1　闪存芯片测试流程

如前所述，一块闪存芯片在送到客户手中之前，会经历 WAT、CP 和 FT 测试，只有测试通过的好品才会交到客户手里。

1. WAT

WAT（Wafer Acceptance Test，半导体晶圆接受测试）属于工艺控制监控（Process Control Monitoring）测试中的一种，主要通过测试获得的电性参数监控各步工艺是否正常及品质是否稳定。

WAT 是对晶圆划片道（Scribe Line）和测试键（Test Key）的测试，这是 WAT 的两个关键元素。划片道是晶圆边缘的窄条，用于进行后续的切割（dicing）。测试键则设在划片道内或者边缘的特定区域，使用测试键（见图 7-15）可以检测到制造过程中的缺陷和问题，以便及时采取措施进行修复和改进。

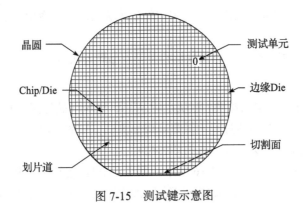

图 7-15　测试键示意图

WAT 具体是用探针卡（Probe Card）扎在测试键的金属盘上，探针卡的另一端接在 WAT 测试机台上，由 WAT Recipe 自动控制测试位置和内容，测完某条测试键后，探针卡会自动移到下一条测试键，直到整片晶圆测试完成。测试的电性参数包括 CMOS 电容、电阻、接触和金属线路（Metal Line）等，这些都是在晶圆制造过程中需要监控的重要指标，它们反映了半导体器件的电气特性，如电流传导能力、电压承受能力等。

- **探针卡**：这是一种测试工具，用于连接 WAT 测试机台和测试键。它的一端与测试键的金属盘接触，另一端连接到 WAT 测试机台。
- **WAT Recipe**：这是关于自动控制探针卡测试位置和内容的软件或者程序，它可以根据预先设定的参数来指导探针卡进行准确的定位和测试。
- **测试标准或规格**：这是特定于 WAT 测试的规格或者标准，超出这个规格或者标准可能意味着半导体制造过程中的某些工艺或者机台存在问题。

如果 WAT 测试中有电性参数超过测试标准，例如 Litho OVL 异常、ETCH CD 偏小、PVD TK 偏大等。其中 Litho OVL 异常指的是光刻过程中的光学临近效应（Optical Proximity

Effect）异常；ETCH CD 偏小指的是蚀刻后线条宽度小于预期；PVD TK 偏大指的是薄膜沉积过程中的厚度偏大。导致以上三个问题的原因可能是相应工厂制程的工艺或者机台参数出现偏差，如光刻（Litho）、蚀刻（Etch）、薄膜沉积（PVD）等工艺模块出现问题，或者是机台的运行状态发生变化。

如果 WAT 测试出现严重问题，例如大量电性参数超出标准，或者连续出现工艺问题，那么整片半导体晶圆会被判定为不合格，进行报废处理。

闪存的 WAT 测试从 FAB 工艺角度主要分为两大部分：FEOL 和 BEOL。

FEOL 主要是指前端工艺流程，主要是看 CMOS 级别的工艺参数，常见的测量项目包括半导体器件的阈值电压、饱和电流、漏电流等，具体还会细分到各种规格的器件的相关参数，比如沟道长度宽度、输入电压等。FEOL 还包括了许多电阻相关的测试项目，覆盖了工艺流程中各种半导体结构的电阻，比如栅极多晶硅，或各种 N 型 P 型有源区，再或者是势阱的阻值等。

BEOL 则主要是指后端工艺流程，主要包括各个金属层，或者金属层与层之间互连结构的相关电阻等。

闪存 WAT 测试常用的机台有是德科技和爱德万品牌的机台。

2. CP

CP（Circuit Probing，电路探测）测试也叫 Wafer Probe（晶片探针）或者 Die Sort（芯片测试），CP 测试在整个晶圆制造过程中算是半成品测试，目的有两个：一是监控前道工艺良率，二是降低后道成本（避免封装过多的坏芯片）。

CP 测试硬件系统和流程如图 7-16 所示，图中的 ATE 是测试设备的主测试机，Prober 是承载探针卡和晶圆的主体，Probe Card 是测试的探针卡，用于连接测试通道被测的晶圆。不同的芯片测试探针卡是不一样的。

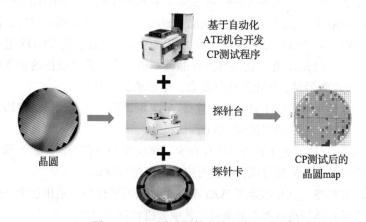

图 7-16 CP 测试硬件系统和流程图

Prober 是探针台，是用来承载晶圆的平台，让晶圆内的每颗 Die 的每个 Bond Pads（接合焊盘）都能连接到探针卡的探针上，同时能够精确地移位。每次测试之后，换另外的 Die 再一次连接到探针卡的探针上，从而保证晶圆上的每一个 Die 都被测试到。

CP 测试具体实现目标是对整片晶圆的每个 Die 的基本器件参数，如 Vt（阈值电压）、Rdson（导通电阻）、BVdss（源漏击穿电压）、Igss（栅源漏电流），Idss（漏源漏电流）等进行测试，把坏的 Die 挑出来，用墨点（Ink）标记，这样可以减少封装和测试的成本，CP Pass 才会封装，CP Fail 才会被过滤掉。

CP 测试的测试项比较多，比较全，CP 测试后 FT 中的某些测试项可以免掉不测，避免重复测试，同时可以提高效率，所以一般情况下 FT 的测试项比 CP 少。但碰到大电流测试项，CP 测试无法完成（探针容许的电流有限）时，就可以在封装后的 FT 测试中完成。因为封装会导致参数漂移，所以 CP 测试定的测试标准要比 FT 测试更严苛，以确保最终成品 FT 良率。

CP 的难点在于，如何在最短的时间内挑出坏 Die，保证出厂的 Die 的功能正常。

CP 测试是有一定成本的，下面介绍几种降低 CP 测试成本的方法。

- 同一个探针卡可以同时测多个 Die，如何排列可以减少测试时间？假设探针卡可以同时测 6 个 Die，那么是 2×3 排列还是 3×2，或者 1×6，都会对扎针次数产生影响，不同的走针方向，也会导致不同的测试时间。
- 随着晶圆尺寸越来越大，晶圆上的 Die 越来越多，很多公司 CP 测试时会采用抽样检查（Sampling Test）的方式来缩短测试时间，至于如何抽样，涉及不同的测试方法（Recipe），一些大数据实时监控软件可以在测试的同时按照一定算法控制走针方向，例如抽测到一个 Die 失效后，探针卡会自动围绕这个 Die 周围一圈测试，直到测试没有问题，再进行下一个 Die 的抽测，这种方法可以明显缩短测试时间。
- 多次探针下探会导致测试时间增加，如果一次下探能测到所有的 Die，就按一次下探进行操作。每个 Die 上有很多信号的引脚，但是探针卡的尺寸有限，因此可采取措施调节和减少引脚的数目，例如将传统并行信号改为串行信号，减少测试所需用到的引脚数（探针卡引脚）等。

闪存 CP 测试需要注意以下几个方面。

- 闪存 CP 测试是为了筛选出 Good die。刚制造出来的晶圆的 Die，在 CP 调参之前只有非常简单且不完善的功能，所以 CP 也是一个让芯片使能的动作，是使其功能从无到有发生变化的过程。
- 晶圆刚刚出炉的时候每片都一样，初始状态下没有 Die 是能正常工作的，首先第一步是要让每颗 Die 都能工作起来，因此 CP 测试为每颗 Die 调配量身定制的参数。受工艺影响，即便是正常的流程，Die 和 Die、晶圆和晶圆、Lot 和 Lot 也都会有工艺参数的波动。
- 调配参数。举个简单的例子，写操作的时候，每个 Die 分别应该用多大的电压去做写入操作呢？电压过低，可能效率不够，写入过慢；电压过高，可能闪存存储单元的 Vt 位置会有偏差，甚至超负荷。虽然每个 Die 的特性跟其他 Die 比较相近但又不完全一样，因此需要定义特定的算法，设置不同的参数，监测写操作的效果，为每颗 Die 配置好其对应的电压条件。其他的参数也需要类似的操作。

- 有的参数有特定的设计目标，需要输出某个确定的值，在 CP 测试的时候要找到该参数，使得芯片的输出参数能满足其设计目标值，例如不同 DAC 设置和实际输出值的寻找、匹配；有的参数则需要根据每个 Die 不同的性能表现，来寻找适合它的那个值。
- Die 的标记和区分。例如写入特定数据来代表这颗 Die 的身世，标记坏块信息等，这些数据都储存在每个 Die 内部的某个位置，方便后续用户读取并使用。
- 测试温度。因为成本原因，一般不会在多个温度反复测试探针，所以要考虑某个温度的测试条件下得到的结果如何推广到将来不同温度下的应用场景中。

常用的 CP 测试高端机台有：爱德万 v93000、泰瑞达 Ultraflex、Magnum 等。

3. FT

FT（Final Test，最终测试）是对封装好的芯片进行应用方面的测试，这些芯片都是 CP Pass 的芯片，FT 的目的是把封装后的坏芯片筛选出来，检测封装后芯片的质量和可靠性。广义上的 FT 也称为 ATE（Automatic Test Equipment，自动测试设备）测试。

FT 硬件系统示意如图 7-17 所示，对比 CP 测试，Prober 换成了 Handler，并且将探针卡换成了负载板（Load Board）。Handler 的作用是什么呢？它其实就类似于一个机械手臂，用来抓取芯片将其放在测试区。负载板的作用其实就是一个承载芯片的基板，在负载板上需要加一个器件，那就是芯片座子（Socket），芯片座子是用来放置芯片的，每个不同的封装后的芯片都需要不同的芯片座子。

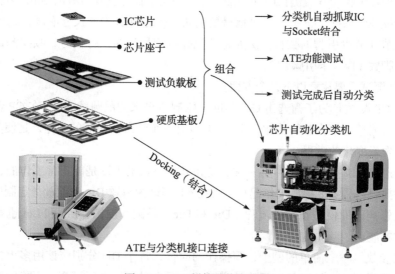

图 7-17 FT 硬件系统示意图

Handler 必须与测试机台相结合，连上接口之后才能测试。具体操作时，Handler 的手臂将芯片放进芯片座子，然后 Contact Pusher 下压，使芯片的引脚正确地和芯片座子接触送出开始信号，再将信号通过接口发送给测试机台，测试完成之后测试机台发送回 Binning 及结束测试（EOT）信号，Handler 再做出分类的动作。

常见的闪存 FT 内容如下。

- Open/Short（开路 / 短路）测试，也就是检查芯片引脚是否有开路或者短路问题。
- DC 测试，检查器件直流电流和电压的参数。
- AC 测试，检查交流输出信号的质量和信号的实际参数。
- 功能测试，检查芯片的逻辑功能。
- 另外还有 DFT 测试，DFT 测试主要包括扫描设计和内建的自测，也就是 BIST。

FT 测试中，有些客户还要求三温测试：这是一种特殊的测试，它要求将芯片放在三个不同的温度下进行测试，通常是常温（25℃左右）、高温（60℃或 70℃）和低温（-20℃或 -40℃）。测试的目的是检查芯片在不同温度下的性能和可靠性，以确保芯片能在不同环境温度下正常工作。

FT 测试后，闪存芯片送到客户之前，还会进行 Product Qualification（产品合格）测试。Product Qual 是保证产品品质的一种质量控制方法，测试目的是确保产品质量符合客户的需求和期望。

闪存 Product Qual 也可称为闪存品质测试。实施闪存 Product Qual 测试时，可遵循 JEDEC 组织发布的 JESD 47 标准中定义的部分方法和流程。JESD 47 是针对芯片行业如何实施 Product Qual 测试所做的一个标准规范，可覆盖包括存储芯片在内的几乎所有芯片。

各家闪存原厂针对 Product Qual 具体的测试方法，一方面遵循 JESD 47 标准规范，另一方面自己开发闪存的测试程序和硬件。通常各家有不同的测试程序和测试硬件，但目标相同，即完成 Product Qual 测试。

7.3.2 闪存品质测试

根据 JESD 47 的定义，闪存品质测试主要是进行闪存 Product Qual 测试，具体测试项目可参考表 7-1，执行者可选择表中部分或全部测试项来执行；测试的硬件环境可为 ATE 测试机台、自行设计的闪存测试平台、高低温炉、测量仪器设备等。

1. HTOL

高温老化（High Temp Operating Life，HTOL）测试用于检查芯片在高温高压条件下的可靠性。

在电子产品的实际应用中，芯片可能会在高温高压环境下长时间运行，这可能导致芯片性能退化和产品损坏。因此，芯片高温老化测试可以帮助用户确保芯片在高温高压环境下的可靠性和稳定性，并提供对芯片性能变化的实时监测。闪存芯片也一样，必须保证其在 HTOL 测试之后能正常工作和维持正常性能。

表 7-1　JESD 47 Product Qual 测试项目表

测试项	参考	简称	测试条件	测试数量	测试时间/标准
High Temperature Operating Life（高温老化）	JESD 22-A108、JESD 85	HTOL	$T_j \geq 125°C$，$V_{CC} \geq V_{CCmax}$	3 Lot/77 颗粒	1 000h/0 错误
Early Life Failure Rate（早期寿命失效率）	JESD 22-A108、JESD 74	ELFR	$T_j \geq 125°C$，$V_{CC} \geq V_{CCmax}$	见 ELFR 表	48h ≤ t ≤ 168h
Low Temperature Operating Life（低温老化）	JESD 22-A108	LTOL	$T_j \leq 50°C$，$V_{CC} \geq V_{CCmax}$	1 Lot/32 颗粒	1 000h/0 错误
High Temperature Storage Life（高温储存寿命）	JESD 22-A103	HTSL	$T_a \geq 150°C$	3 Lot/25 颗粒	1 000h/0 错误
Latch-Up（闩锁）	JESD 78	LU	I 类或 II 类	1 Lot/3 units	0 错误
Electrical Parameter Assessment（电气参数评估）	JESD 86	ED	Datasheet	3 Lots/10 颗粒	详见官方数据表
Human Body Model ESD（人体放电模型测试）	JS-001	ESD-HBM	$T_a = 25°C$	3 颗粒	分级
Charged Device Model ESD（充电放电模型）	JESD 22-C101	ESD-CDM	$T_a = 25°C$	3 颗粒	分级
Accelerated Soft Error Testing（充放电模型加速软错误测试）	JESD 89-2、JESD 89-3	ASER	$T_a = 25°C$	3 颗粒	分级
OR System Soft Error Testing（OR 系统软错误测试）	JESD 89-1	SSER	$T_a = 25°C$	最小 1E+06 颗粒小时 or 10 颗粒失效	分级
Nonvolatile Memory Uncycled High Temperature Data Retention（非易失性存储器高温循环数据保留）	JESD 22-A117	UCHTDR	FG-CT: $T_a \geq 125°C$，PCM: $T_a \geq 90°C$	3 Lot/77 颗粒	1 000h/0 错误
Nonvolatile Memory Cycling Endurance（非易失性存储器循环耐久性）	JESD 22-A117	NVCE	25°C和85°C $T_j = 55°C$	3 Lot/77 颗粒	符合规格每条记录的最大循环次数/0 错误
Nonvolatile Memory Post-cycling High Temperature Data Retention（非易失性存储器循环后的高温数据保留）	JESD 22-A117	PCHTDR	FG-CT 1: $T_j = 100°C$，PCM 1: $T_j = 90°C$，FG-CT 2: $T_j \geq 125°C$，PCM 2: $T_j \geq 100°C$	3 Lot/39 颗粒	NVCE 循环次数（≥ 55°C）/96 或 1 000h/0 错误/记录，NVCE 循环次数（≥ 55°C）/10 或 100h/0 错误/记录
Nonvolatile Memory Low-Temperature Data Retention and Read Disturb（非易失性存储器低温数据保持和读干扰）	JESD 22-A117	LTDDR	$T_a = 25°C$	3 Lot/38 颗粒	Cycles per NVCE（25°C）/500h/0 错误/记录

　　HTOL 测试样本数至少为 3 Lot（批次），每个批次至少 77 个颗粒，测试采用高温高压的应力加速方式，设置芯片内结温大于等于 125℃，结温为热阻 × 输入功率 + 环境温度；设置工作电压大于等于 VCC_{max}；测试时间为 1 000h；测试标准是 0 芯片失效。

　　1 000h 测试持续时间通常是按照应用需求来定的，例如，假定被测芯片的 Ea 为 0.7eV，高温温度（加速测试温度）为 125℃，环境温度（芯片实际工作温度）为 55℃，加速系数（阿伦尼乌斯方程）为 78.6，这意味着 1 000h 的压力测试持续时间相当于芯片工作 9 年时间。

　　对于许多故障机制例如介电击穿，更高的电压将提供额外的加速，可用于增加芯片有效小时数或达到等效寿命点所需要的更短的测试持续时间。有关电压加速模型请参阅 JEP 122。

　　针对闪存而言，HTOL 测试一般选取 3 个批次，一共 231 个颗粒，高温 125℃，VCC 升压到高压（根据实际使用寿命来计算电压的加速因子），测试时间 1 008 个小时，看在此条件下闪存是否会失效。

- **HTOL 闪存测试方法**：首先进行压力读测试，反复连续读操作，遍历所有的闪存块和页地址，但并不做数据正确性校验。然后测试闪存的 IO 速度、电流、漏电、阻抗等，根据各测试项标准来判定闪存的通过或失效。
- **HTOL 闪存测试平台**：HTOL 测试机台可选用爱德万和泰瑞达机台，配合高温炉提供高温测试环境。也可选用自行设计的主控加闪存测试板，价格更低廉，测试成本更低。

2. ELFR

　　早期寿命失效率（Early Life Failure Rate，ELFR）测试用于衡量芯片在运行的前几个月或一年内的故障率。通常需要了解产品的寿命分布来准确预测 ELFR，芯片通过这项测试来确保其在 ELFR 之后工作正常。

　　ELFR 测试样本数参考 ELFR 表格，测试采用高温的应力加速方式，设置芯片结温大于等于 125℃，结温为：热阻 × 输入功率 + 环境温度；设置工作电压大于等于 VCC_{max}；测试时间为 48 到 168 小时不等；测试标准是 0 芯片失效。

　　针对闪存而言，ELFR 测试一般根据目标 FPM 选取数百至数千个颗粒，高温 125℃，VCC 升到高压（根据实际使用寿命来计算电压的加速因子），测试时间按照磨损闪存 PE 20 ～ 40 次数，看是否存在失效的情况（写失败、擦失败和读错误）。

- **ELFR 闪存测试方法**：闪存的早期生命周期是以擦写的循环数来表征，所以测试方法是对闪存循环擦写一定次数如 20 ～ 40 次，观察是否存在失效的情况，失效模式包括写失败、擦失败和读错误等。
- **ELFR 闪存测试平台**：各家的闪存 ELFR 测试平台可能都不太相同，考虑到有样品量的要求，一般会用同时可以对多颗芯片做读写操作的测试平台来完成，并且需要该平台有高温控温的能力，比如通用的泰瑞达和爱德万测试机台，或者自行设计的主控加闪存测试板，价格更低廉，测试成本更低。

3. LTOL

低温老化（Low Temperature Operating Life，LTOL）测试用于检查芯片在低温高压条件下的可靠性。

在电子产品的实际应用中，芯片可能在低温高压环境下长时间运行，这可能导致芯片性能退化和产品损坏。因此，芯片低温老化测试可以帮助用户确定芯片在低温高压环境下的可靠性和稳定性，并提供对芯片性能变化的实时监测。闪存芯片也一样，必须保证在 LTOL 之后能正常工作。

LTOL 测试样本数至少为 1 Lot（批次），每个批次至少 32 个颗粒，测试采用低温、高压的应力加速方式，设置芯片结温小于等于 50℃，结温为热阻 × 输入功率 + 环境温度；设置工作电压大于等于 VCC_{max}；测试时间为 1 000h；测试标准是 0 失效。

- **LTOL 闪存测试方法**：首先进行压力读测试，反复连续读操作，遍历所有的闪存块和页地址，但并不做数据正确性校验。然后测试闪存的 IO 速度、电流、漏电、阻抗等，根据各测试项标准来判定闪存的通过或失效。
- **LTOL 闪存测试平台**：LTOL 测试机台可选用爱德万和泰瑞达机台，配合低温炉提供低温测试环境。也可选用自行设计的主控加闪存测试板，价格更低廉，测试成本更低。

4. LU

闩锁（Latch-Up）测试又称 LU 测试，是一项关键的芯片可靠性测试，目的是评估芯片是否容易发生 Latch-Up 现象。LU 测试主要包括以下步骤。

- **电流测试**：对非电源管脚进行电流测试，分为正向电流注入和负向电流抽出。测试过程中，会测量 IO 引脚的电流响应，以判断是否存在 Latch-Up 现象。
- **电压测试**：针对芯片的供电引脚进行过压测试，以验证芯片在最大运行电压下是否容易发生 Latch-Up。

LU 测试的样本数至少为 1 Lot（批次），每个批次至少 3 个芯片，测试环境温度为 25 ～ 85℃。测试标准是 0 芯片失效。

针对闪存而言，测试样本数为 3 个批次一共 6 个颗粒，测试温度为室温 25℃。

- **LU 闪存测试方法**：闪存有两种闩锁测试：VCC 闩锁和 IO 闩锁。VCC 闩锁检查闪存对 VCC 过电压的敏感度，而 IO 闩锁检查闪存对 IO 引脚的过冲和下冲的敏感度。
- **LU 闪存测试平台**：闪存的闩锁测试一般是在功能测试仪上完成的，详细情况可查询仪器测试使用文档。

5. ESD-HBM

人体放电模型测试（Human Body Model ESD，ESD-HBM）是静电放电（ESD）模型的一种，ESD-HBM 测试是为了检查电子元器件对人体静电放电的耐受性。

人体放电模型是模拟带有静电的人碰到电子元件时，在几百纳秒（ns）的时间内产生数安培的瞬间放电电流。对 2kV 的 ESD 放电电压而言，其瞬间放电电流的尖峰值大约是 1.33A。

ESD-HBM 测试一般选取 3 个芯片，测试条件为室温 25℃和 VCC 高压，看是否有芯片失效。ESD-HBM 测试选取以下引脚组合进行测试。

- 每个引脚连接到 IO 引脚。
- 每个引脚连接到 VCC。
- 每个引脚连接到 VSS。
- 每个引脚连接到 VCCQ。

针对闪存而言，ESD-HBM 测试样本数为 3 个颗粒，测试温度为室温 25℃。

- **ESD-HBM 闪存测试方法**：通过测试设备在几百纳秒（ns）之内给闪存 VCC，IO 引脚加压到 2 000V 高电压和 1.33A 峰值电流，模拟对闪存放电。然后检查闪存芯片是否正常工作，如读写擦操作。
- **ESD-HBM 闪存测试平台**：闪存的 ESD-HBM 测试可使用自动化 KEYTEK ESD 测试仪完成，一个 100pF 电容器通过 1 500Ω 电阻器放电到器件。

6. ESD-CDM

充电放电模型（Charged Device Model ESD，ESD-CDM），是仿真芯片因为摩擦或者热等原因内部集聚了电荷，然后通过探针或者封装等途径从芯片内部放电到外部。ESD-CDM 测试是为了检查电子元件对 CDM 模型放电的耐受性。

ESD-CDM 测试一般选取 3 个芯片，测试条件为环境温度 25℃和高压，看是否有芯片失效。

针对闪存而言，ESD-CDM 测试样本数为 3 个颗粒，测试温度为室温 25℃。

- **ESD-CDM 闪存测试方法**：通过测试设备在几个纳秒（ns）之内给 VCC、IO 引脚加压到 500V 高电压和 4 ～ 12A 峰值电流，模拟闪存放电。然后检查闪存芯片是否正常工作，如读写擦操作。
- **ESD-CDM 闪存测试平台**：闪存的 ESD-CDM 测试可使用 KEYTEK ESD 测试仪完成。设备通过 GND 充电引脚，然后移除充电源，并通过引脚将器件放电到接地层。当被测芯片对地充电为正和为负时，每个信号和电源引脚均需放电测试 3 次。

7. NVCE

非易失性存储器循环耐久性（Nonvolatile Memory Cycling Endurance，NVCE）测试是一种寿命老化测试，检查芯片在寿命末端时的可靠性。

NVCE 测试的样本数至少为 3 Lot（批次），每个批次至少 77 个芯片，测试环境温度为 25℃、55 ～ 85℃。测试标准是 0 芯片失效。

针对闪存而言，NVCE 测试样本数一般选取 3 个批次，一共 3×77 个颗粒（不同厂商的测试样本数不同，最少是 3×77 个颗粒），三个批次分别在 25℃、55℃、85℃三个不同温度下做一次测试，来检查颗粒是否失效，并读取数据，判断错误比特数指标是否小于 UBER

10^{-14}（不同厂商的目标 UBER 不尽相同）。

- **NVCE 闪存测试方法**：对闪存特定数目（非全部）的块地址，进行读写擦操作，直到擦除磨损到闪存的最大 PE Cycle 如 3 000，期间观察闪存的读 / 写 / 擦操作是否失败，读取数据的错误比特数是否小于 UBER 10^{-14}（不同厂商的目标 UBER 不尽相同）。

- **NVCE 闪存测试平台**：NVCE 测试机台可选用爱德万和泰瑞达机台，配合高温炉提供高温测试环境。也可选用自行设计的主控加闪存测试板，价格更低廉，测试成本更低。

8. LTDDR

非易失性存储器低温数据保持和读干扰（Nonvolatile Memory Low-Temperature Retention and Read Disturb，LTDDR）测试一般和室温 NVCE 测试结合使用，检查非易失性存储器在不同的寿命阶段（不同的 PE Cycle 数）数据保持能力和读取干扰的情况。

LTDDR 测试样本数至少为 3 Lot（批次），每个批次至少 38 个颗粒，测试环境温度为 25℃，测试时间为 500 个小时。测试标准是 0 颗粒失效。

针对闪存而言，测试样本选取 3 个批次一共 255 个颗粒，测试温度为室温 25℃，测试时间为 500h。

- **LTDDR 闪存测试方法**：闪存的 LTDDR 测试会将 PE Cycle 和读干扰两部分结合起来一起测试。根据固态硬盘 SSD JESD 218 的耐久性测试方法，在环境温度 25℃下进行 3 周 500h 的指定程序擦除循环测试。将 PE Cycle 磨损到最大如 3 000 次后，对指定页地址进行大量（万次）数据读取操作，检查数据的完整性，以及是否存在读干扰失效的情况。

- **LTDDR 闪存测试平台**：LTDDR 测试机台可选用爱德万和泰瑞达机台。也可选用自行设计的主控加闪存测试板，价格更低廉，测试成本更低。

9. PCHTDR

非易失性存储器循环后的高温数据保持（Nonvolatile Memory Post-cycling High Temperature Data Retention，PCHTDR）测试一般和 NVCE 测试结合使用，考察非易失性存储器在不同的寿命阶段（不同 PE Cycle 数）和高温条件下数据保持的能力。

PCHTDR 测试样本数至少为 3 Lot（批次），每个批次至少 39 个颗粒，测试环境温度为 100℃或 125℃，测试时间为 96h 或 1 000h。测试标准是 0 颗粒失效。

高温测试有烘烤持续时间，有两个选项，如图 7-18 所示。

- 磨损 PE Cycle 10% 的寿命时采用较长的持续测试时间，在 125℃（FG-CT）/ 100℃（PCM）烘烤条件下检查数据保持 100h。

- 磨损 PE Cycle 100% 的寿命时采用较短的持续测试时间，在 125℃（FG-CT）/ 100℃（PCM）烘烤条件下检查数据保持 10h。

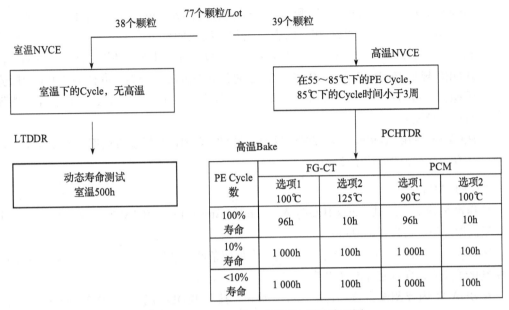

图 7-18　LTDDR 和 PCHTDR 测试流程图

针对闪存而言，测试样本选取 3 个批次一共 255 个颗粒，测试温度为高温 125℃，测试时间为 10 ～ 17.5h（各个原厂的测试条件不尽相同，有的厂商采用 100℃下 Bake 13h，有的厂商采用 125℃下 Bake 17.5h）。选取的测试温度越高，测试持续时间越短。

- **PCHTDR 闪存测试方法**：闪存的 PCHTDR 测试会将 PE Cycle 和数据保持两部分结合起来一起测试。具体的测试方法是，根据固态硬盘 SSD JESD 218 中耐久性的测试方法，将 PE Cycle 磨损 100% 到最大 PE Cycle 数后，在环境温度 125℃下进行 10h 的持续测试，然后进行数据读取操作，观察是否有数据错误，以检查闪存的数据保持能力。
- **PCHTDR 闪存测试平台**：PCHTDR 测试机台可选用爱德万和泰瑞达机台，配合高温炉提供高温测试环境。也可选用自行设计的主控加闪存测试板，价格更低廉，测试成本更低。

以上 1 ～ 9 测试项参考了 JESD 47 规定的芯片可靠性测试项，除此之外，闪存可靠性测试还有以下几项测试项。

10. Package Pre-condition⊖

封装前置（Package Pre-condition）测试是为了检查芯片在运输、存储和表面贴装回流焊条件下的质量和可靠性。

⊖　该测试以及下文要介绍的 BHAST 并没有在 JESD 47 中列出，所以它们没在表 7-1 中体现，但是它们对闪存的品质测试比较重要。

- **Package Pre-condition 闪存测试方法**：Package Pre-condition 闪存测试方法是将每个颗粒在 125℃下烘烤 7h，以去除包装中吸收的水分。接下来将每个颗粒暴露在 –55 ～ 125℃的 5 个温度循环周期中，以模拟运输条件下的环境。然后，按照符合 JEDEC 规范 JESD 22-A113-B 中 IPC L3 的预处理方法进行温度峰值为 260℃的回流焊操作。最后检查每个颗粒的电气特性，如对闪存进行读取操作，确认有无性能降级或失效发生。
- **Package Pre-condition 闪存测试平台**：封装前置测试只需要带温度和湿度控制的炉子和可做回流焊操作的设备。

11. BHAST

偏压高加速应力测试（bias Highly Accelerated Stress Test，BHAST），是一种检查芯片在高温高湿环境下可靠性的测试。

BHAST 测试是将芯片置于高温高湿的应力加速条件下进行测试，这种压力可能会引起芯片电化学反应，导致芯片腐蚀失效。

- **BHAST 闪存测试方法**：选取 256 个颗粒，按照 JEDEC 规范 JESD 22-A110E，将闪存放置在 130℃高温和相对湿度 85% 的环境下，在引脚上的施加正常电压，测试时间 100h。之后，对闪存进行读取操作，判断其是否工作正常，如果存在腐蚀，闪存可能会与水分形成电解质，导致闪存失效。
- **BHAST 闪存测试平台**：BHAST 测试只需要带温度和湿度控制的炉子。

7.3.3 闪存导入测试

在各个闪存厂商量产闪存产品和用户实际使用其闪存前，需保证其功能正常，因此闪存的导入测试是验证闪存芯片的关键测试。这种测试项包括以下几个关键方面。

1. 闪存功能测试

功能测试是针对闪存的一般功能（比如读取、写入、擦除等操作）和特殊功能（比如 AIPR、程序暂停）做验证，确保芯片 On receive（接收时）功能正常。测试的命令大部分按照 ONFI 组织或者 Toggle 规定的闪存命令集，另外一部分是介质厂商提供的，不同厂商的指令可能存在差异。闪存命令集合如表 7-2 和表 7-3 所示。

表 7-2 闪存命令集（来源：JEDEC）

命令	可选 / 必选	第一个循环	第二个循环	Lun 忙时命令是否接收	其他 Lun 忙时命令是否接收	目标命令
Page Read	必选	00h	30h	Y	—	Y
Copyback Read	可选	00h	35h	—	Y	—
Change Read Column	必选	05h	E0h	—	Y	—
Read Cache Random	可选	00h	31h	—	Y	—

（续）

命令	可选 / 必选	第一个循环	第二个循环	Lun 忙时命令 是否接收	其他 Lun 忙时 命令是否接收	目标命令
Read Cache Sequential	可选	31h	n/a	—	Y	—
Read Cache End	可选	3Fh	n/a	—	Y	—
Block Erase	必选	60h	D0h	Y	—	Y
Page Program	必选	80h	10h	—	—	Y
Copyback Program	可选	85h	10h	—	Y	—
Change Write Column	必选	85h	n/a	—	Y	—
Get Features	可选	EEh	n/a	—	—	Y
Set Features	可选	EFh	n/a	—	—	Y
Page Cache Program	可选	80h	15h	—	Y	—
Read Status	必选	70h	n/a	Y	Y	—
Read Unique ID	可选	EDh	n/a	—	—	Y
Reset	必选	FFh	n/a	Y	Y	Y
Synchronous Reset	可选	FCh	n/a	Y	Y	Y
Reset LUN	可选	FAh	n/a	Y	Y	—

表 7-3 闪存其他命令集（来源：JEDEC）

命令	首要和次要 命令字	第一个 Cycle	第二个 Cycle	ONFI 或 Toggle 模式 （将来移除）
Multi-plane Read	主要命令字	00h	32h	ONFI
	次要命令字	60h	30h	Toggle
Multi-plane Read Cache Random	主要命令字	00h	31h	ONFI
	次要命令字	60h	3Ch	Toggle
Multi-plane Copyback Read	主要命令字	00h	35h	ONFI
	次要命令字	60h	35h	Toggle
Random Data Out	主要命令字	00h/05h	n/a	Toggle
	次要命令字	06h	E0h	ONFI
Multi-plane Program	主要命令字	80h 或 81h	11h	Toggle
	次要命令字	80h	11h	ONFI
Multi-plane Copyback Program	主要命令字	85h 或 81h	11h	Toggle
	次要命令字	85h	11h	ONFI
Multi-plane Block Erase	主要命令字	60h	n/a 或 D1h	Toggle(适用于第二个 Cycle 中的 n/a 情况)
	次要命令字	—	—	ONFI（第二个 Cycle 中的 D1h 情况）
Read Status Enhanced	主要命令字	78h	n/a	ONFI
	次要命令字	F1h/F2h	n/a	Toggle

命令集测试过程中，执行命令后，闪存颗粒通常会报告其状态，例如忙碌、就绪、错

误等。这个测试可确保闪存能够根据不同的命令和条件正确地报告其状态。

（1）案例：读命令验证

如图 7-19 所示，主机先发送读页操作的第一个命令字 00h，然后发送页地址，最后发送第二个命令字 30h，这样就完成了读页命令的发送，也就是图 7-19 中的 00-addr-30。

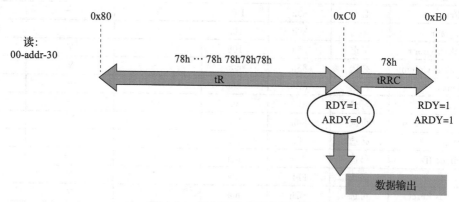

图 7-19　闪存读命令操作示意图

发完读命令后，主机开始发送查询命令 NAND Status 0x78，当查询到闪存状态从 0x80 切换为 0xC0 时（此时两个状态位 RDY=1，ARDY=0），说明数据已经到了 NAND 读缓存中，该数据已经准备好。继续发送查询命令 NAND Status 0x78，当状态反馈为 0xE0 时（此时两个状态位 RDY=1，ARDY=1），表示 NAND 状态为已经就绪，可以接受下一个命令了。

测量 tR 时需要轮询闪存状态，一般轮询时间间隔小于或等于 1μs。

（2）案例：写命令验证

如图 7-20 所示，主机先发送写页操作的第一个命令字 80h，然后发送页地址，接着发送页数据，最后发送第二个命令字 10h，这样就完成了写页命令的发送，也就是图 7-20 中的 80-addr-DATA IN-10。

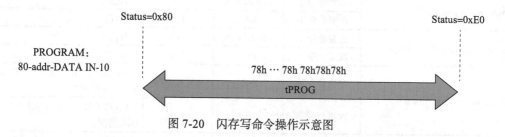

图 7-20　闪存写命令操作示意图

发完写页命令后，主机开始发送查询命令 NAND Status 0x78，当查询到状态从 0x80 切换为 0xE0 时（此时两个状态位 RDY=1，ARDY=1），说明数据已经成功写入到闪存存储单元页里面（而非缓存）。此时 NAND 状态也为已经就绪，可以接受下一个命令了。

测量 tPROG 时需要轮询闪存状态，一般轮询时间间隔小于或等于 10μs。

（3）案例：擦除命令验证

如图 7-21 所示，主机先发送擦除操作的第一个命令字 60h，然后发送被擦除块地址，最后发送第二个命令字 D0h，这样就完成了擦除命令的发送，也就是图 7-21 中的 60-addr-D0。

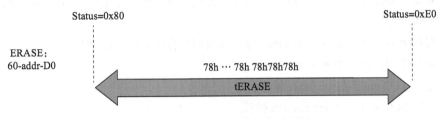

图 7-21　闪存擦除命令操作示意图

发完擦除命令后，主机开始发送查询命令 NAND Status 0x78，当查询到状态从 0x80 切换为 0xE0 时（此时两个状态位 RDY = 1，ARDY = 1），说明已经成功擦除掉目标块内的数据。并且此时 NAND 状态也为已经就绪，可以接受下一个命令了。

测量 tERASE 时需要轮询闪存状态，一般轮询时间间隔小于或等于 100μs。

实际上，大多数闪存除提供了这三个基本命令外，还提供了很多其他的命令及操作序列，如：多平面写（Multi Plane Program）、多平面擦除（Multi Plane Erase）、同层页复制（Copy-back Program）、复位（Reset）等。这些命令都可以采用上述方法进行验证。

2. 闪存时序和接口合规性测试

闪存颗粒通过接口与其他组件（如微控制器或处理器）通信，这些接口有特定的时序要求。此部分测试检查闪存是否遵循这些时序规范，并能与其他组件协同正确工作。

3. 闪存数据准确性测试

向闪存发送读写命令时，准确地传输数据至关重要。这个测试涉及向闪存发送各种数据格式，并验证是否能够正确地将数据写入闪存和从闪存中读取回来。

（1）数据比特翻转注错测试

案例：第一步通过擦除、编程等写入数据，第二步从闪存中读取数据，同时注入指定错误比特 Error bits（< Hard limit 门限）的错误，然后回读，并判断此笔数据是否译码成功并返回正确数据。

（2）高速信号下的数据准确性测试

随着闪存接口速度的提高，负载拓扑下的信号质量也需要进行改善，以保证数据传输过程中的准确性。为了改善信号质量，需要进行 DCC、Read DQ、Write DQ 等 Training（训练）操作。

测试用例：

1）在高速接口速率下，比如 1.6Gb/s DDR 模式下，未进行 Training 的情况下进行擦写读，获取 FBC（Failing Bit Count，翻转比特数）1。

2）在高速接口速率下，比如 1.6Gb/s DDR 模式下，进行 Training 的情况下进行擦写读，获取 FBC2。

A）上电初始化过程中，对每个 Die 进行 ZQ long 和 ZQ short 校准。

B）对每个 Die 进行 DCC Training（校准 RE 信号的占空比），输出一个页大小 Page Size 的数据（16KB）。

C）对每个 Die 进行 Read DQ Training，输出用户自定义的 16B 数据。

D）对每个 Die 进行 Write DQ Training。

E）进行 TLC multi-plane erase 操作。

F）进行 TLC multi-plane program 操作。

G）进行 TLC multi-plane read 操作，获取 FBC。

3）比较 FBC1 和 FBC2，确认经过 DCC、Read DQ、Write DQ 等 Training 操作后翻转比特数是否降低，信号质量是否得到改善。

4）在高速接口速率下，经过 Training 后，主机发送擦写读命令，并检验读出的数据是否和写入的一致。

4. 闪存电源管理命令测试

针对闪存可以检查其是否正确响应电源管理命令，这对于闪存的低功耗或节能运行非常重要。

5. 闪存兼容性测试

这个测试的目的是确保闪存颗粒能够在实际应用中跟与其配对的不同控制器或处理器兼容，正常工作。

为了执行以上闪存命令和协议测试，通常有以下几种测试方法。

- **功能性测试**：执行一系列基本和高级命令，以验证闪存是否按照预期响应这些命令。
- **自动化测试工具使用**：使用自动化测试软件和硬件工具来连续执行和验证命令集。
- **边界条件测试**：测试闪存颗粒在极限条件下（如最大容量边界、不规则命令序列等）的响应。
- **时序分析**：使用专门的测试设备来精确测量命令执行的时序，以确保它们符合 ONFI 或 Toggle 规范。
- **环境测试**：在不同的环境条件下（如温度、湿度变化）测试闪存，以评估其在实际应用环境中的稳定性。
- **错误注入和恢复测试**：故意引入错误情况，如无效命令或断电等。

闪存命令和协议测试是确保闪存颗粒在各种使用情况下都能正常工作的重要步骤。通过全面的测试，可以确保闪存颗粒不仅符合技术规范的要求，还能在实际应用中提供稳定和高效的性能。

6. 闪存可靠性测试

（1）高温数据保持能力（High Temp Data Retention）测试

背景介绍：一般闪存处于编程状态下的存储单元随着时间的推移会出现电子流失（Charge loss），因此需要通过高温加速模型进行加速测试，以检验闪存这方面的可靠性。

利用 Arrhenius 加速模型，在高温下加速保持效应。

$$AF = \exp\left(\frac{Ea}{K} * \left(\frac{1}{T_1} - \frac{1}{T_2}\right)\right)$$，K 为玻尔兹曼常数，Ea 为活化能，通常为 1.1eV（由介质厂商提供，不同介质材料会有差异）。

根据 JESD-218，企业级 SSD 的 EOL 保持标准为 3M 40℃，根据公式，可以计算出 3M 40℃下闪存测试等效条件为 85℃ 13h。

测试用例：

1）磨损闪存 PE Cycle 到寿命末期 EOL。

2）对闪存在室温下擦除，编程写入随机数据。

3）高温 85℃下烘烤 13h。

4）最后在室温下对闪存用 Default Read（默认读），并采用最优电压读取块中的数据，判断数据是否正确（与写入的数据一致）。

（2）高低温温循测试

背景介绍：闪存存储单元不同的温度下的开启电压（Vt）不同，低温开启电压大，高温开启电压小，因此需要对闪存进行高低温温循测试，以检查闪存在这方面的可靠性。

测试用例：

1）高温写，低温读；将数据进行比对，判断数据是否正确（与写入的数据一致）。

2）低温写，高温读；将数据进行比对，判断数据是否正确（与写入的数据一致）。

（3）读干扰（Read Disturb）测试

背景介绍：闪存读过程中被选中的 WL 的电压为 Vread，未被选中的 WL 的电压为 Vpass。对于 TLC 闪存而言，Vpass 需要比 level7 的电压更高，这导致未选中的存储单元的 Vt 向右偏移，并且低 Vt 态（E 态、A 态）的存储单元受到的影响最大，从而对闪存的可靠性造成影响。因此，需要通过读干扰测试，检验闪存这方面的可靠性。

测试用例：

1）将选定的闪存块分成若干组，并磨损到不同的 PE Cycle。

2）对闪存进行擦除并写入随机数据。

3）对每组块发送大量读命令。

4）当一个块的总读次数达到闪存 Spec 规定的读干扰门限的 50%、75% 等阈值的时候，进行读取数据的校验，检查数据翻转比特数是否在预期范围内。

7. 闪存特性专项测试

不同的闪存具有不同的特性，这些特性对闪存的应用至关重要，甚至会影响闪存的质量和数据正确性，因此对这些特性的研究和测试是非常有必要的，对开发者来说，具有很大的参考价值，如典型的首次读测试、Quick Charge Loss（快速上电损失）测试等。

（1）闪存首次读（First read）测试

闪存编程完成并放置一段时间后首次读取数据时，数据的翻转比特数较高，第二次及后续读取则恢复正常，该效应称为首次读效应。

解决方案：闪存厂商建议先进行 Dummy Read 操作，然后再执行读命令。Dummy Read（伪读）是指发出闪存读命令，但并不从闪存 Cache 中读取数据返回给主机端。

测试用例：编程后，将闪存放置不同的时间 T1、T2、T3……再去读取数据，通过检查数据翻转比特数，可以测试到出现首次读效应的时间 T_FirstRead。该时间是进行 Dummy Read 操作后翻转比特数恢复到正常水平所需要的时间。发送 Dummy Read 命令后，需要等待一定的时间，待 Dummy Read 生效后，再发出闪存读命令，这样数据翻转比特数才能恢复到正常水平。

（2）Quick Charge Loss 测试

由于闪存存储单元的 Quick Charge Loss 效应，介质的 Vt 会在编程后的较短时间内向左偏移，随后达到一个电压较稳定的状态。闪存厂商提供的读取默认电压是针对 Vt 较稳定的状态的，因此如果编程后立即采用默认电压读取数据，会出现数据翻转比特数偏高的现象。

解决方案：将闪存读电压在默认电压的基础上向右偏移，具体偏移量需要通过测试得到，因此需要进行 Quick Charge Loss 测试。通过 Quick Charge Loss 的测试结果，可以针对编程刚完成的数据，合理地进行重读（Read Retry）闪存读电压设置。

（3）其他闪存特性分析

SSD 测试中对闪存的特性分析是比较重要的一环。好的闪存特性分析，能够帮助提升固件的效率及 SSD 整盘的性能、寿命、质量等。

闪存与逻辑器件不同，二者的区别在于其存储器件更偏向于模拟类的使用模式，闪存单元的好与坏，很难用 0 与 1 来区分。举一个简单的例子，在闪存的使用过程中，通常会遇到固件开发团队这样问："哪些字线是弱字线，是否需要对弱字线做特定的保护？"

在长江存储 Xtacking 3.0 的 Back Side Source Connection（背面电源连接，简称 BSSC）技术面世之前，这个问题比较容易回答，最弱字线通常是最接近 Source 端的字线。长江存储在 2022 年闪存峰会（FMS）上公开的资料显示，由于 Deep Trench（深沟槽）工艺的复杂性，与 Source 端邻近的字线会残留最多的工艺缺陷。而其 Xtacking 3.0 的 BSSC 技术将深沟槽工艺改变为平面工艺，彻底将此类缺陷去除（这并不代表其他厂商的闪存也去除了此类缺陷），极大提升了 3D 闪存的质量与可靠性。

BSSC 问世，原有最差字线被解决之后，基于"模拟器件"的特性，数种次差字线的机理也水落石出。以其中一种弱字线机理为例（见图 7-22），其中白色柱状结构为 3D 闪存的多晶硅通孔，可称为 Memory Hole，也有公司将其称为 Channel Hole 或者 Pillar。黑色的部分是环绕在多晶硅通孔边上的闪存存储结构，包括隧穿层、浮栅层或电子俘获层、隔离层和控制栅层等。由图可见，Memory Hole 由于采用深孔刻蚀工艺，一般为上宽下窄的柱状结构。相对应地，环绕在 Memory Hole 周围的环状存储单元，半径由上至下呈递减的趋势。

由于闪存的擦写都是基于隧穿效应的操作，闪存单元栅（Gate）与通道（Channel）之间的电压差较高，加之电容间电场的强度与电容面积成反比，环形电容的面积又与环的半径成正比，因此最底层的存储单元在擦写时所承受的电场强度要远高于最顶层的存储单元。以闪存编程操作为例，在相同的编程电压下，最底层的存储单元集合所形成的字线，往往是这一机理下的弱字线。同理，由于场强不同，往往最底层字线的编程速度会快于最顶层字线的编程速度。

为了解决这一问题，各家闪存原厂不约而同地提出"不同的字线应用不同的编程电压，底层字线编程电压弱，顶层字线编程电压强"这一方法。这可以在平衡编程场强压力的同时，也保证编程的速度一致性。当然，由于芯片面积的限制，很难要求每一层字线都有自己的编程电压。所以最后的编程电压往往是分区的，如图 7-23 所示。

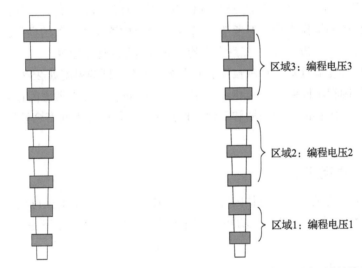

图 7-22　3D 闪存阵列的基本结构　　　图 7-23　3D 闪存阵列不同区域的编程电压

一般来说，编程电压 1 < 编程电压 2 < 编程电压 3。相应地，这一机理下的弱字线，往往是各个区域里的最底层字线。这些区域设定由于在闪存内部被执行，较难通过普通的读写擦测试显现，为了寻得这些弱字线，需要透过 ONFI 或者 JEDEC 的指令集，做更精细的闪存特性分析测试。

以上只是一个闪存特性的例子，由于闪存的机理更接近于模拟器件，其擦写读算法丰富多变、较为复杂，基于闪存的特性做充分的分析，是辅助 SSD 提升性能、寿命、质量的强大助力。

Pure Array Technology［晶存阵列（上海）科技有限公司］是专注于此类存储特性分析

的公司，团队由原厂闪存研发工程师组成，提供第三方闪存测试分析服务。其闪存特性分析结果能够帮助 SSD 固件开发团队选择更精确的闪存操作算法，获得对闪存寿命、性能及应用环境的最大化控制，同时也能够帮助客户对闪存的产品能力作分级、分类，让相同的产品发挥不同的价值。

7.3.4   闪存性能测试

闪存性能测试专注于评估闪存芯片的性能，不同的终端应用需要不同的闪存性能指标，这个测试用于确保闪存芯片满足各种应用的性能需求。

衡量闪存性能的指标主要有三大项：tRead、tProg、tErase，分别表征闪存的页读时间、页写时间和块擦除时间。一款闪存出厂时会向用户提供这三项指标数据 Spec，但用户拿到实际闪存样品后，应对其进行性能测试，以确保闪存的性能符合其宣称值，并且符合终端产品如 SSD 所需要的性能指标。

如何测量闪存的以上三个指标？可按不同批次选取多个样品如 255 个颗粒。测试平台为 ATE 测试机台或更具性价比的 SSD 评估板，对闪存的不同目标页或块地址发读、写、擦命令操作，具体的操作方法可参考 7.3.3 节的命令集中读写擦案例的操作方法，最终获取不同的 tRead、tProg、tErase 值，然后取平均，获得闪存的性能参数。

如果考虑环境温度对闪存颗粒性能的影响，可在不同的温度如 25℃、55℃ 和 85℃ 条件下测试，获得闪存不同温度下的 tRead、tProg、tErase 值。如果考虑闪存寿命对闪存颗粒性能的影响，可在闪存的寿命初期和寿命末期测试，获得闪存不同寿命阶段的 tRead、tProg、tErase 值。

7.3.5   闪存功耗测试

闪存的功耗测试专注于评估闪存芯片的功耗和能效，这个测试可以确保闪存芯片满足各种应用的功耗指标，包括工作功耗、空闲功耗、待机功耗等。以下是该测试的内容和测试方法。

测试内容如下。

- **工作功耗**：测量闪存芯片在进行读取、写入和擦除操作时的功耗，由测试治具获取闪存的 Icc、Iccq 电流值。
- **空闲功耗**：测量闪存芯片在通电但未执行任何操作时的功耗，即对闪存不发任何命令的条件下，由测试治具获取闪存的 Icc、Iccq 电流值。
- **待机功耗**：测试闪存芯片处于低功耗或待机模式时的功耗，即对闪存发送 Standby/Sleep 命令，由测试治具获取闪存的 Icc、Iccq 电流值；
- **功耗管理功能**：测试内置功耗管理功能的有效性，如自动断电、睡眠模式等；
- **温度相关的功耗测试**：功耗可能随温度变化而变化，因此测试通常包括在不同温度下的评估。

测试用例及方法：

- **直接功率测量**：使用 ATE 机台、功率分析仪或万用表等专业设备来测量闪存芯片在不同操作状态下的实际功耗；
- **示波器分析**：使用示波器捕获随时间变化的功率使用情况，特别适用于观察在不同操作状态间转换时的功率峰值；
- **电压和电流探测**：在闪存芯片的 VCC 和 VCCQ 引脚点连接电压和电流探针，以准确测量功率使用情况；
- **温度炉测试**：将闪存芯片放置在可调温度的环境中，测试其在不同环境温度下的功耗。

Chapter 8 | 第 8 章

SSD 相关测试认证

对于一款成功的 SSD 产品，参与并通过各项认证十分重要，这主要体现在以下几个方面。

- **产品质量保障**：认证过程通常需要进行严格的测试，确保 SSD 产品在各种使用条件下的可靠性和耐久性。获得认证的产品通常意味着其质量已经达到了行业标准或更高水平。
- **数据安全性和隐私保护**：在涉及存储设备时，数据安全性至关重要。某些认证，例如国密、商密，针对加密技术进行认证，可以保证 SSD 在处理和存储敏感数据时的安全性。
- **兼容性和稳定性**：获得认证的 SSD 产品通常会经过与其他硬件设备和操作系统的兼容性测试，例如 PCI-SIG 认证。
- **能源效率和环保**：例如 Intel 的雅典娜认证。

本章将介绍 PCI-SIG 合规性测试、UNH-IOL 的 NVMe 认证、WHQL 测试与认证、Athena 测试与认证、Chrome 测试与认证、国密认证及国内主流的 SSD 测试标准。

这些认证不仅有助于增强消费者的信任，还能为产品提供差异化竞争优势。

8.1　PCI-SIG 合规性测试

PCI-SIG（Peripheral Component Interconnect Special Interest Group，PCI 工作组）负责维护和发展 PCI 标准，包括 PCI、PCI-X 和 PCIe 接口标准。PCI-SIG 制定和更新这些技术规范，并成立工作组，举办教育活动和合规性测试，以确保产品的兼容性和互操作性。

PCI-SIG 合规性测试是一系列严格的程序和评估，旨在确保硬件设备遵循 PCIe 标准。这些测试覆盖电气性能、协议一致性和互操作性等多个方面，以保证设备在不同制造商的系统中能够稳定运行。通过测试的产品会被列入 PCI-SIG 的认证列表，这是一个权威的合规性认证。

PCI-SIG 合规性测试通常一年举办 4 次,在美国加州和中国台湾两地轮流举办,具体的时间和地点可以在 PCI-SIG 官网查询,如果注册了会员,也会收到提醒邮件。如果希望参加测试,需要通过官网提前报名。每次合规性测试为期一周,主办方会在酒店布置不同测试项目的测试环境。签到以后主办方会给每家参与测试的公司一张计划表,告知什么时候去哪个房间跑哪项测试。

PCI-SIG 合规性测试的项目包括物理层测试、协议测试和互操作测试 3 个方面。

8.1.1　物理层测试

PCI-SIG 专门发布了物理层测试的规范,名为 " PCI Express Architecture PHY Test Specification" (PCI Express 架构物理层测试规范),可以在官网下载。这份规范定义了应该如何对 PCIe 物理层进行测试,具体测试项目包括发送端测试、发送端预设值、发送端脉冲宽度抖动、发送端锁相环带宽、发送端初始均衡测试、发送端链路均衡响应时间测试、接收端链路均衡测试和接收端抖动容限测试。

1. 发送端测试

用于测量发送端的信号完整性,测试在不同速率下发送端眼图是否健康。图 8-1 所示是一张 Gen4 发送端的眼图结果。

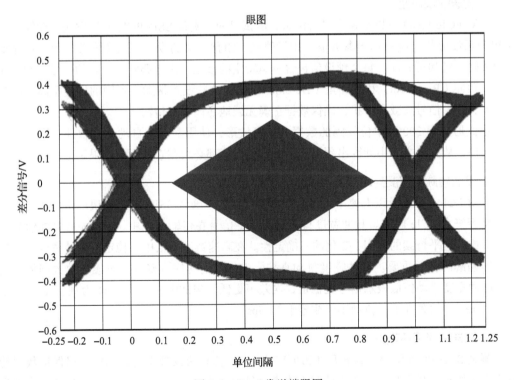

图 8-1　Gen4 发送端眼图

测试发送端信号质量时需要将 SSD PCIe 模块的发送端差分信号和参考时钟信号通过 CBB（Compliance Base Board，一致性基板）接入高速示波器，如图 8-2 所示。

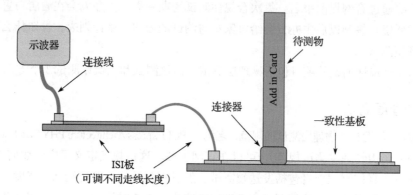

图 8-2　发送端信号测试连接示意图

示波器采集 200 万单位间隔的数据，使用配套的自动测试软件绘制出眼图，得到眼高和眼宽数据。根据测试标准（以 Gen4 为例）的要求，眼宽需要大于等于 24.75ps，眼高需要大于等于 23mV。

2. 发送端预设值

针对 PCIe Gen3 及以上速率进行测试，测试目的是确认 SSD PCIe 模块发送端能够产生 11 组与预设值相对应的均衡参数值。预设值是一组预定义的发送端均衡设置，用于优化信号的传输质量和可靠性。每个预设值包含一组特定的参数，用于调整发射器的信号特性，如幅度、预冲（Pre-shoot）和去加重（De-emphasis）。这些设置帮助在不同的传输距离和电缆特性下，减少信号衰减和干扰，确保数据正确无误地在设备间传输。

示波器采集 200 万单位间隔的数据并保存波形，使用配套的自动测试软件读取保存的波形文件，从这些文件中计算出预设值，所有预设值都必须在它们指定的限制范围内。

3. 发送端脉冲宽度抖动

针对 PCIe Gen4 及以上速率进行测试，测试目的是确认 SSD PCIe 模块产生的脉冲宽度抖动是否符合 PCIe 规范。脉冲宽度抖动是指数字信号在传输过程中，脉冲宽度（即信号的高电平或低电平持续的时间）变化的不确定性。在高速数字通信中，稳定的脉冲宽度对于信号的准确解码至关重要。脉冲宽度抖动直接影响信号的时序准确性，可能导致数据传输错误，脉冲宽度抖动值低表示信号更稳定，误差率更低。测试标准（以 Gen4 为例），在保证错误率为 1e–12 的条件下，抖动小于或等于 12.5ps。

4. 发送端锁相环带宽

测试 SSD PCIe 模块的锁相环（PLL）带宽和峰值在协议规定的范围内，以保证数据传输的稳定性和信号质量。具体方法是在参考时钟上注入从 0 到 25MHz 的相位抖动，模拟实际操作环境中可能出现的时钟抖动，从而评估 SSD PCIe 模块锁相环对抖动的响应能力。

测试标准：分析发送端的输出信号，并估计在发送端响应降至 –3dB 时的参考时钟相位抖动频率，并记录发送端输出的最大相位抖动幅度，用于确定峰值。发送端的 –3dB 点必须落在当前数据速率指定的频率范围内，而发送端输出的最大峰值则必须小于当前数据速率允许的最大峰值。

5. 发送端初始均衡测试

测试 SSD PCIe 模块能够在接收到协议请求时，以正确的发送端均衡预设值启动。

测试方法：除了 CBB 和示波器以外，这项测试还需要 BERT（Bit Error Ratio Tester，误码仪）。测试过程中，通过发送命令设置 SSD PCIe 发送端的初始预设值（需要逐一测试 P0 ～ P9），并使 SSD PCIe 模块进入回环模式，以执行测试，每个预设值抓取 200 万单位间隔的数据并保存波形。

CBB、示波器和误码仪的连接示意如图 8-3 所示。

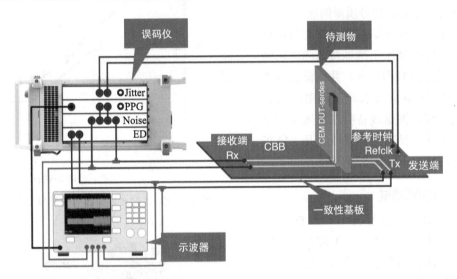

图 8-3　CBB、示波器与误码仪连接示意

测试标准：分析波形，所有预设值都在协议规定范围内。

6. 发送端链路均衡响应时间测试

测试 SSD PCIe 模块是否能够在规定时间内正确响应协议命令，并切换到指定的预设值。

测试方法：这项测试同样需要使用 CBB、示波器和误码仪。通过发送命令要求 SSD PCIe 发送端切换预设值（需要逐一测试 P0 ～ P9），并使 SSD PCIe 模块进入回环模式，以执行测试，每个预设值抓取 200 万单位间隔的数据并保存波形。

测试标准：分析波形，预设值切换时间需要小于 1μs，且所有预设值都在协议规定范围内。

7. 接收端链路均衡测试

这项测试要求 SSD PCIe 模块正常完成链路均衡，并通过 Recovery 模式进入回环模式才可以进行。测试方法是采用预设值 7、预设值 8 进行两次接收端压力测试，并检查比特错误。以 Gen4 为例，如果在 1E12 比特中观察到的比特错误不超过 1 个，测试通过。

8. 接收端抖动容限测试

除了常规的压力测试，误码率是反映接收端性能最有效的方法，通过误码仪在发往 SSD PCIe 模块接收端的信号中注入抖动，观察接收端是否能够正确地接收数据，并计算误码率。图 8-4 是一个 Gen4 接收端抖动容限的测试结果示例。

通过误码仪产生特定速率的数据流，这个速率应与被测试的 PCIe 设备的速率一致。误码仪也需要被设置为产生一定量的已知抖动，以模拟实际操作条件下可能遇到的信号质量问题。

验证被测设备的接收端在衰减链路下是否能够按要求正确地接收和解码测试设备发送的数据信号，并确保其性能符合 PCIe 规范的要求。误码率测试是其中的一项，测试设备会在发送的信号中注入干扰，然后观察接收器是否能正确地解码数据，并计算误码率。

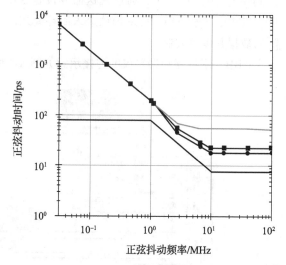

图 8-4 Gen4 接收端抖动容限测试结果示例

8.1.2 协议测试

链路层与事务层测试：在 PCIe 架构中，链路层和事务层是关键的组成部分，它们确保数据能够高效、可靠地在设备之间传输。

在 PCIe Architecture Link Layer and Transaction Layer Test Spec（PCIe 架构链路层与事务层测试规范）中定义了如何对链路层和事务层进行测试。

测试需要使用 PCIe 训练器，测试环境如图 8-5 所示。

图 8-5 PCIe 协议测试环境

测试项目包括数据包的封装和传输、错误检测与处理、流控机制及链路的初始化和维护等。通过这些测试，可以验证 SSD 是否能够正确处理事务层数据包（TLP），并确保在链路层的传输过程中数据的完整性和可靠性。完整的测试用例列表与具体介绍可以查看规范汇总中的描述。

下面列举了部分测试项目和测试目的，完整测试项目和描述可以查看官方文档。

- Reserved Fields DLLP Receive（DLLP 接收保留字段）测试：测试目的是验证被测设备（DUT）会忽略 ACK DLLP 中设置为任意数据的保留字段。测试方法包括配置读取请求（CfgRd）并检查无错误报告。

- Retransmit On Nak（NAK 重传）测试：确认 DUT 会重传收到 NAK DLLP 的 TLP。测试方法是发送 CfgRd 并期待重传。

- Replay Timer Test（重传计时器测试）：验证 DUT 的重传定时器会在未收到 ACK 或 NAK 时触发 TLP 重传，并且可校正的错误信息受到启用位和屏蔽位的控制。

- Replay Num Test（重传次数上限测试）：确认 DUT 会持续重传收到 NAK DLLP 的 TLP，直到达到其 REPLAY_NUM 定义的次数为止。

- Link Retrain On Retry Fail（重传失败后链路重新训练）测试：测试在重传尝试失败后，连接到 DUT 的链路会进入重新训练状态，并验证在重新训练期间重试缓冲区和链路状态是否不变。

- Replay TLP Order（重传顺序正确性）测试：验证最旧的未确认 TLP 会首先被重传，按照最初传输的顺序进行。

- Corrupted DLLP（损坏 DLLP）测试：确认 DUT 能识别出 CRC 错误的 DLLP，并丢弃它，同时记录 Bad DLLP 错误。

- Undefined DLLP Encoding（未定义 DLLP）测试：测试 DUT 是否会静默丢弃编码未定义的 DLLP，并确认能够控制可校正的错误信息。

- Wrong Seq Num In Ack DLLP（错误序号 DLLP）测试：确认 DUT 会丢弃序列号不符合未确认 TLP 的 ACK DLLP，并记录与端口相关的数据链路协议错误。

- Bad LCRC（错误 LCRC）测试：确认接收器会因 CRC 错误丢弃 TLP，并发送 NAK，记录端口相关的 Bad TLP 错误。

- Duplicate TLP Seq Num（重复 TLP 序号）测试：验证 DUT 正确处理重复的 TLP，即使接收到确认，也会将其丢弃。

- Wrong TLP Seq Num（错误 TLP 序号）测试：确认 DUT 会为序列号不在最后 2 048 个接收并确认的 TLP 中的 TLP 发送 NAK。

- Nullified TLP（无效 TLP）测试：确认接收器会静默丢弃一个无效的 TLP，不发送 ACK 或 NAK，也不报告任何与端口相关的错误。

- TXN BFT Request Completion UR（不支持请求处理）测试：测试 DUT 针对不支持的请求，能否正确回复主机，并根据基于 DUT 支持的错误报告类型发送相应的错误信息。

- Bad ECRC（错误 ECRC）测试：验证 DUT 是否能正确处理 ECRC。确认未启用生成 ECRC 的 DUT 不会在传输的 TLP 中生成 TLP 校验，启用的则会。

- Poisoned TLP（被污染 TLP）测试：验证 DUT 是否会检查收到的 TLP 中的 EP 位，并记录相应的错误。
- Reserved Bits in Training Sequences（训练序列保留位）测试：确认 DUT 会忽略训练序列的保留位中接收到的实际值，并视这些保留位为零。
- Adjusting Initial Preset 8.0GT/s（初始 P 值测试 Gen3）：验证 DUT 在转换到 8.0GT/s 时是否发送 / 接受 EQ TS1 和 EQ TS2。
- Adjusting Initial Preset 16.0GT/s（初始 P 值测试 Gen4）：类似于 8.0GT/s 的测试，验证 16.0GT/s 时 DUT 是否发送 / 接受 128b/130b EQ TS2。
- Adjusting Initial Preset 32.0GT/s（初始 P 值测试 Gen5）：类似于 8.0GT/s 的测试，验证 32.0GT/s 时 DUT 是否发送 / 接受 128b/130b EQ TS2。
- Function Level Reset(FLR) 1（功能级重置测试 1）：验证 DUT 是否能正确执行功能级别重置（FLR），检查 FLR 期间的 DUT 行为。
- Function Level Reset(FLR) 2（功能级重置测试 2）：确认 FLR 不会影响 DUT 的链路。
- Latency Tolerance Requests(LTR) 1（延迟容忍请求测试 1）：验证带有上行端口的 DUT 在清除 LTR 机制使能位后是否能正确传输 LTR 消息。
- Latency Tolerance Requests(LTR) 2（延迟容忍请求测试 2）：验证带有上行端口的 DUT 在被指令进入非 D0 活跃设备状态后，会发送 LTR 消息。

PCIe 配置空间测试：PCIe 配置空间是一种用于存储和管理 PCIe 设备相关信息的特殊地址空间。它包含了设备的配置寄存器和扩展配置寄存器，这些寄存器用于描述设备的功能、性能、资源分配等信息。为了对配置空间进行测试，PCI-SIG 提供一款测试工具 PCIeCV（可以直接从官网下载），软件的安装及操作手册同样可以从官网下载。

8.1.3 互操作测试

官方会组织场地，让各个参加测试公司的送测物两两互测，这就是互操作测试（Interop Test）。以一款 Gen4x4 的 SSD 为例，需要跟不同的主板厂商（华硕、技嘉、微星等），不同的设备厂商（Keysight、LeCroy、Tektronix 等）进行适配，具体方法如下。

1）关闭系统并断开电源，然后安装 SSD 到 PCIe 插槽，确保系统能够识别到设备。

2）检查 SSD 和系统达到双方都支持的最高链路速度和链路宽度。

3）验证在 PCIe 总线上传输数据。

该测试的通过标准是必须跟 80% 以上的产品连接成功。这项测试并不复杂，但是因为参会前不知道现场会有什么样的主机或者设备，这就要求 SSD 厂商提前进行大量的兼容性测试，从而保证现场能够与不同厂商正常适配。

一款 SSD，如果顺利通过电气、协议和交互性三类测试，协会就会在官网的认证列表中加上这款 SSD 的产品信息，如图 8-6 所示。

官方认证列表链接：https://pcisig.com/developers/integrators-list。

PCI Express 5.0

				Systems with CEM Slot(s)			
Company	Product Name	Identifier	Spec Revision	Max Lane Width Tested	Function	Date Added
Xilinx, Inc	Xilinx Versal Premium Series	Xilinx Versal Premium Series	PCIe 5.0 at 32GT/s	x8	Root Complex	Aug 01, 2022
AMD	7th Gen AMD Ryzen Desktop Processor	AM5 Processor	PCIe 5.0 at 32GT/s	x16	Motherboard/ System	Aug 30, 2022
AMD	AMD EPYC 9004 Series Processors	Genoa, Genoa-X, Bergamo, Storm Peak	PCIe 5.0 at 32GT/s	x16	System/Mothe rboard	Oct 27, 2022
Cadence Design Systems, Inc	Cadence PCIe RP Gen5 Controller and Gen5 PHY IP	Cadence PCIe Gen5 Controller & 32GT/s Whistler TSMC T7G PHY IP	PCIe 5.0 at 32GT/s	x8	Cadence IP Demo Platform for PCIe Gen5 Root Complex controller IP & Gen5 PHY IP	Jul 31, 2022

图 8-6　PCI-SIG 官方认证列表

8.2　UNH-IOL 的 NVMe 认证测试

新罕布什尔大学互操作实验室（UNH-IOL）成立于 1988 年，位于新罕布什尔州杜罕，是一个独立的测试组织，专注于提升多厂商的互操作性和合规性。实验室提供广泛的测试服务，涉及网络、电信、数据存储和消费技术产品。UNH-IOL 的很多工作由该校的学生完成，让他们在参与实际测试工作的过程中得到宝贵的实践经验，为未来的职业生涯做准备。更多关于 UNH-IOL 的 NVMe 测试服务的详细信息，可以访问 UNH-IOL 的官方网站（https://www.iol.unh.edu）。

UNH-IOL 提供的 NVMe 测试服务主要针对那些希望确保其产品符合 NVM Express® 标准的企业。这些服务包括一系列的合规性和互操作性评估，通过在多种操作系统、驱动程序和硬件平台上的验证，以确保设备的广泛兼容性和功能性。成功通过这些测试的产品会被列入 NVMe Integrator's List，这是一个行业认可的兼容性认证标志（非强制性）。

UNH-IOL 的 NVMe 测试主要包括协议和互操作性两个部分。协议测试方面，UNH-IOL 使用 IOL INTERACT PC Edition 和 Teledyne LeCroy Edition 软件进行测试，确保产品完全遵循 NVMe 规范，这包括验证命令、数据传输和错误处理的正确性。更进一步，UNH-IOL 还利用高级测试设备如 Teledyne LeCroy 的 PCIe 协议分析仪和训练器，来进行更全面和深入的测试。互操作性测试方面，UNH-IOL 测试引入了不同的测试硬件平台和软件，以确保

SSD 盘在不同平台环境中的可靠性和稳定性。UNH-IOL 还定期举办插拔大会（Plugfest），这些活动为厂商提供了一个平台，可以在产品实际部署前测试和优化其产品的互操作性。通过 UNH-IOL 的测试服务，厂商能验证其产品的合规性和互操作性，有助于产品快速进入市场，提升用户对产品的信心。

下面我们以 Host Memory Buffer（HMB）特性为例，具体考察 UNH-IOL 的测试能力。HMB 是现代消费级 SSD 的一个基本特性，所有强调成本的 SSD 产品都会支持 HMB 特性，用主机的内存资源来取代 SSD 盘自带的 DRAM 芯片。UNH-IOL 在 HMB 部分提供了如下 5 个测试项目。

- 验证 SSD 盘是否正确声明对 HMB 特性的支持。
- 测试 HMB 特性能否正确启用。
- 在 Controller reset 之后，SSD 盘能否正确处理 HMB 内存资源。
- 尝试在 HMB 特性开启的情况下重复开启，验证 SSD 盘是否会返回错误信息。
- 尝试在 HMB 特性关闭的情况下重复关闭，验证 SSD 盘是否会正常回应。

可见 UNH-IOL 只提供基本的协议测试，对于 SSD 产品关心的性能、可靠性、健壮性等方面的测试则完全没有顾及，譬如：

- HMB 特性的开启和关闭对随机读写 IO 性能有何影响？
- 使用各种不同的物理内存布局来测试 HMB 特性，是否能正常工作？
- 在 IO 进行过程中频繁打开或者关闭 HMB 特性，对 IO 功能是否会有影响？
- 主机内存遭受各种不同方式的篡改，是否会影响 SSD 盘的功能和可靠性？

作为 NVMe SSD 产品的一项基础测试，通过 UNH-IOL 测试可以保证 SSD 产品能工作于其他支持 NVMe 协议的平台上。但对于 SSD 产品的质量，则需要厂商自己的保障，UNH-IOL 认证并不提供这方面的测试能力。

8.3 WHQL 测试与认证

WHQL 是 Microsoft Windows Hardware Quality Lab 的缩写，中文意思为 Windows 硬件设备质量实验室（认证），主要是执行硬件设备和驱动对 Windows 操作系统的兼容性测试。

进行 WHQL 认证需要使用到一些认证工具，目前最常用的是 Windows HLK（Windows Hardware Lab Kit）和 Windows HCK（Windows Hardware Certification Kit），简称为 WHLK 和 WHCK。

8.3.1 WHCK 与 WHLK

WHCK 和 WHLK 都是用于认证 Windows 硬件设备的测试框架。SSD 要获得 Windows 认证（以前称为 Windows 徽标）的资格，必须要通过该测试。WHCK 和 WHLK 的区别在于两者运行的环境不同。

1. WHCK

WHCK 可用于测试 Windows 8.1、Windows 7、Windows Server 2008 R2 到 Windows Server 2012 系统版本下的硬件设备和驱动程序。目前市场上还有很多使用者在使用这些系统，所以 HCK 还有一定的使用率。

2. WHLK

WHLK 用于测试 Windows 11、Windows 10、Windows Server 2016 及以上的所有 Windows Server 版本下的硬件设备和驱动程序。

WHLK 的测试需要用到 HLK 工具，不同的操作系统版本对应不同版本的 HLK 工具。例如，针对 Windows 10 的 HLK 版本包括 HLK1607、HLK1703、HLK1809、HLK1903、HLK2004 等。SSD 需要针对不同版本的 Windows 选择对应的 HLK 工具完成 WHLK 测试。

Windows 版本与 HLK 版本的对应关系可以查询官网：https://learn.microsoft.com/zh-cn/windows-hardware/test/hlk/。

Windows 版本与 HLK 版本的对应关系如表 8-1 所示。

表 8-1　Windows 版本与 HLK 版本的对应关系

要认证的 Windows 版本	对应的 HLK 版本
Windows 11 版本 24H2 Windows Server 2025	Windows 11 HLK 24H2 或适用于 Windows 11 版本 24H2 和 Windows Server 2025 的虚拟 HLK（VHLK）
Windows 11 版本 23H2	Windows 11 HLK 23H2 或适用于 Windows 11 版本 23H2 的虚拟 HLK（VHLK）
Windows 11 版本 22H2	Windows 11 HLK 22H2 或适用于 Windows 11 版本 22H2 的虚拟 HLK（VHLK）
Windows 11 版本 21H2	Windows 11 HLK 21H2 或适用于 Windows 11 版本 21H2 的虚拟 HLK（VHLK）
Windows Server 2022	适用于 Windows Server 2022 的 WHLK 或适用于 Windows Server 2022 的虚拟 HLK（VHLK）
Windows 10 版本 22H2、Windows 10 版本 21H2、Windows 10 版本 21H1、Windows 10 版本 20H2、Windows 10 版本 2004	适用于 Windows 10 版本 2004 的 WHLK 或适用于 Windows 10 版本 2004 的虚拟 HLK（VHLK）
Windows 10 版本 1909 Windows 10 版本 1903	适用于 Windows 10 版本 1903 的 WHLK 或适用于 Windows 10 版本 1903 的虚拟 HLK（VHLK）
Windows 10 版本 1809、Windows Server 2019	WHLK 版本 1809 或适用于 Windows 10 版本 1809 的虚拟 HLK（VHLK）
Windows 10 版本 1803	适用于 Windows 10 版本 1803 的 WHLK
Windows 10 版本 1709	适用于 Windows 10 版本 1709 的 WHLK
Windows 10 版本 1703	适用于 Windows 10 版本 1703 的 WHLK
Windows 10 版本 1607 Windows 10 版本 1511 Windows 10 版本 1507 Windows Server 2016	适用于 Windows 10 版本 1607 的 WHLK

8.3.2　WHLK 测试平台架构

WHLK 包含两个组件：一个测试服务器和一个或多个测试系统。

HLK 测试服务器通常称为控制器。测试服务器包括两个部分：Windows HLK Controller 和 Windows HLK Studio。服务器是测试执行引擎，集中进行测试管理和计算机管理，Controller 和 Studio 是从 WHLK 安装源安装。一个控制器可以控制一系列客户端计算机。

HLK 测试系统也被称为客户端计算机，每个测试系统可以有不同的配置，适合不同的测试场景，包括不同的硬件、操作系统、服务包和驱动程序。每个测试系统只对应一个测试服务器，一个服务器可以对应多个测试系统。HLK 客户端安装文件可以存放在测试服务器中，然后在每台测试计算机中通过运行命令安装 HLK 客户端。具体方法后文有描述。WHLK 测试平台架构如图 8-7 所示。

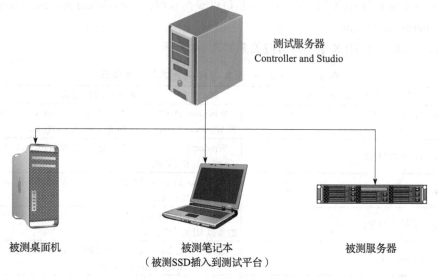

测试服务器
Controller and Studio

被测桌面机　　　　被测笔记本　　　　　被测服务器
　　　　　（被测SSD插入到测试平台）

图 8-7　WHLK 测试平台架构

客户端安装在测试计算机当中，测试计算机可以是服务器、台式机、笔记本电脑等多种形态，根据测试需求选择。如果是消费级 SSD，一般在台式机或者笔记本上测试 WHLK。如果是企业级 SSD，则在服务器上测试 WHLK。

最简单的测试系统可以采用一台测试服务器和一台测试计算机的方式，仅用两个设备。针对 SSD 的 WHLK 测试可以采用该模式，Controller 和 Studio 软件安装在服务器中，HLK 客户端被安装在测试计算机中，被测 SSD 被插在被测计算机内。如果需要测试多个 SSD，可以在同一台测试服务器下部署多台测试计算机。

8.3.3　WHLK 部署方案

WHLK 有如下两种部署方案。

1. 加入域的环境

在已加入域的环境中有一个域控制器，将 WHLK 功能指定的所有计算机加入同一个域控制器。如果计划在加入域的环境中部署 WHLK，则至少需要三台计算机：一台 Windows 域控制器、一台 WHLK 测试服务器和至少一个 WHLK 测试系统。确保在域控制器上已配置并运行 Microsoft Active Directory，域控制器和 WHLK 测试服务器不能在同一个机器中。

2. 工作组环境

工作组环境没有域控制器。如果计划在工作组中部署 WHLK，则至少需要两台计算机：一台测试服务器和一个加入同一工作组的测试系统。不要使用默认管理员账户，在此配置中，必须启用来宾账户。

SSD 的 WHLK 测试一般采用工作组方式，需要一台测试服务器和一台测试计算机。

SSD 的 WHLK 测试环境的搭建可以根据 SSD 的目标市场及机型进行选择，一般部署 3 ～ 5 台，覆盖主要的 CPU 大类（AMD、Intel、ARM 等）及 Windows OS 主要版本（Windows 10、Windows 11、Windows Server 等）。

8.3.4　WHLK 搭建测试环境的步骤

WHLK 测试环境的搭建，分为下面几步。

1. 查看先决条件

在开始测试之前，需确保测试环境满足以下要求。

- 在安装控制器之前，务必安装 .NET Framework 4.x。如果未提前安装 .NET Framework 4.x，则控制器的安装将失败。
- 在安装 HLK 之前，必须首先卸载所有 32 位 SQL Server，HLK 不支持 32 位 SQL Server 安装。
- 在安装 HLK 之前，必须首先卸载所有 SQL Server 2014、2015、2016 和 2017。
- 对于测试系统，在测试计算机上启用安全启动可能会导致 HLK 客户端安装失败。此外，还有一组 HLK 测试需要禁用安全启动才能正常运行。
- 服务器和客户端的硬件配置应高于 WHLK 运行所需的最低配置，配置要求可以参考官网 WHLK 对应版本的页面。

2. 在测试服务器上安装 Controller 和 Studio 软件

在测试服务器上安装 Controller 和 Studio 软件，步骤如下。

1）为要测试的设备下载正确的 HLK 版本。有关选择正确 HLK 的信息，请参阅 Windows Hardware Lab Kit 主题。

2）如果要直接下载到服务器，则必须禁用 IE 增强的安全配置（IE ESC）。

3）出现提示时，选择"运行"选项。

警告：不要选择"保存"选项。选择"保存"选项仅下载安装文件，而不是完整工具包。

4）出现"指定位置"屏幕时，选择相应的选项。

5）安装选项：选择"将 Windows Hardware Lab Kit 安装到本计算机"，然后选择"安装"。

6）下载选项：选择"下载 Windows Hardware Lab Kit 以安装到其他计算机"，然后选择"下一步"。

7）选择"Windows Hardware Lab Kit 控制器 + Studio"选项。

8）如果直接安装，则必须在服务器上打开一个端口。选择"是"以允许安装程序打开端口。

9）在出现"加入客户体验改善计划（CEIP）"屏幕时，选择"是"或"否"，然后选择"下一步"。如果网络未连接到 Internet，请选择"否"。

10）查看许可协议，然后选择"接受"以继续。

11）如果选择了下载选项，请将下载内容复制到测试服务器。运行 HLKSetup.exe，并重复步骤 3 中的安装说明，以安装到此计算机。

3. 在测试计算机上安装客户端

1）在测试系统上，浏览到以下位置：\\<ControllerName>\HLKInstall\Client\Setup.cmd。

注意：将 <ControllerName> 替换为测试服务器的名称。

如果尚未安装以下软件，则在此步骤中安装。

- .NET Framework 4.x。
- 应用程序验证工具。
- Windows 驱动程序测试框架（WDTF）。
- Windows 性能工具包（WPT）。
- 如果测试系统安装了服务器核心版，则应使用静默安装选项安装 HLK 客户端。
- 执行 Syntax \\< ControllerName >\HLKInstall\Client\Setup.cmd /qn ICFAGREE=Yes。

2）此时将显示"Windows Hardware Lab Kit 客户端安装向导"。要启动向导，请选择"下一步"。

3）在"Internet 连接防火墙协议"页上，选择"是，我将允许打开端口"，然后选择"下一步"。

4）当出现"准备安装"页时，选择"安装"。

5）单击"完成"以退出向导。

6）对每个测试系统重复步骤 1 到 5。

4. 创建计算机池

1）在 Windows HLK Studio 中选择"配置"。

2）要创建第一个新池，请右击 $（Root）节点，然后选择"创建计算机池"。如果有需要，可更改默认名称，改后按回车键完成。

3）创建新池后，也可以右击它并选择"创建计算机池"。存档和默认池具有特殊角色，因此它们不能用于创建新池。

4）选择"默认池"，并确认每个测试系统都出现在右侧的主窗格中。如果在多个测试系统中安装了客户端，则可以将其中任何一个添加到池中。一台计算机一次只能在一个池中。

5）要将某个测试系统移动到新池中，首先选择此测试系统，然后将其拖到新创建的池中。

6）在右侧窗格中，右击"计算机"列下的测试系统，选择"更改计算机状态"，然后选择"就绪"。

7）"状态"列将更改为"就绪"。

警告：

● 不能针对状态为"未就绪"的计算机计划进行测试。

● 当某个计算机在默认池中时，不能设置为"就绪"。

8）对要包含在池中的每个测试系统重复前两个步骤。

9）将所有测试系统添加到所需的计算机池后，选择返回箭头以返回 Windows HLK Studio 的主区域。

创建计算机池如图 8-8 所示。

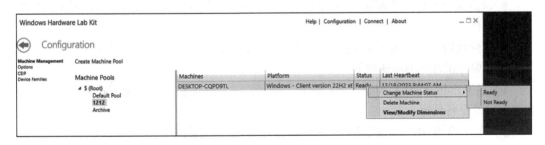

图 8-8　创建计算机池

5. 创建测试项目

1）在 Windows HLK Studio 中，选择"项目"选项卡，然后选择"创建项目"。

2）将默认项目名称替换为想创建的项目名称，然后按回车键。项目应该有一个有意义的名称来指示其内容，例如日期或 Model name。当项目名称出现在页面上时，项目即已创建。

创建测试项目如图 8-9 所示。

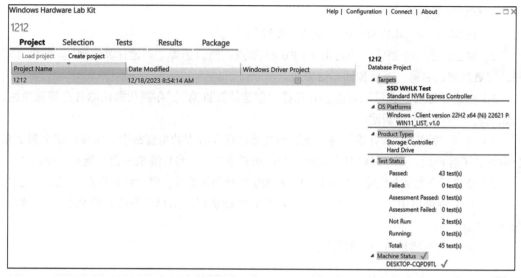

图 8-9　创建测试项目

6. 选择要测试的目标

Windows HLK Studio 可检测设备实现的所有功能。可单独测试的功能称为目标，一个设备可能包含多个目标，由一个或多个硬件 ID 表示。在"选择"选项卡上，可以使用以下视图过滤要测试的内容。

- **系统**：用于测试完整的客户端或服务器系统。
- **设备和打印机**：用于测试连接到测试系统的外部设备。此设备通常出现在测试系统的"启动"→"设备和打印机"中。
- **设备管理器**：用于测试系统或外部设备的组件，例如网卡、SSD 等。这是最详细的视图。
- **软件设备**：用于测试安装在测试系统上的过滤器驱动程序、防火墙和防病毒软件。

选择要测试目标的步骤如下。

1）在 Windows HLK Studio 中，选择"选择"选项卡。在计算机池下拉列表中选择包含要测试的设备的池。

2）在左窗格中，根据要测试的设备选择视图——系统（systems）、设备和打印机（devices and printers）、设备管理器（device manager）或软件设备（software device），可用目标列表显示在中心窗格中，SSD 设备对应的设备池为"设备管理器"（device manager）。

3）在中心窗格中，选中要测试的目标旁边的框。必须选择特定产品类型的所有功能，设备才能获得认证。在本例中，测试目标为 SSD 设备，因此勾选了 SSD 设备左边的选框，如图 8-10 所示。

注意：在本例中，被测的 SSD 名称为"SSD WHLK Test"，下文同。

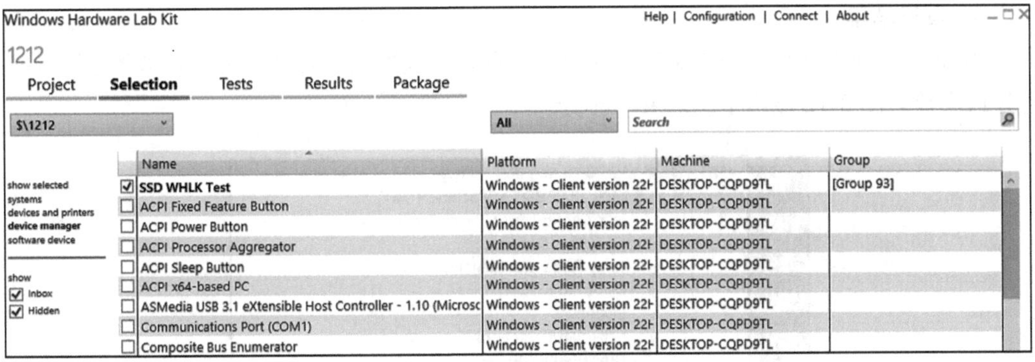

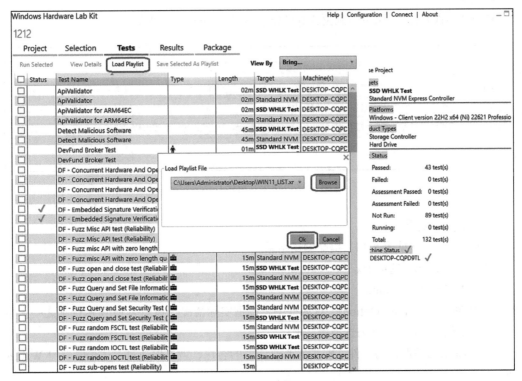

图 8-10　选择 WHLK 测试目标

7. 选择和运行测试

播放列表是测试的集合，可用于定义测试设备的各种场景。Windows 硬件兼容性计划使用一个官方播放列表来确定哪些设备满足要求，以及与 Windows 的兼容性。

从"测试"选项卡中选择"加载播放列表"即可加载播放列表，一次只能加载一个播放列表。要选择不同的播放列表，必须首先通过从"测试"选项卡中选择"卸载播放列表"来卸载当前播放列表，如图 8-11 所示。

图 8-11　WHLK 选择测试播放列表

8. 查看结果

Results 选项卡显示每个有关测试的详细信息。每次测试完成时，状态列都会更新结果：通过或失败。图 8-12 显示了"结果"选项卡。

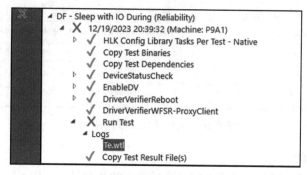

图 8-12　测试失败显示

右击任何测试条目，可以查看测试的详细信息，信息包括如下几个。

- 测试运行期间发生的系统崩溃的缺陷检查摘要信息。
- 任务日志。
- 错误日志。

右击"错误日志"，可以看到更详细的错误信息，如图 8-13 所示。

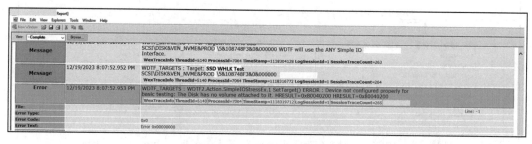

图 8-13　展开"错误日志"

9. 提交测试结果

按照以下步骤（见图 8-14）提交测试结果。

1）选择 Package 选项卡。

2）选择 Create Package。

3）在签章（Signing Options）对话框中，根据实际情况选择图 8-15 所示选项之一。例如，没有购买商业证书，则需选择第一项。

4）将签章结果保存为文件。购买了商业证书的客户，就可以通过上述步骤获得 WHLK 认证。

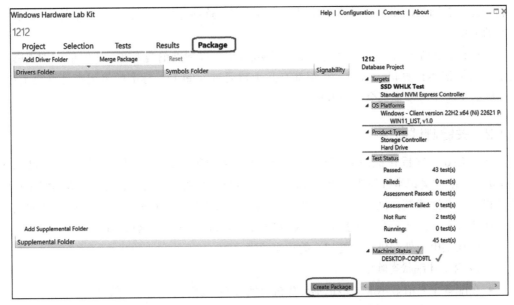

图 8-14　选择 Package 选项卡并选择 Create Package

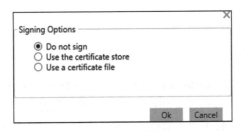

图 8-15　签章选择

8.4　雅典娜测试与认证

8.4.1　雅典娜计划

对于笔记本计算机来说，什么样的体验才算是优秀的体验？对此，Intel 在 2019 年全新推出了雅典娜（Athena）计划，这是用于给笔记本电脑打造一套提高终端用户体验的标准规范。到了 2020 年，Intel 将雅典娜计划打造成 Intel Evo 标准。经过几年的进化，Intel Evo 标准已经来到了 3.0 时代。目前，Intel Evo 引领了轻薄笔记本计算机的进化趋势，想要获得 Intel Evo 认证门槛还是比较高的。Intel Evo 有 200 个测试，150 项认证指标，主要涉及核心性能、AI 能力、唤醒速度、续航时长、网络连接和传输端口六大项目。

Intel 虽然自己不制造笔记本计算机，但会引导笔记本厂商遵循 Intel Evo 标准达到提升整体笔记本计算机使用体验的目标。为了能够与厂商之间快速沟通，Intel 分别在中国的上海和台北、美国的加州建立雅典娜计划开放实验室，这些地区正好也是笔记本计算机设计、研发的密集区。

通过认证的笔记本计算机将附带 Intel Evo 标识，以帮助消费者在购买时能识别出哪些是卓越的笔记本计算机。目前，每年都有几十款通过 Intel Evo 标准的笔记本计算机上市，大品牌的主流型号基本都会支持 Intel Evo。

8.4.2 关键测试指标

Intel Evo 标准旨在提高笔记本计算机性能以帮助用户高效完成重要任务。满足 Intel Evo 认证标准的笔记本计算机采用了多种关键平台技术和系统优化，通过提高应用程序响应速度和增加电池续航，确保随时随地为客户提供卓越体验。所有符合 Intel Evo 标准的笔记本计算机都需通过以下关键体验指标（Key Experience Indicators，KEI）验证。

- 电池供电与外部供电始终如一的响应速度。
- 1s 内从休眠状态唤醒。
- 在配备全高清显示屏的笔记本计算机上实现 9h 或更长的电池续航时间。
- 在配备全高清显示屏的笔记本计算机上，只需充电 30min，便可获得长达 4h 或更长的电池续航时间。

……

8.4.3 RVP 测试平台

Intel RVP（Reference Validation Platform，参考验证平台）是 Intel 提供的一种硬件平台，用于帮助开发人员和工程师验证和测试新的硬件和软件技术。RVP 平台通常用于开发周期的早期阶段，以确保新技术的兼容性和性能。这些平台在设计上会非常接近最终产品，但它们主要是为了开发和测试而设计的，因此可能不会面向普通消费者销售。

RVP 平台可能包括最新的处理器、芯片组和其他硬件组件，它们被用来模拟最终产品的行为，以便开发者可以在这个平台上开发和测试他们的应用程序、驱动程序或操作系统。通过使用 RVP，开发者可以在实际硬件发布之前开始他们的开发工作，从而加快产品上市的时间。

近几年，Intel 推出了多个 CPU 系列，它们通常以各种"湖"（Lake）命名，以下是近五年的重要的型号和它们的简要介绍。

- Ice Lake（2019 年）：Ice Lake 是 Intel 的第十代微架构，它使用了新的 Sunny Cove 架构，并首次在移动处理器中集成了 Thunderbolt 3 和 Wi-Fi 6 支持。
- Tiger Lake（2020 年）：Tiger Lake 是 Intel 的第十一代微架构，它采用了改进的 10nm 工艺，并引入了新的 Iris Xe 集成显卡，提供了更好的图形性能。
- Rocket Lake（2021 年）：Rocket Lake 是 Intel 的第十一代微架构，它采用了新的 Cypress Cove 架构，并首次在桌面处理器中支持 PCIe 4.0。
- Alder Lake（2021 年）：Alder Lake 是 Intel 的第十二代微架构，它引入了性能核

（P-cores）和能效核（E-cores）的混合架构设计，并支持新的 LGA 1700 插槽。

- Raptor Lake（2022 年）：Raptor Lake 是 Intel 的第十三代微架构，它继续使用 LGA 1700 插槽，并在 Alder Lake 的基础上进行了性能和能效的改进。
- Meteor Lake（2023 年）：Meteor Lake 是 Intel 的第十四代微架构，它将采用新的小芯片设计，提供更高的性能和能效。
- Arrow Lake (2024 年)：Arrow Lake 是英特尔计划中的下一代处理器系列，属于酷睿 Ultra 200 系列。这个系列的处理器将包括桌面版（Arrow Lake-S）、移动端的高性能游戏笔记本版（Arrow Lake-HX）和标准移动端版本（Arrow Lake-H）。Arrow Lake 系列将在 2024 年内发布，并将采用新的 LGA 1851 插槽。

这些"湖"系列处理器代表了 Intel 在不同时间点的技术进步和市场策略。随着技术的发展，Intel 将不断推出新的处理器来满足市场对计算性能的需求。

雅典娜测试的主要内容均在 RVP 平台上完成，所以 SSD 产品搭载在新的 Intel 平台之前，需要在 RVP 平台上完成雅典娜测试。RVP 平台不公开售卖，如果测试团队所在的公司已经和 Intel 签署了 NDA 协议，则可以向 Intel 申请购买。除了购买，还可以向 Intel 的开放实验室（Open Lab）申请测试服务。

8.4.4　测试内容举例

雅典娜测试的内容较多，其中较为核心的是功耗测试的内容。SSD 产品功耗测试涵盖了下面几种测试场景。

- **本地视频播放**（Local Video Play，LVP）：平台视频播放到 1 分 30 秒开始测试，持续记录到 4 分 30 秒结束，期间记录持续 3 分钟的功耗，获取 SSD 平均功耗值。
- **空闲**（Idle）：平台空闲 30 分钟，然后连续测试记录 3 ～ 5 分钟的功耗，获取 SSD 平均功耗值。
- **待机**（Modern Standby，MS）：平台进入待机状态，观察功耗曲线平稳后，连续测试记录 3 ～ 5 分钟的功耗，获取 SSD 平均功耗值。
- **网页浏览**（Web Browsing）：平台通过 Wi-Fi 联网，然后输入 URL 网址，访问另一台已经搭建好网页的计算机进行网页浏览，无需等待时间，输入网址开始测试，期间程序自动浏览网页，不断切换网页，每个网页的时间间隔大概 30s，测试时长 15 分钟左右，获取 SSD 平均功耗值。

测试表格如表 8-2 所示。

表 8-2　Intel RVP 平台测试 SSD 功耗

测试内容	SSD 编号	实测功耗 /mW	目标功耗 /mW	测试结果
LVP	NVMe_SSD_01	44.41	50	通过
Idle	NVMe_SSD_01	24.42	25	通过

（续）

测试内容	SSD 编号	实测功耗 /mW	目标功耗 /mW	测试结果
MS	NVMe_SSD_01	2.53	3.5	通过
Web	NVMe_SSD_01	103.60	110	通过

关于更多的功耗测试内容可以参考 Intel 官方文档 600350，目标功耗也在该文档体现。

8.5 Chromebook 测试与认证

Google 提供了关于 Chromebook 上 SSD 的测试和认证服务，以确保这些设备在性能和安全性方面达到 Chromebook 系统的标准。然而，关于具体的测试流程和认证细节，Google 并没有公开太多信息。

如果您或您的企业需要对 Chromebook 的 SSD 进行测试和认证，或者对此类测试的具体细节有进一步的需求，建议直接联系 Google。通过与 Google 的直接沟通，您可以获得最准确和最具体的信息，了解如何符合或申请相关的测试和认证程序。限于篇幅，这里不再展开。

8.6 国密认证

国密认证的对象包括智能密码钥匙、服务器密码机、安全芯片、区块链密码模块等 28 类商用密码产品，SSD 产品属于安全芯片类别。

8.6.1 认证依据

国密认证的依据主要来自以下几个方面，如表 8-3 所示。

表 8-3 国密认证的依据

依据类别	参考文件
规范准则	GM/T 0008《安全芯片密码检测准则》 GM/T 0065《商用密码产品生产和保障能力建设规范》 GM/T 0066《商用密码产品生产和保障能力建设实施指南》
算法应满足的要求	GM/T 0001《祖冲之序列密码算法》 GM/T 0002《SM4 分组密码算法》 GM/T 0003《SM2 椭圆曲线公钥密码算法》 GM/T 0004《SM3 密码杂凑算法》 GM/T 0009《SM2 密码算法使用规范》 GM/T 0010《SM2 密码算法加密签名消息语法规范》 GM/T 0044《SM9 标识密码算法》
随机数检测遵循的原则	GM/T 0005《随机性检测规范》 GM/T 0062《密码产品随机数检测要求》

8.6.2　认证模式

安全芯片产品认证模式为：型式试验 + 初始工厂检查 + 获证后监督。

认证机构可对获证产品生产企业的扩项产品认证委托，减免初始工厂检查环节。

8.6.3　认证单元划分

原则上应按安全芯片产品型号的不同划分认证单元。同一认证单元内有多个版本的产品时，认证委托人应提交不同版本间的差异说明，必要时还应进行补充差异试验。

8.6.4　认证实施

认证实施的步骤包括认证委托、型式试验、初始工厂检查、认证评价与决定、获证后监督等。详细的流程及参与主体参考图 8-16，该流程图是根据商用密码检测中心官网 https://service.scctc.org.cn/ 中"业务办理→认证流程"中的内容梳理出的，后续如有变动，以官网为主。

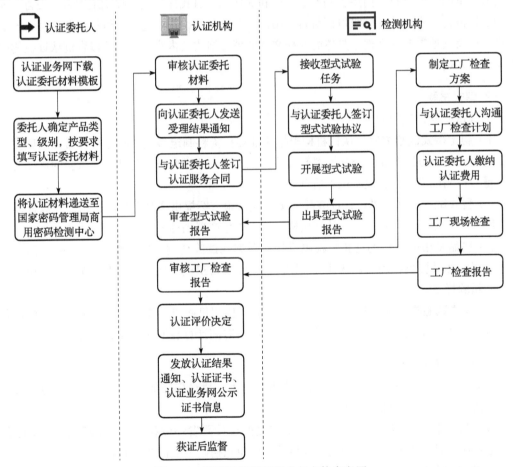

图 8-16　国密认证流程及参与主体参考图

1. 认证委托

（1）认证委托受理

认证委托人应按认证机构要求提交认证委托资料，认证机构于收到委托资料后 5 个工作日内完成资料形式化审核并给出审核意见。若认证委托人提交的资料齐全且符合规定形式，认证机构向认证委托人发送认证受理通过通知。若认证委托人首次提交的认证委托资料不齐全或不符合规定形式，认证机构通知认证委托人补正资料；若认证委托人提交的补正资料仍不齐全或不符合规定形式，认证机构通知认证委托人受理不通过并说明理由。

具备认证资质的机构可以提供认证服务，既包括国家密码局下属的认证机构，也包括一些获得了认证资质的第三方机构。国家密码局下属的认证机构官网 https://service.scctc.org.cn/gywm/index.html。

（2）认证委托资料要求

认证委托人委托认证时，应提交的认证委托资料，包括但不限于认证委托书、具有独立法人资格的证明材料、商用密码产品生产和保证能力自我评估表、技术工作总结报告、安全性设计报告、安全芯片分级申请材料、用户手册、自测说明、生产一致性证明文件、产品实物图以及其他需要的文件。具体的委托文件的填写格式及内容要求，可以咨询认证机构的相关工作人员。

2. 型式试验

型式试验操作流程如下。

1）**制定型式试验方案**：认证机构根据认证委托资料制定型式试验方案并通知认证委托人，将型式试验方案及相关委托资料转交检测机构。型式试验方案包括型式试验的样品要求和数量、检测标准项目、检测机构信息等。

2）**型式试验样品要求**：认证委托人按型式试验方案提供样品至检测机构，并保证样品与实际生产产品一致；必要时，认证机构也可采用生产现场抽样的方式获得样品。

3）**样品及相关资料的处置**：检测机构应对型式试验全过程做完整记录，并妥善管理、保存、保密相关资料，确保在认证有效期内检测结果可追溯。认证委托人可在认证结束后取回型式试验样品。

4）**型式试验报告的提交**：型式试验结束后，检测机构应在 5 个工作日内向认证机构和认证委托人出具型式试验报告，出具型式试验报告时间计算在型式试验周期内。

3. 初始工厂检查

认证机构进行初始工厂检查的内容为生产能力、质量保障能力、安全保障能力、服务保障能力，以及产品一致性检查等。

初始工厂检查的场所范围原则上覆盖产品的设计研发环境和生产加工环境。对于已获证企业再次申请认证时，经认证机构审核后，可免除初始工厂检查环节。

- **生产和保障能力**：由认证机构依据 GM/T 0065《商用密码产品生产和保障能力建设

规范》和 GM/T 0066《商用密码产品生产和保障能力建设实施指南》等标准规范实
施审核和检查。

- **产品一致性**：初始工厂检查时，在生产现场对委托认证的产品进行一致性检查。重
  点检查认证产品的铭牌、包装上所标明的及运行时所显示的产品名称、型号、版本
  号与型式试验报告上所标明的内容是否一致；认证产品所用的软件、硬件与型式试
  验合格的样品是否一致；非认证的产品是否违规标贴了认证标识。

由认证机构根据认证实施需要安排初始工厂检查。人日数根据所委托认证产品的认
证单元数量确定，并适当考虑工厂的规模及产品的安全级别，一般每个场所为 4 至 6 个
人日。

4. 认证评价与决定

认证机构对型式试验、初始工厂检查结论和相关资料信息进行综合评价，作出认证决
定。对符合认证要求的，颁发认证证书并允许使用认证标志；对暂不符合认证要求的，可要
求认证委托人限期（通常情况下不超过 3 个月）整改，整改后仍不符合的则书面通知认证委
托人终止认证。

5. 获证后监督

为保证产品持续符合标准要求，在认证有效期内，认证机构持续进行获证后监督，监
督频次一般不少于两次，认证机构可根据实际情况调整监督频次。获证后监督可采用工厂检
查或文件审查的方式。认证机构可采取事先不通知的方式对获证方实施监督。

获证方如出现以下情形之一，认证机构可视情况增加获证后监督审查的频次：

- 获证产品出现严重质量问题，或者用户提出投诉并经查实为获证方责任时。
- 认证机构有足够理由，对获证产品与本规则中规定的标准要求的符合性提出质疑时。
- 有足够信息表明获证方因组织机构、生产条件、质量管理体系等发生变更，从而可
  能影响产品质量时。

获证后监督可采用工厂检查或文件审查的方式。必要时可在生产现场或市场抽样，对
产品进行检测。

工厂检查时，主要对生产能力、质量保障能力、安全保障能力、服务保障能力，以及
认证产品一致性进行检查。文件审查时，认证委托人应向认证机构提交生产一致性证明文
件，自测报告等资料。如需进行抽样检测时，抽样检测的样品应在获证方的产品中（包括生
产线、仓库、市场）随机抽取。型式试验的检测项均可以作为监督时的检测项，认证机构可
根据具体情况选取部分或全部进行检测。

认证机构对获证后监督的过程和结果进行记录并归档留存，以保证认证过程和结果具
有可追溯性。认证机构对获证后监督结论和相关资料信息进行综合评价。评价通过的，可继
续保持认证证书、使用认证标志；不通过的，认证机构根据相应情形做出暂停或者撤销认证
证书的处理。

8.6.5　认证时限

认证时限是指自委托被正式受理之日起至颁发认证证书时止所实际发生的工作日。整改时间不计算在内。因委托人未及时提交材料、未能及时递送样品、不能按计划接受工厂检查、未及时缴纳费用等原因导致的认证时间延长不计算在内。

认证委托、初始工厂检查、认证评价与决定三个基本环节，安全等级第一级、第二级的一般在 30 个工作日内完成，安全等级第三级的一般在 40 个工作日内完成。

型式试验环节，安全等级第一级的一般在 60 个工作日内完成，安全等级第二级的一般在 90 个工作日内完成，安全等级第三级的一般在 140 个工作日内完成。

8.6.6　认证证书

1. 认证证书的保持

认证证书有效期为 5 年，其效力通过认证机构的获证后监督保持。证书到期需延续使用的，认证委托人应在有效期届满前 6 个月内提出认证委托。认证机构采用获证后监督的方式对符合认证要求的委托换发新证书。

2. 认证证书覆盖产品的变更

- **变更委托**：获证后的产品或其生产者（制造商）、生产企业等发生变化时，认证委托人应向认证机构提出变更委托。
- **变更评价与批准**：认证机构根据变更的内容，对委托资料进行审核，确定是否可以批准变更。如需样品检测和工厂检查，应在检测和检查合格后方能批准。
- **证书有效期**：变更后，证书有效期与原证书一致。

3. 认证证书覆盖产品的扩展

- **认证证书覆盖产品扩展委托**：认证委托人需要增加已经获得的认证证书覆盖的产品范围时，应向认证机构提出扩展委托，并提供扩展产品和获证产品之间的差异说明。
- **认证证书覆盖产品的扩展评价与批准**：认证机构可采用委托资料审核、补充差异试验和工厂检查的方式核查原认证结果对扩展产品的有效性。核查通过的，由认证机构换发新证书。

扩展后，证书有效期与原证书一致。

4. 认证证书的注销、暂停和撤销

认证证书的注销、暂停和撤销依据有关规定执行。认证机构采用适当方式对外公布被注销、暂停和撤销的产品认证证书。

5. 认证证书的使用

认证证书可以展示在文件、网站、通过认证的工作场所、销售场所、广告和宣传资料或广告宣传等商业活动中，但不得利用认证证书和相关文字、符号，误导公众认为认证证书

覆盖范围外的产品、服务、管理体系获得认证。宣传认证结果时不得损害认证机构的声誉。

6. 认证标志

认证标志图案如图 8-17 所示。

标志的样式和使用应符合《商用密码产品认证规则》。

7. 认证责任

认证机构对其做出的认证结论负责。检测机构对检测结果和检测报告负责。认证机构及其所委派的工厂检查员对工厂检查结论负责。认证委托人对其所提交的委托资料及样品的真实性、合法性负责。

图 8-17　国密认证标志

8.7　国内 SSD 测试标准

依据《中华人民共和国标准化法》，可将标准分为国家标准、行业标准、地方标准、企业标准等 4 个层次，各层次间具有依从关系和内在联系。其中国家标准代号为 GB 和 GB/T，其含义分别为强制性国家标准和推荐性国家标准；行业标准作为国家标准的补充，当国家标准实施后，行业标准自行废止。

关于国内 SSD 的测试标准，主要包括国家标准和行业标准两大类。

8.7.1　国家标准——GB/T 36355—2018

GB/T 36355—2018《信息技术　固态盘测试方法》由国家电子质量检测中心牵头起草，全国信息技术标准化技术委员会（SAC/TC 28）提出并归口，中国国家标准化管理委员会发布的"信息技术 固态盘测试方法"（Information technology—Test method of solid state disk），自 2019 年 1 月 1 日实施。

《信息技术　固态盘测试方法》规定了固态盘功能、性能、数据一致性和数据保存时效的测试方法，适用于以闪存为存储单元的固态盘的测试方法。该标准由以下几个部分组成。

第 1 部分：范围。目的在于确立该标准面向的测试项目和适用范围。

第 2 部分：术语和定义、缩略语。目的在于确立固态盘通用性的术语和定义、缩略语。

第 3 部分：测试环境。目的在于规定本标准要求的物理环境、硬件环境和软件环境。

第 4 部分：功能测试。目的在于规定固态盘测试的接口协议、可用容量、掉电数据保护、操作系统兼容性等功能测试的测试环境和测试方法。

第 5 部分：性能测试。目的在于规定固态盘测试的读写速率、响应时间、数据传输率、性能稳定性等性能测试的测试环境和测试方法。

第 6 部分：数据一致性测试。目的在于规定固态盘数据一致性测试的测试环境和测试方法。

第 7 部分：数据保存时效测试。目的在于规定固态盘数据保存时效测试的测试环境和测试方法。

8.7.2 行业标准

1. T/CIE 171—2023

由工业和信息化部电子第五研究所牵头组织起草，长江存储科技有限责任公司等公司协助，中国电子学会发布的 T/CIE 171—2023《企业级固态硬盘测试规范》，自 2023 年 5 月 29 日起实施。

企业级固态硬盘广泛应用于高性能计算、高端存储、数据中心等企业级场景，具备不间断工作能力，能够处理密集型工作负载及各种高性能要求操作，与普通消费级固态硬盘产品相比，其功能、性能、可靠性、耐久性、兼容性、稳定性、适应性和功耗等要求更高。作为信息技术行业的基础产品，随着信息化和数字化技术的发展，企业级固态硬盘的行业应用需求越来越大，产品技术快速迭代，功能特性不断增多，性能指标不断提升，规范有效地开展企业级固态硬盘产品测评，对促进我国企业级固态硬盘产品的行业应用和高质量发展具有重要意义。

《企业级固态硬盘测试规范》旨在构建全面测试企业级固态硬盘产品特性的方法规范，覆盖功能、性能、可靠性、兼容性、稳定性、环境适应性、功耗能效等方面，为企业级固态硬盘产品研发、基础测评和应用选型等相关测试活动提供了技术依据，由以下几个部分组成。

第 1 部分：功能测试。目的在于确立企业级固态硬盘通用性的术语和定义，规定功能测试的测试项目和测试方法。

第 2 部分：性能测试。目的在于规定企业级固态硬盘的 IOPS、带宽、时延、服务质量等性能测试的测试项目和测试方法。

第 3 部分：可靠性测试。目的在于规定企业级固态硬盘的耐久和数据保持、平均故障间隔时间、读干扰、每日全盘写入次数等可靠性测试的测试项目和测试方法。

第 4 部分：兼容性测试。目的在于规定企业级固态硬盘的操作系统和 CPU 平台兼容性、RAID 卡兼容性、BIOS/BMC 兼容性、Redriver/Retimer 卡兼容性等测试项目和测试方法。

第 5 部分：稳定性测试。目的在于规定企业级固态硬盘的硬盘压力测试、重启压力测试、掉电压力测试等长时间稳定性测试的测试项目和测试方法。

第 6 部分：环境适应性测试。目的在于规定企业级固态硬盘的环境适应性测试的测试项目和测试方法。

第 7 部分：功耗能效测试。目的在于规定企业级固态硬盘的功耗和能效比的测试项目和测试方法。

《企业级固态硬盘测试规范》起草单位：工业和信息化部电子第五研究所、长江存储科技有限责任公司、深圳忆联信息系统有限公司、联芸科技（杭州）股份有限公司、深圳大普微电子科技有限公司、北京得瑞领新科技有限公司、芯盛智能科技有限公司、浪潮电子信息产业股份有限公司、杭州华澜微电子股份有限公司、深圳市江波龙电子股份有限公司。

《企业级固态硬盘测试规范》主要起草人：王小强、范剑峰、刘天照、余永涛、侯春源、张涛、程墨、王起、刘云果、杨宇航、詹建平、金烨、王超、孙博兴、朱盛宏、许小明、赵文娟、赵勇、秦立君、赵玥、易小洪。

用户可联系工业和信息化部电子第五研究所索取以上测试规范文件，帮助企业更好地制定企业级 SSD 的测试规范。联系方式：ceprei.app@ceprei.com。

2. T/CCIASC 0005—2024

由中国计算机行业协会信息存储与安全专委会组织起草的中国计算机行业协会标准 T/CCIASC 0005—2024《信息技术 固态盘分类分级技术规范》正式发布，自 2024 年 1 月 31 日起实施。

《信息技术固态盘分类分级技术规范》给出了固态盘在产品分类上的温度要求和基本要求，在产品分级上的功能、性能、可靠性、安全性和能效等技术要求，以及对产品的信息标注要求。适用于固态盘的分类分级应用指导及技术检测，适用于不同类型、容量、接口的固态存储产品在不同分类场景中的应用。该标准由以下几个部分组成。

第 1 部分：范围。目的在于确立该标准面向的测试项目和适用范围。

第 2 部分：规范性引用文件。目的在于确立该标准规范性引用的相关文件。

第 3 部分：术语和定义。目的在于确立该标准使用到的通用性的术语和定义。

第 4 部分：符号和缩略语。目的在于确立该标准使用到的符号和缩略语。

第 5 部分：分类分级矩阵。目的在于根据对固态盘的工作环境温度要求和相关重要基本要求，规定固态盘的分类类别（消费类、企业类、工业类）和分级类别（1 级、2 级、3 级）。

第 6 部分：技术要求。目的在于规定固态盘的分类技术要求和分级技术要求。分类技术要求包括温度要求和基本要求（工作时间、数据保持时效、功能故障要求、不可修复的错误码率、掉电数据保护），分级技术要求包括固态盘各分类下的功能要求（可用容量、SMART 功能、数据一致性保护、固件在线升级、掉电数据保护）、性能要求、可靠性要求（工作时间、数据保持时效、功能故障要求、不可纠错误码率、平均无故障工作时间、宽温要求）、安全性要求（固件完整性保护、数据加密、数据销毁）、能效要求。

第 7 部分：试验方法。目的在于规定固态盘分类分级测试的测试环境和测试方法。

第 8 部分：标注要求。目的在于规定依据该标准进行固态盘分类分级测试在产品或包装上应注明的信息和格式。

第 9 部分：分类分级判定。目的在于规定固态盘产品经过测试和评定后，对产品的分类分级结果进行判定的判定依据。

3. YD/T 3824—2021

由中国信息通信研究院牵头组织起草，中国通信标准化协会发布的 YD/T 3824—2021

《面向互联网应用的固态硬盘测试规范》，自 2021 年 4 月 1 日开始实施。

《面向互联网应用的固态硬盘测试规范》规定了面向数据中心应用的固态硬盘（SSD）的测试方法，包括测试环境、性能测试、稳定性测试、兼容性测试和功耗测试等方面。该标准由以下几个部分组成。

第 1 部分：范围。目的在于确立该标准面向的测试项目和适用范围。

第 2 部分：缩略语。目的在于确立该标准使用到的缩略语。

第 3 部分：测试环境。目的在于规定固态盘测试的初始状态和硬件环境。

第 4 部分：性能测试。目的在于规定吞吐量、IOPS、写饱和测试（fio）、Trim 前后比较测试、交叉刺激恢复测试等性能测试的项目及测试目的、测试拓扑和测试方法。

第 5 部分：稳定性测试。目的在于规定硬盘压力测试 1（Iometer）、硬盘压力测试 2（fio）、复位压力测试、储存温湿度环境测试（fio）、环境压力测试（fio）等稳定性测试的项目及测试目的、测试拓扑和测试方法。

第 6 部分：兼容性测试。目的在于规定 Windows 兼容性测试、Linux 兼容性测试、纹波测试（可选）等兼容性测试的项目及测试目的、测试拓扑和测试方法。

第 7 部分：功耗测试。目的在于规定功耗测试和能效比测试的项目及测试目的、测试拓扑和测试方法。

4. SJ/T 11654—2016

SJ/T 11654—2016 是中国电子行业的一个标准，全称为"固态盘通用规范"（General specification for solid state disk）。这个标准由工业和信息化部电子工业标准化研究院技术归口，由工业和信息化部批准发布。SJ/T 11654—2016 标准的主要内容涵盖了固态盘（SSD）的通用要求、测试方法、质量评定程序，以及包装、标志、运输和储存等方面的规定。它为固态盘的设计、制造、测试和验收提供了统一的技术要求，确保了产品的质量和性能。该标准适用于固态盘的设计和制造厂商，以及相关的质量监督和检测机构。通过遵循这一标准，可以确保固态盘产品符合所规定的规范和要求，保障了消费者的利益。规范自 2016 年 4 月 5 日发布并实施。

5. T/CCSA 266—2019

T/CCSA 266—2019 是中国通信行业的一个标准，由工业和信息化部批准发布，全称为"数据中心用固态硬盘测试规范"。该规范主要制定了面向数据中心应用的固态硬盘的测试方法，适用于固态硬盘的基准测试和选型测试。规范自 2019 年 12 月 23 日发布并实施。

6. T/CESA 1233—2022

由中国电子技术标准化研究院和华为技术有限公司起草，中国电子工业标准化技术协会发布的 T/CESA 1233—2022《基于典型服务器应用场景的固态盘性能测试方法》，自 2022 年 12 月 30 日开始实施。

《基于典型服务器应用场景的固态盘性能测试方法》规定了基于关系型数据库应用场

景、非关系型数据库应用场景、分布式文件系统应用场景下的企业级固态硬盘的存储性能测试方法。适用于企业级固态硬盘的业务场景性能测试。该标准由以下几个部分组成。

第 1 部分：范围。目的在于确立该标准面向的测试项目和适用范围。

第 2 部分：规范性引用文件。目的在于确立该标准规范性引用的相关文件。

第 3 部分：术语和定义。目的在于确立该标准使用到的通用性的术语和定义。

第 4 部分：缩略语。目的在于确立该标准使用到的缩略语。

第 5 部分：概述。目的在于确立该标准的测试内容和应用场景。

第 6 部分：测试用例。目的在于规定关系型数据库应用场景、非关系型数据库应用场景、分布式文件系统应用场景下的应用场景说明、硬件环境、软件环境、应用配置和测试模型。

除了上述几个国内标准，还有一些行业或团体制定的 SSD 标准规范，更符合本行业 SSD 的应用特点，例如视频监控行业的 GA/T 1357—2018《公共安全视频监控硬盘分类及试验方法》等标准。

SSD 测试仪器与设备

为了完成 SSD 测试，除了测试软件与硬件的设计和实现之外，很多 SSD 测试需要配备专业的测试仪器与设备。如 SSD 可靠性测试需要为专门设计的 RDT 设备，SSD 问题分析需要 PCIe 协议分析仪，PCI-SIG 和 IOL 认证测试需要专门的测试仪器和设备等。

工欲善其事，必先利其器。好的测试仪器与设备可给 SSD 测试带来事半功倍的效果。本章根据不同的 SSD 测试类型介绍一些专业和知名的测试仪器与设备，以及它们的使用方法。

9.1 SSD RDT 可靠性测试设备

在开始 SSD RDT 可靠性设备的介绍之前，我们先对 RDT 测试进行简单介绍。实际上，RDT 测试通常包含了如下两个层面的意思。

- **RDT 作为 SSD 研发阶段的可靠性测试**：我们通常将 SSD 产品的设计和验证阶段的可靠性测试称为 MAT（Maturity Test，成熟度测试）。
- **RDT 作为量产前后的 SSD 可靠性测试**：按照可靠性测试的设计标准，SSD 运行需要满足一定的应力条件（包括读写量、温度等），要有足够的 SSD 测试样本量，且应进行一定时间才可完成可靠性测试。

一般情况下，我们所说的 RDT 测试通常指的是第二类测试。SSD RDT 测试在可靠性测试中扮演着非常重要的角色（见图 9-1），当特定批次的 SSD 生产出来后，通常需要随机抽取一定数量，比如 1 000 个 SSD 进行 RDT 测试。其测试结果是这个批次 SSD 可靠性的核心指标，包括 AFR、MTBF 和 UBER 等，这些指标直接关系到相应测试批次的 SSD 在其上市销售后在用户端的可靠性表现。

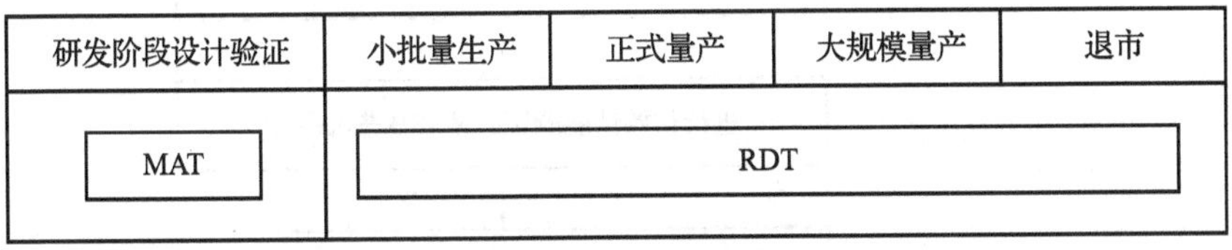

研发阶段设计验证	小批量生产	正式量产	大规模量产	退市
MAT	RDT			

图 9-1　RDT 测试在 SSD 生命周期中的位置

对于用户来说，购买的 SSD 质量好不好，通常看质保期内是否有问题出现。SSD 在提供质保信息时通常会标注类似 "5 年或 100TB TBW" 的字样，而 SSD RDT 测试，就是用来验证相应的批次在 5 年或者 100TB TBW 的寿命期限内会不会出现设计范围外的失效情况。测试部门需要通过 SSD RDT 测试相应的 AFR、MTBF 和 UBER 指标，只有当产品各项都达到相应标准后，才可确认该 SSD 产品可靠性表现能满足用户对质量的要求。

9.1.1　SSD RDT 可靠性测试内容

SSD RDT 的本质是模拟 SSD 产品在终端用户的使用场景下的可靠性表现，特别是需要检查测试中 SSD 的如下两项表现。

- 能正常运行多久，可以用 AFR 或者 MTBF 来衡量。
- 可以在失效前写入多少数据，衡量标准是 TBW。

所以，在 RDT 中，需要测试包括但不限于如下内容。

- 模拟用户使用 SSD 的习惯，比如对 SSD 的读写等操作场景。
- 模拟用户使用 SSD 时的物理环境，比如模拟主机机箱内、数据中心服务器内的温度等环境。通常，通过升温等手段加速 SSD 老化进行测试，这样可以在更短的时间内收集可靠性结果，缩短产品从制造、测试到量产的时间。

下面我们按照以上两点来具体介绍 RDT 的内容。

1. SSD RDT 测试方法

因为用户使用场景不同，所以用户对 SSD 的使用需求也不同，这就要求测试工程师在设计 SSD RDT 测试方法或用例时充分考虑各种使用场景。在这样的背景下，编写一个合格有效的 RDT 脚本不是一件容易的事情。例如，在视频录制应用中，系统会频繁地进行写 SSD 操作；在数据库应用中，系统会更多地进行读 SSD 操作。另外，在设计 SSD RDT 测试方法或用例时，还要考虑测试数据是顺序读写还是随机读写。因为顺序读写测试更适合检测连续大块数据的传输性能，而随机读写测试则更适合模拟日常应用中的操作，如数据库访问和文件服务器使用。

在整个测试过程中，需要持续监控数据错误率和完整性。这包括检查数据是否能在多次读写操作后保持正确，以及 SSD 是否能有效地纠正数据错误。图 9-2 所示是一个实际的、简化后的 SSD RDT 脚本设计流程示意。

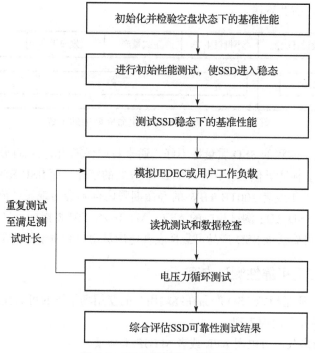

图 9-2　RDT 测试的一般流程

　　RDT 流程中，第一步初始化并检验空盘状态下的基准性能，主要包括：初始化 SSD 硬盘并获取日志；执行初始性能测试，包括顺序读写操作，以确保 SSD 在开始详细测试前的状态和性能；通过测试脚本设计用户工作负载，一般依据 JESD 219A 定义的消费级工作负载或者企业级工作负载，或依据不同目标用户的工作负载，来模拟实际读写工作负载、执行顺序和随机读写操作，以评估 SSD 在日常使用场景下的可靠性表现。工作负载设计测试项目包括但不限于以下几个。

- **读扰测试和数据验证**。考虑到闪存的特性，可通过频繁地对一个存储块进行读取操作，检验其是否会间接影响到邻近的未被读取的存储块。所以，进行长时间的读扰测试（例如 7h），就可以达到模拟用户高强度读取场景的检验。
- **电压力循环测试**。即执行突然断电（Sudden Power Loss）和正常断电（Normal Power Loss），以及电压拉偏测试，评估 SSD 在电压拉偏或电力突然中断情况下的数据保护和恢复能力。

　　以上这些测试可以循环进行，直到满足 RDT 要求的总测试时间。测试结束后，进行 SSD 综合性能和耐久性评估，通常是通过 JEDEC 标准的时间循环测试和持续监测日志，评估 SSD 在长期使用后的可靠性和耐久性。

　　可靠性测试工程师编写相应的测试脚本，实现以上提到的测试方法和步骤。一个优秀的测试脚本好比一个导航系统，指引着参加测试的 SSD 历经 RDT 的层层筛选，最终到达测试的终点。通常这样的测试脚本由编程语言（比如 Python 或者 C 语言）来实现。也有厂商提供图形化界面，通过拖拽的方式来设置测试步骤，例如 9.1.2 节要介绍的爱德万 MPT3000EV2 设备。

2. SSD RDT 测试的环境温度设置

SSD 的可靠性和性能会因为环境温度而变化，因此 SSD RDT 测试中需要设置不同的环境温度来检查 SSD 的可靠性在不同温度下的表现。与温度相关的 RDT，通常会要求 RDT 在开始后一段时间，调整到一个稳定的高温状态，以加速测试的进程。如图 9-3 所示，常规室温为 25℃，在开始测试一段时间后逐渐升高温度（例如 55℃），直到测试完成后将温度恢复为 25℃。

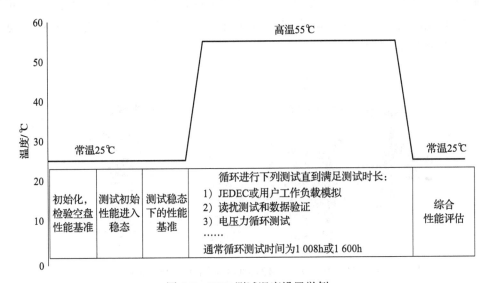

图 9-3　RDT 测试温度设置举例

一次 RDT 通常是在大量的 SSD 上同时进行的，一个测试设备可以同时运行 128 个或者 256 个 SSD。要维持这些数量的 SSD 一直在设置的恒定温度下运行是一个不小的挑战，因为 SSD 工作时本身会发热，不同的读写操作会使 SSD 发热，测试设备本身也会发热，这些都会导致温度变化。甚至在同一个测试设备中不同的位置热量聚集也会不同，导致设备内部不同位置会有不同的温度。因此，RDT 设备需要配备高效的温度管理系统和电源控制系统，来精确控制内部温度。

9.1.2　全球 SSD RDT 可靠性设备行业标杆——爱德万 MPT3000EV2

爱德万（Advantest）测试公司成立于 1954 年，总部位于日本东京，主要为客户提供半导体及元器件测试设备，以及存储器包括 SSD 和内存的 ATE（Auto Test Equipment，自动测试设备）。2011 年爱德万收购了美国半导体测试设备供应商惠瑞捷（Verigy）之后，其产品线增加了 SoC（System on Chip，系统级芯片）的测试设备，成为全球排名第一的 ATE 厂商。

MPT3000 机台是爱德万于 2014 年发布的 SSD 测试设备，时至今日仍被美国、日本、韩国和中国的存储大厂广泛使用。如今的 MPT3000 已经发展成了一个系列，其中最具代表性的设备如图 9-4 所示。

- MPT3000EV2：适用于研发或量产阶段多达 256 个 SSD 同时进行长时间如数周或者数月的 RDT 测试。
- MPT3000ES：适用于研发阶段小批量 SSD 开发测试，体积小巧但支持多达 8 个 SSD 进行测试，方便用户能够在办公室或实验室环境中进行测试程序开发和交互式测试设备调试。
- MPT3000HVM：适用于大批量生产过程中进行数小时的 ODT（Outgoing DPPM Test，常见于存储行业为验证产品质量进行的短时测试）测试每个单独的 SSD，验证每个 SSD 是否按预期工作。

图 9-4　MPT3000EV2（左）、MPT3000ES（中）和 MPT3000HVM（右）

下面详细介绍适合进行 RDT 的 MPT3000EV2。

MPT3000EV2 是一款专为 SSD RDT 而设计的高性能测试设备，广泛应用于企业级和消费级 SSD 的可靠性测试。它具备同时测试多通信协议的能力，具有性能优异、简单易用的特点。

MPT3000EV2 单端口支持高达 22.5Gb/s 的测试速度，可以满足 PCIe Gen4 及以下 SSD 接口标准的需求；支持多种 SSD 接口及 Form factor 尺寸，包括 SATA、SAS、PCIe 和 AIC、U.2、M.2 和 EDSFF 等尺寸；支持最新的 NVMe 2.0 协议规范。这种广泛的支持使得设备能够同时测试不同类型的 SSD，方便客户测试使用。

在 9.1.1 节中我们提到了进行 RDT 时对环境温度精确控制的重要性，这一点在 MPT3000EV2 的使用中体现得特别明显。MPT3000EV2 包含一个热控制室，能够精确地维持为每一个被测 SSD 设定的恒定温度。而且它对每一个 SSD 都有独立的电源控制功能，允许对每一个被测 SSD 进行精确的电压和电流调整，维持准确的 SSD 工作电压。

MPT3000EV2 主体由 Thermal Chamber（恒温舱，图 9-5 左侧）和 Electronics Bay（电子设备舱）两部分组成，它们分别在设备的两面。其中恒温舱分为上下两个舱室，每个舱室中包含 8 个负载板托盘，如图 9-5 所示，每个托盘可容纳 16 个被测 DUT（Device Under Test，被测设备），也就是 SSD。电子设备舱包含了控制每个硬盘槽位的基元线路板，还有控制整个设备需要操作的电脑、交换机和系统监控设备元件等。

图 9-5　MPT3000EV2 负载板托盘及其安装

一般来说，测试工程师通过操作 MPT3000EV2 自带的 SLATE 软件和设备进行交互。SLATE 用于加载、卸载和查看当前 RDT 测试的状态。图 9-6 所示的一个方格代表一个被测 SSD 的槽位，黄色表示正在运行，红色表示测试失败，白色表示初始化，灰色表示槽位被禁用没有激活⊖。

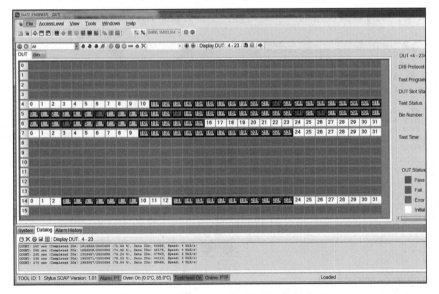

图 9-6　MPT3000EV2 的 SLATE 软件界面

⊖　因印刷原因，书中不能显示相应颜色，读者可以结合实际软件界面理解这部分内容。——编辑注

MPT3000EV2 的温度设置方式简便直观，如图 9-7 所示。

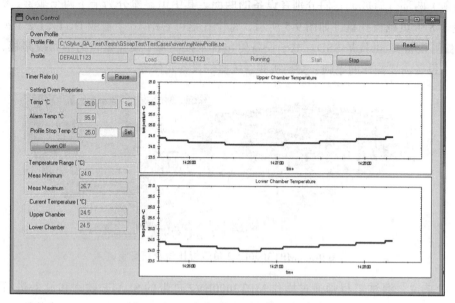

图 9-7　MPT3000EV2 的温度设置界面

对不熟悉 Python 等编程语言的测试工程师来说，MPT3000EV2 的另外一大优点是提供了图形化测试流程编辑界面，这个就像是 Windows 的图形操作界面。测试工程师只需要拖拽相应的模块，就可以实现测试脚本的编辑，非常方便好用，其界面如图 9-8 所示。

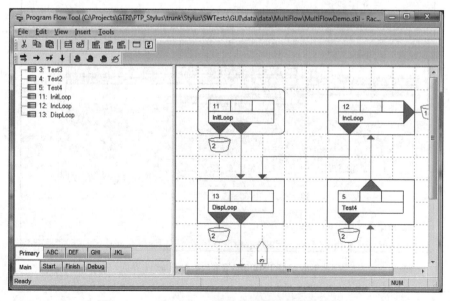

图 9-8　MPT3000EV2 图形化的测试流程编辑界面

除了以上软硬件特点之外，MPT3000EV2 在设计时还考虑到了 SSD RDT 测试中很多实际场景的需求，比如：

- 托盘的设计使得安装和卸载 SSD 很方便。
- SSD 出现问题（FAIL）后，设定调试流（Debug flow）可以抓 PCIe Trace、眼图、机台系统日志等信息。
- 测试脚本开发和测试流程编辑控制相互分离，可以单步调试，只修改流程不影响脚本。
- 即使发生停电的情况，测试的程序也不会丢失。

以上这些细节设计都是为了保证 SSD 测试细致、高效地完成，只有在这个领域深耕才能体会到这些细节的含金量，这也从侧面验证了 Advantest MPT3000EV2 是目前 SSD 行业可靠性测试设备的标杆。

9.1.3　国产 SSD RDT 可靠性设备标杆——德伽 G6508P

我国政府提出"数字中国"战略，工业和信息化等部门于 2023 年联合印发的《算力基础设施高质量发展行动计划》明确提出了到 2025 年存储总量和先进存储容量占比的量化指标，政府主导的对存储行业发展的支持可见一斑。再加上国际局势的变化和影响，尤其是美国政府的无端制裁，直接导致部分中国企业无法采购相应的生产和测试设备，对国内存储设备的生产和销售产生了巨大影响。这些都迫切要求存储相关设备实现国产化，其中就包括存储测试设备。苏州德伽存储在这个大背景下，通过不懈努力，取得了令人瞩目的成绩。

2022 年，作为国内少有的实现量产销售的存储器测试设备供应商，苏州德伽存储发布了自主研发生产的存储器可靠性设备。德伽存储团队拥有近 20 年的存储器测试设备开发经验，通过自研成熟完善的测试软件底层架构、丰富的测试用例与 IO 负载模型、成熟稳定的系统架构，实现测试能力全覆盖，其中包括 SATA、SAS、NVMe 以及 CXL 等存储器接口和协议，并支持 SATA 2.5 英寸、M.2 SATA、M.2 NVMe、U.2、AIC、E1.S、E3.S 等多种不同尺寸的 SSD。其核心 RDT 测试设备在性能上已经达到国际厂商水平，产品已供应多家国内存储龙头企业，满足了设备的国产化需求，受到了客户的广泛认可。

德伽存储目前的测试设备产品线如表 9-1 所示，不同设备提供不同的端口数和温湿度控制范围，来满足不同测试使用场景的需求。例如，G 系列、E 系列和 T 系列都可以满足量产后的大样本 SSD RDT 的高温加速测试；A 系列作为小型桌面型设备，则更适用于用户研发阶段在办公室或实验室环境中的灵活使用。设备实物如图 9-9 所示。

表 9-1　德伽存储可靠性测试产品线

系列	类别	端口数	温湿度控制范围	应用场景
A	桌面型	4/8	无温控，风扇散热	研发阶段验证测试
C	常温型	160	无温控，风扇散热	客户定制场景
T	高温型	128/256	室温 10 ～ 85℃	量产阶段
G	高低温型	128/256	−10 ～ 85℃	研发 / 量产
E	高低温湿型	64	温度 −45 ～ 125℃，湿度 20% ～ 90%	研发 / 量产

图 9-9 德伽 G 系列 G6508P（左）、E 系列 E6508P（中）和 A 系列 A1500P（右）

下面我们详细介绍适用于 SSD RDT 的设备德伽 G6508P。

1. 德伽 G6508P 简介

德伽 G6508P 是一款国内领先的支持高低温测试的 SSD 可靠性测试设备。它支持 PCIe Gen5 x4 及 SATA、SAS 三合一接口；兼容最新的 NVMe 2.0 协议；单设备可以同时测试多达 128/256 个 SSD；支持温度范围 –10 ～ 85℃。

得益于德伽对存储产品 20 年的测试技术和经验积累，G6508P 的某些设计和实际操作体验甚至已经超过了 MPT3000EV2，例如设备可以在同一块背板上实现 NVMe 和 SATA 双协议混测，支持 U.2 双端口动态切换测试等。

（1）SSD 尺寸和接口协议全兼容

SSD 尺寸和接口协议全兼容是德伽 G6508P 设计中的一个重要亮点，已获得相关发明专利。这种兼容性意味着它广泛适用于各类 SSD 产品的测试，为用户提供了极大的灵活性和应用范围，从而确保客户可以"一鱼多吃"，投入一台设备的资金，测试不同接口和尺寸的 SSD。

G6508P 支持多种常见的 SSD 接口和尺寸，包括 SATA（主要用于传统消费级 SSD 产品）、SAS（主要用于传统企业级 SSD 产品）、M.2（广泛用于新型、高性能消费级 SSD 产品）、AIC（主要用于高性能企业级 SSD 产品）、U.2（广泛应用于高性能企业级 SSD 产品），以及 E3.S（针对数据中心的新型 SSD 产品形态）。如图 9-10 所示，G6508P 支持不同类型、不同尺寸的 SSD（U.2/E3.S/M.2）在同一机器里混合使用，方便用户根据测试需求配置不同的 SSD 设备。U.2 支持双端口 SSD，增加了测试的复杂性，增强了数据传输的能力。SATA 接口的 SSD 也可以使用与 U.2 相同的测试背板，无需更换硬件或进行额外的配置。

（2）端口读写性能一致性高

德伽 G6508P 支持 PCIe Gen5 x4 接口和最新的 NVMe 2.0 协议规范。为了适应用户研发高性能 SSD 的需求，G6508P 对端口读写性能进行了充分的优化，以保证性能的一致性。

在基于 128K QD128 NJ1 的读写速度测试中，如图 9-11 所示，顺序读取速度高达 14 812MB/s，而顺序写入速度达到了 13 093MB/s。在 4K QD128 NJ4 条件下的随机读取速度为 3 527k IOPS，随机写入速度为 3 021k IOPS。

图 9-10　德伽 G6508P 支持多种 SSD 形态（U.2/M.2/SATA）

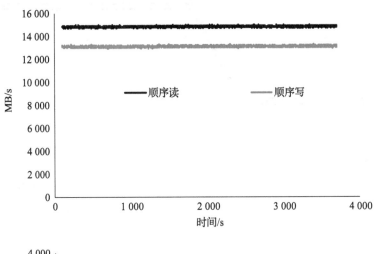

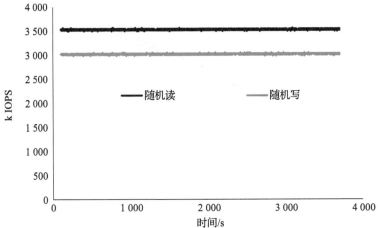

图 9-11　德伽 G6508P 读写速度

达到这样的高速性能还能保持一致性的能力，使德伽 G6508P 成为市场上极具竞争力的高性能 SSD 可靠性测试设备和解决方案，确保用户能够在技术快速迭代的市场环境中保持领先。

（3）电压电流检测准确

德伽 G6508P 每个测试端口的供电电压都可以通过脚本编程控制，确保了设备电压的输出可以得到精确控制。其电压幅值的可编程控制范围从 0.6V 到 14.5V，控制精度精确到 1mV。电压上升 / 下降斜率可编程控制范围从 1ms 到 255ms，控制精度精确到 1ms。以图 9-12 为例，由电压上升变化可编程动态设置在 20ms 和 80ms 的不同波形表现可见，两种情况下稳态和动态电压都十分稳定。

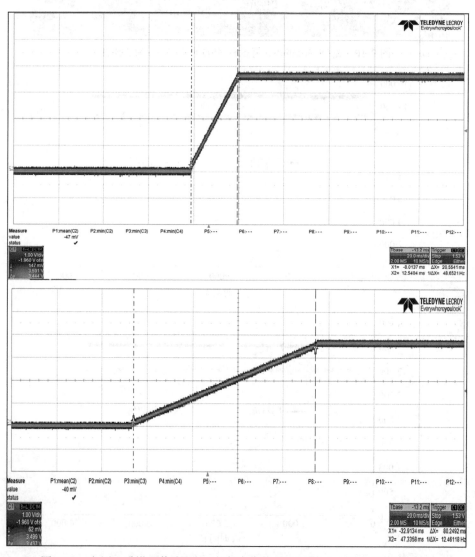

图 9-12　电压上升设置值为 20ms 的斜率变化（上）及 80ms 的斜率变化（下）

　　此外，G6508P 出厂时会进行背板的电源完整性（Power Integrity）测试。如图 9-13 所示，在相关测试中，无论是在正常电压还是在拉偏电压（+10% 或 –10%）的条件下，测试结果均显示输出电压具有极高的一致性，且精度符合要求，所有 SSD 槽位的输出电压和电流均在规定的容差范围内，保证了其优越和稳定的电压特性。

1.1 空载正常电压精度

Slot编号	检测项目	技术要求/V	检测结果/V	检测结论	检测项目	技术要求/V	检测结果/V	检测结论
0	输出电压	5.000±0.5%	4.992	合格	电压示值	4.992±0.2%	4.9928	合格
1	输出电压	5.000±0.5%	4.992	合格	电压示值	4.992±0.2%	4.9920	合格
2	输出电压	5.000±0.5%	4.992	合格	电压示值	4.992±0.2%	4.9930	合格
3	输出电压	5.000±0.5%	4.994	合格	电压示值	4.994±0.2%	4.9931	合格
4	输出电压	5.000±0.5%	4.992	合格	电压示值	4.992±0.2%	4.9920	合格
5	输出电压	5.000±0.5%	4.992	合格	电压示值	4.992±0.2%	4.9944	合格
6	输出电压	5.000±0.5%	4.991	合格	电压示值	4.991±0.2%	4.9944	合格
7	输出电压	5.000±0.5%	4.992	合格	电压示值	4.992±0.2%	4.9924	合格

1.2 空载拉高10%电压精度

Slot编号	检测项目	技术要求/V	检测结果/V	检测结论	检测项目	技术要求/V	检测结果/V	检测结论
0	输出电压	5.500±0.5%	5.497	合格	电压示值	5.497±0.2%	5.4973	合格
1	输出电压	5.500±0.5%	5.495	合格	电压示值	5.495±0.2%	5.4956	合格
2	输出电压	5.500±0.5%	5.490	合格	电压示值	5.490±0.2%	5.4922	合格
3	输出电压	5.500±0.5%	5.495	合格	电压示值	5.495±0.2%	5.4980	合格
4	输出电压	5.500±0.5%	5.492	合格	电压示值	5.492±0.2%	5.4950	合格
5	输出电压	5.500±0.5%	5.495	合格	电压示值	5.495±0.2%	5.4925	合格
6	输出电压	5.500±0.5%	5.490	合格	电压示值	5.490±0.2%	5.4928	合格
7	输出电压	5.500±0.5%	5.493	合格	电压示值	5.493±0.2%	5.4928	合格

图 9-13　电压精度检测报告

（4）温度控制准确

　　正如 9.1.1 节所述，要维持大量的 SSD 在同一个 RDT 设备内部以恒定温度运行是一个不小的挑战。因此即便是国外领先的 SSD 可靠性测试设备供应商，SSD 的 SMART 温度偏差也少有能做到 ±5℃ 以内的。德伽 G6508P 配备了先进的温控技术，确保测试过程中的温度精确稳定。如图 9-14 所示，德伽 G6508P 在写入和空闲的状态下各 SSD 的 SMART 温度偏差分别是 ±4℃ 和 ±3℃，可以对标国外一线厂商的设备。

　　为了实现精确的温度控制，在测试舱的设计过程中，德伽进行了大量的风流空气动力学仿真和热分布仿真（见图 9-15 和图 9-16），并反复验证，对风道进行深度优化。德伽 G6508P 实现了优秀的密封设计，其前后门采用双层硅橡胶密封条密封，不仅耐高低温和抗老化，还能有效防止泄露，确保密封性能，同时实现了高效的温度循环。在机台内安装了加热器和多叶片离心风叶，通过左中右三风道设计，加上每层独立的风压风速调节板，确保空气在工作室内均匀循环和加热。这种设计使得温度分布在整个测试区域并保持一致，使得不同区域的温差控制在一定范围内。另外，整个系统采用镍铬合金电热丝式加热器和机械制冷系统，配合 PID 调节和固态继电器（SSR），通过独特的冷热调控算法和超精细的局部风流控制来精确控制温度，尽可能让每一片 SSD 处在相同的温度环境中。

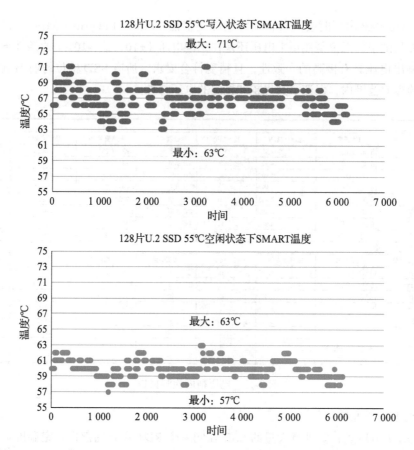

图 9-14 128 片 U.2 SSD 55℃写入状态下和空闲状态下的 SMART 温度记录散点图

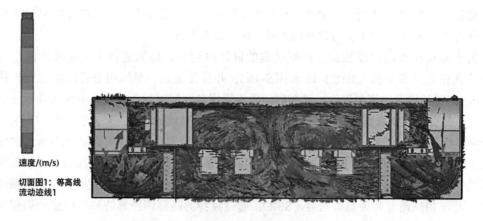

图 9-15 舱内风流空气动力学仿真

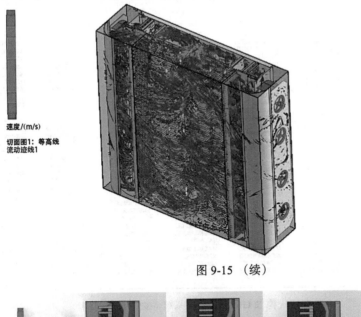

速度/(m/s)

切面图1: 等高线
流动迹线1

图 9-15 （续）

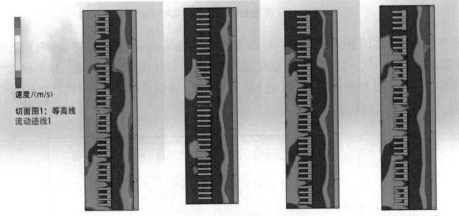

速度/(m/s)

切面图1: 等高线
流动迹线1

图 9-16　舱内热分布仿真

2. 德伽 G6508P 的 RDT 操作

在实际的 SSD RDT 中，德伽 G6508P 提供了一个对用户友好且功能强大的操作界面，使得操作和测试过程简洁明了。基于 Linux CentOS 7 开发的这套软件系统，不仅高度支持自定义测试脚本，还能够与客户看板系统进行有效对接，极大地提升了 SSD RDT 的效率和可维护性。

在德伽 RDT 操作流程中，一旦测试人员完成了 SSD 的安装，就可以开启并登录系统测试软件了。如图 9-17 所示，系统界面左上角菜单栏包括 File（文件）、View（视图）和 Help（帮助）。中间的主体部分显示了 G6508P 全部盘位的当前状态，比如绿色代表 PASS，红色代表 FAIL，深灰色代表 READY，浅灰色代表 OFFLINE，还有闪电（图标）和磁盘（图标）的标记（分别表示上电状态和记录）。

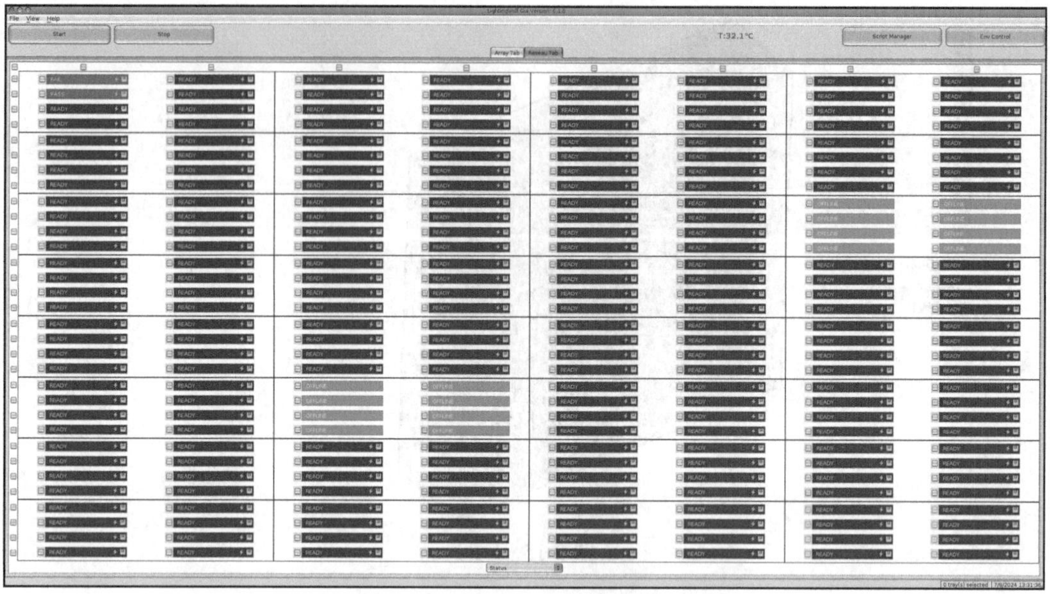

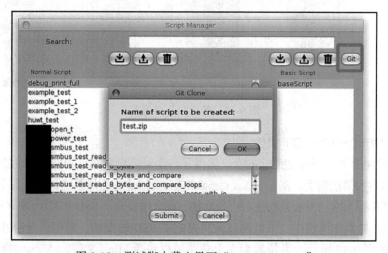

图 9-17　德伽 G6508P 测试系统界面

用户在设置具体的 RDT 内容时，可以通过 Script Manager（脚本管理器）轻松上传、下载或删除测试脚本。这一功能支持与远程服务器交互，即使用户不在现场，也可以远程进行配置调整。另外，红框所示的 Git 按钮（见图 9-18），可以通过 Git 库下载最新代码跟基础包合并，完成自动组包功能。

图 9-18　测试脚本载入界面 "Script Manager"

德伽 G6508P 通过操作软件的 "Environmental Controller"（环境控制器）功能，允许用户设定和调节温度、湿度等环境参数，确保测试环境的准确性。另外还有 "Environmental

Chart"（环境图表）功能（见图 9-19），方便用户实时查看温度、湿度等数据的变化趋势，帮助分析和优化测试环境。

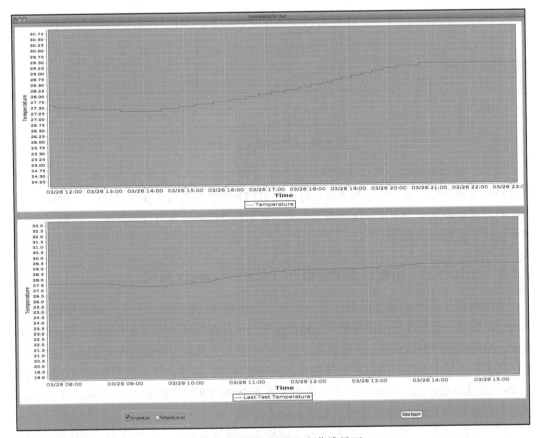

图 9-19　环境控制器温度曲线界面

整个测试过程中，用户可以通过图形化网格查看模式监控每个测试单元的状态，实时掌握测试进度。系统提供详尽的测试记录查看功能，用户可以随时回顾和分析测试历史数据，优化未来的测试方案。

除此以外，德伽 G6508P 为了方便用户在运行 RDT 后分析失效 SSD，配备了 UART（Universal Asynchronous Receiver/Transmitter，通用异步收发传输接口），独立的 UART 调试功能允许对 SSD 进行底层调试，有助于进行深入分析和故障排除。另外 G6508P 实现了 PCIe TLP 抓包，TLP（Transaction Layer Packet，事务层数据包）是 PCIe 接口中用于数据传输的包结构，抓包功能允许捕获和分析这些数据包，有助于详细了解 SSD 和主机之间的通信及潜在问题。

鉴于 SSD RDT 所需的时间较长，测试过程中出现任何问题都会导致重新测试，这无疑会给测试工作带来不必要的麻烦。为此，德伽存储开发了暂停与重启功能（见图 9-20），以确保在测试过程中出现问题时能够暂停测试，待问题解决后再恢复测试，从而提高了测试的方便性和灵活性，缩短了测试时间。

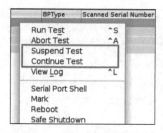

图 9-20　暂停与重启功能界面

此外，德伽测试机台可以通过网络通信方式连接到客户指定的测试平台，包括监控平台和自动化平台等。客户指定的平台通过下发 HTTP 等特定通信协议的消息，与德伽测试机台进行信息获取和命令下发。这种通信方式使得不同类型的设备可以得到统一管理，同样为客户提供了便利和灵活性。

9.1.4　SSD RDT 可靠性测试设备——鸢起 Phoenix 系列

鸢起科技（www.phxflys.com）是一家专注存储测试设备研发、生产、销售和服务业务的公司。公司一直专注于闪存等相关存储产品的测试设备领域，努力为半导体存储产品提供专业、全面的国产测试设备及解决方案。公司核心研发人员均为行业经验丰富的专业技术人才，研发的各种专业国产测试平台帮助合作伙伴完善测试标准，助力国产存储行业的发展。在 SSD 测试设备领域，鸢起科技率先推出了基于 PCIe 5.0 规范的 SSD 研发测试设备 eBird系列产品及 SSD RDT 可靠性测试设备 Phoenix 系列产品。

可靠性测试设备 Phoenix（见图 9-21）可提供一系列多功能、高并发度、高性能的 SSD量产自动化测试方案，支持行业标准的 PCIe Gen5/Gen4/Gen3，遵循 JESD 219 工作负载，可支持 256 块 SSD 同时独立测试，高低温测试范围达到惊人的 –55 ～ 120℃，支持 NVMe2.0 协议，每个插槽均有独立可编程电源模块，可独立控制。Phoenix 可支持 SSD 产品设计验证、可靠性测试、生产线量产等测试。

Phoenix 可靠性测试设备支持的功能如下。
- 功能强大的可视化 UI 界面，使操作极简化。
- 每个盘符均有独立的进度显示及完整的测试日志。
- 自研底层驱动及 IO 引擎。
- 单盘 PCIe Gen5 全满速，低延迟。
- 支持热插拔。
- 软件可编程正常掉电、异常掉电。
- UI 界面颜色区分，配合闪灯，实时监控，定位异常。

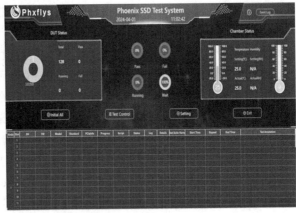

图 9-21　Phoenix 设备图示

- 支持 SMBus 带外管理。
- 支持 PCIe Reset、Hot Reset、FLR 等。
- 支持多种电源状态下的功耗测量，独立可编程电源，支持电压拉偏（3.3V/12V，±20%）。
- 支持数据校验：检查 SSD 数据完整性。
- 性能基准测试：持续记录基准测试结果，检测 SSD 在压力测试下的真实表现。
- 可按用户需求灵活配置测试参数。
- 自动生成测试报告：测试完成后，可自动生成测试报告，方便且直观。
- 支持 EVT、DVT、BIT、RDT 等不同阶段的测试。
- 遵循 JESD 219，支持 NVMe 2.0，PCIe Gen5/Gen4/Gen3。
- 支持 U.2/M.2/E3.S 等多种尺寸。
- 可配置同测 SSD 数量 64 ～ 256 个。
- 支持温度范围：–55 ～ 120℃，可定制 –80 ～ 180℃、湿度 10% ～ 98%。
- 温度均匀度：空载 ±1℃；满载 ±2℃（被测 SSD 的温度一致性）。
- 温度波动：±0.2℃。
- 快速升降温：1℃ / 分钟，可定制。
- 温度精度：0.1℃。

9.2　SSD 研发测试设备

SSD 测试过程中需要专业的功能、性能等测试用例，这类测试除了自研测试软件硬件之外，也有第三方公司提供成熟完整的测试方案和设备，这些测试方案和设备经历了多年的迭代和积累，为 SSD 研发团队提供了有利的补充和另外一种选择，如业界知名的 SANBlaze

测试方案和设备。限于篇幅，这里仅介绍 SANBlaze 测试方案和设备。

SANBlaze 从事测试和测量业务已超过 25 年，致力于推动新市场和技术的发展。SANBlaze 的测试技术始于 SAN（Storage Area Network，存储区域网络）市场，支持 FC 光纤通道、iSCSI 及 SAS 协议仿真和测试，从而使得公司一直处于技术领域的前沿。SANBlaze 在存储协议方面的丰富经验提供了一种用于早期开发和验证测试功能的机制，这使得技术合作伙伴能够在既定的市场时间窗口内率先发布新的先进技术解决方案。

SANBlaze 在存储协议方面积累的丰富知识和经验，使该公司能够在支持 NVMe 市场方面发挥主导作用。SANBlaze 知识产权（IP）正在迅速成为 SSD NVMe 存储设备的标准验证测试解决方案，以及 NVMe-oF ™（NVMe over Fabric，用 Fabric 网络承载 NVMe 协议）的首选解决方案。SANBlaze 是世界上唯一一家能提供终端 NVMe 产品端到端测试解决方案的公司。

本节将重点关注专门支持本机 NVMe SSD 设备验证测试功能的 SANBlaze IP 解决方案。SANBlaze 公司增强的验证测试设备是一套基于完整的 Turnkey 交钥匙工程的硬件解决方案。当然，SANBlaze 也提供软件解决方案，使得用户可以将产品安装在商用主机上用于上层协议和功能的测试。SANBlaze 的交钥匙硬件解决方案消除了硬件兼容性的负担，并且降低了客户的拥有成本。SANBlaze 解决方案可以立即投入工作，马上为任何 SSD 测试环境增加价值。

1. SANBlaze 认证标志

SANBlaze 提供的价值在于使用基于 Python API 等脚本语言开发的超过 1 000 个有意义的测试场景，其"预装"测试用例来自动化测试，根据 NVMe 2.0 规范进行验证。这是 SANBlaze 认证背后的基本原理，基于"真实场景"预先开发的测试用例是完全自动化的，只需点击几下鼠标即可提供即时测试结果。

SANBlaze 还通过增强系统硬件平台以及对功耗相关问题（如功耗测量、低功率子状态 L1.1/L1.2 控制和 PCIe 信号毛刺）的测试覆盖范围的支持，进一步补充了 SANBlaze 认证的概念。它是迄今为止最强大、最全面的测试套件，同时支持双端口和单端口 SSD。

此外，SANBlaze 认证测试套件包括内置的详细报告，用户可以与他们的工程开发团队、部门经理或客户分享这些测试报告。

在 HTML 测试报告中，用户可以轻松解读测试结果，并在修复问题后对于那些未通过的测试用例重新进行测试。用不同颜色显现结果可以让用户非常容易地快速确定 SSD 在一组预先确定的测试用例中的表现如何：失败的测试是"红色"，通过的测试是"绿色"，标记为"橙色"的测试是警告（可能是也可能不是问题，但被标记为可能的问题），标记为"紫色"的测试被跳过（可能是因为设备表明它不支持测试所需的特定属性或功能）。用户可以通过点击每个测试用例后面的"详细信息"来快速选择需要进一步查看的测试用例。

基于 Python 的硬件控制还提供了另一个附加功能——定制。所有可用的预定义测试 Test Case 也可以作为模板，供用户编辑和修改，从而定制满足测试需求的测试用例。SANBlaze 认为并非所有测试用例都是一成不变或者对每个客户都是一样的，用户可以根据自己的需求修改 SANBlaze 脚本源代码进行快速定制，该功能帮助客户大大节省测试用例的开发时间。

2. 模块化设计硬件

SANBlaze 所有的硬件测试系统均采用模块化设计，这意味着 SANBlaze 测试设备可以兼容市场上各种接口的 SSD 盘。每个 SSD 插槽都有自己的模块化背板连接器，这使用户能够在工厂预装不同接口的 Riser 背板连接器，或购买设备后自己在本地更换每个插槽的 "混合和匹配" 的 Riser 背板连接器。所有背板连接器均支持单端口和双端口 SSD 配置，无须更改硬件或软件。

SANBlaze 软件在所有系统平台上可以完全无缝运行，当前的产品组合包括以下交钥匙的 PCIe Gen 5 解决方案。

- **SBExpress-RM5**：Gen5 PCIe NVMe 机架式测试系统，多达 32 个端口单 / 双端口 SSD。前面板可插拔插槽，方便更换 SSD。机箱包含 6 个风扇，全部独立速度控制。电压拉偏支持 ± 15%，支持热插拔以及插槽功耗测量。
- **SBExpress-DT5**：Gen5 PCIe NVMe 桌面测试系统，多达 8 个端口，支持单 / 双端口 SSD。3 个开放式正面可装载 SSD 插槽，1 个附加 x16 PCIe 插卡插槽。

（1）可扩展的自动化测试解决方案——SBExpress-RM5

SBExpress-RM5 16 盘位机架式 PCIe Gen5 测试系统适用于测试多个 SSD（见图 9-22）。该解决方案面向 SSD 固件和硬件提供大批量验证、执行和回归测试功能。测试多达 16 个 NVMe SSD 的能力对工程研发团队很有吸引力，因为他们可以在每个 SSD 或插槽的基础上运行多个测试场景，或者在更长的测试周期内和扩展测试场景中运行 16 个 SSD。

图 9-22　SANBlaze SBExpress-RM5（机架式）PCIe Gen5 NVMe SSD 测试系统

与硬件相结合，SANBlaze 软件提供了一个围绕 Python API 和 CLI 控件构建的自动化测试环境。SANBlaze 不是使用一堆一次性工具来测试具有多种配置的多个 SSD，而是将所有内容打包到一个 "即插即用" 系统中，该系统方便扩展并适配标准的 IT 数据中心 19 机架[⊖]

　　⊖　一种数据中心服务器常用的环境。

的环境。

在实际测试环境中，并非企业的所有业务部门都会跨部门进行测试，企业内的各个部门（例如工程、开发、质量保证和制造）有不同的测试要求，SANBlaze 通过完全可定制的解决方案来匹配这些需求差异，以满足不同部门的测试要求。

（2）桌面解决方案——SBExpress-DT5

在实验室环境之外测试 SSD 一般都不太方便。随着远程员工数量的增加，SANBlaze 提供了满足这些测试需求的解决方案。

SBExpress-DT5（桌面型 PCIe Gen5）是一套完整的交钥匙 PCIe Gen5 NVMe SSD 验证测试系统（见图 9-23），工程师可以通过远程的方式在远离实验室（比如在客户现场）场景下使用。凭借行业领先的 SANBlaze 自动化测试认证，SBExpress-DT5 将企业级 NVMe 验证带入开发人员的桌面，并且与 SBExpress-RM5 16 盘位的系统 100% 软件兼容。

图 9-23　SANBlaze SBExpress-DT5（台式）PCIe Gen5 NVMe SSD 测试系统

SBExpress-DT5 为工程师提供了以前专门用于测试认证和新产品导入验证的功能。SBExpress-DT5 采用与 16 盘位 SBExpress-RM5 机架设备相同的模块化背板设计，包含与前面介绍的相同的企业级测试功能集。

由 SANBlaze 认证的测试套件在工程师的办公桌上运行，可帮助用户在产品发布之前发现问题，从而显著地加速产品上市的时间。SBExpress-DT5 工作时非常安静，所以可以用于家庭或办公室的环境。SBExpress-DT5 是一个完全独立的完整系统，可在 5min 内设置和配置用于测试 NVMe SSD 的设备。

SBExpress-DT5 设备顶部的 PCIe x16 插槽允许工程师测试片上系统（SoC）的 FPGA 板级验证卡。它的优势在于，正在开发 ASIC 芯片设计的客户可以利用 SANBlaze IP 在流片之前进行测试，在拿到实际芯片之前定位并解决 NVMe 协议问题。这相当于为客户节省了巨大的成本，因为他们可以在设计过程的早期对芯片进行验证，从而减少昂贵的 ASIC 重新设计的次数。

SBExpress-DT5 能够测试前面插槽中的最多 3 个 SSD 及顶部 PCIe x16 插槽中的 PCIe AIC 卡或 SoC FPGA 板，SANBlaze 认证测试套件用于测试所有被测设备（DUT）。

3. PCIe 信号控制和功率测量

SSD 验证和 QA 工程师总是试图寻找能测出 SSD 问题的各种方法，他们在这方面做得越好，对 SSD 盘的测试效果就越好。测试工程师的目标始终是在客户发现错误之前找到并修复错误和问题，但是要做到这一点并不容易，因为总有一些错误是平时无法发现的，特别是错误是低电平信号或电源供电相关的问题导致的时候。在 SANBlaze 发布其专利 iRiser5 插卡（iRiser 系列精密 NVMe 测试工具的成员）之前，SSD 开发人员没有简单的方法来测试功率或低电平信号。

iRiser5 系列提供 PCIe/NVMe 电源和信号的精确控制，并能够监控每个被测设备的功耗水平。iRiser5 插卡能够以非常快的连续间隔注入"连续"信号故障，至本书完稿时市场上还没有其他产品和方案可以实现这一功能。iRiser5 可以在每条信号线上以高达 10ns 的精度安排事件序列，每个事件的间隔可以从 80ns 到小时级别。用户可以定义简单或复杂的序列并将其从主机系统加载到 iRiser5。iRiser5 技术由 SANBlaze 独家专利提供，以满足客户对精确故障注入及功耗测量的测试需求。

4. iRiser5——现实世界问题的解决方案

以下是使用 iRiser5 设备进行测试的几个典型方法。

- 通电 20ms 后准确发出 PERST（复位）信号，然后观察 SSD 的行为。
- 移除其中一个 PCIe 通道并观察 SSD 如何响应。
- 在每秒导入 10ms 的 PCIe 通道故障，看看 SSD 如何响应。
- 从 SSD 通道上完全移除 PCIe 通道并查看 SSD 响应。
- 找到一种方法来破坏与 SSD 的连接，重置 PERST，并以 80ns 间隔在令人难以置信的精确时间范围内断电。

上述方法可以有效发现以前很难识别的潜在极端问题，iRiser5 是 SANBlaze 与多家业内主流 SSD 制造商合作近一年发明的。

5. 交叉验证功能——触发 PCIe 协议分析仪

虽然 SANBlaze IP 是可以通过简单的方法来验证 SSD 设备的测试套件，但有些测试用例需要额外的信息来辅助解决问题，而这些信息只能从 PCIe 总线分析仪中获得。当 PCIe 总线上发生意外错误导致设备的相关事务未能完成时，SANBlaze 可以通过与 PCIe 总线分析仪的集成，解决低层 PCIe 的相关问题。

集成 SerialTek Kodiak 分析仪后，用户可以在测试用例失败时触发分析，这就使用户可以识别错误发生的时间、错误的潜在原因及导致错误后发生的事件。

以下是客户发现和解决复杂问题的一个典型示例。

1）工程师使用 SANBlaze 运行测试用例，发现一个测试失败。

2）通过初步检查并使用 SANBlaze IP 和相关调试文件的跟踪功能，工程师怀疑故障是由 PCIe 总线上的低级错误引起的。

3）工程师现在可以利用 SerialTek PCIe 协议分析仪根据错误本身的特征，通过 SANBlaze 应用软件创建触发器来进行进一步分类，这使得分析仪能够隔离并捕获 PCIe 总线级别的故障。

4）工程师通过 SANBlaze GUI 访问 SerialTek 分析仪，并使用交叉触发功能再次运行测试，这样可以成功捕获错误条件周围的 Trace 文件。

5）通过 SerialTek 的 Trace 文件中显示的信息，工程师调试并解决 PCIe 相关问题。

6）工程师使用 SANBlaze 针对潜在 PCIe 问题的修复程序重新运行测试用例，以验证问题是否已被解决。

7）工程师继续执行测试计划的下一个测试用例。

SANBlaze SBExpress-DT5 测试系统和 SBExpress-RM5 测试系统能够通过在测试运行期间自动启动和停止 SerialTek Kodiak 分析仪来抓取数据以调试困难问题，这使用户能够通过附加的可编程选项保存单个测试中任何分析仪记录的 Trace 文件，以便针对性地保存用户关心的故障或测试事件。所有 SBExpress 系统平台和相应的 SSD 插槽均支持这些功能，并且支持同时在同一系统上控制多个插槽中的多个分析仪。

将 SANBlaze 测试系统与 SerialTek Kodia 分析仪这两个系统结合在一起，就可以实现从 NVMe 协议层一直到 PCIe 事务层的完整测试诊断覆盖。

另外，SANBlaze 对客户也提供了很好的支持，如果大家在使用 SANBlaze 设备的过程中遇到了问题，可以通过邮箱 info@sanblaze.com 或者其官网 https://www.sanblaze.com/ 寻求帮助。

9.3 PCIe 协议分析仪和训练器

PCIe 协议分析仪和 PCIe 训练器是两种用于 PCIe 接口协议分析、测试和验证的重要仪器，也是 SSD 研发人员的必备设备。以下是对它们的详细介绍。

9.3.1 PCIe 协议分析仪和训练器的功能

1. PCIe 协议分析仪

PCIe 协议分析仪的主要功能如下。

- **协议分析**：捕获和解析 PCIe 协议数据包，帮助工程师理解设备之间的通信过程。
- **错误检测**：识别和报告协议违规、错误包和传输错误，帮助工程师快速定位问题。
- **流量监控**：实时监控和记录 PCIe 链路上的数据流量，包括传输速率、数据包大小和传输延迟等。
- **触发和过滤**：根据特定条件（如特定地址、数据模式、命令类型等）触发数据捕获，并过滤不相关的数据包。
- **时间戳**：为每个数据包添加精确的时间戳，帮助分析事件顺序和时间关系。
- **协议栈视图**：提供分层视图，显示物理层、数据链路层、事务层和应用层的详细信息。

使用场景如下。

- **开发与验证**：在 SSD 开发过程中，协议分析仪用于捕获和分析通信数据，验证协议实现的正确性。
- **调试**：当 SSD 无法正常工作时，通过分析仪捕获的数据，工程师可以定位并修复问题。
- **性能优化**：通过分析数据传输的效率和延迟，优化 SSD 和系统的性能。
- **合规测试**：确保 SSD 符合 PCIe 规范，进行合规性验证。

2. PCIe 训练器

PCIe 训练器的主要功能如下。

- **协议生成**：模拟 PCIe 主机或设备（如 SSD），生成符合 PCIe 标准的协议数据包，用于测试对端设备的响应能力。
- **错误注入**：故意引入协议错误或传输错误，测试设备的错误处理能力和鲁棒性。
- **链路训练**：模拟链路初始化和配置过程，测试设备的链路建立和训练过程。
- **事务生成**：生成各种 PCIe 事务，如读写请求、配置请求等，验证设备对不同事务的处理。
- **流量控制**：控制数据流量的速率和模式，测试设备在不同负载条件下的性能。
- **自动化测试**：通过脚本或软件接口进行自动化测试，提高测试效率，扩大覆盖范围。

使用场景如下。

- **功能验证**：在开发和验证阶段，训练器用于生成各种协议数据包和事务，验证设备的功能实现。
- **压力测试**：模拟高负载或异常条件，测试 SSD 在极端情况下的稳定性和性能。
- **兼容性测试**：模拟不同版本或不同配置的 SSD，测试 SSD 的兼容性和互操作性。
- **错误处理测试**：通过注入错误，验证 SSD 的错误检测和恢复能力。
- **自动化测试环境**：在自动化测试环境中，训练器用于进行批量测试和回归测试，提高测试效率。

总之，PCIe 协议分析仪和训练器是 PCIe 设备⊖必不可少的工具。协议分析仪侧重于数据捕获和解析，帮助工程师理解和调试协议层的通信；训练器则侧重于协议的生成和模拟，测试 SSD 的功能和性能。

9.3.2　力科 PCIe 协议分析仪和训练器

PCIe NVMe 协议分析仪的代表厂商力科（LeCory）于 2024 年 8 月发布了 Summit M616（见图 9-24），并于 2024 年 11 月开始出货。该设备最高支持到 PCIe 6.0x16，并支持 NVMe 2.0 和 CXL 3.x 协议。同一台主机设备支持 SSD NVMe 协议抓包、分析和 Debug 功能，同时也支持训练器主动验证测试功能。

⊖　SSD 是一种 PCIe 设备，在其开发、测试和验证过程中需要用到 PCIe 协议分析仪和训练器。

图 9-24　力科 Summit M616 PCIe 6.0 协议分析仪和训练器实物图

1. PCIe 6.0 NVMe 协议分析仪（Analyzer）

为了支持各种不同尺寸的 SSD，Summit M616 设备配置了丰富的接口测试卡，例如 M.2、U.2、U.3、EDSFF、AIC 等；同时兼容 SSD 各种协议，例如 NVMe、NVMe-MI、MCTP、SRIOV、IDE、SPDM、DOE 等。力科是业界唯一完整支持从 PCIe 1.0 到 PCIe 6.0 协议分析仪的设备厂家，在市场上拥有大量 SSD 行业客户。同时其软件经过多年沉淀，使用普及率极高。力科官网可免费下载该软件，并配有大量的 Trace 案例，初学者可以下载相关软件和协议交互范例进行学习。

2. PCIe 6.0 NVMe 协议训练器（Exerciser）

协议分析仪基于抓出的协议数据包可以帮助客户找出问题，但 SSD 测试工程师如何主动发现问题，也是非常考验测试团队的一环。如图 9-25 所示，训练器是协议主动验证的不二选择，训练器可以模拟 RC/Host 的各种协议行为，如从 Link training 开始的对 LTSSM 的各个状态进出验证，模拟读写操作，模拟 NVMe 命令的交互及 NVMe-MI 相关协议的交互，可量化整个测试过程，让测试人员做到心中有数。

图 9-25　力科训练器硬件模块

一款 SSD 如果要向其客户证明产品的协议兼容性，需要遵循 PCIe 规范及 NVMe 协议规范。协议和测试组织通常会发布相关 SSD 测试规范来指导各厂商如何进行定向测试，保证产品的兼容性。

要设计一款 PCIe NVMe SSD，在 PCIe 规范部分，企业需要参加 PCI-SIG 组织举办的研讨会，参与标准的 PCIe 兼容性测试，通过后 PCI-SIG 组织会将该 SSD 设备加入 PCI-SIG 官网的荣誉清单（Integrate List）中，其中的 Link Layer 测试验证就需要使用力科的训练器来完成。NVMe 协议部分用户可以参加 UNH-IOL 组织制定的 NVMe 协议兼容性测试（见表 9-2），通过后 UNH-IOL 组织将该 SSD 设备加入到 UNH-IOL 官方的荣誉清单中，这个 NVMe 测试由官方的 PC Edition 来完成。

表 9-2　UNH-IOL 测试列表

IOL 测试软件包			
测试套件	版本	价格	补充信息
NVMe	PC Edition	UNH-IOL NVMe 会员价	联系我们
NVMe	Teledyne-LeCory	UNH-IOL NVMe 会员价	联系我们

企业级 SSD 支持 NVMe-MI 特性，开发者需要验证 NVMe-MI 相关的协议兼容性，因此也需要借助力科的训练器进行相关验证。

由此可以看出，力科的训练器作为各个官方认证测试设备，具有功能强大和覆盖全面的特性。力科的训练器从 PCIe 1.0 发展到 PCIe 6.0，积累了大量的验证测试范例，支持 PCI-SIG 的兼容性测试、NVMe 协议兼容性测试、NVMe-MI 协议兼容性测试以及 CXL 协议兼容性测试。

除了各组织官方要求的兼容性测试内容外，力科还提供了大量的 Information 自动化测试脚本供大家使用，例如 LTSSM 各状态的切换验证等。在此基础上，用户还可通过脚本编译，扩展任何自己想要的测试场景，包含非 L0 下的状态机问题场景构建；也支持可靠性、可用性和可维护性（Reliability、Availability and Serviceability）RAS 测试，使用者可以任意编辑训练器封包进行测试，例如经典的 RC 端发送错误的背靠背连续性封包测试，以及进阶的 DOE 模拟测试。

3. 全新 PCIe 5.0 CXL SSD 验证平台

除了 PCIe NVMe SSD，CXL 的内存池化特性能够大幅提高 CXL SSD 的读写性能，未来也值得期待。力科收购的 Oakgate 除了支持 NVMe SSD 验证测试外，还推出了 PCIe 5.0 CXL 验证平台（见图 9-26），该平台支持 CXL 1.1、CXL 2.0 协议，基于先进的专有软件和行业标准硬件，可运行 CXL.org 发布的 CXL Compliance Verification（合规性验证，简称 CV）测试。

力科的 CXL 验证软件专用于测试 CXL 存储设备，支持一系列功能，包括流量生成、寄存器编辑、利用 DOE 上的 SPDM 的安全流、SMBus 和 PCIe VDM、电源控制、边带控制和发送直通命令。CXL 验证平台还集成了一个 Python 测试应用程序编程接口（REST API），可帮助客户快速实现自动化测试脚本。该软件的开发得到了 CXL 存储设备制造合作伙伴的大量支持和认可，客户包括全球顶级组件供应商、SSD 制造商和存储系统 OEM。

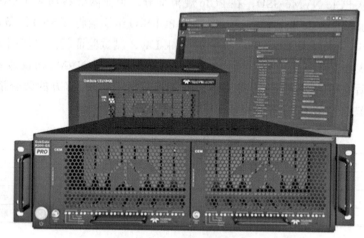

图 9-26　力科 CXL 验证平台

力科官网提供了大量的免费研讨会，如果对相关协议测试感兴趣，可以通过 https://www.teledynelecroy.com/events/?eventtypeid=4 来学习。

9.4　误码仪和示波器等高速设备

高速数字总线（如 PCIe、DDR、NAND 等）是 SSD 不可或缺的一部分，为了确保这些高速技术的功能和兼容性，采用相关测试设备进行测量十分必要。本节对这个方面进行探讨，并给出部分设备型号以供参考。常用的高速设备如下。

- **示波器（Oscilloscope）**：示波器是电子测试仪器中的基本工具，主要用于观察各种电信号的波形。示波器可以捕获信号波形，以便分析其电压随时间变化的特性，对信号的完整性、幅度、频率、噪声等进行测试。
- **误码仪（Bit Error Rate Tester）**：误码仪用于测试数据传输或通信链路中的错误率，通过发送一定模式的测试数据，在接收端比较差异，来计算数据传输过程中的误码率。
- **矢量网络分析仪（Vector Network Analyzer）**：网络分析仪用于测量网络参数，如增益、损耗、反射和阻抗等，对于分析和优化高速数字总线的物理层性能非常有用。
- **逻辑分析仪（Logic Analyzer）**：逻辑分析仪是用于捕捉和分析数字系统中高速数字信号的工具，它可以同时观察多个信号的时间相关性，对于调试复杂的数字逻辑电路非常有用。

表 9-3 整理了不同高速总线，以及适用于测量该高速总线的仪器。

表 9-3　不同高速总线适用的仪器

总线 / 接口	示波器	误码仪	逻辑分析仪	矢量网络分析仪
DDR	适用	—	适用	—
PCIe	适用	适用	—	适用
SATA	适用	适用	—	—
NAND	适用	—	适用	—

高速设备的研发门槛比较高，主要设备厂商包括德科技（Keysight）、泰克（Tektronix）、力科（LeCroy）、罗德施瓦茨（Rohde-Schwarz，RS）、安立（Anritsu）等。各个厂商旗下支持的仪器如表 9-4 所示。

表 9-4　各个厂商旗下支持的仪器

厂商	示波器	误码仪	矢量网络分析仪	逻辑分析仪
Keysight	有	有	有	有
Tektronix	有	有	有	有
LeCroy	有	无	有	无
RS	有	无	有	无
Anritsu	有	有	有	无

下面列举在不同使用场景下可以选择的具体高速设备型号，供读者朋友参考，如表 9-5 所示。

表 9-5　不同使用场景下可以选择的具体高速设备型号

设备类型		设备型号
PCIe	示波器	Keysight UXR0504A/UXR0334A、Tektronix DPO75002SX、RS RTP 系列、LeCroy LabMaster10 Zi-A 系列、Anritsu MP2100A
	误码仪	Keysight M8040A/8020A、Anritsu MP1900A
	网络分析仪	Keysight 5222B/5071C
DDR	示波器	Keysight UXR0504A/UXR0334A、Tektronix DPO7000C、RS RTP/RT

值得注意的是，硬件可以用于 PCIe、DDR 信号的测量，如果希望进行一致性测试，还需要单独购买自动化测试软件的 License，对此这里不做展开论述。

9.5　功耗电源测试设备

SSD 测试中有一类重要的测试是功耗和电源测试，这类测试除了自研测试设备外，还可以利用第三方成熟稳定的测试设备来完成，比如著名的 Quarch 功耗和电源相关的测试设备。限于篇幅，这里仅介绍 Quarch 测试设备。

Quarch 是一家位于英国的公司，专门提供用于 SSD 测试的设备，包括最新的 PCIe 设备，例如用于热插拔、可编程供电、高精度功耗测量、带外信号采集和控制等的相关设备。通过物理接口和控制器分离的方式，可以灵活地支持各种 PCIe 版本和形态。根据不同的测试需求，Quarch 提供了热插拔模块、电源控制模块、可编程电源模块和功耗分析模块等。Quarch 的工具已被行业广泛使用多年，并且通常需要通过行业标准测试。

1. 热插拔和电源控制模块

Quarch 提供各种形式的用于 SSD 的注错（Breaker）模块（见图 9-27），从 SAS、SATA 到 NVMe，版本包括 M.2、U.2、U.3、EDSFF 和 AIC。这些注错模块提供简单的热插拔（上电 / 断电）功能，还可以对热插拔速度、引脚反弹模拟、通道控制、边带信号、数据错误注入等进行控制。

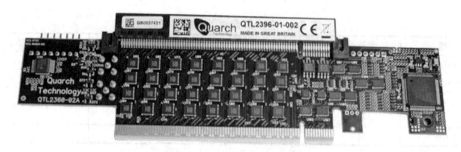

图 9-27　PCIe Gen5 Breaker

主机通过 Quarch 的控制模块（见图 9-28）来操作注错模块，有串口和 USB 等连接方式。它们易于通过 Python 实现自动化，可以搭配 Quarch 合规套件（Quarch Compliance Suite，QCS），可以利用这些 Quarch 设备进行专业的、全自动的 PCIe 热插拔合规性测试。

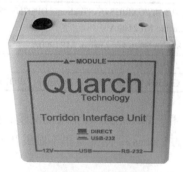

图 9-28　控制模块

2. 可编程电源模块（Programmable Power Module，PPM）

Quarch 的 PPM（见图 9-29）是一款全功能可编程电源和电源测量工具。PPM 支持各种电压边界调整、斜坡、毛刺和高低电压模拟，采样频率达到 250kHz，可以捕获精确的电压、电流和功率数据，替代传统的示波器和电流计。PPM还允许编程和定义任意的电压输出波形，可用于模拟上电爬坡、断电、噪声等，电压编程可在几秒钟内完成设置。

图 9-29　可编程电源模块

3. 功耗分析模块（Power Analysis Module，PAM）

Quarch 的 PAM（见图9-30）是一种可精确测量的革命性的工具，通过各种测试制具，PAM 可以在实际平台和应用中测量 PCIe 设备的功耗和带外信号。PAM 的功耗采样频率可以达到 250kHz，满足 OCP 规范定义的数据中心 SSD 峰值功耗测量需求。PAM 的采样精度可以达到 0.1mW 级别，满足消费级 SSD 的低功耗测量需求。增加的数字边带捕捉功能使客户能够跟踪 PERST 信号的断言、LED 闪烁等。由于这些优异的特性，PAM 在 2022 年闪存峰会上荣获了"最具创新的可持续技术"奖。

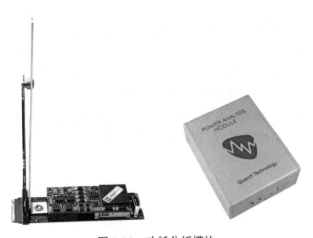

图 9-30　功耗分析模块

4. 功耗测量软件（Quarch Power Studio，QPS）

Quarch 不仅提供了全面的硬件测试制具，也提供了灵活易用的图形界面工具—QPS（见图 9-31）。QPS 是一款独特而强大的软件，用于记录和呈现 PPM 和 PAM 捕获的数据。QPS 基于 Quarch Instrument Server（QIS）采集数据，QIS 是一个高性能、高可靠性的数据采集库。QPS 可以记录高分辨率的功率和边带跟踪数据，持续数小时甚至数天，然后允许用户轻松查看和分析整个跟踪数据，这远远超出了除昂贵的示波器以外的所有设备的能力。QPS 还可以完全自动化，因此测试可以在夜间运行。

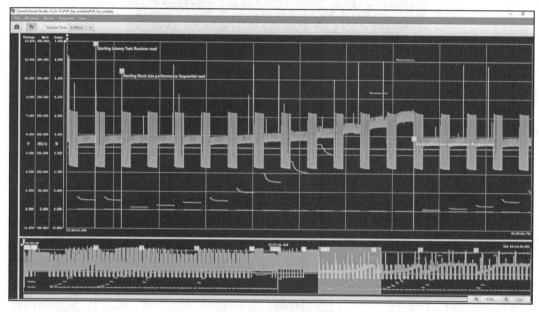

图 9-31　功耗测量软件

5. 总结

Quarch 提供了 Python 开发库，很多其他专业的 SSD 测试系统和方案也都整合了 Quarch 设备，例如 SANBlaze、PyNVMe3、Oakgate、UNH-IOL 等。结合这些专业开发工具，SSD 测试工程师可以方便地实现各种掉电、上电、功耗测量等操作，这使得测试人员可以通过自动化测试脚本进行高效、可靠的 SSD 测试工作。PyNVMe3 的测试脚本也深度整合了 Quarch PAM，提供了大量掉电、功耗相关的测试。通过提供全面的硬件和软件解决方案，Quarch 为用户提供了一系列完整、可靠且灵活的测试方法，包括针对最新的 PCIe、CXL 和 OCP 标准的测试。